国际信息工程先进技术译丛

LTE－A 空中接口技术

张新成（Xincheng Zhang）
周晓津（Xiaojin Zhou） 编著

曾勇波 李争平 黄 明 白文乐 译

机 械 工 业 出 版 社

本书内容涵盖了 LTE‑A 的性能目标及关键技术。在简要描述无线蜂窝网演进及 LTE‑A 主要技术特征的基础上，本书深入地介绍了 LTE‑A 的几项关键技术：载波聚合、多点协作理论和性能分析、MIMO、中继利用、自组织网络和异构网络、干扰抑制和 eICIC 技术。本书的讲解深入浅出，可以帮助读者切实掌握 LTE 系统的基本原理与系统实现方法，并快速应用于工程实践，还可以帮助他们深入理解 LTE 系统基本架构，为深入研究 LTE 打下坚实基础。

本书可供从事移动通信技术研究、开发、系统设计等的相关工程技术人员，以及高等院校通信专业的师生学习参考。

随着移动通信技术的不断发展，LTE – A 技术已经成为移动通信的公认方案。各大运营商已经部署并运营 LTE 网络，同时对 LTE – A 技术的研究也在不断深入。社会需要大量掌握 LTE – A 技术的人才。而掌握 LTE 空中接口技术是学习 LTE – A 技术的关键。目前大多数 LTE 相关图书仅仅是对 LTE 规范的介绍，本书则尝试透过协议为读者呈现 LTE 的基本原理与方法，以便读者快速掌握 LTE 的核心技术。本书首先介绍了 LTE 技术的发展历程与未来挑战，展现了 LTE 技术的特点与关键性能；然后，按照分层结构自下而上讲述了载波聚合、多点协作、增强型多天线解决方案与 MIMO、多用户 MIMO 与波束成形、中继利用、自组织网络、异构网络、干扰抑制和 eICIC 技术。

本书的讲解深入浅出，适合有一定 LTE 移动通信基础的研究生或工程技术开发人员阅读。本书可以帮助他们切实掌握 LTE 系统的基本原理与系统实现方法，并快速应用于工程实践，还可以帮助他们深入理解 LTE 系统基本架构，为深入研究 LTE 打下坚实基础。

全书共 8 章，由北方工业大学李争平、黄明、白文乐、曾勇波进行翻译和审稿。另外，在翻译过程中，北方工业大学王灿、王灼阳、鲁婉晨、韦启旻、李耀岳、华玟、王艳阳、刘德昌、王官云、曹秀玲同学为本书的翻译提供了很大帮助，在此表示诚挚感谢。

由于译者水平有限，译文不妥之处在所难免，希望广大读者批评指正。

原书前言

我们于2012年1月1日完成了这本书的写作，在此之前的400个日夜里，我们看到了雨滴装饰的夕阳，伴随着花儿的盛开和枯萎。所有这些过去的回忆被我们牢记于心中直到永远，以此纪念世界上最深厚的友谊。

自2000年以来，移动用户数量大幅增加，到2010年年中，移动用户数量达到50亿。第三代合作伙伴计划（3GPP）于2009年10月向国际电信联盟（ITU）提交了高级长期演进（LTE-A）作为候选国际移动通信高级（IMT-Advanced）技术。LTE-A的规范发布于2011年的版本10中。在这样的背景下，本书是在我们刚刚完成合著的《LTE空中接口技术与性能》一书的基础上撰写的。

作为一本关于LTE-A及相关技术问题的专业书籍，本书全面涵盖了通过3GPP作为LTE-A研究的性能目标和技术组件。它详细讨论了最初版本的LTE-A，版本10以及版本9中突出的演进。它涉及许多3GPP草案和LTE-A方面的各种技术论文。因此，除了对LTE-A空中接口技术做了详细解释之外，它还试图解密3GPP规范中的技术细节。它解释了为什么规范那样写，以及规范中体现的深层含义是什么。

第1章概述了无线蜂窝技术演进和LTE-A的性能目标，还简要介绍了LTE-A中引入的主要技术特性。

第2~8章详细讨论了LTE-A中的7项创新技术特性。第2章介绍了载波聚合技术的创新概念。第3章介绍多点协作（CoMP）理论并提供性能分析。增强型多天线解决方案或多输入多输出（MIMO）技术，尤其是多用户和多层MIMO技术，将在第4章中讨论。中继问题将在第5章中详细讨论。自组织网络将在第6章中介绍。第7章介绍了异构网络。最后，第8章讨论了干扰抑制和增强小区间干扰协调（eICIC）技术。

本书主要讨论纯粹的LTE-A技术问题，因此当阅读本书时，您最好具备一定的LTE相关技术知识。

最后，虽然这是我们的第一本关于如此复杂的话题的技术书籍，可能并不完美，但如果本书在您完成LTE-A相关研究或实现的过程中即使仅起到一点帮助作用，我们也将倍感欣慰。

我们希望您会喜欢阅读本书，并祝您工作顺利，身体健康。

张新成于 1992 年毕业于北京邮电大学（中国北京）。他曾在中国移动通信集团有限公司工作 20 年，是一个对无线通信技术有着深入理解的技术专家。他在天线阵列、模拟/数字信号处理、无线电资源管理、传播建模等领域担任高级无线网络专家。他参与了多种蜂窝系统的大规模无线通信系统的设计，包括全球移动通信系统（GSM）、码分多址（CDMA）、通用移动电信系统（UMTS）和 LTE 的各种无线电接入技术。他撰写或合作撰写了 8 本关于宽带码分多址（WCDMA）、全球微波接入互操作性（WiMAX）和 LTE 相关书籍。

周晓津获得北京邮电大学电子信息工程硕士学位（中国北京）后，又获得了渥太华大学工程硕士学位（加拿大渥太华）。他曾在中国移动通信集团有限公司工作多年，具有丰富的无线通信系统和数据通信网络知识。从 2008 年至今他一直在爱立信工作，积极参与了 LTE – A 产品的设计和实现。他是多本无线技术书籍的合著者，涉及技术包括 WiMAX 和 LTE 技术。

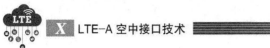

第1章

从LTE到LTE-A的发展

为满足不断增加的用户需求，呈指数增长的数据流量需要移动性更高的数据速率。其中，多媒体流量的增长速度远远高于语音流量，并且日益占据流量主导地位。为支持高级服务及应用，增强峰值数据速率是绝对有必要的。根据尼尔森定律（Nielsen′s Law），高端家庭用户的网络连接速度将每年增加50%，或每21个月增加一倍（见图1-1）。这略低于摩尔定律的处理器功率增长速度（每18个月翻一番）。

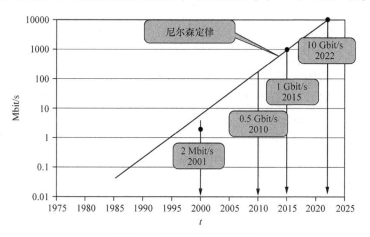

图1-1　网速的尼尔森定律

从1980年开始，随着笨重的第一代模拟手机问世，无线蜂窝通信行业走过了漫长的演进路径（见图1-2），如今在世界上占有重要地位。当1987年全球移动通信系统（Global System for Mobile Communication，GSM）多址技术被认定时，码分多址（Code Division Multiple Access，CDMA）技术也已经被提出。1998年宽带码分多址（Wideband Code Division Multiple Access，WCDMA）技术被认定时，正交频分多址（Orthogonal Frequency - Division Multiple Access，OFDMA）技术已被提出。长期演进（Long Term Evolution，LTE）研究项目于2004年在第三代合作伙伴计划（Third - Generation Partnership Project，3GPP）中启动，旨在为3GPP无线电接入技术提供高数据速率、低延迟和分组优化的无线接入技术。LTE的市场机遇在2000年开始显现，目前大多数厂商都对LTE的首次展示有了相对明确的解决方案。

我们相信 LTE 将成为主流的移动网络技术，大多数网络运营商都将随之升级。但是，还有其他真正的选择吗？行业是否达到了终极多址访问？

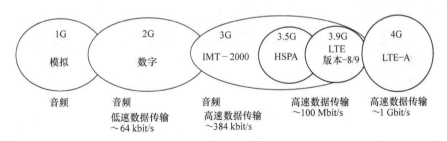

图 1-2　移动通信系统演进

1.1　LTE 回顾

1.1.1　无线技术

无线技术在网络和通信中发挥着深远的作用，因为它提供了两个基本功能：移动性和访问功能。今天的无线市场赢家（见图 1-3）是中等容量的移动宽带网络，包括用 GSM 演进的增强型数据速率（Enhanced Data Rates for GSM Evolution，EDGE）、WCDMA、高速分组接入（High Speed Packet Access，HSPA），国际电信联盟（International Telecommunications Union，ITU）系列的 LTE，无线局域网（Wireless Local - Area Networks，WLAN）以及电气和电子工程师协会（Institute of Electrical and Electronics Engineers，IEEE）系列的全球微波接入互操作性（Worldwide Interoperability for Microwave Access，WiMAX）。目前，IEEE 802. 16 - 2004/802. 16e（便携和移动式 WiMAX）和 3GPP LTE 是两大主流移动宽带无线技术。

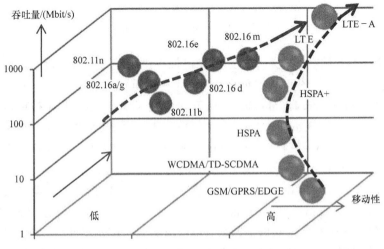

图 1-3　时下流行的无线技术，虚线为 IEEE 和 3GPP 两种演进路径

在 ITU 系列中，通用移动电信系统（Universal Mobile Telecommunications System，UMTS）采用宽带 CDMA 无线接入技术来建立第三代（Third - Generation，3G）无线网络。UMTS 的主要优点包括高频谱效率的语音和数据，以及用户的语音和数据同步功能。初始 UMTS 网络部署基于 3GPP Release 99 规范，其中最大理论下行速率刚刚超过 2Mbit/s。此后，Rel - 5 定义了高速下行链路分组接入（High - Speed Downlink Packet Access，HSDPA），能提供 14Mbit/s 的下行链路（Downlink，DL）峰值理论速率，Rel - 6 定义了高速上行链路分组接入（High - Speed Uplink Packet Access，HSUPA）。网络通过具有相应功能的设备使用 HSPA（HSPA/HSUPA）进行数据传输。现在广泛部署的 HSPA + 通过高阶调制和多输入多输出（Multiple - Input，Multiple - Output，MIMO）技术能够在 DL 上达到 42Mbit/s，上行链路（Uplink，UL）上达到 11. 5Mbit/s。

LTE 是无线数据通信技术的标准，也是 GSM/UMTS 标准的演进。LTE 规范提供 300Mbit/s（4 × 4 MIMO）的 DL 峰值速率，75Mbit/s 的 UL 峰值速率，服务质量（Quality of Service，QoS）规定允许往返时间小于 10ms。LTE 能够管理快速移动的移动设备，并为组播和广播数据流提供支持。LTE 支持从 1.4MHz 到 20MHz 的可扩展载波带宽，并支持频分双工（Frequency - Division Duplexing，FDD）和时分双工（Time - Division Duplexing，TDD）系统。网络架构被简化为一种基于 IP 的扁平网络架构，称为演进分组核心（Evolved Packet Core，EPC），旨在替代通用分组无线电业务（General Packet Radio Service，GPRS）核心网络，并支持旧的网络技术的语音和数据到小区塔的无缝切换，如 GSM、UMTS 和 CDMA2000。图 1-4 中总结了 LTE 演进路径中可能的峰值数据速率。

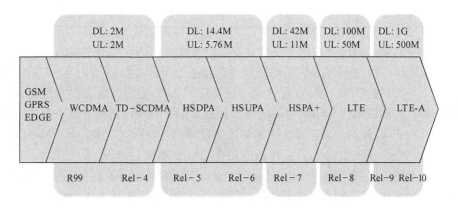

图 1-4　移动网络演进

LTE 的演进（LTE - Advanced，LTE - A）预计将提供更高的数据速率，同时保持与 LTE Release 8（Rel - 8）成比例的覆盖。其目的是提供 DL 1Gbit/s 和 UL 500Mbit/s的峰值数据速率，高达 100MHz 的带宽可扩展性，UL 中增强频谱效率达 15bit/s/Hz，DL 中达 30bit/s/Hz，以提高边缘容量，以及相对于 LTE Rel-8 的更低的用户和控制层面延迟。

1.1.2 LTE 的性能

LTE Rel-8 是 2000 年年初正在商业化的基于正交频分复用（Orthogonal Frequency-Division Multiplexing，OFDM）的主要宽带技术之一。2005 年期间，LTE 和系统架构演进（System Architecture Evolution，SAE）研究项目已经在 3GPP 中建立起来。运营商和制造商都渴望推动这些研究项目，因为他们面临来自 WiMAX 等其他技术的竞争。与 2000 年年初的 UMTS 版本相比，运营商正在寻求显著的改进，新版本需要提供更适合从电路交换通信向分组数据转变的架构，以及支持频谱重构的无线电技术。LTE Rel-8 在 DL 上提供 150Mbit/s（2×2 MIMO）的高峰值数据速率，在 20MHz 带宽上提供 75Mbit/s 的 UL，允许 1.4~20MHz 的灵活带宽操作。主要部署在宏/微小区布局中的 LTE Rel-8，提供了改进的系统容量和覆盖率、高峰值数据速率、低延迟、降低的运营成本、多天线支持、灵活的带宽操作以及与现有系统的无缝集成。OFDMA 不仅对单个小区有利，还可以针对完整的小区间干扰协调优化更好的解决方案。LTE 的需求和性能结果的比较见表 1-1。

表 1-1 LTE 的需求与性能对照

项目		LTE 需求	LTE 性能
峰值速率	DL	>100Mbit/s	326.4Mbit/s（4 层）
		（5bit/s/Hz）	172.8Mbit/s（2 层）
	UL	>50Mbit/s	86.4Mbit/s（64QAM）
		（2.5bit/s/Hz）	57.6Mbit/s（16QAM）
C 层时延	空闲到活跃	<100ms	51.25ms+3×S1 延迟
	休眠到活跃	<50ms	<<51.25ms
U 层时延		<5ms	4ms

LTE 网络架构的设计目标是支持具有无缝移动性、QoS 和最小延迟的分组交换业务。LTE Rel-8 支持的小区平均频谱效率增益是 HSPA Rel-6 的 2~3 倍，无线网络用户平面时延低于 10ms（往返时间或 RTT）。LTE 中的分组交换方法允许支持所有业务，包括仅通过分组连接的语音。因此，LTE 只采用两种节点类型：演进型节点 B（evolved Node-B，eNB）和移动性管理实体/网关（Mobility Management Entity/GateWay，MME/GW），采用高度简化的扁平架构。与 3G 系统相比，LTE 减少了不同类型无线接入网（Radio Access Network，RAN）节点的数量及其复杂性，减少了资本支出（Capital expenditure，CAPEX）和运营费用（Operating expenses，OPEX），降低了终端的复杂性。LTE 网络将与 UMTS/HSPA 地面无线电接入网络（UMTS/HSPA Terrestrial Radio Access Network，UTRAN）和 GSM/EDGE 无线电接入网络（GSM/EDGE Radio Access Network，GERAN）共存。

1.1.3 下一代网络的挑战

虽然 LTE 具有优于前代的性能，但在无线网络开发之前，正在进行的改进服务要求总是面临诸多挑战。下一代网络需要更低的无线电延迟、更高的频谱效率、更灵活和更快的移动性，以及某种可以实现多个运营商的频谱利用的认知无线电。所有这些要求都需要在空中接口和新的网络拓扑开发过程中进行演进，如图1-5所示。

图1-5　移动网络面临的挑战

此外，未来的IP优化移动网络将通过高带宽、低延迟和新的分组优化宽带无线电技术提供各种类型的通信服务。基于现代扁平网络结构，下一代网络（见图1-6）将部署许多更先进的技术，包括多点协作通信、认知无线电、多层通信、异构网络和高级MIMO，以实现全新的移动通信架构。扁平网络架构将为分布式天线提供支持，同时旨在实现"绿色"通信。随着智能终端的存在和移动互联网的普及，应开发更强大的移动网络来提供更好的用户体验。

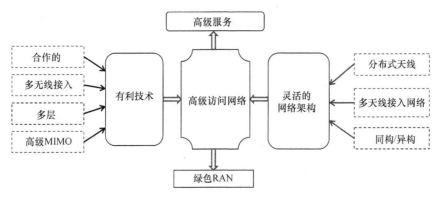

图1-6　下一代移动网络

1.2　LTE-A性能目标

为了突破国际电联无线电通信（ITU Radiocommunication，ITU-R）部门定义的高级的国际移动电信（International Mobile Telecommunication-Advanced，IMT-A）的性能要求，LTE的进一步演进已经开始，称为LTE-Advanced（LTE-A）。

1.2.1　LTE-A的背景

当全球建立3G无线网络时，ITU-R组织规定了对4G标准的IMT-A要求，为高移动性通信（例如火车和汽车）设置了100Mbit/s的4G服务的峰值速率要求和用于低移动性通信的1Gbit/s峰值速率要求。

预计4G系统将为笔记本电脑无线调制解调器、智能手机和其他移动设备提供全面安全的全 IP 移动宽带解决方案，可以向用户提供诸如超宽带互联网接入、IP 电话、游戏服务和流式多媒体的设施。3GPP 在 IMT - A 举办了两期研讨会，其中收录了"演进 UTRA（Evolved Universd Telecommunication Radio Access，E - UTRA）和演进的通用陆地无线接入网络（Evolved Universal Terrestrial Radio Access Network，E - UTRAN）的需求"。随后，2008 年 6 月发布了第三代合作伙伴计划技术报告 36. 913，并提交给 ITU - R，它将 LTE - A 系统定义为 IMT - A 提案。

1.2.2 IMT - A 的需求

由 ITU 设定的 IMT - A 的需求是以性能为导向的。IMT - A 中的关键考虑因素如图 1-7 所示。该系统应具备有效支持广泛服务的灵活性，并且应能够与其他无线电接入系统和全球漫游相互配合。从性能的角度来看，对高移动性，系统应支持100Mbit/s；对低移动性，系统应支持 1Gbit/s。国际电联建议在 DL 信道中运行至少 40MHz 和可能的扩展高达 100 MHz 的无线电信道和 15（bit/s）/Hz 的峰值频谱效率；互联网语音协议（Voice over Internet Protocol，VoIP）容量目标是 40 个用户/MHz（一个小区），具有 12. 2kbit/s 的 AMR 编解码器和 50% 的语音活动因素。信号频谱效率目标为 DL 时 2. 60（bit/s）/Hz，UL 时 1. 80（bit/s）/Hz。目标峰值频谱效率在DL 中为 15（bit/s）/Hz，在 UL 中为 6. 75（bit/s）/Hz。预期的小区边缘用户频谱效率在 DL 中为 0. 075（bit/s）/Hz，在 UL 中为 0. 05（bit/s）/Hz。控制平面延迟应小于 100ms，不包括寻呼延迟和有线网络信令延迟。单向用户平面延迟（也称为传输延迟）的目标是小于 10ms，它是 IP 到 IP 的延迟［例如，从 eNB 的 IP 层到用户设备（User Equipment，UE）的 IP 层］。从静止到 120 ～ 350km/h 的高速分为不同类型的移动性等级。在同频小区切换的情况下，切换中断时间应小于 27. 5ms，而在异频小区（但是同属一个频带）切换的情况下，切换中断时间应该小于 40ms。没有指定用于频带间切换和 RAT 间无线电接入技术切换的目标。此中断切换时间不包括与无线电和核心网络之间的交互相关联的延迟。IMT - A 的一些需求总结在表1-2 中。

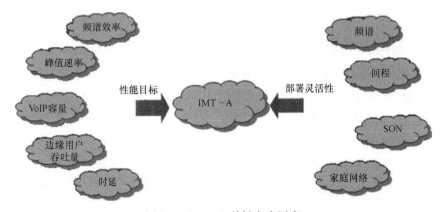

图 1-7　IMT - A 关键考虑因素

表 1-2　部分 IMT – A 需求

测试环境	平均频谱效率 /[(bit/s)/Hz/cell]		小区边缘用户频谱效率 /[(bit/s)/Hz/cell]		最小 VoIP 容量 /[UE/cell/MHz]
	下行	上行	下行	上行	
室内	3	2.25	0.1	0.07	50
微小区	2.6	1.8	0.075	0.05	40
城市	2.2	1.4	0.06	0.03	40
高速公路	1.1	0.7	0.04	0.015	30

请注意，小区频谱效率（η）被定义为所有用户的总吞吐量，即正确接收的比特数除以信道带宽再除以小区数。用于此目的的信道带宽被定义为有效带宽乘以频率重用因子，其中有效带宽是根据 UL/DL 比率适当归一化的工作带宽。

以（bit/s）/Hz/cell 测量小区频谱效率。令 χ_i 表示在包括 N 个用户和 M 个小区的用户群体的系统中，用户 i（DL）或来自用户 i（UL）的正确接收的比特的数量。此外，令 ω 表示信道带宽大小，T 表示接收数据比特的时间。然后根据以下等式定义小区频谱效率：

$$\eta = \frac{\sum_{i=1}^{N} \chi_i}{T \cdot \omega \cdot M}$$

小区边缘用户频谱效率被定义为归一化用户吞吐量的累积分布函数（Cumulative Distribution Function，CDF）的 5% 点。χ_i 表示用户 i 的正确接收位数，T_i 为用户 i 的活动会话时间，ω 为信道带宽，用户 i 的（归一化）用户吞吐量为 γ_i，定义如下：

$$\gamma_i = \frac{\chi_i}{T_i \cdot \omega}$$

1.2.3　LTE – A 的需求

2009 年，3GPP 致力于确定哪些 LTE 改进需要遵守 IMT – A 规范。3GPP 合作伙伴向国际电联正式提交了建议使用 LTE Rel – 10 和 LTE – A 的提案。他们建议将这一新版本评估为 IMT – A 的候选项。以下段落概述了 LTE – A 旨在实现的性能目标。

数据速率和频谱效率：目标峰值数据速率在 DL 中为 1Gbit/s，在 UL 中为 500Mbit/s。DL 和 UL 的峰值频谱效率分别为 30(bit/s)/Hz 和 15(bit/s)/Hz。因此，40MHz 频谱可以在 DL 中产生 1.2Gbit/s 的频带，同样的频谱量可以在 UL 中产生 600Mbit/s。

移动性：与 LTE Rel – 8 类似，将支持高达 350km/h（或 500km/h，取决于频段）的移动性。

延迟：从空闲到连接模式转换快于 Rel – 8 中的规定。取代 Rel – 8 版本中 100ms 目标的是更加严格的 50ms 延迟目标（见图 1-8）。当用户设备（UE）在活动模式中出现非连续服务的情况时，从主控到活动子状态的转换应该在 10ms 以内。

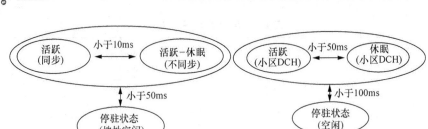

图 1-8　LTE - A 和 LTE 的传输延迟性能目标

成本：基础设施和设备的成本应较低。电力效率也被认为是很重要的因素。回程不需要有线（例如光学），它可以使用基于 LTE 的空中接口。应支持自组织网络（Self - Organizing Network，SON）功能，以减少驱动器的测试数量，从而节省成本。

频谱：与 IMT - A 要求一致，除了 LTE Rel - 8 频带，LTE - A 还将支持多个新频带。更具体地，以下频带是最初目标：450 ~ 470MHz，698 ~ 862MHz，790 ~ 862MHz，2.3 ~ 2.4GHz，3.4 ~ 4.2GHz 和 4.4 ~ 4.99GHz（3GPP TR 36.913）。

LTE - A 是 LTE 的平滑演进，并且与 Rel - 8 向后兼容。LTE - A 支持各种覆盖情况，提供从宏小区到室内的无缝覆盖，重点是在低速移动环境中解决高速数据传输，包括进一步降低技术成本和能耗。它提供高频谱效率 [30 (bit/s)/Hz DL，15 (bit/s)/Hz UL]，低延迟和高峰值数据速率（20MHz 下 1Gbit/s DL，500Mbit/s UL）。LTE - A 可以使用 8 × 8 MIMO 的 DL 和 4 × 4 MIMO 的 UL，并引入连续和非连续频谱分配，中继技术和多点协作（Couaborative multipoing，CoMP）传输技术的载波聚合。

表 1-3 包括了有关频谱效率的 LTE - A 要求的简要描述。表 1-3 中列出的不同情况对应于表 1-4 所示 ITU 定义的测试环境变量。

表 1-3　LTE - A 频谱效率需求

场景	下行		上行	
	小区频谱效率 /[(bit/s)/Hz/cell]	小区边缘用户频谱效率 /[(bit/s)/Hz]	小区频谱效率 /[(bit/s)/Hz/cell]	小区边缘用户频谱效率 /[(bit/s)/Hz/cell]
ITU 室内热点	3	0.1	2.25	0.07
ITU 城市微小区	2.6	0.075	1.8	0.05
ITU 城市宏小区	2.2	0.06	1.4	0.03
ITU 农村宏小区	1.1	0.04	0.7	0.015
3GPP Case 1	2.4 (2×2)	0.07 (2×2)	1.2 (1×2)	0.04 (1×2)
	2.6 (4×2)	0.09 (4×2)	2.0 (2×4)	0.07 (2×4)
	3.7 (4×4)	0.12 (4×4)		

注：假设天线设置为 DL 4 ×2 与 UL 2 ×4（在 M.2135 中最多允许 8 根基站天线）。

表 1-4 ITU 测试环境变量

	室内热点 （InH）	城市微小区 （UMi）	城市宏小区 （UMa）	农村宏小区 （RMa）
环境	办公楼	城市区域	城市区域	农村区域
用户位置	室内	50%，室内 50%，室外	室外车内	室外车内
移动性	低（3km/h）	低（3km/h）	中（30km/h）	高（120km/h）
应用	局部区域	广阔区域	广阔区域	广阔区域
小区半径	小（ISD＝60m）	小（ISD＝200m）	中（ISD＝500m）	大（ISD＝1732m）
天线配置	8×2	8×2，屋顶下	8×2，屋顶上	8×2，屋顶上
射频情况	LOS，NLOS	LOS，NLOS，O-I	LOS，NLOS	LOS，NLOS
干扰	低	高	高	高

由于标称目标峰值 DL 数据速率为 ~1Gbit/s，因此不需要 8 层空间复用来实现 100MHz DL 传输的标称峰值速率。使用当前的 4 层 Rel-8 设置，可以在 100MHz 带宽下实现 ~1.5Gbit/s 的标称峰值速率。因此，支持 8 层空间复用似乎是为了实现诸如 50MHz 的较低 DL 系统带宽的 ~1Gbit/s 峰值速率。

表 1-5 总结了 LTE 到 LTE-A 的性能改进。

表 1-5 LTE-A 的性能提升

性能	LTE-A（36.913v8.0.0-Case1）	LTE-FDD	备注
下行峰值频谱效率 /[（bit/s）/Hz]	30(8×8 MIMO)	7.5(2×2 MIMO) 15(4×4 MIMO)	
上行峰值频谱效率/[（bit/s）/Hz]	15(4×4)	3.75(1×2)	
下行平均频谱效率/[（bit/s）/Hz]	2.4(2×2) 2.6(4×2) 3.7(4×4)	1.63×(2×2) 1.93×(4×2) 2.87×(4×4)	4×4 增长约30%
上行平均频谱效率/[（bit/s）/Hz]	1.2(1×2),2(2×4)	0.86(1×2)	
下行边缘频谱效率 /[（bit/s）/Hz]	0.07(2×2) 0.09(4×2) 0.12(4×4)	0.05(2×2) 0.06(4×2) 0.11(4×4)	
上行边缘频谱效率/[（bit/s）/Hz]	0.04(1×2),0.07(2×4)	0.028(1×2)	2-Tx 天线
连接效率延迟 预定 RTT 非预定 RTT HO 中断时间/ms	<50ms(空闲),10ms(休眠) <5ms(空载) (TR 25.913)	54.3~86 10.2 16.2 18.5	
VoIP 容量/（UE/MHz）	60	44	高 50%

1.2.4 LTE-A 概览

LTE-A（由于其第一版本的编号也被称为 LTE Rel-10）显著增强了现有的 LTE Rel-8，并支持更高的峰值速率、更高的吞吐量和覆盖范围，以及更低的延迟，从而带来更好的用户体验。此外，LTE - A 将支持异构部署，其中由微微小区、毫微微小区、中继、远程无线电头（Remote Radio Heads，RRH）组成的低功率节点等置于宏小区布局中。LTE - A 的功能可以满足或超越 IMT - A 的需求。还可以注意到，LTE Rel - 9 相对于空中接口为 LTE Rel - 8 提供了一些小的改进，包括诸如双流波束成形和到达时差（Time Difference of Arrival，TDOA）的定位技术的特征。在本书中，将对 LTE Rel - 10 考虑的技术进行概述。主题包括通过载波聚合的带宽扩展，以支持高达 100MHz 的部署带宽和增强的 DL 空间复用，包括单小区多用户 MIMO（Multiuser MIMO，MU - MIMO）传输和 CoMP 传输，包括扩展到 4 层 MIMO 的 UL 空间复用，以及强调类型 1 和类型 2 中继的异构网络。

为了提升 LTE Rel - 8 的性能，满足 IMT - A 的预期要求，LTE - A 采用一些先进的技术来满足不同方面的所有要求，总结如下：

- 频谱聚合：独立于区域法规，最大限度地提高频谱使用的灵活性；
- 混合 OFDMA /单载波 FDMA（Single - Carrier FDMA，SC - FDMA）UL 多路访问：提高 UL 容量；
- UL 单用户 MIMO（Single - User，SU - MIMO）4 ×4：提高 UL 容量和峰值数据速率；
- DL MIMO 8 ×8：提高 DL 容量和峰值数据速率；
- MU - MIMO、网络 MIMO、分布式天线 MIMO、多模式自适应 MIMO：提高容量和小区覆盖；
- 叠加编码：提高 DL 容量；
- 增强 MBSFN：改善 MBSFN 容量；
- 改进的波束成形（BF）技术（例如，自适应 BF）：提高容量和小区边缘覆盖；
- 中继、远程无线电设备：提高容量和小区覆盖；
- 无线网络编码：提高容量和小区覆盖；
- 增强码本和闭环 MIMO（Closed Loop MIMO，CL - MIMO）的反馈机制：提高 CL - MIMO 性能；
- 增强小区间干扰管理：提高容量和小区边缘覆盖；
- 无线回程链路/旁链路：简化部署限制；
- 支持家庭 eNodeB/Femto /Picocell：扩展室内覆盖；
- SON：简化网络部署和优化；
- 支持同构网络和异构网络；
- 具有更先进的 CoMP 演进，支持增强的小区间干扰协调。

从 Rel - 8 到突破 Rel - 11 的 LTE 标准演进如图 1-9 所示。

总而言之，LTE - A 考虑的技术（见图 1-10）包括扩展的频谱灵活性，以支持高达 100MHz 的带宽，达到 DL 8 层、UL 4 层传输以增强多天线解决方案，协调多

Release 8	Release 9	Release 10	Release 11
▪LTE介绍 ▪OFDMA+SC-FDMA ▪MIMO ▪150Mbit/s ▪2×2 MIMO ▪自组织网络(SON) ▪扁平架构	▪监管的声音 ▪MBMS ▪定位 ▪警报系统 ▪SON演进	▪载波聚合 ▪MIMO演进 ▪中继 ▪最小化驱动测试 ▪增强小区间干扰协调 ▪>1Gbit/s	▪载波聚合增强 ▪驱动测试增强 ▪多点协作传输(CoMP)

图 1-9　LTE 标准演进

点发送/接收，以及高级中继器/中继的使用。

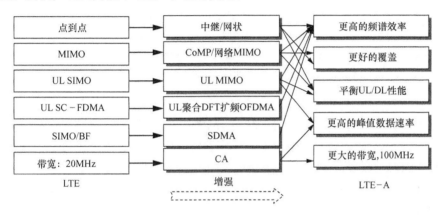

图 1-10　LTE-A 采用的技术

LTE-A 中新采用的每种技术都可以在一定程度上产生性能增益。各技术的增益列于表 1-6。

表 1-6　LTE-A 技术增益

特征	细节	增益
自适应信道估计	➤最低复杂度的减小意味着对低多普勒情况的二次方误差（Minimum Mean Square Error, MMSE）信道估计可适应高多普勒情况的2×1D 维纳滤波器	减轻高移动性案例（120~350km）中超过 10dB 的损耗
干扰消除	➤最小方均（Least Mean Square, LMS）或基于梯度干扰消除（Interference Cancellation, IC） ➤决定反馈干扰消除 ➤MMSE，连续干扰消除（Successive Interference Cancellation, SIC），涡轮增压 SIC	达到9dB 增益
功率控制 & 自适应 FFR	➤通过开环和闭环功率控制，优化干扰热（Interference over Thermal, IoT）水平的分路径损耗 ➤分层自适应分数频率重用（Adaptive Fractional Frequency Reuse, AFFR） ➤网络 AFFR	SINR 达到10dB 增益

（续）

特征	细节	增益
MIMO	➤ 支持 STTD、SFBC、SM 和 CDD MIMO，自适应 SIMO 和 MU – MIMO ➤ 网络 MIMO（DL 上 8 × 8，UL 上 4 × 4）	3 ~ 6dB 增益
CoMP	➤ 固态/动态传输和联合处理的空间划分和调度将减少接收到的干扰	3 ~ 6dB 增益
波束成形和干扰抑制	➤波束成形（闭环 MIMO）和零点指向以抑制高增益干扰源	达到 10dB 增益
中继节点	➤提高覆盖面、小区边缘吞吐量和群体移动性	3 ~ 6dB 增益
自适应调度与可配置射频	➤基于使用子带和宽带 CQI 反馈来选择具有最小 SINR 的 RB 来自适应地避免小区间干扰的频率选择调度（Frequency Selective Scheduling，FSS）和频率多样性调度（Frequency Diverse Scheduling，FDS）	达到 5dB 增益

此外，从 UE 的角度来看，网络性能的提升提出了对新 UE 容量定义的要求。LTE Rel – 8/9 中现有的 UE 类别（表1-7 中列出的类别 1 ~ 5）可以通过对所支持的 UL 层的最大数量，支持的分量载波（Componeut Carriers，CCs）的数量的附加信令在 LTE – A 中进行扩展［取决于对载波聚合（Carrier Aggregation，CA）的支持，如果支持，CA 频段组合］。

表1-7　LTE 中的 UE 类别

UE 类别		DL					UL	
峰值数据速率（DL/UL）		传输时间间隔内接收到的 DL – SCH 传输块的最大位数（DL TBS/TTI）	传输时间间隔内接收到的 DL – SCH 传输块的最大位数（DL TBS/CW）	软通道位总数（软缓冲区）	下行空间复用支持的最大层数（DL 层）		传输时间间隔内接收到的 UL – SCH 传输块的最大位数（DL TBS/TTI）	支持上行 64QAM 调制［UL 调制（Modulation，MOD）］
类别 1	10Mbit/s/ 5Mbit/s	10296	10296	250368	1		5160	否
类别 2	50Mbit/s/ 25Mbit/s	51024	51024	1237248	2		25456	否
类别 3	100Mbit/s/ 50Mbit/s	102048	75376	1237248	2		51024	否
类别 4	150Mbit/s/ 50Mbit/s	150752 （= 2N_{DR8}）	75376 （= N_{DR8}）	1827072	2		51024 （= N'_{UR8}）	否
类别 5	300Mbit/s/ 75Mbit/s	299552 （~ 4N_{DR8}）	149776 （~ 2N_{DR8}）	3667200	4		75376 （= N_{UR8}）	是

LTE – A 的新 UE 类别表示出 LTE – A 支持的 L1 峰值数据速率和新特性，如高

阶 DL MIMO、UL MIMO、DL 和 UL 的载波聚合，以及异构网络（HetNets）。为了避免不必要的强制性 UE 功能并简化互操作性测试，LTE‐A 引入了 3 个新类别（见表 1‐8）。此外，UE 类别 1～5（Rel‐8）也可以用于载波聚合，前提是 UE 具有 CA 能力。

表 1‐8　LTE‐A 中的 UE 类别

UE 类别	最大数据速率（DL/UL）（Mbit/s）	DL			UL		
		传输时间间隔内 DL‐SCH 传输块的最大数量	传输时间间隔内每个 DL‐SCH 传输块的最大位数	软通道位总数（软缓冲区）	传输时间间隔内 UL‐SCH 传输块的最大位数	传输时间间隔内每个 UL‐SCH 传输块的最大位数	是否支持 64QAM 调制
类别 6	DL300Mbit/s UL50Mbit/s	301504	149776（4 层） 75376（2 层）	3667200	51024	51024	否
类别 7	DL300Mbit/s UL100Mbit/s	301504	149776（4 层） 75376（2 层）	3667200	102048	51024	否
类别 8	DL3000Mbit/s UL1500Mbit/s	2998560	299856（8 层）	35982720	1497760	1497760	是

UE 的最大能力在于需要具有 8 个 DL 层接收和 4 个 UL 层传输的 UE 来识别 LTE‐A 的潜在性能。最大 DL/UL 数据速率主要取决于 UE 芯片的处理速度和存储器/缓冲器的大小。用于 DL/UL MIMO 的层数取决于 UE 处的接收和发射天线的数量以及相关联的射频（RF）链。是否可以支持 CA，以及 DL/UL 中 CA 的 CCs 的数量都还在很大程度上取决于 UE 的 RF 功能。

1.3　LTE‐A 的关键技术

1.3.1　载波聚合

为了满足下一代系统的不断增长的容量需求，用于移动通信的高带宽无线传输系统已经成为主要趋势，移动通信系统的传输带宽从 UMTS 的 5MHz（初始设计的带宽）增加到 LTE Rel‐8 系统的 20MHz，然后是 LTE‐A 系统的 100MHz。基于现有的射频功率放大技术，它的优点是易于实现，能够与 LTE 完全兼容；缺点是其相对复杂的控制通道结构。

多载波方案使用少于 20MHz 的载波，集中在 20～100MHz 的传输带宽内（见图 1‐11）。LTE‐A 允许相同或不同带宽的 1～5 个 CCs 在 DL 和/或 UL 中聚合，以

支持 eNB 与 UE 之间更宽的传输带宽和峰值数据速率。

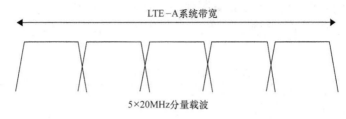

图 1-11　构成 LTE - A 系统带宽的分量载波

通过使用一个或多个分量载波来支持灵活的频谱使用，其中每个分量载波支持高达 20MHz 的可扩展带宽（100 个资源块）。多分量载波可以聚合，实现高达 100MHz 的传输带宽。频域中的聚合分量载波可以是连续的或不连续的，包括位于单独的频谱（频谱聚合）中的。由 UE 发送和/或接收的分量载波的数量可以随时间而变化，这取决于 UE 容量和瞬时数据速率。假设一个 Rel - 8 终端由单个分量载波服务，而 LTE - A 终端可以被多个分量载波同时服务（见图 1-12）。

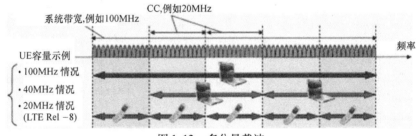

图 1-12　多分量载波

在 LTE - A 规范中，可聚合两个或多个分量载波。每个分量载波可以与 LTE Rel - 8 以后向兼容的方式配置，因此每个分量载波均满足 LTE Rel - 8 带宽需求（即 5、10、15 或 20MHz）。总聚合带宽高达 100 MHz。UL 和 DL 上的分量载波的数量可能是不对称的，并仅允许配置 DL 的 CCs 比 UL 多。在典型的 TDD 部署中，UL 和 DL 中的 CCs 的数量通常是相同的。

每个分量载波被允许有一个传输块和一个混合自动重传请求（Automatic Repeat Request，ARQ）实体（见图 1-13）。N 倍（Nx）离散傅里叶变换扩展 OFDMA（Nx DFT - S - OFDMA）是支持更宽带宽的 LTE - A 中的 UL 多址方案（波形）。这意味着 LTE - A UL 仍继续在 SC - FDMA 路线上。选择 Nx DFT - S - OFDMA 的原因是它将提供对分量载波的全面支持，具有 CC 特定调制和编码方案（Modulation and Cooling Scheme，MCS），混合自动重传请求（Hybrid Automatic Repeat Request，HARQ）和功率控制。所选择的方法还提供了与 LTE Rel - 8 最佳的向后兼容性，并使得大部分现有控制信令能够直接从 LTE Rel - 8 借用。简而言之，UL 多址方案是每个分量载波具有一个 DFT 的 DFT 预编码 OFDM。

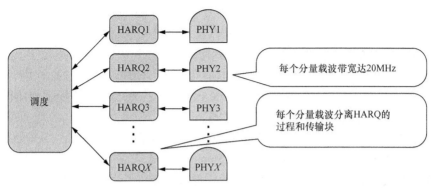

图 1-13　载波聚合情况下的 HARQ 过程（PHY——物理；BW——带宽）

　　此外，载波聚合是移动运营商网络演进的最佳选择。它被设计为通过聚合多个载波来获得大的带宽，这可以被具有不同空中接口技术的不同无线系统使用。例如，20MHz 的 LTE 单载波系统和 10MHz 的 UMTS 双载波系统可以构成 30MHz 的带宽协作通信系统。与通过全新的 LTE-A 系统提供所需的传输带宽相比，通过多系统协调创造更大带宽以减少对新系统的投资，充分利用现有系统资源，能够与现有用户终端兼容，确保了系统的平滑演进。

1.3.2　多点协作（CoMP）

　　在无线网络中，由传输环境引起的多径衰落严重影响了所有无线通信的性能。如果无线链路变化缓慢，则信道长时间处于深度下降的状态，这使得终端之间的通信变得不可能。为了有效地克服多径衰落，无线终端必须具有天线阵列。然而，在许多情况下，便携式终端的物理尺寸、制造成本和硬件复杂度都是有限的，因此实现多个发射天线是不切实际的。为了解决这个难题，提出了基于协作通信的空间分集技术。在协作通信系统中，分布在不同位置的天线合作并组成分布式"虚拟"多天线发射分集阵列（见图 1-14）。

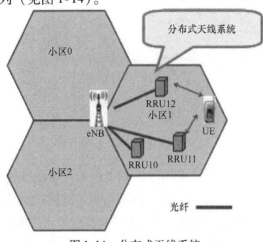

图 1-14　分布式天线系统

3GPP 标准化引入了被称为多用户多点协作（Collaborative multipoint，CoMP）传输技术的现代多点通信技术协作。CoMP 技术是指几个地理上分离的节点之间的协作，通过不同的协作方式为多个用户提供服务。这些传输节点可以位于具有完整的资源管理模块，基带处理模块和无线电单元，或不同地理位置的多个 RF 单元和分布式天线以及中继节点的基站。在 CDMA 移动通信系统的软切换中使用的宏分集是 CoMP 技术在实际通信系统中的首次使用。

过去对分布式天线系统的研究为今天的 CoMP 技术奠定了基础。广义分布式天线系统（Generalized Distributed Antenna System，GDAS）在分布式天线系统中首次引入 CoMP 技术的概念。中继信道的容量定理首先介绍了蜂窝区域之间协作通信的概念，它是现代多点协作通信技术的原型，标志着整个蜂窝移动通信系统的多点协作通信的出现。

CoMP 作为提升高数据速率覆盖率和小区边缘吞吐量的工具，也是提高系统吞吐量的工具。在 CoMP 实施中可以部署许多先进的技术。基于协作小区如何共享数据和传输给用户，CoMP 技术可以分为两类：联合处理（Joint Processing，JP）和协调调度/协调波束成形（Coordinated Scheduling/Coordinated Beam Forming，CS/CBF），如图 1-15 所示。

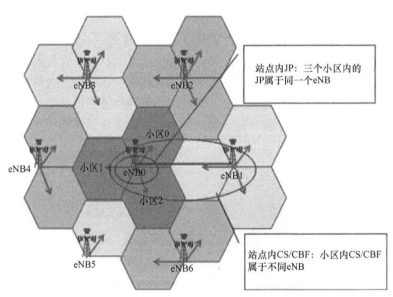

图 1-15　CoMP 类别

JP 意味着在 CoMP 协作集中的每个点都可以获得数据，它使用不同的 eNB 天线来实现用户的空间分集，提高了小区边缘用户的性能。JP 可进一步分为联合传输和动态小区选择。两种模式都需要详细的 UE 反馈信道属性。

在联合传输中，多个 eNBs 以相同的时间和频率资源同时向单个 UE 发送数据。

在动态小区选择中，动态地选择 eNB 来向 UE 发送数据。对于动态小区选择，当 UE 从一个小区移动到另一个小区时，一次只能服务一个点来维持数据传输（TX）的连续性。该方案没有移交程序，可以应用于高速铁路或公路场景。

在 CS/CBF 中，数据仅在服务小区可用（从该点传输数据），但是用户调度/波束成形决定是基于 CoMP 协作集中的小区之间的协商来进行的。虽然 CS 不需要小区信道状态信息（Channel State Information，CSI）测量/反馈，但 CBF 确实需要这种测量/反馈。使用来自不同小区的交互信息和资源（如时间、频率、空间）调度以及波束成形向量调度，CS/CBF 能够减少小区间干扰（Intercell Interference，ICI），从而提高小区边缘性能和系统吞吐量。

在 JP 方案中，数据在多个传输点可用，并且根据调度决定相干/非相干地发送给 UE。在多点和物理 DL 共享信道（Physicdl DL Shared Channel，PDSCH）上的数据可从多个点（部分或整个 CoMP 协作集）一次发送到 UE，JP 的类型包括：SU JP、MU - JP、站点内 JP、站点间 JP、相干 JP 和非相干 JP。

在 CBF 方案中，数据是可用的，并从服务小区发送到 UE，而在多个小区之间发生一些协作，避开干扰较大的波束。

网络协调要求通过回程接口在所有相关协调点之间交换 CSI 和调度信息，并且还要求网络中的所有小区在数据传输之前完成调度过程。对于回程设计以及 eNB 处理能力来说，这是一个挑战。在 CBF 方案中，UE 需要反馈信道质量指示符（Channel Quality Indicator，CQI）信息和全网协调情况下显著干扰的小区的 CSI。

首先，每个 UE 反馈服务小区的优选 TX 预编码器和关于重要干扰源（干扰小区，一些预定阈值）的信道信息，然后每个小区的调度器协调其波束以减少对已经调度的小区的干扰，也就是说，我们基于小区 $[1, 2, \cdots, n]$ 中的调度结果来调度小区 $n+1$ 中的 UEs。因此，CBF 需要针对多个小区的 CQI/CSI 反馈。网络 CBF 需要在短期至中期期间通过回程交换 CSI 和调度信息；站点内 CBF 对回程没有要求。

例如（如图 1-16 所示），调度器从小区 1 开始，小区 2 的调度基于小区 1 的调度结果和发送权重。当前小区的调度基于先前小区的调度和发送权重。传输数据直到所有小区完成其调度。

在 CBF 方案中，每个小区确定其自身的波束循环周期/模式，并且在预定义的波束位置中将 UE 调度到其优选的波束。特别是在负载较重的系统中，这是减轻邻近小区的随机干扰和严重干扰的有效方法。每个单元根据其用户负载和用户空间分布独立地选择光束循环模式，同时保持公共循环周期并同步切换光束。这也可以应用于具有简单调度调整的突发传输系统中。波束特性在协调的单元之间进行半连续的交换。没有必要通过回程交换任何 CSI 或数据。UE 将根据服务小区中预定义波束模式反馈一个特定 CQI。CBF 方案需要与 Rel - 8 类似的并优于 Rel - 8 的反馈，并且对回程的影响非常有限。

在所有 CoMP 计划中，站点内 JP 是最具竞争力的。它显著优于其他 CoMP 方

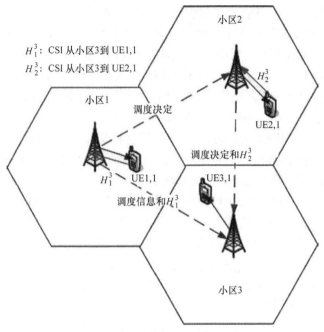

图 1-16　CBF 的小区协调

案，即使只在一个站点内实现协调。站点内 CoMP JP 在实际系统中是可行的，而不影响回程链路。CS 是最简单的 CoMP 方案之一。CBF 是一种适度的 CoMP 方案，可以分别增加小区平均吞吐量和边缘吞吐量。

　　CoMP 需要多种物理层传输技术的支持，如适用于多小区联合传输的 MIMO 技术、预编码技术、网络编码技术、高效信道估计和联合检测技术。同时，高效无线资源管理方案是影响 CoMP 性能的主要因素，如小区资源配置策略、负载均衡、合作小区选择机制、联合传输的有效切换策略等。

1.3.3　高级多输入多输出（MIMO）技术

　　天线阵列处理技术是新兴 4G 无线标准的关键组成部分。有多种天线阵列技术可用，包括空分多址（SDMA）、自适应天线系统（AASs）、MIMO，以及固定和自适应波束成形，每种技术都有潜在的覆盖和/或容量优势。

　　MIMO 技术基于发射机和接收机的多个天线，包括单输入多输出（SIMO）系统、多输入单输出（MISO）系统和多输入多输出（MIMO）系统。在空时处理之后，要发送的符号流被映射到发射天线，并通过无线信道发射到接收机。接收节点通过相应的 MIMO 处理来检测并行空间子信道的数据流。从信息理论的角度来看，多天线技术通过引入空间资源与单天线系统（单输入，单输出或 SISO）相比，以指数方式增加了通道容量，是支持高速和高容量的下一代移动通信系统的最强大的技术之一。

　　LTE – A 应针对 1Gbit/s 的 DL 峰值数据速率和 500Mbit/s 的 UL 峰值数据速率。

空间复用的应用对于实现这样的吞吐量增加很重要。在 Rel-8 中，DL MIMO 传输已经在 eNB 处支持多达 4 个发射天线，并且在 UE 处已经支持 2 个或 4 个接收（RX）天线；LTE-A 将支持 UL 单用户 MIMO 和 DL 8×8 MIMO。表1-9 总结了从 LTE 到 LTE-A 的 MIMO 特性发展。

表1-9　LTE MIMO 特性路线图

	Rel-8	Rel-9	LTE-A 及以上
DL 增加特性	SISO/SIMO 传输不同点： －SFBC/SFBC + FSTD －大延迟 CDD SU-MIMO： －基于码本 －高达 4×4 MIMO MU-MIMO： －基于码本 －每 UE 对应 Rank-1 波束成形： －基于非码本 －每 UE 对应 Rank-1	双流波束成形： －基于非码本 －每个 UE 最多对应 rank-2 －最多两个 UE 正交 DM-RS 的 MU-BF	SU-MIMO： －8 TX 的码本设计 －高达 8×8 MIMO MU-波束成形： －双码本 PMI 反馈 －基于非码本 TX －每 UE 高达 Rank-4 －4 个 UE 正交 DM-RS 的 MU-BF CSI-RS 用于 CoMP/HetNet 小区间 CSI 测量
UL 增加特性	SISO/SIMO 单载波 TX 多 MIMO： －配对 UE 的重叠 BW		PUCCH 发射分集 SU-MIMO －UL 码本 －高达 4×4 MIMO MU-MIMO： －灵活 UE 匹配 SRS 增强

根据多天线处理的不同方式，MIMO 技术可以分为几种类型。不同的 MIMO 技术使用各种时空处理方法，并具有自己的特点。诸如垂直贝尔实验室分层时空（V-BLAST）和对角贝尔实验室分层时空（D-BLAST）的空间复用 MIMO 技术将数据复用到每个天线，并获得全部复用增益。MIMO 技术适用于天线间散射小、空间相关性低的环境。其容量在丰富的散射通道环境中接近理论通道容量。其性能主要受天线之间的空间相关性限制，随着天线相关性增加，性能急剧下降。空时网格编码（STTC），空时块编码（STBC）和空频块编码（SFBC）等空间分集 MIMO 技术以不同的时空（频）单位传输数据，获得高空间多样性增益。分集传输对于天线之间的空间相关性更有效，并且在可变信道环境中是鲁棒的。然而由于分集传输，其频谱效率相对较低。

波束成形旨在提高单个用户的信号与干扰加噪声比（SINR），也就是说，并行性在信道中不被利用，因此容量收益小于空间复用（SM）。波束成形通常使用具有 4~8 个紧密间隔（通常为 1/2 波长间隔）列的天线阵列，为 UL 预算提供一些益处，并且在 DL 上提供增强的 SINR。它包括转换固定光束或自适应光束在内的一系列技术。波束成形技术实现发射或接收波束成形，并通过使用信道角度信息获得波束成形增益。当空间相关较强或信号方向明显时，其性能更好。然而，它不适用于弱空间相关性的环境，并且发射机对信道信息的要求很高。

1.3.4 自组织网络

未来网络将日益复杂和异构，确保端到端性能的任务将比今天更具挑战性，因为这些网络将由大量不同的无线和有线节点和设备组成，具有诸多应用和协议。对这些未来网络的管理提出了不仅限于个别点对点应用的挑战，它们与 CoMP 和 MIMO 一起存在于整个网络，无线网络控制变得相当复杂（切换、干扰协调等）。SON 在提高网络性能、简化管理和降低成本方面具有更大的潜力。

SON 是源自下一代移动网络（NGMN⊖）联盟的概念。SON 可以根据位置、流量模式、干扰以及情况/环境的变化自动扩展、改变、配置和优化其拓扑、覆盖、容量、小区大小和信道分配。SON 是具有一系列功能和解决方案的交换（e2e）自意识和自优化系统。SON 旨在通过自动机制（如自配置和自优化）简化操作任务来降低安装和管理成本。网络应该尽可能快地适应环境和条件的任何变化。对于手动来说，干预太快，太细微和/或太复杂的过程，将其自动化非常重要。SON 算法代表了无线网络的自然演进的延续，其中自动化过程只是将其范围（例如，无线电资源管理或 RRM）更深地扩展到网络中。从运营商的角度看，SON 在 LTE 中的主要驱动力如图 1-17 所示。

SON 被设计为通过自配置、自优化和自修复来自动配置和优化 LTE 网络（见图 1-18）。自配置涉及安装网络元件时的即插即用行为，从而降低成本并简化安装过程。自优化是指从各种网络节点和终端获取的网络监控和测量数据的自动优化。自修复意味着系统本身会发现问题，并减轻或解决这些问题，以避免不必要的用户干预，并显著降低维护成本。SON 的主要目标是降低 CAPEX 和 OPEX⊖。

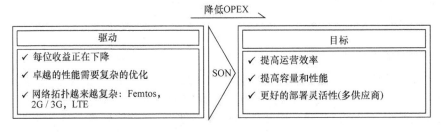

图 1-17　SON 主要驱动

⊖ NGMN 是一个移动运营商组织的倡议，旨在为 3G 以外的技术演进提供一致的愿景，以实现宽带无线服务的竞争性交付。他们的目标是为未来的广域移动宽带网络制定明确的性能目标、基本建议和部署方案。

⊖ 调查数据显示，电信网络运营商的投资遵循帕雷托法则：前期设备投资仅占网络投资总额的 20%，运营成本（包括维护成本、营销成本、劳动力成本）占 80%。降低运营成本是网络建设运营商的关键。例如，最小化驱动测试（MDT）旨在实现终端中的驱动测试功能，以最大限度地降低网络运营商的驱动测试成本，这对于节省 CAPEX 和 OPEX 非常重要。支持最小驱动测试的终端可以自动记录特殊情况下的测量指标（如随机访问失败和广播信息捕获失败）并在合适的时间将其发送到网络。运营商可以根据这些指标的参数来调整或优化网络。

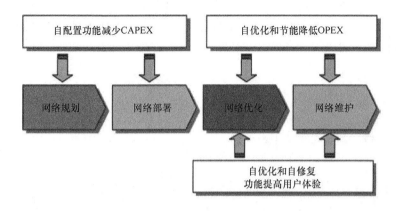

图 1-18　SON 主要目标

　　SON 将为我们带来的运营效益见表 1-10。SON 的支持是 LTE 的一部分。在 Rel－8 中引入了可以从 SON 受益的几种用例，并持续为 LTE－A 工作。LTE Rel－8 目前支持以下 SON 功能：S1 和 X2 的动态配置，物理小区 ID（PCI）选择和自动邻区发现等。LTE－A 将为系统提供新的需求和新的功能，需要设计新的 SON 用例。LTE－A 还将解决支持 LTE－A 特定架构和功能所需的 SON 功能，例如中继。在 LTE－A 中，基础设施和终端的功率效率是必不可少的。LTE－A 还将进一步涵盖 SON 的增强，例如：

- 将特别注意网络共享等特殊部署方案。
- 对于大容量部署场景，将会特别注意家庭 eNBs 的情况，即家庭 eNBs 的入站和出站移动性以及由家庭 eNBs 的不正确行为引起的问题。
- 需要避免驱动测试。
- 需要考虑对 UE 复杂性和功耗的影响。

表 1-10　SON 优化的好处

自配置	－ 物流灵活性（eNB 不具体定位地址） － 减少站点/参数规划 － 简化安装；不容易出错 － 无需/最小化驱动测试 － 产品推出更快
自优化	－ 提升网络质量与性能 － 参数优化以减少维护与现场访问
自修复	－ 自我检查并缓解错误 － 加快维护 － 减少停机时间

　　操作和维护任务将尽可能地最小化。此外，所有指定的接口都将针对多供应商

设备互操作性开放。从这些需求可以推导出初始用例（见图1-19），例如能量消耗优化、异构部署中的 SON、即插即用自配置、移动性相关用例，以及避免驱动测试、电池停电、覆盖孔管理等。

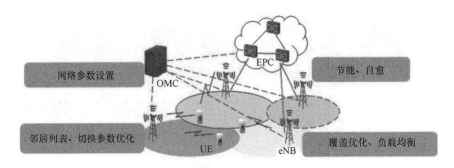

图 1-19 SON 功能

SON 的使用案例经 3GPP⊖认定，包括使用覆盖和容量优化、节能、干扰减少、物理小区标识的自动配置、移动性鲁棒性优化、移动性负载平衡优化、随机访问信道优化、自动邻区关系功能和小区间干扰协调。

在 LTE Rel‑8 中，指定了以下 SON 功能，包括 eNB 自配置、自动邻区关系（ANR）、自动物理小区 ID（PCI）分配和自愈。在 Rel‑9 中，指定的 SON 功能包括 PCI 优化、移动性鲁棒性优化、随机访问信道（RACH）优化、干扰控制、移动性负载平衡、容量和覆盖优化、节能等。在 LTE‑A 中，指定或扩展的 SON 功能包括驱动测试、SON 程序协调、移动性负载平衡、容量和覆盖优化以及节能的最小化。所有这些 SON 特征分别总结在表1-11~表1-13中。

总之，SON 为管理任务的自动化提供了强大的功能，包括从网元级的自动配置管理到网络级的大规模优化任务。这些 SON 功能提高了网络的质量和性能，同时减少了网络运营商的 OPEX。

表 1-11　自配置

	Rel‑8	Rel‑9
自配置	– PCI 的自动配置 – ANR – eNBs 的自动配置 – 自动软件管理	– PCI 的自动配置 – ANR – eNBs 自动软件管理的自动配置 – RAT 间 ANR – 自动无线电配置功能

⊖　TR 36. 902 v9. 0. 0 包含自配置和自优化的网络使用案例及解决方案。详见参考文献。

表 1-12　自优化

	Rel – 9	Rel – 10
自优化	– 覆盖和容量优化 – 移动性负载平衡 – 移动性鲁棒性优化 – 避免驱动测试 – SON 评估方案 – RACH 优化	– 覆盖和容量优化（溢出效应，新功能如中继） – 移动性负载平衡 – 移动性鲁棒性优化（溢出效应，新特性如中继） – 避免驱动测试 – SON 评估方案 – RACH 优化 – 减少干扰 – 小区干扰协调 – 节能 – 中继的控制和资源优化

表 1-13　自修复

	Rel – 9	Rel – 10
自修复	停电补偿/缓解	自修复

1.3.5　中继

中继通过无线回程链路而不是使用专用有线或无线（例如微波）回程链路连接到网络的移动网络基站。使用中继的目的是为高阴影区域或不部署专用回程链路的位置提供覆盖扩展。中继可用于增强容量，同时保持良好的成本与性能的权衡。

IEEE 802.16 中继任务组在 IEEE 802.16j – 2009 标准中已经在 WiMAX 中对中继进行了标准化。LTE 的中继在 Rel – 9 中被 3GPP 标准化，并且在 LTE – A 的 Rel – 10中被更详细地指定。由于中继可以用于提高小区边缘的 SINR 条件，而且具有较低的附加基础架构成本，对于 LTE – A，它被认为是改善小区边缘性能并填补覆盖漏洞的工具。

中继节点部署可以涵盖的范围广（见图 1-20），包括室内中继、固定室外中继，甚至包括连接到车辆的移动中继，并为乘客提供覆盖。LTE – A 专注于固定中继，因为它们预计会得到最广泛的部署。移动中继器尤其不符合目前标准化的兴趣。

中继可以被认为是中继器的高级形式。典型的中继器在模拟 RF 级工作，放大来自 eNB 的接收信号，并将其转发给 DL 中的 UE。类似地，它在 UL 中接收来自 UEs 的信号，并在放大之后将其转发给 eNB。因此，当在 eNB 和中继器之间，以及在中继器和 UE 之间，而不是在 eNB 与 UE 之间需要满足链路预算时，中继器增加覆盖率，这种放大和转发中继器在该过程中为信号增加噪声。通常，中继是更智能的中继器，其仅基于中继所针对的用户的子集再生和放大接收信号的相关部分。因此，与中继器相比，由于中继没有噪声或干扰增强。

中继可以在其中内置一些智能装备。例如，可以控制中继的发射功率，只有当

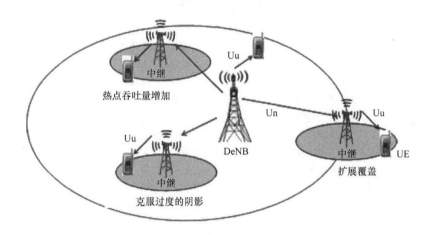

图 1-20　中继节点的部署（DeNB 和 RN 之间的无线接口称为 Un 接口，
Uu 是 UE 和 RN 之间的空中接口）

用户在其覆盖区域中时才能激活中继。只是物理层处理的中继是第 1 层中继。另一种类型的中继是解码和转发中继，这样的解码器与其模拟对应物一样不添加噪声，因为信号实际上是被解码和重传，就像信号的原始源/发射机完成的传输一样。解码和转发中继增加了整体延迟，可以被认为是第 2 层中继转发的一个例子。在原始收发器（例如，eNB）和中继收发器之间需要新的接口和协议。第 3 层中继接收并转发 IP 分组［分组数据汇聚协议（PDCP）业务数据单元（SDUs）］。因此，IP 层上的用户数据包可以在第 3 层中继上查看。第 3 层中继具有 eNB 具有的所有功能，并且其通常通过类似 X2 的接口与其主 eNB 进行通信。不同类型中继节点的功能如图 1-21 所示。

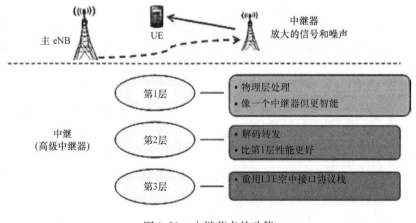

图 1-21　中继节点的功能

在 LTE-A 规范中，已经选择了带内第 3 层（L3）中继（1 型），带外中继（1a 型）和在回程与接入链路之间具有足够天线隔离的带内中继（1b 型），因为预计它们对规格影响不大。多媒体广播单频网络（Multimedia Broadcast Single Frequency Network，MBSFN）子帧用于允许中继节点（RN）在回程接收期间"静音"接入传输。

从 UE 的角度来看，RN 是它自己的小区。RN 具有自己的小区标识，发送自己的同步信道和参考信号，并广播系统信息。UE 直接从 RN 接收和发送 HARQ 反馈。中继节点作为 Rel-8 eNB 显示给 Rel-8 UEs，从而可以提供覆盖和一些容量增强，并且将顺利工作。

使用 MBSFN 子帧实现 eNB-RN 链路上的带内回程。当 RN 想要在回程链路中接收数据时，RN 向 UEs 发送空 MBSFN 子帧（即，仅包含控制信号的子帧）。在 MBSFN 子帧中需要对 eNB 和 RN 之间的控制/数据传输进行重新设计。

带外回程（1a 型）和带天线隔离带内回程（1b 型）也是 LTE-A 的选项。使用这两种中继类型，回程链路和接入链路在不同的频率（频带）上，或者完全独立地隔离和操作。

由于每个中继节点为 Rel-8 UEs 提供自身的小区标识（包括物理小区 ID 和参考信号），无论它们是经由 RN 还是通过 eNB 直接连接，它们都将是透明的。以后的版本可能在 UE 中增加支持以区分 RN 和 eNB 的连接，但这是将来的规范。

在子帧或传输时间间隔（TTI）的基础上，在主 eNB 中执行 RN 与其主 eNB 之间的资源划分。在直接连接的 UEs 和通过 RN 连接的 UEs 之间分割资源是不可能的。

总之，中继网络有望以高效的方式满足苛刻的覆盖和容量需求。目前，3GPP LTE-A 正在对第 3 层带内中继进行标准化。中继链路传输与接入链路传输进行时分复用，而宏用户与中继共享相同的资源。因此，系统性能在很大程度上取决于链路之间和链路内部的资源共享策略，以及 eNB 在资源管理方面的竞争程度。

第2章

载 波 聚 合

在高级长期演进技术（Long Term Evolution Advanced，LTEA）的后续演进系统中，需要更大的带宽（高达100MHz）来支持高峰值数据速率（1Gbit/s 的下行，500Mbit/s 的上行）并且将带宽平均分配到每个小区。为了支持高于20MHz 的带宽，将两个或两个以上的分量载波（CCs）进行载波聚合（CA）的技术应用在 LTE-A 中。一个传输和接收带宽超过20MHz 的 LTE-A 终端可以同时发送和接收多重载波分量的数据。从移动终端接收的或者是传输的载波分量数量可以随着瞬时信息率而变化。最多五个载波分量可被聚合，允许的传输带宽最高为100MHz。一个向后兼容 Rel-8 系统的 LTE-A 需要在载波聚合中设计允许 LTE Rel-8 终端在 LTE-A 网络中运转。然而，并非要求所有的分量载波都必须与 Rel-8 兼容。

2.1 载波聚合基本概念

2.1.1 载波聚合类型及场景

除了峰值数据速率，载波聚合的另一个优势是促进分散频谱的有效利用。在 LTE-A 载波聚合中，每个分量载波可以采用 LTE Rel-8 所支持的 1.4、3、5、10、15 和 20MHz 的任意信道带宽。分量载波不需要相同的频率。操作者通过 CA 技术用分散频谱也可以提供高数据速率的服务。

根据不同的频谱使用情况，在 LTE-A 中的 CA 可能有三种类型：带内连续 CA、带内非连续 CA 和带间 CA，如图 2-1 所示。

带内连续 CA，连续聚合 CCs 中心频率的间隔是 300kHz 的倍数，为了兼容 100kHz 频率的 LTE Rel-9 光栅，将保留间隔15kHz 子载波的正交性。两个相邻的聚合 CCs 之间的信道间隔定义如下（3GPP TR 36.808 V1.7.0）：

标称信道间隔：

$$= \left[\frac{BW_{\mathrm{Channel}(1)} + BW_{\mathrm{Channel}(2)} - 0.1|BW_{\mathrm{Channel}(1)} - BW_{\mathrm{Channel}(2)}|}{0.6} \right] 0.3 [\mathrm{MHz}]$$

式中，$BW_{\mathrm{Channel}(1)}$ 和 $BW_{\mathrm{Channel}(2)}$ 是以 MHz 为单位的两个相应 CCs 的信道带宽。带内连续 CA 的信道间隔可以调整到比标称信道间隔小的 300kHz 的任何倍数，以优化特定部署方案的性能。

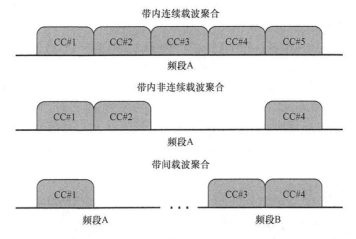

图 2-1　载波聚合类型

　　带内非连续 CA 可能非常适用于北美地区，其中运营商即使在给定频带内也散射频谱（例如，PCS - 1900 频段中的 Sprint）。

　　带内非连续 CA 的一个典型的例子是欧洲的 2.6GHz 波带和 800MHz 欧洲数字红利频带的聚合。

　　非连续 CA 的优势是有离散分集增益，不同类型的衰落信道在不同频率衰落。

　　在另一方面，连续 CA 可以保存多个频谱，因为用作保护频带的许多子载波可以用于数据和控制信号传输。

　　无论是带内 CA 或是带间 CA，LTE - A 最多支持 5 个下行链路（DL）CCs 和 5 个上行链路（UL）CCs 的聚合。它有可能配置连接到相同演进型节点 B（eNB）的用户设备（UE）以聚合不同数量的 CCs。对于频分双工（FDD）操作，上行链路和下行链路中聚合载波的数量可能会有所不同（见图 2-2），而 LTE - A 只支持下行链路 CCs 的数量不小于上行链路 CCs 的数量的情况。然而，在时分双工（TDD）操作中，CCs 的数量和每个 CC 在上行链路和下行链路之间的带宽将是相同的。

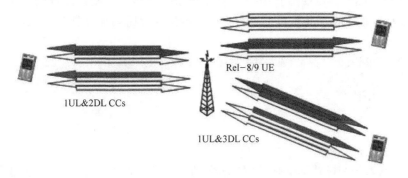

图 2-2　不对称的 DL 和 UL 的 CCs 配置

在所有聚合 CCs 中使用相同的帧结构。对于 TDD 载波聚合，所有 CCs 上的上行链路和下行链路配置应该相同。

在 LTE – A 中，CA 有五种不同的部署情况，假设小区具有两个不同的 CC 频率 F1 和 F2，并且 F2 大于 F1。在场景 1 中，F1 和 F2 CCs 共位并重叠。如果 F1 和 F2 处于同一频段或频率间隔较小，则会导致所有 CCs 的覆盖范围几乎相同。在场景 2 中，F1 和 F2 CCs 是同位并叠加的，但由于 CCs 之间的频率间隔较大导致它们的覆盖范围不同，从而导致不同的路径损耗。只有 F1 提供足够的覆盖范围并且 F2 用于提供吞吐量。移动性是基于 F1 覆盖范围进行的。场景 1 和场景 2 如图 2-3 所示。

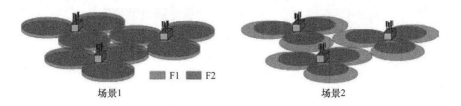

图 2-3　具有重叠无线电覆盖的 CCs

在场景 3（见图 2-4），F1 和 F2 CCs 在同一位置并且 F1 和 F2 通常在不同的频带。F2 天线指向 F1 的小区边界以便增加 F1 小区边缘的吞吐量。F1 提供足够的覆盖范围但 F2 有潜在漏洞，例如，可能造成更大的路径损耗。流动性是基于 F1 的覆盖率。

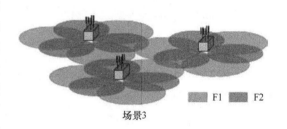

图 2-4　具有不同无线电覆盖的 CCs

在场景 4 中，一个 CC 提供宏小区覆盖，并且远程无线电头端（RRHs）小区被放置在业务热点处，由另一 CC 提供额外的吞吐量。移动性是基于宏小区覆盖完成的。场景 4 中的 F1 和 F2 通常在不同的频带上。场景 5 与场景 2 类似，但是部署了频率选择中继器，以便为其中一个载波频率扩展覆盖范围。预计同一个 eNB 的 F1 和 F2 小区可以在覆盖重叠的地方聚合。场景 4 和场景 5 如图 2-5 所示。

图 2-5　与 RRHs 和中继器协作的 CCs

LTE – A 在上行链路操作中不支持场景 4 和场景 5。通常情况下，上行链路 CA 仅适用于场景 1~3 的带内 CC 配置。但是，LTE – A 中的下行链路应支持所有 CA 场景。

2.1.2 分量载波

虽然在 LTE – A（Rel – 10）中所有的 CCs 均被设计成是向后兼容的，但是一些其他类型的分量载波在 3GPP TSG RAN WG1（RAN1）中实现，这些至少有技术价值或可能在未来的演进过程中被考虑。

2.1.2.1 后向兼容载波

后向兼容的载波（见图 2-6）可以访问目前所有的 LTE 版本。LTE – A 用户必须能够与 LTE Rel – 8 用户共享频谱。一个后向兼容的载波可以作为单独载波（独立）或载波聚合的一部分被操作。对于 FDD 系统，后向兼容的载波总是成对出现的，即上行载波和下行载波。

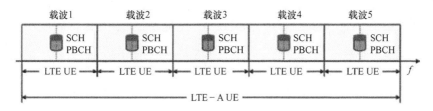

图 2-6　后向兼容的 CCs

2.1.2.2 非后向兼容载波

早期 LTE 版本的 UE 不可访问非后向兼容载波，但 UE 可以访问定义这种载波的版本。如果非后向兼容的载波来源于双工距离，非后向兼容的载波可以作为单个载波（独立的，因此同步信道/物理广播信道［SCH/PBCH］作为载波 2 在图 2-7 中存在），否则，可作为载波聚合的一部分（SCH/PBCH 可能不包括在此 CC 上，作为图 2-7 中的载波 1）。

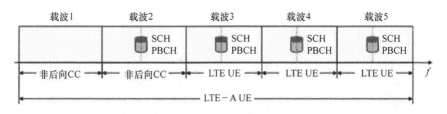

图 2-7　非后向兼容 CCs

非后向兼容的 CCs 被认为允许更高效的 LTE – A UE 操作。在非后向兼容 DL CCs 中，允许没有物理 DL 控制信道（PDCCH）区域的操作是有用的并且可能从用于改进 DL 数据吞吐量的第一正交频分复用（OFDM）符号发送物理 DL 共享信道（PDSCH）。这对于系统中具有少量 UEs（例如，家庭 eNB、热点）的操作场景尤其有利，其中剩余 DL CCs 上的 PDCCH 区域足以容纳所需的 PDCCHs。没有 PD-CCH 的 DL CC 可以通过特殊信令来指示，例如使用第四物理控制格式指示符信道（PCFICH）状态，或者通过更高层的半静态配置来指示。

2.1.2.3 载波分段（Carrier Segments）

载波分段被定义为 Rel - 8 兼容分量载波的带宽扩展 [总和不超过 110 个数据块（RBs）]，并且构成利用频率资源的机制，避免在后向兼容方式中需要新的传输带宽来补充载波聚合。优点是减少在载波聚合环境所需要的额外 PDCCH 传输，以及相对应的部分片段使用小型传输块（TB）的大小。载波分段的概念允许聚集附加的资源块组件构成一个载波分量，同时仍然保留原始载波带宽的后向兼容性。载波分段总是相邻的并且连接着一个载波，但是不能独立的成为一个片段。它们不提供同步信号、系统信息或分页，所以不能用于随机访问或是用户定位。当它们连接 CC 的时候，它们支持相同的混合自动重

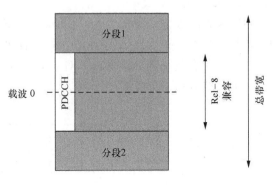

图 2-8　载波分段

发请求（HARQ）过程、PDCCH 指令和传输模式。图 2-8 展示了载波分段的概念。

2.1.2.4 扩展载波（Extension Carrier）

扩展载波是指一个载波不能被作为独立载波单独操作，而是要必须作为载波组的一部分，且该组中至少有一个载波集是独立有能力的载波。例如，没有 SCH 是扩展载波的一种方式；一个没有 SCH 的分量载波将不得不位于一个具有 SCH 的分量载波附近，这是为了得到可靠的同步，但是这种情况可能不适用于离散带间载波聚合。没有控制的信道 [例如：PDCCH、物理 HARQ 指示信道（PHICH）或 PC-FICH] 是扩展载波的另一种方式，为了减少 Rel - 8/9 UE 的接入并减少开销。扩展载波（见图 2-9）支持一个单独的 HARQ 过程、PDCCH 指令和传输模式，这在已连接的 CC 中进行配置。

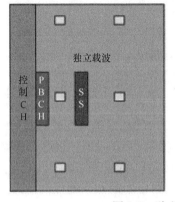

图 2-9　独立载波和扩展载波

2.2 载波聚合配置

2.2.1 主服务小区（PCell）和从服务小区（SCell）

在 LTE – A 中，每个聚合分量载波都表现为具有其自己的小区 ID 的独立小区。一个用户设备可以配置连接到一个 CA 的主服务小区（PCell）和多达四个从服务小区（SCells）。对应于 PCell 的 CCs 被称为下行链路和上行链路主分量载波（PCCs），而对应于 SCell 的 CCs 被称为下行链路和上行链路次要分量载波（SCCs）。

当 UE 被配置为 CA 时，它仅通过 PCell 与网络连接一个无线电资源控制（RRC）。在 RRC 连接建立/重建/切换中，PCell 提供非接入层（NAS）移动性信息 [例如，跟踪区域标识（TAI）]，并且在 RRC 连接重建/切换时，PCell 提供安全性输入。DL PCC 和相应的 UL PCC 之间的关联是小区特定的，并且作为系统信息的一部分 [在系统信息块（SIB）2 中] 发送信号，这与没有载波聚合的情况类似。

UE 以类似于 Rel – 8/9 服务小区的方式在其 PCell 中操作。PCell 根据 UE 配置，也就是说，不同的 UE 可能在一个 eNB 内具有不同的 PCell。PCell 只能通过切换过程 [即，利用安全密钥改变和随机访问信道（RACH）过程] 来改变。与 SCells 不同，PCell 不能被停用和交叉调度。无线电链路故障（RLF）仅基于 PCell 监控触发，因此无线电链路监控对于 SCells 不是必需的。根据 Rel – 8 过程，在 RLF 时，UE 将回退到非 CA 模式。UL PCC 用于承载来自 UE 的物理上行链路控制信道（PUCCH）确认/否定确认（ACK/NACK）、调度请求（SR）和周期性信道状态信息（CSI）。

一旦建立了 RRC 连接，就可以配置 SCells，并且可以使用 SCells 来提供附加的无线电资源。一个 SCell 由一个 DL 资源和可选的 UL 资源组成（即，可以有比 UL 资源更多的 DL 资源，但反之亦然）。在 LTE – A 规范中提到服务小区时，可以指 PCells 或 SCells。

根据 UE 的功能，SCells 可以配置为与 PCell 组合的形式以形成一组服务单元。PCells 和 SCells 特有的功能在表 2-1 中进行了比较。

表 2-1　PCell 与 SCell 的功能

PCell	SCell
PDCCH/PDSCH/PUSCH/PUCCH 在 PCell 上传输	PDCCH/PDSCH/物理上行链路共享信道（PUSCH）在 SCell 上传输
测量和移动性过程基于 PCell 随机接入（RA）过程在 PCell 上执行	媒体访问控制（MAC）基于激活/去激活支持用于 UE 节省电池的 SCells
相同的不连续接收（DRX）循环应用于 PCell 和 SCell	相同的 DRX 周期应用于 PCell 和 SCell

用于 UE 的配置的服务小区集合必须是 Rel – 8/Rel – 9 后向兼容的，并且始终由一个 PCell 和一个或多个 SCells 组成。除了 DL 资源之外，UE 可以使用的 UL 资

源，对于每个 SCell 都是可配置的。因此，配置的 DL SCCs 的数量总是大于或等于 UL SCCs 的数量，并且不能仅配置使用 UL 资源的 SCell。服务小区可以被配置为仅用作 SCell（即，防止 UEs 驻留在其上），例如在该小区中没有广播主信息块（MIB）和 SIBs。服务小区可以是连续的或不连续的（频率上的）并且具有不同的带宽，这不需要提供相同的覆盖范围。

2.2.2 从小区激活/去激活

基于 UE 能力配置 SCells。各自载波分量的激活和去激活将遵守传输规定和 UE 报告的 CQI。SCells 可以看作是有三种状态：

- **无配置**：当为 UE 配置使用的频间测量时，UE 执行无线电资源管理（RRM）的测量（与 LTE Rel-8 相同）。

- **配置但无效**：UE 未接收到 PDCCH 或 PDSCH 时，不测量信道的质量标识（CQI）。

- **配置且激活**：UE 将正常监听 PDCCH 和 PDSCH，进行 CQI 测量，并估算路径损耗。

多亏了 CA 的向后兼容设计，主同步信号（PSS）和从同步信号（SSS）在的所有的 CCs 上传输给 UEs，以促进小区搜索。一旦 UE 成功搜索到一个小区，便将当前小区视为 PCell，并在与 PCell 相关联的上行链路 CC 上执行随机访问过程。即使在 CA 的情况下，任何时候也不会存在一个以上的随机访问过程正在进行的情况。当配置 CA 时，基于竞争的随机访问过程的前三个步骤发生在 PCell 上。在竞争解决之后，UE 将通过遵循通常的 Rel-8/9 过程来建立到其 PCell 的 RRC 连接，如图 2-10 所示。

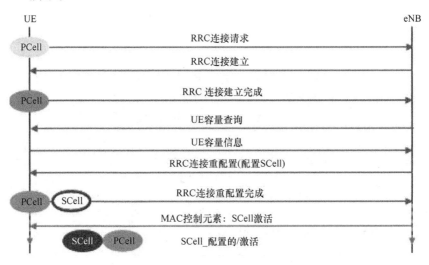

图 2-10　初始访问并进入 CA 模式

在 RRC UE 性能查询过程期间，eNB 拥有 UE 的 PCell，可以询问 UE 是否具有支持 CA 的能力。波段组合参数字段（见图 2-11）在 UE 中演变成通用陆地无线访问（EUTRA）容量信息单元（IE），在 RRC 报告的 "UE 容量信息" 通过 UE 的离散带间配置、离散带内配置和连续带间配置的载波聚合，决定了载波聚合［多输入和多输出（MIMO）］的容量。对于频带组合中的每个频带，UE 通过波段参数 UL/DL 提供所支持的 CA 带宽分类（以及相应的 MIMO 性能）。

```
SupportedBandCombination −r10::=SEQUENCE(SIZE(1..maxBandComb−r10))OF BandCombinationParameters −r10

BandCombinationParameters −r10::=SEQUENCE(SIZE(1..MaxSimultaneousBands −r10)) OF BandParameters −r10

BandParameters−r10::=SEQUENCE{
  bandEUTRA−r10                         INTEGER(1..64),
  bandParametrersUL−r10                 BandParametersUL−r10              OPTIONAL,
  bandParametrersDL−r10                 BandParametersUL−r10             OPTIONAL
}

BandParametersUL−r10::=SEQUENCE(SIZE(1..maxBandwidthClass−r10)) OF CA−MIMO−ParametersUL−r10

CA−MIMO−ParametersUL−r10::=SEQUENCE{
  ca−BandwidthClassUL−r10              CA−BandwidthClass−r10,
  supportedMIMO−CapabilityUL−r10       MIMO−CapabilityUL−r10            OPTIONAL
}

BandParametersDL−r10::=SEQUENCE(SIZE(1..maxBandwidthClass−r10)) OF CA−MIMO−ParametersDL−r10

CA−MIMO−ParametersDL−r10::=SEQUENCE{
  ca−BandwidthClassDL−r10              CA−BandwidthClass−r10,
  supportedMIMO−CapabilityDL−r10       MIMO−CapabilityUL−r10           OPTIONAL
```

图 2-11　UE 容量信令

然后，eNB 可以通过初始安全激活过程之后的 RRC 连接重配置过程，除了初始配置的 PCell 之外，还配置支持 CA 的一个或多个 SCells 的 UE。

一个或多个 SCells 可以被配置在一个 RRC 连接重配置消息中（见图 2-12）。每个 SCell 被分配一个 SCell ID，即 SCellIndex，范围 1 ~ 7。还配置相应的物理小区 ID 和载波频率。

新配置的 SCell 的默认状态是去激活的。SCell 的去激活意味着该 SCell 上的 PDCCH 接收（针对 DL 和 UL 授权）是停止的，以及 PDSCH 接收和物理上行链路共享信道（PUSCH）（包括重传），探测参考信号（SRS）以及 CQI 传输。当 DL SCC 被激活或去激活时，连接的 UL SCC 也被激活或去激活。DL SCC 激活/去激活可以是显式的也可以是隐式的。

显式激活/去激活的 DL SCC 是通过媒体访问控制（MAC）信号。通过 MAC 协议数据单元（PDU）次逻辑信道 ID（LCID）27 携带 SCells 8 位图下行链路的激活和去激活，以此来识别 LTE – A 新定义的 MAC 元素（见图 2-13）的激活/去激活。

```
RRCConnectionReconfiguration−v1020−IEs::=SEQUENCE{
    sCellToReleaseList−r10          SCellToReleaseList−r10                    OPTIONAL, −− Need ON
    sCellToAddModList−r10           SCellToAddModList−r10                     OPTIONAL, −− Need ON
    nonCriticalExtension            SEQUENCE{ }                               OPTIONAL, −− Need OP
}

SCellToAddList  r10 ::=            SEQUENCE(SIZE(1..maxSCell−r10)) OF SCellToAddMod− r10

SCellToAddMod  r10 ::=             SEQUENCE{
    sCellIndex −r10                    SCellIndex−r10,
    cellIdentification−r10             SEQUENCE{
        physCellId−r10                     PhysCellId,
        dl−CarrierFreq−r10                 ARFCN −ValueEUTRA
    }                                                               OPTIONAL,      −− Cond SCellAdd
    radioResourceConfigCommonSCell−r10    RadioResourceConfigCommonSCell−r10  OPTONAL,        −− Cond
SCellAdd
    radioResourceConfigDedicatedSCell−r10    RadioResourceConfigDedicatedSCell−r10  OPTONAL,        −−
Cond SCellAdd2
    ...
}
```

图 2-12   SCell 加入/释放信令

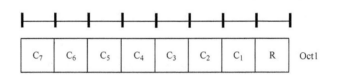

图 2-13   激活/去激活 MAC 元素

通过位图，一个激活/去激活命令可以激活或去激活 SCells 的一个子集。

"C_i"字段显示带有 SCellIndexi 的 SCell 的激活/去激活状态。C_i 字段被设置为"1"，表示具有 SCellIndexi 的 SCell 被激活。C_i 字段被设置为"0"，表明具有 SCellIndex 的 SCell 将被去激活。

通过被称为 SCell 去激活定时器的装置可以触发 DL SCC 的隐式去激活。每个 SCell 保持一个去激活定时器，但是每个 UE 通过 RRC 配置一个公用值。

一旦配置完成，为简单起见，除了当无线电连接丢失或用于切换并且 UE 尝试重新连接时，UE 以 CA 模式操作，直到它保持连接到相同的 eNB。在这种情况下，在尝试 RRC 连接重建之前，UE 将自动释放任何已配置的 SCells。然后，eNB 将不得不使用由 RRC 执行的不同 PCell 和 SCell 来重新配置 CA 模式。在 LTE 内切换时，RRC 还可以添加、移除或重新配置 SCells 以供与目标 PCell 一起使用。当添加新的 SCell 时，专用 RRC 信令用于发送所有必需的 SCell 系统信息，也就是说，在连接模式下，UEs 不需要从 SCells 获取广播系统信息。

由于只能在附着过程、RRC 连接重新配置过程或切换（HO）过程期间将 CA 配置到 UE，因此 UE 可以仅在 RRC−CONNECTED 状态下被配置为 CA。处于 RRC_IDLE 状态的 UE 始终表现为单载波 UE。

2.3 载波聚合数据链路层结构

在 LTE 中，MAC 层主要执行 HARQ 和调度，无线电链路控制（RLC）层主要执行数据包的分割和连接并且自动重发请求（ARQ）。以防 LTE - A 中的 CA 模式下，物理层的多载波本质仅显示给每个服务小区需要的 HARQ 实体的 MAC 层。多载波聚合 CCs 在分组数据汇聚协议（PDCP）和 RLC 层是不可见的。

值得注意的是，最小标准化和实现对 LTE Rel - 8 的影响是需要支持 CA。协议分离到不同的载波是在 MAC 层中完成。MAC 层基于每个 CC 进行多码（MCW）传输，并且在每个 CC 基础上设置选择自适应调制编码（AMC），HARQ 和 MIMO 方案。具有多个 ACK /NACK 的单一用户需要多个 HARQ 进程支持。eNB 必须监听来自多个载波聚合的多重 CQI 报告。

每个分量载波的物理层采用相同的设计，这样的优势在于可以多次重用现有的 LTE Rel - 8 结构（硬件，软件，例如，同样的传输模块大小，软缓冲区大小，对 MAC 和 RLC 设计的无/有限影响）。此外，CA 技术可以做到使一个用户同时使用多个分量载波，但应考虑这样会在资源调度中出现新的问题。在非连续带间聚合场景中，载波聚合属于不同的频带、衰落特性，如载波之间的路径损耗和多普勒频移是不同的，如图 2-14 所示。

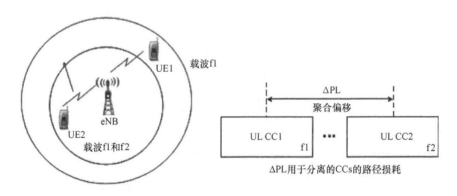

图 2-14　两个 CCs 之间不同的路径损耗

因此，频域中允许链路适应（包括秩自适应）在高带宽下变得越来越重要（即，每个分量载波适应），尤其是如果分量载波在频谱中的距离非常远时。

在 LTE - A 中，对上行链路和下行链路，每个分量载波均有一个独立的 HARQ 实体，因此，对每个 DL 和 UL CC，有一个独立的 HARQ 过程。这允许每一个载波可以有单独的链路适配和 MIMO，如果每个数据传输可以独立地匹配每个载波信道的条件，将会提高吞吐量。因此，数据处理的物理层可以被认为是独立的载波。

从 UE 的角度来看，存在一个传输块（在没有空间多路复用的情况下）和每个调度的分量载波的一个 HARQ 实体。每个传输块都被映射到单个分量载波。UE 可以同时在多个分量载波上进行调度，如图 2-15 所示。

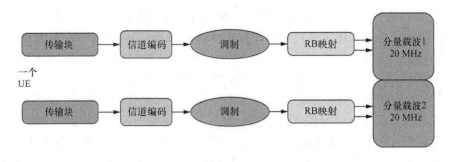

图 2-15　多个 CCs 上的多个 TBs

　　每个无线载体有一个 PDCP 实体和一个 RLC 实体，并且在 RLC 上不可见，但是可在许多 CCs 上进行物理（PHY）层传输。RLC 处理数据的速率最高可达 1Gbit/s。支持跨多个 CCs 的动态第 2 层分组调度。由于每个 CC 有独立的 HARQ，HARQ 重传在与对应原始传输相同的 CC 上进行传输。与 CA 配置的下行链路的第 2 层用户平面结构如图 2-16 所示。

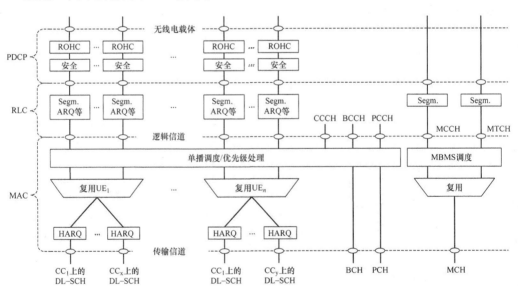

图 2-16　DL CA 的第 2 层结构

　　UL 的用户平面结构使用与 DL 相同的一般原则，每个 CC 具有独立的传输信道并且每个 CC 具有独立的同步 HARQ。如果 UE 被调度在多个 CCs 上，则 UE 决定如何多路复用来自 CC 上的不同无线载体的数据（基于逻辑信道优先级规则）。如果其他载波上的干扰超过设定的阈值，调度器可以选择合适的载波进行数据传输。与

CA 配置的上行链路的第 2 层用户平面结构如图 2-17 所示。

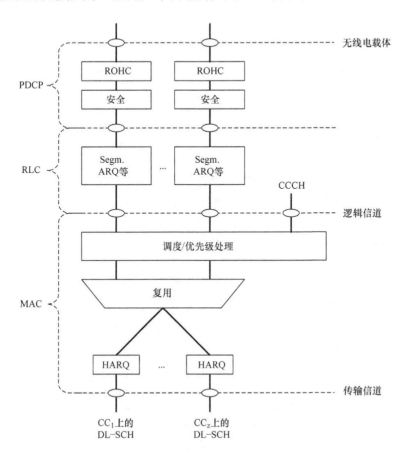

图 2-17 UL CA 的第 2 层结构

2.4 下行链路载波聚合操作

2.4.1 系统信息广播

通过 CA，每个服务小区都有自己的广播控制信道（BCCH）。BCCH 采集和监听与 Rel‐8 相同，要求 UE 仅在系统信息（SI）获取时才监听 PCell 上的 BCCH。专用信令用于传送 SCells 的 SI。

SCell 通过 RRC 重配置消息配置给 UE，该消息包括必要传输的 SI 和接收附加的 SCell（类似于 Rel‐8 HO）。通过移除或添加 SCell 的处理来配置的 SCell 上系统信息的变化。因此，UE 不需要监听 SCCs 上的 BCCH。表 2-2 列出了在 CA 场景中获取系统信息的场景。

表 2-2　载波聚合的系统信息

	广播信令	专用信令	广播信令
Rel-8，Rel-9	对于正常 SI 的获取		在 SI 变化中
PCell	步骤 1：读取 MIB/SIB1/ SIB2/…/SIBn（系统信息块 1/2/n)	在 HO 中 步骤 1：从 HO 命令获取 SI	步骤 1：检查分页价值标签 步骤 2：读取 MIB/SIB1/SIB2/… /SIBn
SCell	对于正常 SI 的获取 步骤 1：获取来自为 SCell 添加的 RRC 消息的 SI		在 SI 变化中 步骤 1：获取来自为 SCell 添加的 RRC 消息的 SI

　　CA 的备选方案是在 CCs 中排列帧时间和系统帧数，如果它们不一致，将导致在 DRX 处理、CQI 和 SCCs 的 SRS 配置时复杂性的增加。此外，对于全部的候选 CCs，时分双工（TDD）和 TDD - 配置是相同的。

2.4.2　物理下行共享信道（PDSCH）传输

　　数据在 PDSCH 的传输过程如图 2-18 所示。在 LTE 中，可能会通过 eNB 分配多个 UEs 给 DL - SCH，因为它是一个共享的信道。UE 观察小区专用参考信号（CRS）和附加的 CSI RSs，以此来估计主要下行信道情况并量化 CSI。通常，CSI 涉及诸如 CQI、预编码矩阵标识符（PMI）和秩标识符（RI）的量的确定。给定 UE 的周期性 CSI 报告被配置在一个 UL CC 上以支持多达五个 DL CCs。

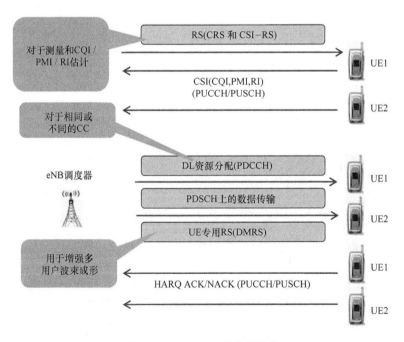

图 2-18　PDSCH 上的数据传输

调度器在 eNB 处执行以确定应该传输哪个用户数据。在 LTE – A 中，随着附加决策（例如，在 CA 情况下的 CC 选择）被做出，调度器复杂度进一步增加。当调度器选择用户进行下行数据传输时，它使用 UE 上报的 CQI 值和等待传输的数据缓冲区来决定传输的资源块、数据速率和调制方案。有关数据如何传输的信息在 PD-CCH 上发送。LTE – A 中引入跨载波调度来支持 CA。

UE 可以从一个或多个 CCs 上接收数据，验证校验和，并根据验证结果向 eNB 传输一个 ACK 或 NACK。下行链路 HARQ 处理被部署在 CA 场景中，每个 CC 具有一个 HARQ 实体。

LTE Rel – 8 中的 DL – SCH 物理层处理的多个步骤也适用于载波聚合。对于并行于同一 UE 的多个 CCs 上的传输，不同载波上的传输对应于独立的传输信道，这些传输信道具有独立的以及或多或少独立的物理层处理过程。

2.4.3 下行链路控制信道

控制信令在 LTE 中有几个主要用途：它提供与调度分配相关的信令，它提供对数据传输的响应，提供信道状态反馈信息，并提供功率控制信息。为了支持载波聚合，这些功能必须扩展以支持多个分量载波。应该注意的是，通常原则是在可能的情况下将 LTE 设计扩展到多个载波。

在下行链路中，呈现三个控制信道：PDCCH 用于调度分配和功率控制；PC-FICH 用于指示 DL 控制区域的大小；PHICH 用于为 UL 数据传输提出确认信息。

2.4.3.1 物理下行控制信道（PDCCH）

目前在 Rel – 8 FDD 操作中，UL 和 DL 载波是成对的。这意味着，使用 PDCCH 开始传输 UL 时，在给定的 DL 载波上隐含着一个特殊 UL 载波。在载波聚合中，LTE – A PDCCH 可为每个 CC 分别编码；一个 PDCCH 标志着预定了一个 CC［即，下行控制信息（DCI）分别为每个 CC 编码］，多个 PDCCHs 应该分别编码并且多个 CCs 在一个子帧内传输调度 UE 的 PDSCH/PUSCH。在这种情况下，LTE – A 将重用 Rel – 8 PDCCH 结构［相同的编码、相同的控制信道、基于资源映射的"状态"（CCE）和每个分量载波中的 DCI 格式。换句话说，同一分量载波上的 PDCCH 分配同一分量载波上的 PDSCH 资源和单链路 UL 分量载波上的 PUSCH 资源。基于单载波的 DCI 形式，为每个分量载波分配独立的授权。分量载波上的 PDCCH 也可以分配一个多重分量载波上的 PDSCH 或 PUSCH 资源，使用载波标识符字段（CIF）决定跨载波的调度（见图 2-19）；这样的 DCI 可以用来解决任何支持的分量载波。Rel – 8 DCI 格式可以通过在高层信令上配置的固定 3 位 CIF 来进行扩展。

CIF 可以消除为了 DCI 目的而定义 DL 和 UL 载波之间的明确关系的需求，并且还允许有效地支持 UL 重分配。跨载波调度的主要原因是异构小区部署中的负载均衡和干扰管理。可以使用 CIF 来调度来自单个 DL 载波的多个分量载波中的 PUSCH 传输。CIF 的特征描述如下：

- CIF 存在的配置是 UE 特定的（即，不是系统特定的或小区特定的）。

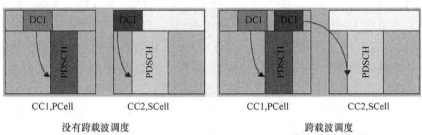

图 2-19　跨载波调度

- CIF 是一个固定的 3 位字段。无论 DCI 格式大小如何，CIF 位置都是固定的。
- 对于 DCI 格式 0，1，1A，1B，1D，2，2A，2B 在 UE 特定搜索空间中的跨载波调度应始终通过显式 CIF 被标示出来。
- 当循环冗余校验（CRC）通过小区无线网络节拍标识符（C–RNTI）或半永久调度 RNTI（SPS C–RNTI）加扰时，CIF 不包含在公共搜索空间的 DCI 格式 0 或格式 1A 中。
- 当 CRC 由 SI–RNTI、寻呼 RNTI（P–RNTI）、随机访问 RNTI（RA–RNTI）或临时 C–RNTI（TC–RNTI）加扰时，DCI 格式不具有 CIF。

在 LTE Rel–8 中，根据搜索空间来定义要监控的候选 PDCCH 集合。PDCCH 搜索空间被划分为 UE 专用搜索空间和公共搜索空间。在 UE 专用搜索空间中，UE 搜索聚合级别为 1、2、4 和 8，在公共搜索空间中，UE 搜索聚合级别为 4 和 8。在每个聚合级别，UE 对指定数目的 PDCCH 候选上两个不同的 DCI⊖长度执行盲解码，这导致 44 个盲解码（在 UE 专用搜索空间上 32 个，在公共搜索空间上 12 个）。对于 UE 专用的搜索空间，UE 根据表 2-3 中所示的传输模式经由 RRC 信令半监控地配置 DCI 0/1A 和 DCI。对于公共搜索空间，UE 监控 DCI 0/1A/3/3A 和 DCI 1C。

表 2-3　传输模式和被监控的 DCI 格式

传输模式	被监控的 DCI 格式
1. 单天线端口；端口 0	DCI 0/1A, DCI 1
2. 传输多样性	DCI 0/1A, DCI 1
3. 开环空间复用	DCI 0/1A, DCI 2A
4. 闭环空间复用	DCI 0/1A, DCI 2
5. MU–MIMO	DCI 0/1A, DCI 1D
6. 闭环秩 = 1 预编码	DCI 0/1A, DCI 1B
7. 单天线端口；端口 5	DCI 0/1A, DCI 1

⊖　在 Rel–8 中，两个不同的 DCI 大小是盲解码的。一个 DCI 大小用于下行链路配置，这个 DCI 大小取决于由 RRC 确定的下行链路传输模式。另一个 DCI 大小用于上行链路配置和下行链路紧凑配置，这个 DCI 大小是固定的，因为只有一个传输模式在 Rel–8 上行链路中被支持。

在 CA 的情况下，每个分量载波有一个控制区域。PDCCH 支持具有独立编码的一个载波。UE 根据在每个非 DRX 子帧中用于控制信息的高层信令所配置的一个或多个激活的服务小区上的所有被监测的 DCI 备选格式来解码一组 PDCCH。

在 UE 专用搜索空间中，当前允许的所有 DCI 格式的跨载波调度由显式 CIF 支持，但在格式 0/1A 的公共搜索空间中不被允许。对于 UE 监视 PDCCH 的没有 CIF 的任何 DL 载波，搜索空间与 Rel - 8 中的相同。UE 监视 PCell 上聚合级别 4 和 8 处的一个公共搜索空间（见图 2-20）。UE 不需要监视 SCell 中的公共搜索空间。

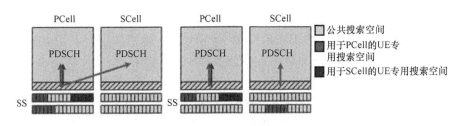

图 2-20　具有和不具有跨载波调度的搜索空间

对于给定的 UE，位于每个 PDCCH CC 上的搜索空间在每个聚合级别和每个 CC 上被单独定义。PDCCH CC 上的 UE 搜索空间由具有相同大小的 DCIs 共享。使用相同的哈希函数来生成多个 CCs 的搜索空间，其中不同 CCs 的搜索空间之间的偏移量是 CIF 的函数。不需要标准解决方案来处理与 CIF 配置相关的歧义。如果没有 CIF 的公共搜索空间 DCI 格式的 PDCCH 候选和具有 CIF 的 UE 搜索空间 DCI 格式的 PDCCH 候选具有相同的有效载荷大小，由 C - RNTI 加扰并且具有相同的起始 CCE，则 UE 将假设只有公共搜索空间 DCI 格式的 PDCCH 候选可以被传输。

在 LTE - A 中，由于引入额外 DCI 格式和一些载波聚合的原因，盲解码操作的数量将会增加，支持的盲解码最大数量与聚合 CCs 的数量一致。然而，UE 并不会监听在次要分量载波上任何公共搜索空间。

在 LTE - A 中，UE 需要监测三种 DCI 格式：DCI 0/1A，用于配置的下行链路传输模式的 DCI 和用于配置的上行链路传输模式的 DCI（通过在 UL 中引入传输模式来支持 UL - MIMO，新的 DCI 格式仅在 PDCCH 上的 UE 专用搜索空间中发送，并且不与任何 DCI 格式比特对齐）。因此，CC 中的盲解码总数增加到 60 个（UE 专用搜索空间 48 个，公共搜索空间 12 个）。盲解码的总数可能变为 $60 \times N$（N 表示分量载波的数量）。在实时网络中，出于复杂性和功耗降低的原因，我们应该减少盲解码时间。

LTE - A 规范中，UE 应该只监听主小区上的一个公共搜索空间，因此可以显著减少盲解码的总数。注意，在一个 PCC 和多个 SCCs 配置 CA 的情况下，盲解码实际数量最多达到 $44 + 32 \times N\_DL\_SCC + 16 \times N\_UL\_SCC + 16 \times N\_ULM\_CC$ 个，N_DL_SCC 是活跃 DL 次要分量载波的数量，N_UL_SCC 是 UL 次要分量载波的数量，可能会通过活跃 DL 分量载波被配置，但并不会由 SIB2 链接的分量载波配置；N_ULM_CC 的数量由 UL-MIMO 分量载波配置，其中有一个活跃 SIB2 链接 DL 分量载波（可能是由一个活跃的 DL 分量载波配置，而不是 SIB2 链接的分量载波）。实际的盲解码数量要考虑 CC 的激活和去激活来重新计算。

此外，一些关于 PDCCH 的演进技术正在研究中，并且可能在未来被采用。PDCCH 的预编码可以用于显著提高小区边缘性能和覆盖范围。PDCCH 波束成形被认为是用于 LTE-A 的潜在的 PDCCH 性能增强技术。可以使用 eNB 预先选择并由 UE 反馈的预编码向量来实现 PDCCH 波束成形。

2.4.3.2 物理控制格式指示信道（PCFICH）

在 LTE 中，物理控制格式指示信道（PCFICH）携带关于用于子帧中的 PD-CCHs 的传输的 OFDM 符号的数量的信息。LTE-A 使用 PCFICH 的 Rel-8 设计（调制、编码，到资源元素的映射）。

在 LTE-A 载波聚合的情况下，PCFICH 指示出每个分量载波独立控制区域的大小，这样可以单独调整每个载波的控制区域大小。一个 UE 会因此独立解码 PC-FICH 并确定如 LTE Rel-8 中的数据边界。对于 PDCCH-less 载波（如一个异构网络中的扩展载波），被用户所知和无特殊处理是必要的。由于控制区域可能是在不同大小的不同的分量载波上，那么一个 UE 就需要得到 PCFICH 在每个分量载波上的调度计划。

当使用跨载波调度时，与某个 PDSCH 传输相关的 PDCCH 在除 PDSCH 本身之外的分量载波上传输。因此，UE 需要知道传输 PDSCH 的载波上的数据区域的起始位置。虽然可以通过对调度了 PDSCH 的每个载波上的 PCFICH 进行解码来完成，但是必须考虑由 PCFICH 的错误解码引起的严重情况。

在 LTE Rel-8 中，如果 PCFICH 被错误地解码，则调度 PDSCH 的控制区域中的 PDCCH 很可能会丢失。在具有跨载波调度的 CA 中，如果在另一个载波上由 PDCCH 指示的 PDSCH 传输的载波上发生 PCFICH 错误，则可能导致 UE 的下行链路 HARQ 缓冲器损坏，如图 2-21 所示。

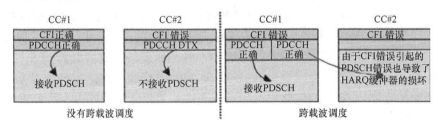

图 2-21 跨载波调度中的 CFI 错误

因此，对于跨载波调度传输，引入了标准化解决方案来处理 PCFICH 错误问题。对于使用 CIF 进行跨载波调度的 UE，承载 PDSCH 的 CC 上 PDSCH 起始位置的单个值将通过 RRC 信令指示给 UE，而不是从相应 CC 上的 PCFICH 中获得。半静态配置的数据区起始位置可能不同于承载 PDSCH 传输的 CC 上的 PCFICH 上发送的值。

2.4.3.3 物理 HARQ 指示信道（PHICH）

LTE - A 将重用来自 Rel - 8 的 PHICH 物理传输方面，包括用于每个 PHICH 组的正交码设计、调制方案、加扰序列、到资源元素（RE）的时间和频率资源映射等。

在 CA 中，仅在用于传输 UL 授权的相同 DL 载波上传输 PHICH。由于在LTE - A 中使用单独的 HARQ 处理，所以每个分量载波将需要相关的控制信令。另外，LTE - A UE 可以配置有 UE 专用的 UL/DL 载波聚合配置，这些配置是系统配置的子集，如图 2-22 所示。

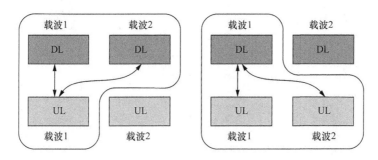

图 2-22 载波聚合配置

PHICH 资源映射规则取决于 CA 配置。对于 DL CCs 和 UL CCs 的 1∶1 或 n∶1 之间的映射，或者没有 CIF 的调度，PHICH 资源映射重用 Rel - 8 映射方案。对于上行链路聚合场景的 1∶n 映射情况或者使用 CIF 的调度，单组 PHICH 资源被所有 UE（Rel - 8 UEs 和 LTE - A UEs）共享。

PHICH 确认在与 UL 调度分配相同的 DL 载波上传输，这允许支持许多同步 UE 专用配置。该功能解决了上行链路聚合的问题，并且不需要定义明确的 DL - UL 配对关系。尽管这需要 eNB 管理 PHICH，但它与以后需要的 PDCCH 管理相似。

当使用跨载波调度时，一个下行链路 CC 可能必须为多个上行链路 CCs 承载 PHICH 传输。由于 PHICH 索引是由对应的 PUSCH 传输的最低物理资源块（PRB）确定的，其在多个上行链路 CCs 上可能是相同的，所以发生 PHICH 冲突的概率增加。

在上行链路多用户 MIMO（MU - MIMO）的情况下或者当小区配置有少量 PHICH 组的情况下，LTE Rel - 8 中已存在潜在的 PHICH 资源冲突。该问题可以由 eNB 调度器使用相应 UL 授权中的解调参考信号（DMRS）循环移位指示来解决。在 LTE 中，较高层为载波提供配置的 PHICH 资源的数量，其与 DL 带宽成比例并且可以被设置为四个不同的值（$Ng = \{1/6, 1/2, 1, 2\}$）。

PHICH 索引冲突（见图 2-23）可能经常发生，因为一开始分配给多个 ULCCs 的 UL PRB 索引是相同的。如果与 PHICH 相比，UL PRBs 更多，那么高概率的 PHICH 索引冲突将发生。然而 eNB 可以通过调整 n – DMRS 避免一些 PHICH 索引冲突，因为联系协调 PHICH 资源超过多个 UL CCs，这将增加 eNB 调度的复杂性。它提出了 UL CC 特定 PHICH 资源补偿，相当于调整 UL PRB 索引，也可以应用到避免 PHICH 索引冲突中。

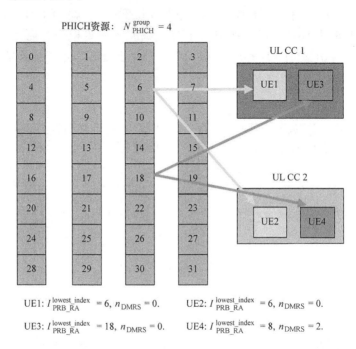

PHICH资源：$N_{\text{PHICH}}^{\text{group}} = 4$

UE1: $I_{\text{PRB\_RA}}^{\text{lowest\_index}} = 6$, $n_{\text{DMRS}} = 0$.　　UE2: $I_{\text{PRB\_RA}}^{\text{lowest\_index}} = 6$, $n_{\text{DMRS}} = 0$.

UE3: $I_{\text{PRB\_RA}}^{\text{lowest\_index}} = 18$, $n_{\text{DMRS}} = 0$.　　UE4: $I_{\text{PRB\_RA}}^{\text{lowest\_index}} = 8$, $n_{\text{DMRS}} = 2$.

图 2-23　PHICH 索引冲突（一个 DL CC 为两个 UL CC 保留 PHICH 资源）

2.5　上行链路载波聚合操作

首先，总结了典型的上行数据传输过程（见图 2-24）如下：

1. 如果新数据已经抵达一个 UE 数据缓冲区，但是在这个传输时间间隔（TTI）并没有可用的 PUSCH 资源（对于 UE），UE 在 PUCCH 标识调度请求（SR）信号。如果没有 SR 资源可用，在物理 RACH（PRACH）上，UE 将开始一个随机访问过程，以标识 SR。

2. eNB 在 PDCCH 上给 UE 发送一个 UL 授权。

3. UE 用户接收到 UL 授权后，发送自身的缓冲状态报告（BSR），因此 eNB 可以决定附加 UL 资源的分配。如果有一个附加资源，数据也会传输。

4. 基于 UE BSR，如果需要的话，eNB 将发送至 UE 一个附加的 UL 授权。

5. 在 PUSCH 上，UE 传输 UL 的数据。

6. 获得 UL 的数据后，eNB 发送一个 HARQ ACK/NACK。

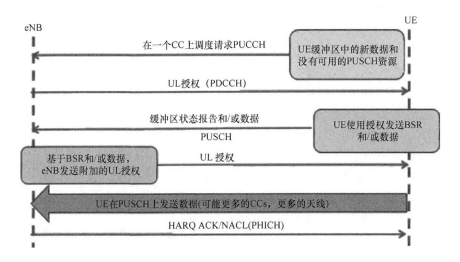

图 2-24　上行数据传输过程

由于 LTE – A 的演进，PUSCH 传输可能使用一个或多个 CC 和一个或多个天线。回想一下，在 LTE – A 中最多支持（4×4）单用户 MIMO（SU – MIMO）。PUSCH 和 DMRS 使用相同的预编码。此外，随着 CA 的引入，所有上述物理信道或信号都需要重新定义或进一步明确。

2.5.1　小区搜寻和随机访问

在一个载波聚合系统中，较高的带宽和系统吞吐量会为系统访问提供更好的机会。假设不对称载波聚合时，Rel – 8 UEs 和 LTE – A UEs 都可以申请访问以下小区搜寻和广播信道（BCH）接收程序。特别是对于 LTE – A UEs，这将有利于在访问小区获得 DL 和 UL 载波配置的系统信息，因此根据在单载波分量被用于原始访问时的系统带宽，不会增加搜寻 UE 小区的复杂性。

- UE 在 100kHz 频率上进行小区搜寻。
- 为了粗调时间和同步频率，UE 基于同步信道（SCH）进行一个初始小区搜寻，如果 UE 在一个聚合的 DL CCs（DL 载波#0）上检测到一个 SCH 信号，那么 UE 就在 DL CC 上接收 PBCH。接到 PBCH 后，配置 DL 带宽、数字传输天线、PHICH。
- UE 通过 DL CC # 0 接收 SI – 2。获得上行 E – UTRA 绝对射频信道数量（EARFCN）、UL 带宽和几个物理信道配置。
- UE 接收 PBCH 和 SI – 2 后，得到与 DLCC（DL CC#0）配对的 ULCC（UL

CC#0）的信息。

在最初小区搜寻和 BCH 访问后，一些重要的控制信号，包括随机访问因素的 PRACH 配置，被 UE 获取，然后 UE 进行初始随机访问过程，根据 PRACH 参数配置与一个 eNB 建立连接。

在随机访问过程，从 PRACH 的最多有可能的 64 个备选信道中选取一条，供 UE 传输随机访问前同步码。如果 eNB 检测到一个随机访问前同步码，它发送一个随机访问反馈回应，配置临时 UE 身份和上行传输的无线电资源初始 RRC 消息。

LTE – A 和 Rel – 8 的随机访问过程是一样的。RA 过程总是在 PCell 上执行。

利用不对称下行链路重载波聚合，若干下行链路 CCs 可能与一个上行链路 CC 相关联。由于 eNB 无决定的能力，导致下行 CC 首次访问时选取了模棱两可的随机访问过程，这是因为下行 CC 识别信息没有在前同步码中传输。必须通过 eNB 解决这种模棱两可的传输，以便它可以在合适的下行载波中传输下行数据到 UE。如图 2-25 所示为解决方案的一个例子，每一个下行 CC 在时间和频率上与专用 PRACH 相关联。使用这种方法，基于 PRACH 或设置 UE 选择前同步码，eNB 可以唯一地确定适当的下行载波。

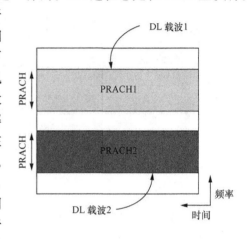

图 2-25　非对称 CA 的 PRACH

2.5.2　上行链路控制信道

2.5.2.1　载波聚合的物理上行链路控制信道（PUCCH）

物理上行链路控制信道 PUCCH 承载上行链路控制信息。UL 控制信令承载 DL 数据传输和信道状态反馈（例如，CQI、PMI 或 RI）。在具有载波聚合的上行链路中，最简单的方法是基于 Rel – 8 结构支持每个载波的单个 UL 控制信道。因此，可以独立地配置每个 UL 控制信道以支持一个 DL – UL 载波对。在非对称载波聚合的情况下，附加的 UL 控制信令（ACK/NACK 和 CQI）可被配置为在单个 UL 载波上支持多个 DL 载波。UL 的一个问题是可用于 UE 的有限传输功率。这也许会导致不可能同时从许多分量载波发送反馈或确认。在这种情况下，可以使用某种形式的控制信息复用，例如 ACK/NACK 绑定。除了载波聚合之外，在同一载波内，UE 具有同时发送 PUSCH 和 PUCCH 的能力。UE 要求跨所有分量载波传输的总累积功率不应超过 UE 的最大功率。在发射功率限制下，采用基于每信道缩放的功率降低，其中使用缩放因子，以便首先在 PUSCH 上执行功率降低。

如果通过更高的物理层，来自同一个 UE 可支持同时传输 PUCCH 和 PUSCH。对于 TDD 系统，在 UpPTS 字段 PUCCH 不传输。PUCCH 支持多种格式，如表 2-4

中所列出的。格式2a 和2b 只支持正常的循环前缀。所有 PUCCH 格式均使用特定的小区循环移位。

表 2-4 支持的 PUCCH 格式

PUCCH 格式	调制方案	每个子帧的位数/M_{bit}
1	N/A	N/A
1a	BPSK	1
1b	QPSK	2
2	QPSK	20
2a	QPSK + BPSK	21
2b	QPSK + QPSK	22
3	QPSK	48

LTE – A 中 PUCCH 的设计最多支持 5 个 DL 载波分量。ACK/NACK 的 PUCCH 传输、SR 和周期 CSI 只有在 UL PCC 能被实现。如果 UE 在 UL PCC 有 PUSCH 传输，那么在 PCC 上的任何上行控制信息（UCI）在 PUSCH 中都可作为载波。在 PCC 一个或多个 PUSCH 甚至是没有 PUSCH 的传输中，在 PUSCH 中任何 UCI 都可作为一个在 SCC 单个 PUSCH 中的载波。

半静态配置 ACK/NACK 单信号 CC PUCCH 传输、SR 和周期 CSI。在 LTE – A UE 的载波聚合中，ACK/NACK 的传输方式采用了支持多达 4bits ACK/NACK 和 1bit PUCCH 格式，并具有信道选择功能。当 LTE – A 可支持超过 4bits ACK/NACK 时，可支持 1bit 的 PUCCH 格式和 PUCCH 格式 3，并且都是通过更高层信号进行配置的。给确定的 UE 发送周期性的 CSI 报告是在一个可支持多达 5 个 DL CCs 的 UL CC 上配置的。当 PDSCH 只收到 PCell 时，使用 Rel – 8 PUCCH 1 a/b 资源。使用明确的信号是来指示 ACK/NACK 资源，选择信道无跨载波调度或者 SCell 的跨载波调度。

2.5.2.2 ACK/NACK 传输

在 LTE Rel – 8 的 TDD 中，PUSCH 和 PUCCH 都可以携带与多个 DL 子帧相对应的 ACK/NACK（s）。一个支持的反馈模式是 ACK/NACK 绑定，在这种模式下，每个码字执行 AND 操作，通过捆绑窗口内的子帧的多个 ACK/NACK 位，并将生成 1 或 2 个捆绑 ACK/NACK 位用于反馈。这种模式对覆盖限制的 UE 有用。另一种是 ACK/ANCK 多路复用，在这个模式下，AND 操作在跨空间码字的 DL 子帧内执行（即，ACK/NACK 空间捆绑），并且通过信道选择方法实现 ACK/NACK 多路复用，与 ACK/NACK 绑定相比，该方法提高了 DL 吞吐量。Rel – 8 的 TDD 中特定的 ACK/NACK 反馈机制需要尽可能多得在LTE – A 中重用。

在 LTE – A 中，单个特定用户 UL CC 配置半导体携带 PUCCH ACK/NACK。不支持在多个 UL CCs 中来自 PUCCH 上的一个 UE 同时传输 ACK/NACK。不支持在多个不相邻 PRBs 同时 PUCCH 传输 ACK/NACK。为一有能力的 CA UE 配置单 UL/

DL 载波对时，单天线 PUCCH 资源在如 Rel-8 中那样完成配置。

　　一个 UE 的所有 HARQ ACK/NACKs 可以在缺乏 PUSCH 传输时在 PUCCH 上进行传输。ACK/NACK 传输的 PUCCH 格式是根据 ACK/NACK 位的数量决定的。在 Rel-8 中，PUCCH 格式 1a/1b 最多可以支持 2 个 ACK/NACK 位。带有信道选择 PUCCH 格式 1b 的最多可以支持 4 个 ACK/NACK 位。只是需要注意的是：1b 格式信道选择可以应用于 Rel-8 TDD，以避免由于子帧捆绑引起的吞吐量退化。如果简单地重用 Rel-8 中指定的映射规则，它可以支持多达 4 个 ACK/NACK 位。

　　新的 PUCCH 格式（PUCCH 格式 3）被引入用于支持更大数量的 ACK/NACK 位，这是基于 DFT-S-OFDM 的。

　　对于 LTE-A UE，支持多达 4 个 ACK/NACK 位时，有信道选择的 PUCCH 格式 1bit 用于 ACK/NACK 传输。对 LTE-A UE，若支持超过 4 个 ACK/NACK 位，信道选择 PUCCH 格式 1b 和 PUCCH 格式 3 均被支持。信道选择 PUCCH 格式 1b 最多可支持 4 个 ACK/NACK 位，PUCCH 格式 3 支持所有范围的 ACK/NACK 位。UE 是由更高层的配置以采用 PUCCH 格式 3 或信道选择 PUCCH 格式 1b 的。

　　DL 反馈传输的 ACK/NACK 资源可能被隐式或显式地检索出来，如图 2-26 所示。

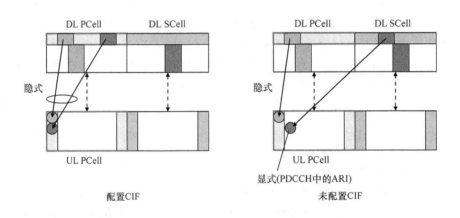

图 2-26　具有信道选择的 ACK/NACK 资源分配

　　如果 UE 配置为信道选择 PUCCH 格式 1b 并且是在 PCell 中传输 PDSCH，如 Rel-8，隐式 ACK/NACK 资源分配部署为动态调度。

　　如果 UE 是配置为信道选择 PUCCH 格式 1b 并且是在 SCells 中传输 PDSCH，对于无跨载波调度或从 SCell 跨载波调度，由 RRC 部署显式 ACK/NACK 资源配置。在 SCell 上 PDSCH 相对应的 PDCCH 标志一个源自于 RRC 配置资源块的资源（ACK/NACK 资源标识符，ARI）。从 PCell 而来的跨载波调度，使用隐式 ACK/NACK 资源分配。

　　如果 UE 被配置为使用 PUCCH 格式 3，显式的 ACK/NACK 资源分配将由 RRC

配置。在 SCell 中 PDSCH 相对应的 PDCCH 表示来源于 RRC 配置资源的 ARI 资源。如果在 SCells 中没有收到与 PDSCH 相对应的 PDCCH，在 PCell 中收到 PDSCH，将使用 Rel - 8 PUCCH 1a/b 资源。UE 假定 Scells 上与 PDSCH 相对应的所有 PDCCHs 有相同的 ARI。

对于 PUCCH 格式 3（DFT - S - OFDM）的资源分配，传输功率控制（TPC）字段，在 PDCCH 中对应 PCell 的 PDSCH，被用作 TPC 命令，而在 PDCCH TPC 字段（2 位）对应 SCell 的 PDSCH，被用作 ARI。

2.5.2.3　PUCCH 格式 3

在 LTE - A 中，载波聚合需要在一个 UL 子帧支持更多的 ACK/NACK 位（最多到 5 载波分量的 20 位）。以防 UE 在一子帧中从多个 DL 载波中接收 PDSCH 传输，它必须在一个 UL 子帧内，反馈多个与不同 TBs 有关的 ACK/NACKs。对于每个 CC 配置了双码字传输，HARQ 反馈状态的总数是 5/DL CC，分别是（ACK，ACK）、（ACK，NACK）、（NACK，ACK）、（NACK，NACK）和不连续传输（DTX）。所以 n 个激活 DL 分量载波的反馈状态总数可以用 5^n 表示。5 个激活 DL 分量载波的最大数量，每个采用双码字传输调度，需要比特数反馈所有状态以构成 12 位 FDD 系统，因此介绍一个新的 PUCCH 格式 3 载波聚合来满足这个要求。

新的 PUCCH 格式（PUCCH 格式 3），它最多可传达 20 个 ACK/NACK 位，这在 LTE - A 中有介绍。UE 在超过两个下行 CCs 中的操作能力需要支持 PUCCH 格式 3，因为超过 4 位 HARQ 是必须要确认的。对于这样的 UE，在它通过更高层信号配置，不使用由资源选择的 PUCCH 格式 1 时，多个 CCs 中 PUCCH 格式 3 还可以用于小于 4 位 ACK/NACK 关联同步传输。

PUCCH 格式 3 是基于 DFT - S - OFDM，其与用于 PVSCH 的传输方案相同。PUCCH 格式 3 处理程序如图 2-27 所示。通过特定小区加扰序列随机干扰小区来实施块编码。由此产生的 48 位正交相移键控（QPSK）调制，分为两组，每一个位置有 12 个 QPSK 符号。

一个正常的循环前缀（CP）（每个时隙 7 个 OFDM 符号），RS 在符号位 1 和 5 中，留下 5 个符号位用于数据传输。对于扩展 CP，RS 在符号位 3。PUCCH 格式 3 采用 SF = 5［多路复用能力，在 RS 不使用正交覆盖码（OCC）］。长度为 5 的正交覆盖序列由 5 个 DFT 序列获得。

对于随机化的 PUCCH 格式 3，LTE - A 采用特定 UE 和特定小区加扰应用于编码信道，类似于 PUCCH 格式 2 的加扰。在同一位置上运用加扰操作和交叉单频频分多址（SC - FDMA）符号是一样的，因为符号相关性指数加扰，将会在低多普勒频率选择信道的 SC - FDMA 系统中增加符号间干扰（ISI）。

针对随机化小区间干扰，也可采用特定小区循环移位跳跃。随机循环移位序列同 Rel - 8 一致，并且在 DFT 前应用循环移位。

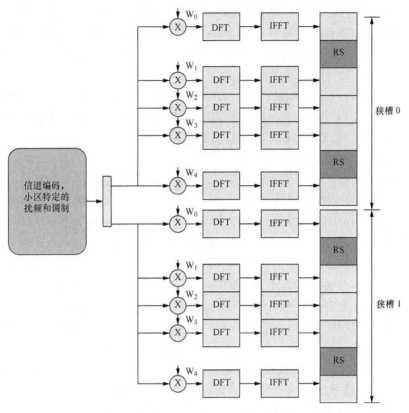

图 2-27　PUCCH 格式 3（普通 CP）

对于 ACK/NACK 有效负载的大小小于或等于 11 位的 PUCCH 格式 3，具有循环缓冲速率匹配（单 RM 代码）的 Rel-8 的（32，0）速率匹配（RM）码是可重用的。ACK/NACK 位映射和 Rel-8 中的相同。

ACK/NACK 有效负载的大小大于 11 位时，使用双 RM 编码，如图 2-28 所示。ACK/NACK 位分成同样大小的两段，变为两个 ACK/NACK 块，长度为 ceil（N/2）和 N-ceil（N/2），其中 N 是 ACK/NACK 反馈有效负载的大小。对于每一个包含 11 或更少的位的 ACK/NACK 块，每一块被 Rel-8 RM（32，0）编码，在最后 8 行打孔编码。然后每个 ACK/NACK 块被调制至 12 QPSK 符号，从两个狭槽上传输的 ACK/NACK 块上交替收集到 24 QPSK 符号。

当 ACK/NACK 在有效负载的大小大于 11 位的 PUSCH 上传输时，与 PUCCH 格式 3 的操作一样，ACK/NACK 位被分割成两块，长度分别为长 ceil（N/2）和 N-ceil（N/2），其中 N 是 ACK/NACK 反馈有效负载的大小。每个 ACK/NACK 块使用循环缓冲速率匹配的 RM（32，0）代码。信道编码块的输出比特序列是通过连接两个编码块得到的，从两个 ACK/NACK 块映射编码 ACK/NACK 位到 PUSCH 资源元素，如图 2-29 所示。

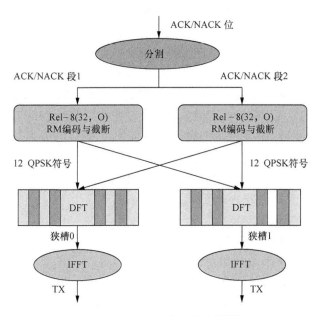

图 2-28 PUCCH 格式 3 的编码设计

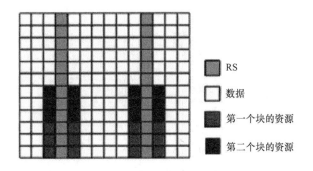

RS
数据
第一个块的资源
第二个块的资源

图 2-29 ACK/NACK 资源映射方案

PUCCH 格式 3 支持所有的 FDD ACK/NACK 反馈和带空间绑定的 TDD ACK/NACK 反馈。PUCCH 格式 3 类似于 PUCCH 格式 1/2，资源可以用单个索引正交序列和可派生资源块数量来表示。一个 UE 可以被 4 个 PUCCH 格式 3 的不同资源配置。

2.5.2.4 调度请求

在 CA 中，调度请求是基于每个 UE 的 ，也就是说，对所有 UL 分量载波进行问询。调度请求在 PUCCH 中进行传输并且同步映射到一个 UE 专用的 UL 分量载波上。

2.5.2.5 CSI 报告

在 eNB 进行链路适配和预编码时，UE 需要报告 CQI、PMI 和每个分量载波的 RI。LTE Rel－8 支持两种类型的 CSI 反馈信道：周期性 CSI 和非周期 CSI。周期性

CSI 传输使用 PUCCH 格式 2/2a/2b，有效载荷最多达 11 位。非周期性 CSI 是 PUSCH 传输，有效载荷最多到 64 位。非周期性 CSI 在有或没有同步 UL 数据时都可以进行传输，并且由 UL 授权触发信号。

LTE - A 的 CSI 传输方法将在 PUCCH 重用 PUCCH 格式 2 进行 CSI 报告。周期性 CSI 报告（PUCCH）被同步映射到一个特定 UE UL CC（PCell）。CSI 报告模式可以被每个 DL CC 独立配置。下面的报告类型支持周期性 CSI：

报告类型 1 支持 UE 选择子带的 CQI 反馈。

报告类型 1a 支持 CQI 子带和二级 PMI 的反馈。

报告类型 2、2b 和 2c 支持宽带 CQI 和 PMI 反馈。

报告类型 2a 支持宽带 PMI 反馈。

报告类型 3 支持 RI 反馈。

报告类型 4 支持宽带 CQI。

报告类型 5 支持 RI 和宽带 PMI 的反馈。

报告类型 6 支持 RI 和 PTI 反馈。

不同的下行 CCs 的周期性 CSI 报告（见图 2-30）仍然可能会发生碰撞（在相同的子帧），一些额外的优先级将被用于定义不同的 CCs，并根据优先级放弃进行周期性 CSI 报告。

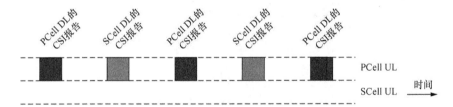

图 2-30　CA 的周期性 CSI 报告

如果 PUCCH 和 PUSCH 不是同时被配置并且至少有一个 PUSCH 传输，则所有 UCI 都搭载在 PUSCH 上。如果在 PCell 上有一个 PUSCH，虽然没有非周期性 CSI 触发，但是所有 UCI 搭载在 PCell 上；否则根据 SCell 指数选择一个 SCell。当一个非周期性 CSI 被触发，UCI 映射在包含非周期性 CSI 的 PUSCH 上。

通过特定 UE 的更高层信号，可以同时传输 PUCCH 和 PUSCH。周期性 CQI/PMI/RI 独立或 ACK/NACK 独立作用时，UCI 在 PUCCH 上传输。对于相同或者不同 DL CCs 的周期性 CSI 和非周期性 CSI 之间的碰撞，周期性 CSI 被删除，这和 Rel -8 中一样。类型 1a、2a、2b 和 2c 的 CSI 报告，在 PUSCH 中应被编码为 CQI/PMI。类型 5、6 的 CSI 报告在 PUSCH 传输中应该被编码为 RI。每个小区的 RI 报告最多为 3 位。截尾卷积码（TBCC）包含 CQI/PMI 和 8 位 CRC 联合编码。

在 LTE - A 中考虑了一些同步 UCI 的情况：在 PUCCH 格式 3 的 SR + ACK/NACK 情况下，在 ACK/NACK 信息位结束时附加正/负 SR 位。格式 1b 的信道选择

SR + ACK/NACK，空间绑定用于 FDD，全绑定用于 TDD，并且 1 或 2 位绑定 ACK/NACK 在 SR 资源上传输。当不同时配置 PUCCH 和 PUSCH 时，当 CQI 和 ACK/NACK 在同一子带被传输时，CQI 被丢弃，除非同时使用 ACK/NACK 和 CQI，并且 UE 只能在 PCell 中接收 PDSCH。当配置 PUCCH 和 PUSCH 同时传输，ACK/NACK 总是在 PUCCH 上传输，如果 PUSCH 可用，那么 CQI 在 PUSCH 上传输。

2.5.3 UL 多路访问

LTE Rel – 8 利用 SC – FDMA 进行上行传输。上行多路访问计划需要标准化 LTE – A 以将带宽扩展到 20MHz 以上，同时为了立方度量和小区覆盖，应保持 LTE Rel – 8 的后向兼容性。因此 LTE – A 中 UL 多路访问（UL MA）方案设计有以下几个方面可进行评估：

- 性能，尤其是 UL – MIMO。
- 接收机复杂度、系统设计的灵活性和取决于频谱分离的弹性资源分配。
- 峰值平均功率比（PAPR）应该被降低，在小区边缘维持覆盖，相当于 SC – FDMA。
- 不连续资源分配需要提高平均吞吐量。
- 由于后向兼容性的要求将保持 Rel – 8 的 DFT – S – OFDMA。

在 LTE – A 中有必要采用 UL 多路访问，不仅是在载波聚合（CA）场景中适用，在单载波场景中也适用。在当前的第三代合作伙伴计划（3GPP）中，在单载波（intra – CC）场景中部署分簇 DFT – S – OFDM，在多载波（inter – CC）的场景部署 Nx – DFT – S – OFDM。

2.5.3.1 分簇 DFT – S – OFDM

在具有 SC – FDMA 的 LTE Rel – 8（见图2-31）中，上行资源分配在连续频域中始终保持有益低立方度量性能。然而，更灵活的资源配置，以更好地利用频域分组调度收益被 LTE – A 视为必要的，这种条件下需要放松立方度量（CM）需求。在这个情况下，分簇 DFT – S – OFDM 可以用来为资源提供更多的自由分配，同时相比于 Rel – 8 保持在最低限度。新的 UL 访问计划有一

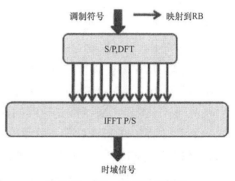

图 2-31 SC – FDMA 发射机

些优势，包括更灵活的调度、仅为 UE 分配首选频率和降低 UE 传输的 PAPR。

所谓的分簇 DFT – S – OFDM 传输方案中，一个簇定义为大量连续的 PRBs 和资源块组（RBGs）并且是在频域独立于任何其他簇。频谱单元在 DFT 预编码后分成两个或两个以上的部分，称之为簇，并且每个簇映射到资源块分配（见图 2-32）。这个选项可以为具有更好几何结构的 UE 提供更多上行链路调度的灵活性，同时通

过调度本地化 RBs 来允许限制功率
UE 的单载波传输。

分簇 DFT – S – OFDM 传输支
持非连续资源配置，足够多的 UE
功率余量和没有空间复用可用于支
持 PUSCH 传输。分簇 DFT – S –
OFDM 将会支持 PUCCH 和 PUSCH
同时传输，以及每个载波分量的单
个 DFT 非连续 PUSCH 传输。在当
前 LTE – A 规范（Rel – 10）中，
最多两个 PRB 簇支持 PUSCH 传输
（见图 2-33）。

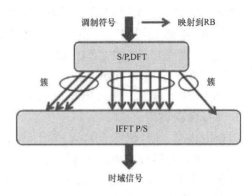

图 2-32　分簇 DFT – S – OFDM 发射机
（S/ P——串行/并行）

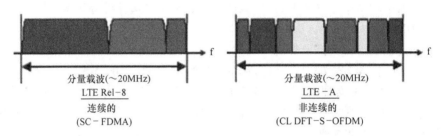

图 2-33　具有分簇 DFT – S – OFDM 的 PUSCH 传输

2.5.3.2　Nx DFT – S – OFDM

SC – FDMA 只允许连续的资源分配，不能充分利用多用户分集的宽带信道。因
此，它不适合 CA 场景。多 UL 传输方案包括 OFDMA、分簇 DFT – S – OFDMA 和
Nx DFT – S – OFDMA 被认为是可支持载波聚合的。

伴随分簇 DFT – S – OFDMA，数据包在 DFT 预编码之前经历编码和调制过程，
然后映射到多个簇上。每个簇是连续的以最小化 PAPR/ CM，尽管多个簇可能映射
到同一个载波以允许非连续资源分配。这适用于当物理层进行分段和数据聚合
（即，总载波分量的一个传输块）。因此，如果采用分簇 DFT – S – OFDMA 来支持
CA，物理层的重新设计将是必需的，并且没有独立的链路适配和 HAPQJ 在不同载
波分量上。一个说明性的分簇 DFT – S – OFDMA 的框图如图 2-34 所示。该方法的
主要优势是 CM 略低于 Nx SC – FDMA。然而，在通过性能稍差的链路时，CM 优势
将会被损耗掉一些。此外，当 UE 实现多传输链路时，在模拟组合前的链路间的信
号相位可能很难精确对齐。在链路间相位随机时，CM 复合信号恶化 0.6dB
（QPSK）和 0.4dB（16/64 – QAM），这是在 4 簇时的情况，而与相位对齐的情况相
反，例如单收发机实现。

Nx DFT – S – OFDMA 采用并行的多 CC 传输，可以实现更宽的带宽。这个方案可以在满足峰值数据速率要求的同时保持后向兼容性、低成本和通过重用 Rel – 8 规范实现快速发展。

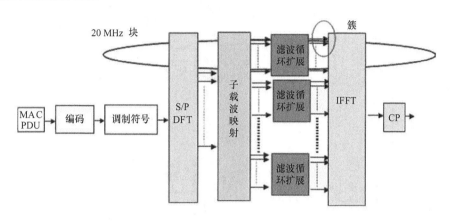

图 2-34　分簇 DFT – S – OFDMA

对于 Nx DFT – S – OFDMA，数据包分割成几个段或者码字。每一段进行独立 DFT 预编码，然后映射到一个分量载波上。这相当于使用 N 并行 DFT – S – OFDM 传输器，它允许每个载波 AMC 和 HARQ。可以有多个 DFT 预编码块并且每个 DFT 预编码块的输出映射到连续 RBs 上，但是不同的 DFT 预编码块的输出可以被映射到不同的频段。这种方法的缺点包括额外控制的消耗，因为单独控制每个载波信号可能需要额外的分段消耗。这个方案适用于 MAC 层分段和数据的聚合（因为 OFDMA 方式没有 DFT 预编码，它可以同时支持 MAC 数据聚合和物理层数据聚合）。也就是说，每个载波分量提供一个单独数据流，在 MAC 层被分段或者被聚合。这需要独立的 HARQ 处理、相关的控制信号和更多的比特位消耗。这种方法的一个关键优势是为每一个载波提供独立的链接适配和 MIMO 支持，这些都会改善吞吐量。Nx DFT – S – OFDMA 的说明性框图如图 2-35 所示。

一般来说，CM 随着 N 的增大而增加，相比于 OFDMA 而言有大量码字。该方法的主要优势是它可以在物理层性能规范中进行少量更改的情况下实现，其中传输（TX）架构由并行 Rel – 8 发射机组成，接收（RX）架构由并行 Rel – 8 接收机组成，如果子载波光栅匹配用一个快速傅里叶逆变换（IFFI）即可实现。这个情况可以为有更好几何形状的 UE 提供更多上行调度的灵活性，同时只允许单 DFT 块调度对功率有限的 UE 进行单载波传输调度。

从 CM 性能的角度来看，每个簇的大小（或每一个 DFT 块的大小）不影响分簇 DFT – S – OFDMA 或 Nx DFT – S – OFDMA 的 CM 性能。一般来说，分簇 SC – FDMA 的 CM 性能根据簇的数量、簇的规模和簇的位置共同决定。对于一个给定的

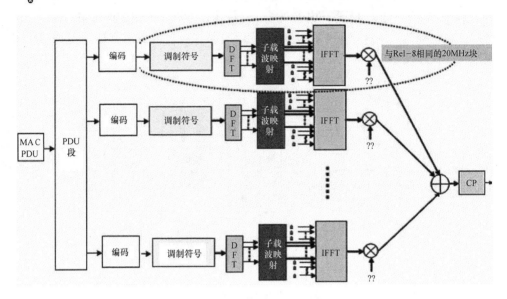

图 2-35 Nx DFT – S – OFDMA

簇（DFT 块）和每簇 RBs（DFT 块）的集合块来说，分簇 DFT – S – OFDMA 的 CM
值小于分簇 Nx DFT – S – OFDMA 的 CM 值。但是二者 CM 的差值会随着调制阶的
增加而减少。关于模块的错误率（BLER），如果两个方案进行比较，在所有情况
下，Nx DFT – S – OFDMA 略优于分簇 DFT – S – OFDMA，并且增益约为 0.3dB 或小
于 0.3dB。最后，在 CA 场景中 3GPP 采用 Nx DFT – S – OFDMA 方案进行上行传输，
连同分簇 DFT – S – OFDMA 对 CC 内部进行上行传输（见图 2-36）。因此频域连续
和频域离散的资源都可以在每个分量载波中被配置。对于 Nx DFT – S – OFDMA 方
案，每个分量载波只有一个 DFT 和一个传输块，在考虑信噪比（SNR）性能的地
区可以提供低 CM 与 OFDMA 类似的性能，将提供独立 PUSCH 功率控制给每
个 CC。

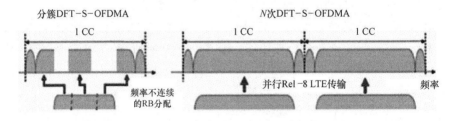

图 2-36 分簇 DFT – S – OFDMA 和 Nx DFT – S – OFDMA

2.5.3.3 PUSCH 和 PUCCH 同时传输

LTE – A 支持在同一 CC 或在不同的 CCs 内 PUCCH 和 PUSCH 同步传输（见图
2-37）。在一个没有 UCI 搭载的 UL CC 中，UE 会同时发送 PUCCH 和一个或多个

PUSCHs。PUCCH 只在 PCC 上传输。

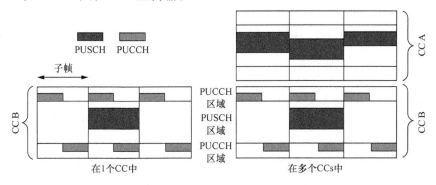

图 2-37　PUCCH 和 PUSCH 并行传输

LTE - A 支持 PUSCH 和 PUCCH 并行传输，在此基础上有利于利用 PUCCH 资源，UCI 包含于 PUSCH 时保持空隙，同时保留 PUSCH 资源用于数据传输。尽管释放 PUSCH 资源有利于数据传输，但是 PUSCH 和 PUCCH 并行传输仍会受到若干限制，在下文中会讨论这几方面的限制。

首先，并行传输只能应用于没有功率限制的 UE 上。由于单载波的 CM 优点，UCI 时分多路复用（TDM）时 UE 可以传输 ΔCM dB（CM 的差异取决于 PUSCH 调制），与 PUCCH 和 PUSCH 并行传输相比，PUSCH 中的 UCI 和数据时分多路复用（TDM）可获得更大的功率。因此，并行 PUCCH 和 PUSCH 传输对于低信号干扰加噪声比（SINR）或覆盖受限的 UE 没有优势。

正如我们所知，PUCCH 受干扰的限制，目前还不清楚权衡是在 PUCCH 中还是在 PUSCH 中传输 UCI 是否总是有益的。有时在频率分集 PUSCH 中进行 UCI 传输不需要占用很多资源，并且可能会得到比 PUCCH 跳频（FH）传输更好的性能。特别是对于相对较大的 PRB 配置，在 PUSCH 中的固有频率分集所获得的覆盖面积可能大于在一个可实现的 PUCCH 传输中频率分集所获得的覆盖面积。

此外，由于 PUSCH 和 PUCCH 的功率控制回路是不同的，所以当 PUSCH 和 PUCCH 共同传输时信号功率达到 P_{max} 时存在明显的限制。由于 UCI 不受益于 HARQ 并且具有较高的接收可靠性，所以 PUCCH 的功率不应该受到影响。通过适当的选择数据调制和编码方案（MCS），eNB 调度器可能会导致 PUSCH 功率下降和 CM 增加。

最后，在一个 CC 内并行多信道传输也应认为是只在 PUCCH 中传输。例如，由于在 LTE 中要求单载波，如果在同一子帧同步传输 CQI 和 SR，那么 CQI 将不被传输。然而，在 LTE - A 中，单载波在所有情况中都不再增长，当 UE 在一子帧中只有 CQI 和 SR 传输时，同步传输 CQI 和 SR 并且避免遗漏 CQI 报告是合理可行的。

UCI 的 TDM 和数据应该在 LTE - A 为默认模式，并且从一个 UE 同步传输

PUCCH 和 PUSCH 应该是可配置的。

2.5.3.4 上行离散传输

LTE－A 支持使用分簇 DFT－S－OFDM 的每个分量载波的单个 DFT 配置离散资源配置。离散资源分配的多用户分集增益可以高于连续资源配置。对于离散资源配置，由于多载波传输，PUSCH 资源分段可以被消除或大大减少；另一方面，支持离散资源配置的一个缺点是立方度量的增加。

理论上，增加用于 PUSCH 传输簇的数量可以提高来自频率分集的吞吐量增益。在实践中，离散资源配置适用于高频选择信道。对于低频选择信道，更有可能适用于家庭基站，离散资源配置将得到最小增益。在考虑离散 PUSCH 传输时，除了吞吐量性能、UE 的复杂性、检测复杂性之外，还应该考虑 PDCCH 开销。图 2-38 显示了在理想 TU－3 信道估计的 QPSK 链路级性能和 16 正交振幅调制（16－QAM）性能。对单输入多输出（SIMO）1 Tx－2Rx 配置，在 10% BLER 操作点，QPSK 增益约为 0.15dB，16QAM 为 0.08dB。由于立方度量增加，将会损失净性能。我们也看到，当前 Rel－8 的 PUSCH 帧内跳频已经可以提供足够的频率分集，所以在 LTE－A 不支持跳频和离散 PUSCH 同步分配资源。

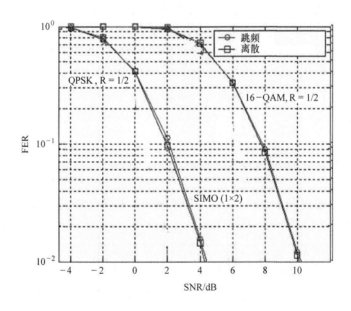

图 2-38　离散分配链路频率分集增益

LTE－A 支持 Rel－8 单簇传输和 LTE－A 多簇 PUSCH 传输之间的动态切换。仿真结果显示在图 2-39 中，我们可以看到当簇的数量增加时，CM 也增加。

LTE－A 规范中，考虑相对低的 CM 性能，UL 簇的最大数量是 2 。增加 CM 可转化为更低的最大传输功率，因此可以减少对小区边缘用户的覆盖，尤其是在限噪

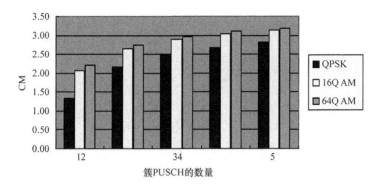

图 2-39 簇 PUSCH 的 CM

环境中，资源分配信号复杂并且 UL 调度高效。在仿真中，每个簇的大小设置为以下集合的值：$N \times 1RB$、$N \times 2RBs$、$N \times 3RBs$、$N \times 4RBs$、$N \times 5RBs$，其中 N 是整数。

2.5.3.5 OFDMA 与 DFT – S – OFDMA 对比

UL SU – MIMO 被用于增加数据率和改善覆盖范围。UL SU – MIMO 被认为是在 LTE Rel – 8 中考虑，但相比于这些新发现的优势，发现由于需要多个功率放大器，这对于终端来说太贵了。现在，最多有四个 TX 天线传输到指定 LTE – A UL。

由于 UL – MIMO 被应用于 UL，所以目前正在讨论 OFDMA 与 DFT – S – OFD-MA 的 MIMO 性能。众所周知，对于最小方均误差（MMSE）接收机和某些天线配置而言，OFDMA 的 MIMO 性能更优于 DFT – S – OFDMA。但随着 2×4 空间复用，性能几乎完全相同。然而，MMSE 并不被认为是最先进的现代基站接收机。Turbo 均衡器将获得更好的性能。因此，MMSE 结合串行干扰消除（SIC）⊖使用 Turbo 译码器进行输出，作为实际接收机。

由于先进的接收机，不同 UL MA 设计的 MIMO 性能差异可以忽略不计。

原来声称 OFDMA 是优于 SC – FDMA 的，因为它允许最大似然（ML）接收机。然而，如图 2-40 所示，简单实际的 Turbo SIC 接收机提供比 OFDMA ML 接收机更好的性能。这是由于 Turbo SIC 接收机可以利用信道编码，而一个 ML 接收机从实现的角度来看，利用信道编码是不可行的。仿真是在使用 16 – QAM 调制和 2/3 编码率的 2×2 空间复用的空间信道模型（SCM）中完成的。ML 接收符号级的性能要劣于一个可实现简单 SIC 接收机的性能。MMSE 的性能是逊色于 OFDMA 的。因此，在 LTE – A 不考虑上行多路访问方案时，对于 SU – MIMO 上行，Turbo SIC 是首选接收机。

⊖ 接收方的技术已经相当理想了：结合串行干扰消除（SIC）的 MMSE 接收器是 3GPP 研究中的 MIMO 的基准接收机。

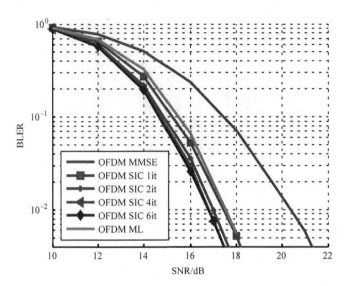

图2-40 OFDMA 的 MMSE、ML 和 Turbo SIC 接收机之间的性能比较

图2-41 显示了考虑从 QPSK 到 16/64 QAM 的 MCSs 的 SCM 信道中的 OFDMA 和 DFT－S－OFDMA 与 Turbo—SIC 和 MMSE 接收机的性能。可以看出，具有 2×4 天线配置的两个 UL 多路访问方案之间的性能没有差异；使用 2×2 个天线，OFD-MA 在 16/64 QAM 的编码率方面略显好转。使用 QPSK、OFDMA 和 DFT－S－OFD-MA 的性能是相同的。

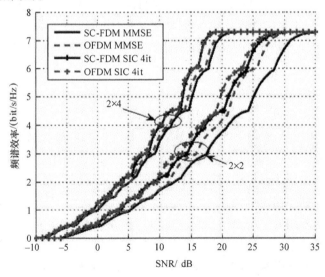

图2-41 具有 Turbo－SIC 和 MMSE 接收机的 OFDMA 和 DFT－S－OFDMA 的性能

2.5.4 逻辑信道优先级（LCP）管理和缓存状态报告（BSR）

在 LTE Rel－8 中，根据配置的优先级和优先比特率（PBR），服务质量

（QoS）由 MAC 层数据传输的逻辑信道支持。在实践中，MAC 层执行链路控制协议（LCP），使用逻辑信道优先级来满足 PBR 平均目标。

在 CA 中，不同的 CCs 可能提供类似的 QoS。如果 UE 获得了 UL 资源并生成多个 UL CCs，则由 UE 决定如何分配 UL 数据。UE 可以应用 LCP 于每个 CC 或一个聚合 UL 授权。

缓存状态报告（BSR）过程用于向服务 eNB 提供关于在 UE 的 UL 缓冲器中可用于传输的数据量的信息。

在 CA 中，BSR 可以在任何 UL CC 上发送，也就是 BSR 可以在任何 PCell 或 SCell 上传输。与 Rel – 8 相同，只有零个或一个常规/周期性 BSR 加上零个或多个填充 BSR 可以存在于 MAC PDU 中，并且每个 TB 仍然最多一个 BSR。如果在一个 TTI 中包括多个 BSRs，则对于任何逻辑信道组（LCG），应指出相同的值。

由于在 CA 中支持较高的数据速率，因此将指定一个附加的 BSR 表（范围为 0 ~ 3000kB），其值遵循 Rel – 8/Rel – 9 指数分布。RRC 将告诉 UE 使用哪个表。无论是否配置了 CA/MIMO，都可以为 UE 分配扩展 BSR 报告。

2.5.5 上行功率控制

LTE 中的上行链路功率控制基于由终端本身进行的信号强度测量（用于开环功率控制）和由基站测量（闭环功率控制）。后一种测量用于产生功率控制命令，其随后作为下行链路控制信令的一部分被反馈到终端。

LTE – A 的上行链路功率控制与 Rel – 8 相似，也就是说，它可以弥补距离相近的路径损耗和影响，同时会减少对邻近小区的干扰，并且将支持特定分量载波 UL 的功率控制。然而，由于在 LTE – A 中，可以在不同的 CCs 上并行发送多个 PUSCHs，并且可以在相同或不同的 CCs 上发送同步 PUSCH/PUCCH，CA 场景中的上行链路功率控制将变得复杂得多。

通常，LTE – A 通过 CC 特定的 UL 功率控制支持更大的带宽，可用于连续和非连续信道聚合。由于在不同的 CC 上可能有相当不同的传播条件，可以预料，对于不连续的信道聚合需要 CC 特定的功率控制；另一方面，由于不同的干扰条件和对不同 CCs 的要求，连续的信道聚合也可能需要 CC 特定的功率控制。

在 LTE – A 中，功率缩放可能非常复杂，因为允许在单个 CC 上同时传输多个 PUSCHs 和 PUCCHs，而上行链路传输可能同时在多个 CCs 上。将提供考虑 PUSCH 传输，以及 PUCCH 和 PUSCH 同步传输的两种类型的功率余量电源头部报告（PHRs）。

2.5.5.1 路径损耗估计

UL 路径损耗（PL）估计是 UL 功率控制的关键因素并且高度依赖于分量载波的配置。网络完全补偿路径损耗应该是可行的，以此来确保 UL 功率控制的可靠性和多个 CCs 的公平调度。

在 LTE – A 中，由于不同的 UE 可以使用 DL CC 来估计不同 UL CC 的路径损耗，所以当两个 UL CC 被聚合但位于不同的频带中时，路径损耗间隙可能是显著的（见图 2-42）。

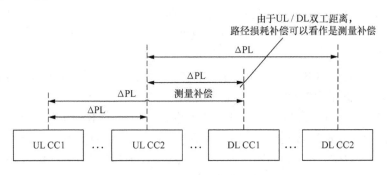

图 2-42　分离 CCs 的路径损耗补偿

对于载波聚合模式的 LTE-A 用户，聚合偏移应该能够被完全补偿，以确保可靠的 UL PL 补偿和 CCs 间的公平联合调度。为了准确的路径损耗估计，针对每个上行链路 CC 在 LTE-A 中定义参考下行链路 CC。上行链路 PCC 的路径损耗参考是下行链路 PCC。根据 RRC 配置，上行链路 SCC 的路径损耗参考可以是 SIB2 链接的下行链路 CC 或下行链路 PCC。

2.5.5.2　功率调整

在 CA 中，每个 CC 的最大 UE 功率用 $P_{CMAX,c}$ 表示。因为在特殊情况下，eNB 在所有配置的 CCs 调度 UE 的上行链路传输，甚至 UE 的所有传输都在已配置的 CCs 上进行，但在所有 CCs 上 UE 达到最大功率 $P_{CMAX,c}$ 传输是不太可能的。所以通常情况下，或者至少可允许的情况下，所有配置 CCs 的 $P_{CMAX,c}$ 总和可能会超过 UE 最大输出功率。

既然 UL 功率控制在每个 CC 上实施，每个 CC 功率控制算法将绝对地确保对于一个 CC 而言，一个 CC 的传输功率的总和不超过 $P_{CMAX,c}$。然而，不同的 CCs 各自使用的功率控制算法不确保所有 CCs 的总传输功率不会超过 P_{TMAX}。如果 UE 总传输功率超过 P_{TMAX}，功率调整应该减少总传输功率，确保总传输功率在 P_{TMAX} 范围之内。

功率调整是基于每个 CC 的，CC 在功率限制的情况下优先进行功率调整。首先考虑 PUCCH 功率，剩余的功率可供 PUSCH 使用。此外，有 UCI 的 PUSCH 优先于没有 UCI 的 PUSCH。整体优先顺序是：PUCCH ＞有 UCI 的 PUSCH ＞没有 UCI 的 PUSCH。换句话说，在 UE 没有足够的功率时，首先按比例减少没有 UCI 的 PUSCH 功率，然后减少有 UCI 的 PUSCH 功率，最后是 PUCCH 的功率。

无论是相同或不同的 CCs 都会出现优先级。在给定的子帧上，UCI 不能被承载在多个 PUSCH 上。UE 平衡所有没有 UCI 的 PUSCHs，赋予它们同等的功率，假设在功率有限的情况下，所有 UL CCs 都将有大致同等的 UL QoS。PUSCH 功率调整可以表示如下：

$$\sum_c w_c \cdot \dot{P}_{\text{PUSCH},c} \leqslant (\hat{P}_{\text{TMAX}} - \hat{P}_{\text{PUCCH}})$$

其中，w_c 是一个在载波 c 中 PUSCH 的比例因子。方程中所有功率值成线性变化。在给定的 CC 中所有 PUSCH 簇调用的功率是相等的。对于任何有 UCI 的 PUSCH，比例因子 w_c 均应该设置为 1。对于其余 PUSCH，比例因子 w_c 设置为相同的值，其值小于或等于 1。

2.5.5.3　功率余量报告

在 Rel – 8 中功率余量表示可允许的 UE 最大传输功率 P_{CMAX} 和当前 PUSCH 传输功率之间的差值。UE 将 PHR 报告给其服务的 eNB 来进行调度决策和链路适配。

在 LTE – A 中，PHR 是每个 CC 的基础。PHR 估计激活 CCs（见图 2-43），可以在任何 PCell 或 SCell 中传输。假设可以在同一 CC 内实现 PUSCH 和 PUCCH 同步传输，对于每个分离的 CC 支持两种类型的 PHR：

■ 类型 1：$P_{\text{CMAX},c}$ – PUSCH 功率
■ 类型 2：$P_{\text{CMAX},c}$ – PUCCH 功率 – PUSCH 功率

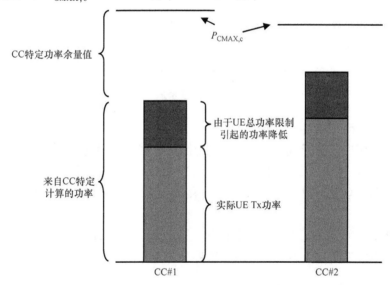

图 2-43　CC 特定 PHR

SCell 总是使用报告类型 1，对于 PCell，如果对 PUCCH + PUSCH 同步配置，可能是使用报告类型 1 或类型 2。PHR 报告总是包含所有已激活的 CCs 报告，LTE – A 引入了 PHR 扩展格式，使用扩展 PHR MAC 控制元件（CE）。

扩展的 PHR MAC CE 由一个 MAC PDU 次要逻辑信道 ID（LCID）17 标识 CE。它的可变大小和结构如图 2-44 所示。扩展 PHR MAC CE 的内容包括 CCs 位图报告，字段 V 用于指示 PH 值是基于一个实际的传输还是一个参考格式，$P_{\text{CMAX},c}$ 用

于对 CC 报告 PHR 值。UE 是否使用扩展 PHR 格式由 RRC 配置。支持上行 CA 的 UE 和支持 PUSCH 和 PUCCH 同步传输的 UE 必须要支持扩展 PHR。

C_7	C_6	C_5	C_4	C_3	C_2	C_1	R
P	V	PH(Type2,PCell)					
R	R	$P_{CMAX,c}$ 1					
P	V	PH(Type1,PCell)					
R	R	$P_{CMAX,c}$ 2					
P	V	PH(Type1,SCell1)					
R	R	$P_{CMAX,c}$ 3					
...							
P	V	PH(Type1,SCell n)					
R	R	$P_{CMAX,c}$ m					

图 2-44 扩展功率余量 MAC CE

2.5.5.4 传输功率控制（TPC）命令

UL 授权中的 TPC 被应用于 UL CC 的授权应用上；DL 授权中的 TPC 被应用于在 ACK/NACK 传输的 UL CC 上 。DCI 3/3A 格式只支持多个 UE 传输功率的 TPC 命令上的同一 CC。在 LTE－A 中，对于采取跨载波组进行 UL 功率控制并没有达成共识。

在 PCell 中，PUCCH 作为功率控制。请回想一下，TPC 命令在有关于 SCC 的下行分配中被重新定义为确认资源标识符（ARI）。

2.6 载波聚合调度

2.6.1 调度规则

在 LTE－A 中，一个小区中可能存在多个 DL CCs 和多个 UL CCs，并且 eNB 应该能够在一个子帧内调度多个 DL/UL CCs 到 UE。正如我们所知，每个 UL/DL CC 最多有一个传输块（或两个，这是空间多路复用的情况）和一个独立的 HARQ 实体。每个传输块及其潜在的 HARQ 重发被映射到一个 CC（在重发的情况下为相同的 CC）。UE 可同时在多个 CCs 上被调度，所以引入了额外的复杂情况。LTE－A

支持更多的并行传输链到一个 UE（在所有 CCs 中最多有 10 个 5 CCs 和双码流 MI-MO）；假设在 FDD 中，如 Rel-8 一样，有 8ms HARQ 往返时间（RTT），特定 CC 的 HARQ 意味着每个 UE 最多可达 80 个 HARQ 信道。基于类似的考虑，eNB/UE 可能需要每 TTI 传输多达 10 个 ACK/NACK；考虑到帧格式为 9 个 DLs 和 1 个 UL 的情况，在 TD-LTE 中这个数字可以增加到 90 个 ACK/NACK。ACK/NACK 多路复用显然成为一个需要解决的问题，特别是在覆盖受限的 TDD 上行链路中，并且 ACK/NACK 绑定可能对 RRM 算法有重大影响。

此外，在 PDCCH 授权/分配时，通过 CIF 支持在 LTE-A 中进行跨载波调度。当 PDCCH 不能可靠地在所有 CCs 上被接收到时〔如，异构网络（HetNet）情况〕或当一个窄带载波和一个宽带载波聚合时，跨载波调度可以有利于场景的部署。跨载波调度允许一个服务小区的 PDCCH 在另一个服务小区上调度资源，它有以下限制：

- PCell 总是由 PCell 的 PDCCH 调度。
- SCell 配置 PDCCH 调度，其中 PDCCH 是本服务小区自己的 PDCCH。
- SCell 没有配置 PCell 或其他 CSells 的 PDCCH，被调度的 DL 和 UL 来自同一个 PDCCH。

对于没有 CIF 时 DL/UL PDCCH 的分配/授权：

- 在没有 CIF 的 PCell 中接收的 DL 分配对应于在 PCell 中的 DL 传输。
- 在没有 CIF 的 SCell n 中接收的 DL 分配对应于在 SCell n 中的 DL 传输。
- 在没有 CIF 的 PCell 中接收到的 UL 授权为对应于在 PCell 中的 UL 传输。
- 对应于 SCell 的 UL CC 上的 UL 传输，SCell 的 UL CC 中的 UL 被授权为接收。如果在 SCell 中不配置 UL CC，此授权行为被 UE 忽视。

半持久性 DL 资源只能配置给 PCell，并且只有 PCell 的 PDCCH 分配可以重写这种半持久性分配〔这是适当的，因为半持久调度（SPS）主要用于语音 IP（VoIP），而不需要通过 CA 进行资源的聚合〕。CA 的组合和 TTI 绑定不能用于配置一个 UE。

2.6.2 载波选择

在一个 LTE-A 多载波系统中，Rel-8 用户和 LTE-A 用户可能共存。传统的 Rel-8 用户只能分配在一个 CC 内，同时 LTE-A 用户可在多个 CCs 中分配。CC 选择功能对于多个 CCs 的负载平衡以及优化系统性能是很重要的。

当 eNB 上电时，每个小区将定义一分量载波为其主载波。主载波是假定为在小区里终端的初始链路。根据提供的小区信道状况和与周围小区互相干扰耦合的具体情况，传输/接收所有分量载波可能并不总是最好的解决方案，特别是对于小区边缘的用户来说。因此建议每个小区也可以动态选择附加的分量载波进行传输/接收。

为了优化系统性能，最可取的方案是在每个 CC 上均匀地分配负载，因此可使用一个简单而有效的轮询（RR）负载平衡方案，它选择 Rel-8 用户数量最少的 CC。LTE-A 用户可以在多个 CCs 中分配。一个简单的解决方案是分配所有 CCs 给 LTE-A 用户。在 DL 中，分配较多的 CCs 给 LTE-A 用户通常会导致更高的吞吐量，这是因为有更大的传输带宽和更高的传输功率。然而，在 UL 中并非总是如此。UL 和 DL 之间的主要区别是 UE 约束的传输功率。此外，当一个 UE 利用多个 CCs 进行传输时，由于 Rel-8 的 SC-FDMA 的性能无法保持，所以它需要额外进行功率回退。研究表明，在多个 CCs 上传输将导致 PAPR 和立方度量的增加。同时又表明，减小最大 UE 传输功率是为了在功率放大器的线性区域上进行操作。配置多个 CC 传输的另一个主要缺点是控制信道的问题。信道感知分组调度和链路适配应用需要一定的传输资源提供 eNB 和 UE 之间已知信道的状态信息，通过 UL 来测探 eNB 和 UE 之间已知信道的状态信息。如果一个用户分配到多个 CCs 上，并且在每个 CC 监听报告，它可能会导致非常高的成本。因此，在 UL 中的智能 CC 选择算法应该被精心设计以达到最优性能。

提出了路径损耗阈值 CC 选择算法的基本思想是区分功率受限和无功率限制的 LTE-A UEs；算法仅分配一个 CC 给功率受限的用户，但可能分配多个 CCs 给无功率限制的用户。UE 的传输功率主要由路径损耗确定，一个可能的解决方案是可以基于路径损耗的阈值来区分功率受限和无功率限制的 UEs。基于导出的路径损耗阈值，可以在 CA 上行链路中部署一个新的 CC 选择算法。LTE-A 用户的路径损耗低于阈值被认为是功率受限的并且只在一个 CC 上进行分配，反之它们被认为是无功率限制用户并且在多个 CCs 上进行分配。提出的 CC 选择算法如图 2-45 所示。

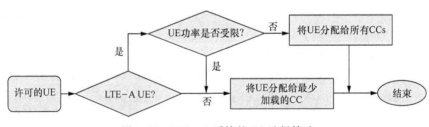

图 2-45　LTE-A 系统的 CC 选择算法

2.7　无线电资源管理和移动性

RRM 控制在 LTE Rel-8 中以分布式的方式进行，所有 RRM 相关的功能，例如，无线承载控制、无线接入控制，分组调度和负载平衡，都位于 eNB 内。无线资源管理控制范围从那些较高动态（如，调度和功率控制）到较低动态范围（如，负载平衡）。除了在 Rel-8 中基本的 RRM 控制，eNBs 之间支持一种交换和更新相关测量的机制 [例如，PRB 资源测量、干扰指标（强干扰指示器和过载指示器），下行链路相对窄带传输功率（RNTP）]。

在 LTE-A 中，CC 选择功能在层 3（L3），其基于 QoS 参数、UE 能力、相关小区负载的信息、自动选择 CC 输入等，负责分配用户到不同的 CCs 特定 CC 层 2 (L2) RRM 包括链路适配（AMC）、上行功率控制、HARQ 处理等。在实际中，通过在不同的 CCs 上独立重用的 Rel - 8 框架可以实现 RRM。

2.7.1　测量事件

一个 UE 可以被配置在部分或全部配置的 CCs 上执行 RRM 测量。一个 UE 也可以在未被配置的 CCs 上被配置以执行 RRM 测量。所有 Rel - 8 测量事件适用于配置了 CA 的 UE。在 LTE - A 中支持测量事件如下：

- A1/A2：A1 和 A2 适用于 PCells 和 SCells，表明服务小区变得比阈值更好或更糟。服务小区可以是一个 PCell 或一个 SCell。eNB 必须为每一个小区配置一个独立的测量活动。服务质量阈值（$s - measure$）标准适用于 PCell 并且控制所有非服务小区测量。当 PCell 参考信号接收功率（RSRP）高于服务质量阈值时，除了服务小区测量（A1/A2）之外所有测量都可以被禁用。
- A3：邻小区性能提升优于 PCell。
- A5：PCell 比阈值 1 差并且邻小区比阈值 2 好。A3/A5 的测量对象可以是包括 SCell（在这种情况下 SCell 被包含在比较中）的任何频率。
- 隐式地将 A3 和 A5 连接到 PCells 作为服务小区。测量对象连接到一个 A3 或 A5 事件，可以是任何频率的，并且如果一个 SCC 是目标对象，则在比较中应该包含相应 SCell。
- 为 CA 引入新的测量事件 A6（见图 2-46）：频内邻区性能提升优于 SCell，为此一个 SCC 上的相邻小区与当前 SCC 的 SCell 进行比较。

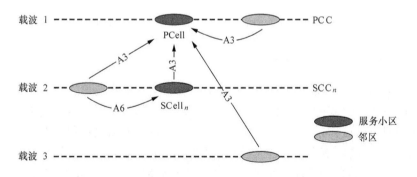

图 2-46　测量事件 A3 和 A6

在 A6 事件中，实际 SCell 退出配置和配置一个新的 SCell 可能会同时发生。当频内邻小区性能提升优于 SCell 时，事件 A6 发生。构成事件 A6 的邻小区和 SCell 在同一载波频率。在 SCC 内一个强大的邻小区可能会需要切换（HO），如图 2-47 所示。

eNB 需要配置 UE，这样 UE 可以在 CCs 上测量。所有没有服务小区（PCell 或 SCell）到 UE 的载波频率，需要频间邻区测量。在激活 SCells 时可以进行无间隔测

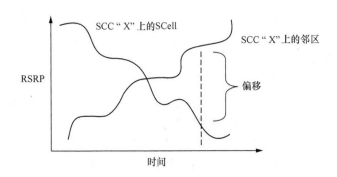

图 2-47　UE 通过事件 A6 报告更好的候选服务小区

量。在去激活小区的 RRM 测量需要测量间隔。当配置 CA 时，如果某些频带组合需要间隙联合配置，则 UE 将信号作为其性能的一部分信息。

2.7.2　LTE 系统内切换

在内部 LTE 切换期间，源 eNB 选择一个目标 PCell 并指示相关 X2/S1 切换请求消息中的选择（和 Rel – 8 一样）。目标 eNB 决定切换时配置哪些 SCells（如果有的话）。源 eNB 可能包括一个在每个频率可用测量的最佳小区的列表，这是为了减少 RSRP。在列表中的小区的可用测量信息也可能包含在源 eNB 中。测量信息目标通过 eNB 用来确定哪些（如果有的话）SCells 配置在 HO 后使用。源 eNB 不需要意识到目标 eNB 的 CA 能力（即，列表可能包括不在目标 eNB 下的小区或目标 eNB 不能聚合的小区）。

在切换时，SCells 停用。UE 在切换时不会自动释放 SCells。

2.8　载波聚合的射频考虑

一个具有载波聚合的接收和/或传输功能的 LTE – A 终端可以在多个载波分量上同时进行接收和/或传输。针对 LTE – A 的更广泛和可能的聚合带宽的操作意味着 UE 和 eNB 有更高的复杂性。一个 LTE Rel – 8 终端可以仅在单个载波分量上接收和传输，提供的所有分量载波的结构遵循 Rel – 8 规范。配置所有分量载波与 LTE Rel – 8 兼容将成为可能，至少当载波的聚合数量在 UL 和 DL 中是相同的时候。

2.8.1　eNB 射频的考虑

目前的线性功率放大器（LPA）技术能够以 Rel – 8 eNB 所需的效率支持 20 ~ 30 MHz 的调制带宽。对于 LTE – A，eNB LPA 的设计对于更高带宽（对于高于 2GHz 的分配预计将超过 100MHz）至关重要。影响 LPA 调制和调谐带宽的设计问题是 LPA 器件阻抗和匹配技术、LPA 线性化技术和 LPA 效率技术。

目前，线性化和效率技术的局限性将实际的 LPA 调制带宽限制在 30 ~ 40 MHz 的范围内，因此只需单个模 – 数转换器（ADC）即可支持 40 MHz。因此，eNB 传输带宽大于 40 MHz（以及不连续的 CA）需要多个 RX 链和 ADC（见图 2-48）。

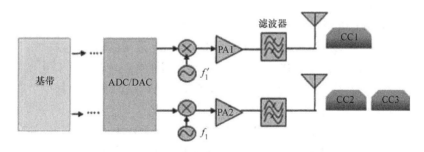

图 2-48　CA 中的 DL 信号处理（DAC——数 - 模转换器）

　　未来需要考虑 LPA 结合技术。LPA 结合资源技术包括混合相结合、腔结合、相干结合，使用傅里叶变换矩阵（FTM）结合等。

　　在结合 LPA 输出时通过添加腔体滤波器实现腔结合。腔结合有宽带能力，会增加 0.5 ~ 1.5dB 的输出损耗。当腔滤波器靠近彼此的通频带时，由于端口间的隔离度损失，从而导致连续频带的有效性丧失。

　　通过使用输入分离器和输出合成器实现相干结合。为了使相干结合有效，信号必须通过每个结合的 LPAs 保持相干性（匹配增益、相位、延迟）。相干结合对于连续频带来说是有效的。

　　FTM 结合通过使用一个输入 FTM 和一个输出 FTM 实现。与相干结合一样，信号必须保持通过每个结合的 LPAs 保持相干性。

　　组合技术的选择取决于设计标准之间的权衡，如成本、复杂性、LPA 带宽、总 eNB 传输带宽和要结合的带宽是否连续。很明显，这将增加功耗（几乎与 RX 链数量成线性），所以尽可能限制在多个 CCs 上的访问，应该可以节省功率。

　　连续带宽大于 20MHz 时，将会增加信道估计的频域大小，同时增加频域均衡器（FDE）大小。这将导致计算复杂密度的线性增加，与 20MHz LTE 分配相比最多会增加 5 倍的计算复杂度。

　　此外，由于 DL 功率在所有资源块（RBs）之间共享，因此更多的带宽意味着资源块有更低的功率（见图 2-49）。为保持覆盖范围，更高的带宽要求更高的总功率，并且多层传输方案也需要更高的总功率。

　　LTE - A CA 的设计将考虑这些限制，很明显，不同的带宽能力将对应不同的 UE 类别。有效

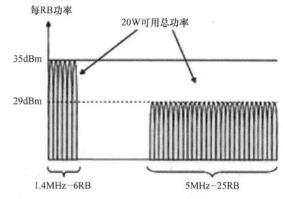

图 2-49　DL 功率分配

可利用的 eNB 硬件是必要的，例如，如果利用八传输天线，那么需要有效地利用相对应的八个功率放大器。

2.8.2 UE 射频的考虑

在 LTE – A 和未来 LTE 版本中，进行 UL 传输将遵循以下新特性：

- UL – MIMO：相比于 DL – MIMO，信号从多个天线传输，需要多个收发器的实现，多个功率放大器（PAs）和多天线设计，所有这些都设计在一个小 UE 内。
- UL 离散 Tx：信号从多 PRB 集群传输。
- UL 多点协作（CoMP）：通过多小区进行信号的协作接收。
- UL CA：从多载波传输信号。

新特性对 UE RF 的必要条件有一些重大的影响，包括操作频带、传输特征 [相邻信道泄漏功率比（ACLR）、无用发射掩码（UEM）、乱真发射等]，和接收特性 [参考灵敏度、相邻信道选择性（ACS）、阻塞、互调分量等]。

要求 UE 配备两个天线连接器，用于支持在一个载波分量上最多两个天线端口上的传输（见图 2-50）。支持多个特性（CA、UL – MIMO、增强 DL – MIMO 和 CoMP）的 UEs 将需要满足所有单独相对应的需求。

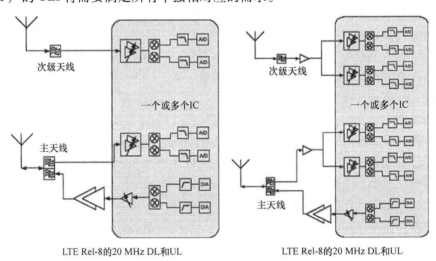

图 2-50　CA 中的 UE 收发器

分簇 PUSCH 的同步传输将产生额外的互调产物（IMP），这将导致带外（OOB）排放和杂散发射的增加。因此，需要最大功率降低（MPR）来减少这些排放。UE 可采用单宽带能力（即 > 20MHz）RF 前端和单个 FFT。

当前 LTE Rel – 8 规范支持以下的上行链路的 UE 天线配置：

- 一个天线配一个功率放大器（PA）（默认配置）
- 两个传输天线只有一个 PA（传输天线选择）。

在 LTE–A 中，UL–MIMO 的实现会影响 eNB 与 UE 的架构和物理层面。支持 UL–MIMO 将会影响设计和多射频链路（PAs）的实现，并且还会影响与它们相关的天线位置，并将产生对电池资源需求的增加。多个功率放大器需要在有 SU–MIMO 能力的 UEs 内实现，可选的高级 UE 实现包括下列所示内容：

1. 超过两个天线，但只有一个 PA：这种天线配置包括可获得链路增益的 UE 天线自主切换，特别是如果 eNB 失去对用于 UL 传输的天线的跟踪时。

2. 两个天线和两个 PAs：这种天线配置允许发射空间分集的开发，秩 2 空间复用和秩 1/2MIMO 波束成形。

3. 四个天线和四个 PAs：这种 UE 天线配置将使四信息流传输达到非常高的峰值吞吐量。它可能对于用户端设备（CPE）和中继节点来说更实用。

4. 天线分组：这种情况涉及 M 天线中的一个 K 天线子集（$K \geqslant 2$ PAs），其中 $K < M$。这个实现还可设想为对 CPE 或中继节点更切实可行。这个方案类似于天线转换问题。

5. 天线虚拟化：在这种情况下，UE 实现了一个天线模式，而不是一个方向或方位的模式，这种天线模式在智能天线中得到了广泛使用。尽可能在 TDD 操作中，UE 可以选择使用一个固定模式或根据接收到的 DL 信号调整波束模式。

2.8.3 立方度量特性

立方度量（CM）和峰值平均功率比（PAPR）对于下行链路和上行链路而言都是很重要的问题。立方度量增加转化为较低的最大传输功率，因此，在最大或接近最大功率传输时会降低小区边缘用户的覆盖范围，特别是在限噪环境下。在 3GPP 中，CM 可以比 PAPR 更好地反映出所需的功率放大器补偿。

低 CM 是 LTE 中上行链路多路访问设计的一个重要性能，以增加覆盖范围。由于其出色的 PAPR 性能，SC–FDMA 被选择作为 LTE Rel–8 上行链路传输方案，其最终获得最大化无线覆盖率和最小化能耗，当与具有较高的 PAPR 数据的其他方案相比时。分簇 SC–FDMA 和 OFDMA 之间的 CM 差值在 2 ~3dB。在功率受限的传输环境中如果不连续的资源分配是必需的，那么低 CM 将是多载波传输的最重要的标准之一。

对于载波聚合而言，在传输多个载波时将不再保存 UL 中的单载波性能。在 LTE–A 中，支持多个 PUCCH 同步传输，PUSCH 和 PUCCH 同步传输，并且支持非连续资源分配的 PUSCH 传输。因此，CM（作为与参考信号相比的良好的信号的立方功率）增加，这需要更大的功率放大器补偿，以减少 UE 的最大传输功率，表 2.5 中示出了与 Rel–8 相比发射功率损耗的说明性比较，假设 LTE–A UE 对于 LTE–A 使用与 LTE Rel–8 相同的 PA。在使用载波聚合时，CM 的显著增加会大幅度减少覆盖面积，虽然可以看出，CM 一般仍小于 OFDMA 的值（注意：OFDMA 的结果独立于调制结果）。此外，当同步分量载波的数量从 1 增加到 2 时，这种增加是至关重要的，并且随着越来越多的使用载波，这种重要性只会逐渐地增强。应该注意的是，既然多载波传输通常会被用于良好的信道条件下的 UE，那么这些用户应该不会被丢失覆盖范围；另一方面，小区边缘用户很可能将只在一个载波内调度。在这种情况下的 CM 没有区别，而实际上可能会改善覆盖范围，因为 eNB 具有动态地将用户分配给最佳的 UL 载波的能力。

从节约功率的角度来看，分簇 DFT – S – OFDMA 提供了三种方法中的最小CM，即使当 UE 的最大功率必须通过增加 CM 来回退。优点是一个簇最大数量和信道的频率选择性的功能。图 2-51 直观地比较了对于 16 – QAM 调制的各种方案的CM 值（所示结果是 QPSK 和 64 – QAM 表现出类似的趋势）。

表 2-5　与 Rel – 8 相比发射功率损耗

	分簇 DFT – S – OFDMA	Nx SC – FDMA	OFDMA⊖
QPSK	0 ~ 1.6dB	0 ~ 2.0dB	2.4dB
16QAM	0 ~ 1dB	0 ~ 1.3dB	1.6dB
64QAM	0 ~ 0.9dB	0 ~ 1.2dB	1.4dB

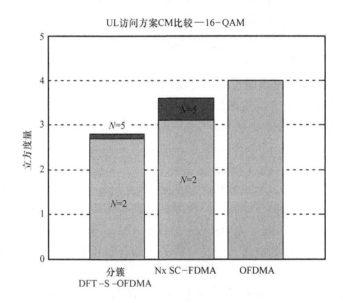

图 2-51　对 16 – QAM 上行链路访问方案的 CM 比较

⊖　此处原书有误。——译者注

第3章

多 点 协 作

3.1 概述

在高级长期演进（LTE-A）之前，主要采用单点移动通信，每个小区发送到自己的用户设备（UE），并且在该过程中会对相邻小区中的 UE 创建干扰。单点通常由多个基带、射频（RF）和天线系统组成，每个系统专用于服务一个扇区。因此，内部协调功能完备，但是扇区间协调能力是有限的。LTE-A 应该支持比 LTE Rel-8 更高的下行链路峰值吞吐量和总扇区吞吐量。这个要求需要对目前单点操作的潜在增强进行调查，以包括多个点之间的可能的协调。多点指的是不靠近的天线的发射或接收（通常超过几个波长的间隔，所有天线可能会经历不同的长期衰落）。这是可以被称为多点协作的几个实现，诸如在小区边界处服务 UE 的小区间协调，具有集中式信号处理的多个 RF 头，演进的节点 B（eNB）和中继节点协调，eNB 和家庭 eNB 协调等。与传统单点操作的不同之处在于天线（或天线组，或分布式天线）之间的大于正常的分离。在多点协作中，通常有几个参与点共同服务于一组 UE，每个 UE 被附着到单个点，如果这些点不协调，则会受到小区边缘干扰，通常小区边缘 UE 可能更适合于多点协作。因此，UE 可以从单点操作到多点协作切换，反之亦然。eNB 可以以传统的单点方式服务于其中的一个 UE，同时通过与其他点的多点协作为其他 UE 服务。图 3-1 列举了一个多点协作（CoMP）方案的例子。

CoMP 发送/接收的基本思想是具有多个网络节点（远程无线单元［RRU］，eNB）与分布式或集中式结构配合，作为 LTE-A 的目标。CoMP 涉及多个小区协作以传输到单个 UE，以提高高数据速率、小区边缘和系统吞吐量的覆盖范围。多个协调点可以在超级小区中协同构建更大的协作多输入多输出（MIMO）发射机，其中下行链路传输被共同配置以避免小区间干扰。考虑到用于 LTE-A 的 CoMP 传输和接收是提高高数据速率、小区边缘和系统吞吐量的覆盖范围的方法。可以使用多个 eNBs 形成分布式或集中式结构：一个 eNB 包含一个或多个小区，一个小区包含一个或多个远程无线电单元，或一个 RRU 包含一个或多个天线。

3.1.1 了解 CoMP

根据第三代合作伙伴计划（3GPP）的定义，下行链路（DL）CoMP 传输意味

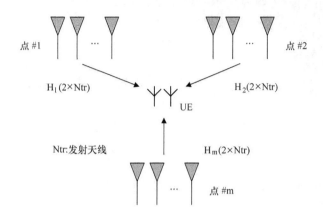

图 3-1 下行链路多点 SU – MIMO，具有 Ntr 天线的 M 点，每个服务于具有两个
接收天线的单个 UE

着在多个地理上分离的传输点之间的动态协调。关于协调位置，协调发生在小区中的任何地方，或仅在小区边缘。对于协调节点，CoMP 可以分为 eNB 内 CoMP 和 eNB 间 CoMP 两种类型。在协调层面上，提出了协同调度（CS）/协调波束成形（CBF），动态小区选择（DCS）和联合处理（JP）等多种 CoMP 方案。

为了协调小区中的各个地方，小区中的所有 UE 都可以经历协调的多小区传输，而不管 UE 的位置如何。与仅在小区边缘的协调相比，该方法可能以牺牲 UE 反馈和回程开销为代价来提供更好的性能。对于仅在小区边缘进行协调，单小区传输用于小区中心的 UE，而多小区传输仅适用于小区边缘的 UE。这种方法可以在性能和 UE 反馈和回程开销的减少之间提供良好的折中。

关于协调节点，根据 CoMP 协作集中的所有小区是否由相同的 eNB（站点）控制，有两种 CoMP 方式：eNB 内 CoMP 和 eNB 间 CoMP。

在 eNB 间的 CoMP 协作集合中，仅在不同站点的扇区内进行合作。这解决了小区边缘的干扰问题。协作需要高速、低延迟、站点到站点的主干连接。那么 CoMP 协作集的静态和动态聚类是可能的。

在 eNB 内部的 CoMP 协作集（包括小区间 CoMP 和小区内 CoMP）中，只能在一个站点的同一基站（BS）的扇区内进行协作。该情景包括来自同一 eNB 或来自同一小区或相同 eNB 的分布式远程无线电头（RRH）的小区之间的 CoMP。协作不需要高速、低延迟、站点到站点的主干连接，CoMP 合作集的大小与扇区数量相同。对于由 eNB 内控制的小区，数据可以在每个传输点很容易地获得。传输点之间的数据和控制信令的传输延迟可能非常低。小区间 CoMP 和小区内 CoMP 的协调调度如图 3-2 所示。

对于协调用户的类型，我们还可以有两种 CoMP：单用户 MIMO（SU – MIMO）

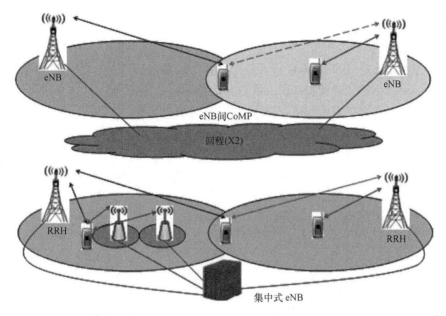

图3-2 小区间 CoMP 和小区内 CoMP 的协调调度

和多用户 MIMO（MU-MIMO）。CoMP 可以以 CoMP-SU-MIMO 模式服务于单个
UE，或者可以以 CoMP-MU-MIMO 模式同时服务于 UE 的多个实例。

在协调层面上，有 CS/CBF、DCS 和 JP 协调方式，如图3-3 所示。联合处理
（JP）意味着数据可在 CoMP 合作集中的每一点获得。物理 DL 共享信道（PDSCH）
数据在 CoMP 集合中的每个小区可用，并且传输在一个或多个传输点发生。联合处
理也称为协作 MIMO（Co-MIMO），并且提供来自多个小区的协调传输以用于主动
干扰消除。CS/CBF 意味着数据仅在服务小区可用，但是用户调度和波束成形决策
是通过使用 CoMP 协作集中的周围小区之间的干扰协调进行的。

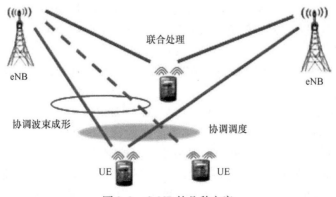

图3-3 CoMP 的几种方案

　　联合传输（JP/JT）涉及一次从多个点进行用户平面传输，并且 PDSCH 涉及从多个点的传输。发送到单个 UE 的数据同时从多个传输点发送，这提高了接收到的信号质量。

　　动态小区选择（JP/DSC）涉及在 CoMP 合作集内一次从一个点进行的用户平面传输。动态小区选择使得 UE 由最有利的传输小区来服务。可以基于信道变化、资源可用性等来选择服务小区。这与 Rel-8 中的切换不同，如图 3-4 所示。

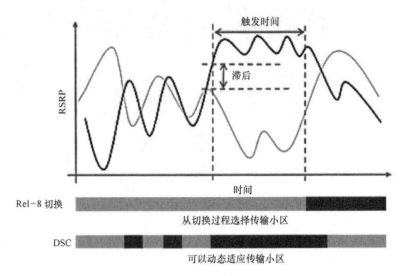

图 3-4　DSC 和切换的区别

　　通过协调调度/波束成形（CS/CBF），数据仅在服务小区可用（从该点开始数据传输），但用户调度和波束成形决策是在与 CoMP 协作集对应的小区之间协调进行的。因此，CS/CBF 可以减少传播到受损 UE 的能量，同时最大化所需 UE 的增益。然而，当 JP/JT 与 CS/CBF 进行比较时，CS/CBF 需要较少的回程能力。

3.1.2　CoMP 集

　　3GPP 标准定义了一些新概念，如服务小区、CoMP 协作集和 CoMP 报告集等。服务小区用于物理 DL 控制信道（PDCCH）传输，其与 LTE Rel-8 中的含义相同。可以通过参考信号接收功率（RSRP）强度的网络预定义和以用户为中心的 CoMP 协作集，直接或间接地参与到 UE CoMP 的 PDSCH 传输。CoMP 报告集是关于由 UE 报告信道状态信息的一组小区。

3.1.2.1　服务小区

　　服务小区 RSRP 通常是发送 PDCCH 分配的最大值的小区。在该小区中，从 eNB 发送 PDCCH 并由 UE 检测。UE 从一个小区检测 PDSCH。虽然可以从多个小区发送实际的传输，但在其他小区中发送的 PDSCH 将遵循解调参考信号（DMRS）配置，资源分配和映射中的服务小区机制（即，它管理传输如同来自一个服务小区一样）。这种定义适用于下行链路和上行链路。

3.1.2.2 CoMP 集

下面描述不同类型的 CoMP 集:

- CoMP 协作集:这是一组地理上分离的点直接或间接参与到 UE 的 PDSCH 传输。注意,这个集合可以是,但不必一定是对 UE 透明的。CoMP 传输点是 CoMP 协作集的子集。对于 JT,CoMP 传输点是 CoMP 协作集中的点。对于 DCS,是每个子帧的单个传输点。这个传输点可以在 CoMP 协作集内动态地改变。对于 CS/CBF 来说,CoMP 传输点对应于服务小区。基本上,网络不需要明确地用信号向 UE 通知 CoMP 传输点,以及 UE 接收 CoMP 传输(CS/CBF 或具有组播广播单频网[MBSFN]子帧的 JP)与非 CoMP(SU 或 MU – MIMO)的相同。在 MBSFN 子帧中,CoMP 传输点对 UE 是透明的。但在正常帧中,CoMP 协作集是一个现实问题并且对于 UE 不可见。JP 的正常子帧中的不透明 CoMP 传输点的主要原因是因为小区特定参考信号(CRS)/信道状态信息参考信号(CSI – RS)资源单元在一个传输点中可能与 PDSCH 资源单元在另一个传输点冲突。这会导致信道对这些资源元素的估计不准确,以及不同点的控制区域可能不同于服务小区。这些问题可以通过小区规划和控制区域协调解决,但对传统 UE 的影响和控制能力需要进一步验证。CoMP UE 的信号对干扰噪声比(SINR)可以通过 CoMP 协作集(S_1,S_2,S_k)中的所有小区的信号电平,以及来自所有其他小区($I_{k+1} \cdots I_n$)和噪声(N)计算出来。如果假设最强信号为 S_1,第二强信号为 S_2,则 $SINR$ 计算如下:

$$SINR_{\text{kcell}} = \frac{S_1 + S_2 + \cdots + S_k}{I_{k+1} + I_{k+2} + \cdots + I_n + N}$$

- UE 特定的 CoMP 协作点集合:当 CoMP 协作集不大到足以包括 JP 的接收强信号时,CoMP 增益可能会受到限制。在所选择的 CoMP 协作集中,CoMP 选择传输点用于联合传输。相同的资源块(RB)被分配给 CoMP UE 以用于相干或非相干组合。一般来说,CoMP 报告集的确定是 UE 特定的,并且基于来自每个小区的宽带信道质量指示符(CQI)或 RSRP 测量。例如,特定 UE 的 CoMP 协作集的选择取决于第 u 个 UE 的宽带 CQI,它按照降序排列为 $\overline{CQI}_{u,0} \geq \overline{CQI}_{u,1} \geq \cdots$。服务小区会被设为具有最高宽带 CQI 的小区,即 $\overline{CQI}_{u,0^*}$。当 $\overline{CQI}_{u,i} \leq \overline{CQI}_{u,0} - Thr$ 时,则选取该小区作为第 u 个 UE 的 CoMP 协作集,其中 Thr 为预定义的相关阈值。很明显,CoMP 报告集中的偏置阈值和小区数量之间存在平衡关系。较高的阈值可能导致 CoMP 报告集中包含更多数量的小区以及更多的 CoMP UEs,而较小的阈值将导致较小的 CoMP 报告集和较小数量的 CoMP UEs。特殊情况是设置阈值 = 0,其中 UE 只连接到最强的服务小区。此外,UE 特定 CoMP 协作集中的小区数不大于预定义的最大数量,该最大值称为 CoMP 协作集的最大值。

- CoMP 报告集：这是一组关于小区信道状态和统计信息集，报告与其到 UE 链路的相关信息。CoMP 报告集可以与 CoMP 协作集相同。实际 UE 报告可以向下选择为其发送实际反馈信息的小区。
- CoMP 测量集：这是一组关于小区信道状态并测量其到 UE 链路的相关的统计信息。CoMP 测量集可以与 CoMP 协作集相同。实际 UE 测量可以下行选择其实际发送反馈信息的小区（报告小区）。
- RRM 测量集：该集支持无线资源管理（RRM）测量（在 LTE Rel-8 中已存在），因此不是 CoMP 规范。

图 3-5 显示了不同 CoMP 集之间的关系，即服务小区 ∈ CoMP 传输点 ∈ CoMP 协作集 ∈ CoMP 报告集 ∈ RRM 测量集（∈ 符号表示"是子集或等于"）。

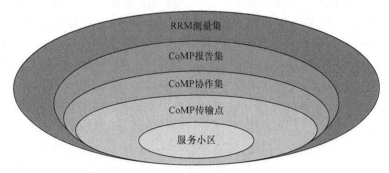

图 3-5　CoMP 集

在 CoMP 传输中，以下过程将是最直接的方法。基于测量集的结果，网络决定为 UE 配置 CoMP 模式。此外，测量集中的一些小区被确定为在报告集中（即，确定 CoMP 报告集）。接下来，基于来自 CoMP 报告集的 CSI，网络确定哪个小区应当将 PDSCH 发送到 UE，以及哪个小区应该避免发送（即，确定 CoMP 协作集）。例如，表 3-1 中描述了用于 JT 和 DSC 的 CoMP 协作集。

表 3-1　JT 和 DSC 的 CoMP 协作集

JT	DSC
1. PDSCH 每次从多个点传输（部分或整个 CoMP 协作集）	1. PDSCH 每次从一个点传输（在 CoMP 协作集内）
2. CoMP 传输点是 CoMP 协作集中的点	2. 单个点是每个子帧的传输点；该传输点可以在 CoMP 协作集内动态地改变
3. 时域-频域 QoS 感知分组调度（UE 在报告模式之间的半静态配置；PDSCH 传输点的动态配置）	3. 时域-频域 QoS 感知分组调度（UE 在报告模式之间的半静态配置；PDSCH 传输点的动态配置）
4. RRH 为实现通过传输点之间的良好的相位同步提供最佳性能	4. 低延迟 X2 接口的多站点实现
5. 多 eNB 实现需要稳定的外部频率参考	5. 可以与 CBF 结合

对于 CS/CBF 模式，数据仅在服务小区可用（数据传输来自该点），并且在 CoMP 协作集中的小区之间通过协调进行用户调度/波束成形决定。CoMP 传输点对应于服务小区。图 3-6 和图 3-7 给出了 CoMP 协作集如何在联合处理和 CS/CBF 模式中应用的解释。

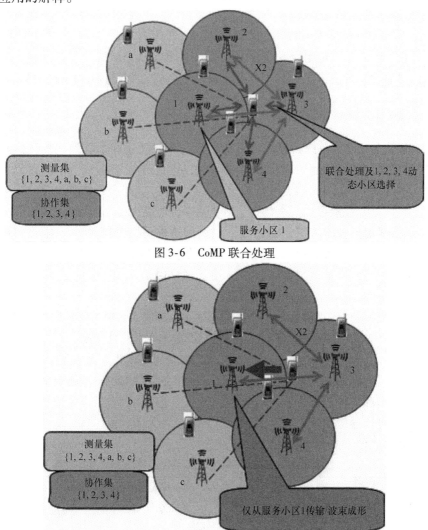

图 3-6　CoMP 联合处理

图 3-7　CoMP 协调调度/波束成形

3.1.3　CoMP 的优势

从多个小区到单个终端的协调传输的主要目的是将小区间干扰转换为有用信号。在实际网络中，如果存在 N 个 UE 实例，则每个 UE 存在（$N-1$）个干扰信号来抵消。利用 CoMP，多个小区被集成在一个集中式单元中。CoMP 功能优化小区间的性能。将干扰信号改变为有用信号在存在小区间干扰的情况下提高了性能。例如，联合检测不仅消除有害干扰，而且将其改变为有用信号，如下式所示。

$$C = \log_2\left(1 + \frac{S}{N+I}\right) \Rightarrow C = \log_2\left(1 + \frac{S+I}{N}\right)$$

$$\text{LTE Rel} - 8 \qquad\qquad \text{CoMP}$$

因此，我们可以得出结论，eNB 内联合传输是提高扇区边界以及系统容量的吞吐量的有效技术，如下：

$$C_{\text{CoMP}} = BW * \log_2\left[1 + (aS_1 + bS_2 + cS_3)/(I + \alpha I_1 - \beta I_2 - \gamma I_3 - \delta I_4 + N)\right]$$

式中，因子 a、b 和 c 是组合功率中的损耗，均小于 1；α 是由于在其他小区中向 UE 的传输而导致的更多的小区内干扰；$\beta/\gamma/\delta$ 是不完美的小区间干扰消除。

3.2 CoMP 技术

3GPP 认为 CoMP 是提高覆盖范围、小区边缘吞吐量和系统效率的工具。CoMP 的主要思想是，当 UE 处于小区边缘区域时，它也许能够从多个小区站点接收信号，并且可以在多个小区站点处接收该 UE 的传输。如果我们协调从多个小区站点发送的信令，DL 性能可以显著增加。如同在多个小区站点发送相同的数据的情况，专注于干扰避免的技术或更复杂的技术，这种协作可以是简单的。对于 UL，由于可以由多个小区站点接收信号，如果从不同的小区站点进行调度，则系统可以利用该多个接收来有意义地改善链路性能。接下来将讨论 CoMP 架构，其次是为 CoMP 提出不同的方案。

CoMP 通信可以发生在站内 CoMP 或站点间 CoMP，每个 CoMP 架构的特点总结在表 3-2 中。站内 CoMP 的一个优点是可以实现重要的信息交换，因为这是站点内的通信，不涉及回程（基站之间的连接）。站点间 CoMP 涉及协调多个站点进行 CoMP 传输。因此，信息交换将涉及回程。这种类型的 CoMP 可能会对回程设计带来额外的负担和要求。在每种类型的 CoMP 中，通过协调来自多个点的传输来控制小区间干扰可以通过避免主要产生干扰的传输，利用 UE 的"良好"信道，以及使用/收集来自或位于几个点的能量来实现。

表 3-2　各种类型的 CoMP 架构的特征总结

	eNB 内部的站点内	eNB 内部的站间	eNB 间的站点间
在 eNB/站点之间共享的信息	供应商特定	CSI/CQI，调度信息	流量，CSI/CQI，调度信息
CoMP 方法	CS，CBF，JP	CS，CBF，JP	CS，CBF，JP
回程属性	基带与 RRU 之间的短距离；提供非常小的延迟和充足的宽带	光纤连接的 RRU 提供非常小的延迟和充足的带宽	需要较小的延迟；带宽由流量控制

图 3-8 所示的是与分布式 eNB 相关联的一个有趣的 CoMP 架构。在该特定图示中，eNB 的 RRUs 位于空间中的不同位置。使用这种架构，虽然 CoMP 协调是在单个 eNB 内，但 CoMP 传输可以像站点间的 CoMP 那样工作。

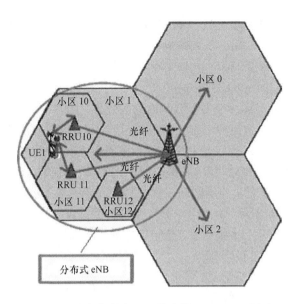

图 3-8 具有分布式 eNB 的内部 eNB CoMP 图示

3.2.1 CoMP 技术需求和实现

CoMP 技术的目标是在 LTE – A 系统中有效地减轻小区间干扰（ICI）。它具有改善高数据覆盖并且能够增加平均小区吞吐量和小区边缘用户吞吐量的潜在优势。利用 eNB 的协调小区信道状态信息（CSI）的内容，发射机可以使用各种联合处理方法来完全取消 ICI。然而，高级算法，包括发射机联合预处理算法，必须部署接收机联合检测算法和联合调度算法以实现在 LTE – A 系统设计和实现要求内的 CoMP 效益。

CSI 报告和共享需要用于协作集中的每个小区（每个 CoMP 用户）。由于联合调度复杂性随着 CoMP 区域中的小区数和用户数而增长，因此调度复杂度增加。X2 上的增强数据传输方案必须在 eNB 间 CoMP 中实现，通过 X2 的增强数据传输方案以将来自所有服务小区的反馈信息共享到联合调度器，从联合调度器发送传输参数到所有传输点，并将用户数据从服务小区传送到所有传输点。

应在 CoMP 测量集和传输集内部建立配置和协调方案。UE 测量应该被配置有低信令和测量开销。基于 X2 的 eNBs 之间的协调是 CoMP 的基本功能，而 eNB 内的协调是留给 eNB 实现的。

CoMP 的另一个主要问题是混合自动重传请求（HARQ）过程延迟约束。在典型的频分双工（FDD）8ms 往返时间（RTT）场景中，仅有 3ms 可用于 eNB 信号处理和通过 X2 进行通信。JT/JP 在 CoMP 过程中需要在 X2 上进行两次处理。第一次处理是共享用于联合调度的 UE CSI 报告，第二次处理是共享用于联合传输的编码和预编码参数。更高的延迟将导致在同一物理资源块（PRBs）上调度的所有 UE 实例的性能降级。在下行链路中的异步 HARQ 过程被设计用于 CoMP 中的 7ms RTT（软限制），并且在上行链路中的同步 HARQ 过程被设计有 7ms RTT（硬限制）。此外，预编码和波束成形权重配置是基于旧的 7 ~ 17ms 的 UE 信道估计测量，其中 CSI - RS 被配置为具有 10ms 周期的确认，以及总时间的 UE 处理，反馈传输和 eNB 处理延迟的总时间为 7ms（在 Rel - 8 中）。

由于在 CoMP 操作中的 UE 不知道其他 UE 的情况，因此 eNB 必须估计检测后在 UE 处对 SINR 上同时向多个 UE 实例传输的效果。UE CQI 报告基于未预编码的 CRs 和 CSI - RSs（没有多用户干扰），因此应该考虑 CQI 补偿。

从协调到协作集 eNB 或中继，协作辐射元件的关键组件可以是扇区、eNB 或 UE，执行包括联合调度的站间 RRM 的协调；具有联合负载和干扰规划的站间干扰管理；回避、抑制和正交化的小区间干扰；具有联合码本构造和预编码矩阵指示符（PMI）选择的站间预编码。协调可以分为几种类型：仅干扰协调，分布式 RRM 协调，多小区 MIMO 协调，以及所指对象组件之间的全面协作。

1. 干扰协调：小区间干扰协调，以及避免在 X2 接口上具有 eNB 控制的接入，类似于 LTE Rel - 8 中小区间干扰协调的接入。

2. 分布式 RRM 协调：小区间干扰由协调干扰感知资源分配协调，其类似于可变频率复用，上行链路功率控制和用户调度（见图 3-9）。

3. 分布式 RRM 多小区 MI-MO 协调：它基于分布式 RRM 协调每个 eNB 码本设计，但需要联合矢量分配。两个配对的

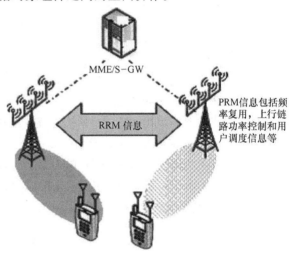

图 3-9 分布式 RRM

UE 将由若干 eNBs 服务（每个 eNB 解码上行链路），如图 3-10 所示。

4. 全面协作：完整的 eNB 协作将共享完整的联合矢量分配，所有 CSI，以及所涉及组件之间的所有数据信息。上行链路和下行链路联合处理已经显示回程受限情况下实现容量的改进，如图 3-11 所示。

CoMP 操作映像的简要描述在图 3-12 中提供。可以根据几何值改变所选择的服务小区。单小区和多小区操作之间的切换通过 UE 特定 RS 完成，协调波束成形，联合传输和动态小区选择对于 UE 是"透明的"，尽管它们中的每一个可能需要不同的反馈。

3.2.2 CoMP 协作集决策

CoMP 协作集决策原则考虑了来自不同候选小区的比较功率的影响，以及比较时延和循环前缀（CP）之间的关系。CoMP 协作集的选择过程包括三个步骤。

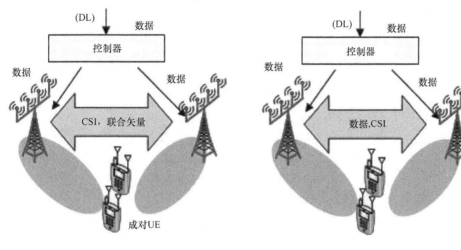

图 3-10 分布式 RRM 多小区 MIMO   图 3-11 全面协作

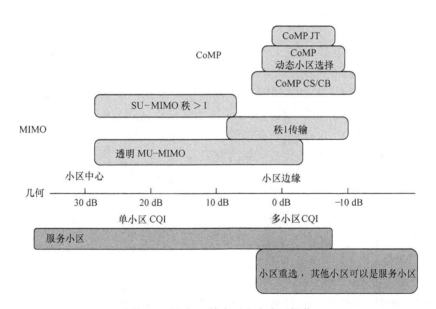

图 3-12 几何、单小区和多小区操作

首先，应当确定 UE 的服务小区，RSRP 通常是最强的并且通过 $RSRP_{max}$ 记录。之后，将几个小区选定为 UE 的 RSRP 列表中的候选小区，其 RSRP 应当更强。计算 RSRPs 和 $RSRP_{max}$ 之间的差值如下：$\Delta RSRP_i = RSRP_{max} - RSRP_i$。如果 $\Delta RSRP_i < RSRP_{threshold}$，则可以选择相应的小区 i 作为候选小区，其中 $RSRP_{threshold}$ 是预设的阈值。最后，重新确认候选小区，以确保小区之间的比较时间延迟小于 CP。比较时间差值计算如下：$\Delta TA_i = abs(TA_i - TA_{base})$，其中 TA_i 是从 UE 到候选小区的相应定时提前（TA）。如果 $\Delta TA_i + \tau_{max} < CP$，则可以选择相应的小区 i 作为最终候选小

区，其中 τ_{max} 是最大路径延迟。图 3-13 给出了基于不同 $\Delta RSRP$ 的每个用户的候选小区的平均数。

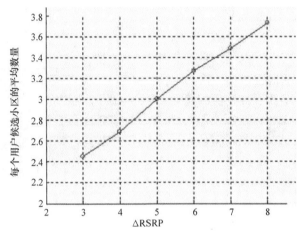

图 3-13　每个用户的候选小区的平均数量

用于确定 CoMP 协作集的另一种方法是通过用户的服务小区和最近的非服务小区之间的路径损耗差异代替 $\Delta RSRP$。利用可预先配置的路径损耗差别阈值，可以容易地控制用户类型（中心或边缘用户）和用户数量，这基于信号衰减来获得的复杂度和 CoMP 增益之间的平衡。为了进一步限制小区间信令开销，我们还可以预定义集群 M 的最大大小，使得只有最近的相邻小区站点在用户的集群中。

3.2.3　LTE UE 与 LTE-A UE 之间的复用

针对 LTE UE 和 LTE-A CoMP UE 存在两种复用方案：频分复用（FDM）和时分复用（TDM）。

FDM 方案允许 LTE UE 和 LTE-A UE 在其中不同 RBs 集合被分配给不同类型的 UE 的子帧中共存，如图 3-14 所示。

在该方案下，LTE-A 特定特征应当对 LTE UE 是透明的，并且系统操作应当建立在当前 LTE 架构上。

在 TDM 中，LTE UE 和 LTE-A UE 被分离为不同的子帧，仅 LTE 和仅 LTE-A，其中仅 LTE-A 子帧可以用于进行 CoMP 传输。图 3-15 是 TDM 方案的图示。

在该方案下，仅 LTE-A 子帧对于 Rel-8 LTE UE 表现为 MBSFN 子帧。在那些仅 LTE-A 子帧中，向后兼容性问题将消失，并且更多的设计自由将变得可行，以用于 LTE-A 系统的性能增强。

可以考虑几种方法来对 LTE-A CoMP UE 执行不同的操作。一种简单的方式是创建一个协作多点频率区域，其中所有小区边缘 UEs 属于 CoMP 簇并且使用 CoMP SU-MIMO 模式被共同调度，而小区中心 UE 由单独小区调度（簇被定义为每个用户以实现多小区协作接收的点数）。系统带宽的划分如图 3-16 所示。

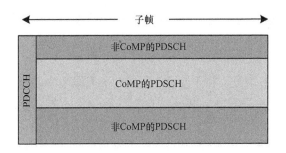

图 3-14　LTE UE 和 LTE – A CoMP UE 的 FDM

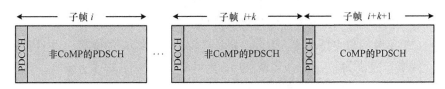

图 3-15　LTE UE 和 LTE – A CoMP UE 的 TDM

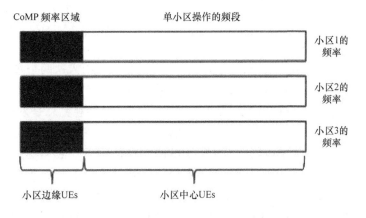

图 3-16　CoMP – SU – MIMO 可能的频率分配

3.3　参考信号设计

在 LTE Rel – 8 中，信道估计和解调都使用相同的 RSs 集合。为了增强性能，在 LTE – A 中引入了许多新特征，诸如 CoMP 和 MIMO。参考信号进一步定义为两个类别：一个用于信道测量（CSI – RS）；另一个用于解调（DMRS）。在 LTE – A 中，DMRS 应以与数据相同的方式预编码，这使得这些参考信号是专用参考信号。

总之，在 LTE – A 中定义了 5 种类型的 DL 参考信号：小区特定参考信号（CRS）、MBSFN 参考信号、UE 特定参考信号的解调参考信号（DMRS）、CSI 参考信号（CSI – RS）和定位参考信号（PRS）。

每个下行链路天线端口发送一个参考信号。定义一个天线端口，使得在这个天线端口上传输一个符号的信道，可以从在相同天线端口上传输另一个符号的信道来推断。每个天线端口有一个资源网格，所支持的天线端口集合取决于小区中的参考信号配置：

- 小区特定参考信号支持1个、2个或4个天线端口的配置，并且分别在天线端口 $p=0$，$p \in \{0, 1\}$ 和 $p \in \{0, 1, 2, 3\}$ 上发送。参考信号分散在每个资源块上。
- MBSFN 参考信号在天线端口 $p=4$ 上发送。
- UE 特定的参考信号可以在天线端口 $p=5$，$p=7$，$p=8$ 或 $p \in \{7, 8, 9, 10, 11, 12, 13, 14\}$ 中的1个或几个上发送。
- 在天线端口 $p=6$ 上发送定位参考信号。
- CSI 参考信号支持1个、2个、4个或8个天线端口的配置，并且传输的天线端口分别为 $p=15$，$p=15$、16，$p=15$、…、18，以及 $p=15$、…、22。

3.3.1 LTE - A 网络中的参考信号配置

LTE - A eNBs 应当始终支持传统 LTE UE。Rel - 8 公共参考信号也用于LTE - A UE 以检测物理控制格式指示符信道（PCFICH），物理混合 ARQ 指示符信道（PHICH），PDCCH，物理广播信道（PBCH）和 PDSCH（仅 TxD），LTE 中的下行链路参考信号演进如表3-3所示。

在 LTE - A 中采用 DMRS 和基于 CSI - RS 的方法。引入这两个参考信号的动机是为了减少 RS 开销。可以基于每个 UE 自适应地分配专用参考信号，根据发送的层在每个子帧基础上自适应地分配专用参考信号，因此避免总是发送相同数量的 CRSs，以便减少开销。DMRS 仅用于 PDSCH 的解调（除 TxD 之外），仅在每个子帧中为 UE 分配的 RB 中传输。用于 DMRS 的元素有12个，秩可达到2，以及秩高达8的24个资源元素。CRI - RS 用于测量和获得由其发送的信道估计在占空比打孔 PDSCH 资源元素。每当当前子帧携带 CSI - RS 参考信号时，所提取的基于 CSI - RS 的信道估计用于在所述分配的 PDSCH RBs 上获得 CQI。与此同时，可以使 CSI - RS 开销非常小，例如，对于8Tx 天线支持，小于1%。LTE - A 中参考信道的功能如下图3-17所示。

表3-3　LTE 下行链路参考信号演进

	Rel - 8	Rel - 9	Rel - 10
CRS	CRS（天线端口［APs］0~3）用于 UE 测量、报告（CQI, PMI）、解调（PDSCH, PDCCH 等）	CRS（APs 0~3）支持	CRS（APs 0~3）支持传统 UE，但对配置许多 CRS 端口同时具有 DMPS 操作来说没有意义
CSI - RS	N/A	N/A	小区内 CSI - RS 用于 PMI, CQI 报告用于 1/2/4/8 - Tx，资源单元（RE）静默以增强小区间正交性

（续）

	Rel – 8	Rel – 9	Rel – 10
UE 特定 RS（DMRS）	UE 特定 RS（AP 5）	用于 DL 双流波束成形的 DMRS（APs 7~8）	用于 DL SU – MIMO（秩 1~8）和 MU – MIMO（秩 1~2）的 DMRS（APs 7~14）
其他 RS	MBSFN 解调的 MBSFN 参考信号的 AP 4	定位用 PRS	—

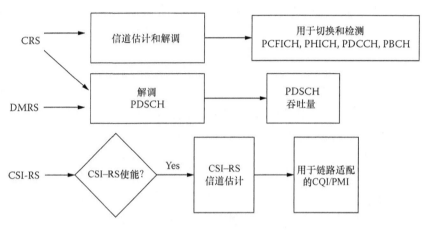

图 3-17　LTE – A 中参考信道的功能

　　LTE – A 将支持独立的天线配置。虽然 LTE – A 天线端口大于 4Tx，但是 Rel – 8 的天线端口可以定义为小于 4Tx，并且可以在 LTE – A 的 CSI – RS 端口数量和 CRS 端口的数量之间进行任意组合。

3.3.2　DL 参考信号设计：CRS

　　在 LTE Rel – 8 中，CRSs 在每个子帧中并且是在整个频带上传输。在小区内可以发送多达 4 组不同的 CRSs，其中每个 CRS 组对应于多达 4 个小区特定天线端口中的一个，对应于天线端口 0~3，CRSs 可以用于下行链路信道估计——用于对从天线端口 0~3 发送的物理信道的相干解调，并且 UE 测量基于在连接模式中的切换决策的参考信号强度或质量等。CRS 也可以用于导出相应天线端口的信道状态信息。信道状态信息可以用于辅助链路适配，预编码器矩阵/矢量选择等。

　　CRS 是小区特定的并且出现在每个正常子帧中。CRS 是全带宽传输并以系统带宽交错的方式均匀地扩展用于 RS 的资源元素，这导致 CRS 设计的天线端口 0~3 用于单播，端口 4 用于 MBSFN。注意，资源块大小部分地基于 CRS 间隔来定义，使得每个资源块具有相同的 CRS 模式。

　　由于总开销的限制，天线端口 0~1 的 CRS 和天线端口 2~3 的 CRS 具有不同的密度。两个发射天线（天线端口 0~1）的 CRS 传输通常被认为是默认模式。取决于天线端口的数量，在 LTE Rel-8 中由 CRS 引起的开销如下：1 个端口为 4.76%，2 个端口为 9.52%，4 个端口为 14.29%。

在 Rel-8 中，CRS 可以进行频移以减少 CRS 到 CRS 的干扰量。重用因子（频移）为 3 并且与小区 ID 相关，只有 3 种不同的移位是可用的，这可以构成相当低的重用因子。

3.3.2.1　LTE-A 公共参考信号设计目标

LTE 的 Rel-8 为多达 4 个天线端口提供 CRS。为了支持更高阶的 MIMO 操作，LTE-A UE 应该能够估计来自 8 个天线端口的信道。因此，LTE-A 已经为多达 8 个流定义了 UE 特定的 DMRS，这是来自 Rel-9 上的 2-流 DMR 的扩展。将使用支持高达 8Tx 天线的低开销 CSI-RS（对于 8Tx 为 0.96%），这不是 UE 特定的用于启用信道信息反馈。

为了支持 eNB 处的用于空间复用的 8 个发射天线，UE 处的信道估计需要 8 个小区特定参考信号（CRS）模式。与 Rel-8 一样，它们用于信道质量测量和秩适应空间复用，包括 LTE 中的闭环和开环预编码推荐以及数据解调。用于 8Tx 传输的 DL CRS 中的一些设计考虑如下：用于天线端口 0~3 的 LTE Rel-8 CRS 应该不受影响，尤其是用于测量的天线端口 0 和 1。因此，不应在天线端口 0~3 和 4~7 的 CRS 之间进行码分复用（CDM）。执行此类 CDM 也可能影响 Rel-8 UE，因为信道和噪声估计算法可能无法预测与其他参考信号的码分复用。对于数据解调来说，跟踪信道变化需要在频域和时域都有足够的 CRS 密度。如果仅用于辅助闭环传输，CRS 密度可能不需要那么高。因此，8 个天线的 CRS 设计中的一个挑战是支持 LTE-A UE 和 Rel-8 UE 的混合，其中后者只能支持多达 4 个发射天线的信道估计。下面的内容描述了在用于 PDSCH 传输的子帧中支持 8 个 CRS 时的映射和信令的若干考虑事项。

无论 PDSCH 传输的秩如何，公共 RS 开销总是相同的。LTE 的开销似乎是可以接受的，因为即使对于 4Tx 天线它也不超过 15%。然而，如果我们为 8Tx RS 设计保留当前的 FDM/TDM 公共 RS 结构，为了保持信道估计性能，则导频开销增量不可避免。如果我们在新天线端口 4~7 中使用与 LTE 天线端口 2 和 3 相同的密度，则会导致 24% 的开销。减少 RS 开销的最有效方法是将 RS 解调分离出来，从 RS 分离出 CQI 并计算测量结果。

此外，在 LTE-A 中，由于专用导频仅需要与要估计的天线端口的秩数一起使用，所以当针对 8Tx 传输讨论 RS 结构时，我们还需要考虑用于秩自适应空间复用的下行链路专用导频。另外，8Tx RS 结构应该支持传统的 UE，这意味着如果未定义 LTE 区域，则应当保持当前的 2Tx 或 4Tx 公共 RS 结构。

3.3.3　DL 参考信号设计：DMRS

在 LTE Rel-8 中，解调 RS（UE 特定 RS）可以用于 PDSCH 的相干解调的下行链路信道估计，已经支持秩 1 的基于 DM-RS 的传输（即，Rel-8 端口 5）。在

LTE－A 中，从 UE 的角度可以传输多达 8 个不同的 UE 特定参考信号和对应于多达 8 个层的预编码参考信号。在给定子帧中，UE 特定参考信号仅在用于该子帧内向特定 UE 的 PDSCH 传输的资源块内传输。用于从多个天线端口传输的结构是用于单个天线端口的结构的扩展。UE 特定的 DMRS 密度是针对总秩为 2 的 12 个 REs/RB（资源元素/资源块），以及针对总秩为 3～8 的 24 个 REs/RB。

参考信号在每个虚拟天线端口（即，层或流）中传输，并且仅在调度的 RBs 和相应的层中。天线端口数量在不同的 LTE 版本中定义，即 3GPP Rel－8，端口 5，Rel－9，端口 7 和端口 8，以及 LTE－A，端口 7～14。LTE－A 的设计原理是 Rel－8 UE 特定 RS（用于波束成形）到多个层的概念的扩展，不同层上的 RSs 是相互正交的，信道估计准确性在分配时间/频率资源内应该是合理的。

RS 和数据经历相同的预编码操作，因此没有必要发送预编码信息，并且信道估计是基于每 PRB 的。

3.3.3.1　DMRS 设计

来自 LTE Rel－9 双层波束成形（包括模式、扩展和加扰）的秩 1 和秩 2 设计的前向兼容 DMRS 模式在两层之间采用 CDM。对于秩 2，通过在时域中的两个连续资源元素上使用正交覆盖码（OCC），通过 CDM 对第一层和第二层的 DMRS 进行复用，如图 3-18 所示。OCC 作为除了循环移位（CS）之外的复用增强方案被引入。通过该增强，可以在用于不同层的子帧的两个时隙之间的 DMRSs 上覆盖不同的正交码。选择 CDM 的原因涉及网络性能，控制信令开销的灵活性，以及与其他 RS 和控制信道区域的兼容性。主要优点是 CDM 更加灵活，方便支持 MU－MIMO 和 CoMP。如果在 MU－MIMO/CoMP 中使用 FDM，如图 3-19 所示。UE 需要知道用于其他共同调度的 UEs 的 DMRS 的位置，这可能会增加下行链路中的信令开销。如果 UE 配对失败，则未使用的 DMRS 资源元素将浪费资源。如果在 DMRS 上使用 CDM，问题将不会出现。CDM 的另一个优点是功率共享，其可以在数据 REs 和 DMRS REs 的每个 RE 上的层之间保持一致。根据 MU－MIMO 中不同层或用户的功率分配，这可以节省针对 DMRS 和具有高阶调制数据之间的功率偏置的附加控制信息。如果在 FDM 中的 DMRS REs 和 PDSCH REs 中存在不同的发射权重，则小区间干扰在 DMRS REs 和 PDSCH REs 中是不同的，这将影响最小均方误差（MMSE）检测性能。例如，假设一个 RB 内用于一个正交频分复用（OFDM）符号的总传输功率是 P，对于两层传输，不同层的 PDSCHs 通过空间码复用，因此每层的每个资源元素的 PDSCH 能量（EPRE）为 $P/24$。

秩 1 和秩 2 DMRS 的主要特征如下：

- 12 个 REs 足以用于双层波束成形；秩 1 和秩 2 应该使用相同的模式，并且对于秩 1 和秩 2 的 UE 传输，UE 将需要具有两种类型的信道估计方案，如图 3-20 所示。

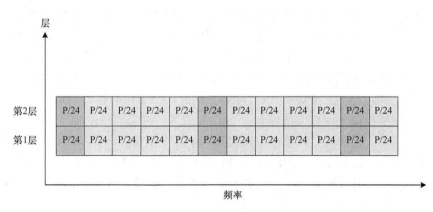

图 3-18　CDM 模式的 DMRS EPRE

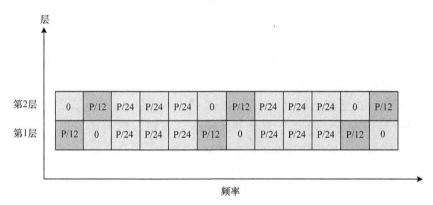

图 3-19　FDM 模式的 DMRS EPRE

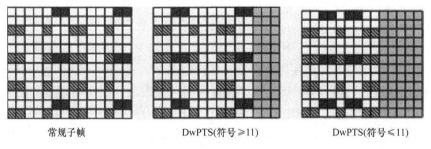

常规子帧　　　　　　DwPTS(符号≥11)　　　　　DwPTS(符号≤11)

图 3-20　秩 1 和秩 2 的基线 DMRS 模式（DwPTS——下行链路导频时隙）

- 两个正交序列用于多达两个传输层的复用。正交序列是 {1，1}，{1 −1}。
  这将支持多达两个传输到单个 UE 的层或者对于具有用于每个层的正交参
  考信号的两个 UE 的一个层。

秩 3 和秩 4 的 DMRS 模式：混合 CDM ＋ FDM（在频域中定义两个 CDM 组）
采用 DMRS 模式具有正常 CP（正常子帧，下行链路导频时隙［DwPTS]）的秩 3
和秩 4 传输。OCC 长度是 2，具有与秩 1～2 相同的正交序列，并且 RB 中有 24 个资源元素（见图 3-21）；不支持扩展 CP。第一层的 DMRS 和第二层的 DMRS 也是通过使用在时域中的两个连续资源元素上的 OCC，通过 CDM 来复用。通过在时域中的两个连续资源元素（见图 3-21 中的 D）上使用 OCC，通过 CDM 的方式，对用于的第三层和用于第四层的 DMRS 进行复用。用于第一层和第二层以及用于第三层和第四层的 DMRS 通过 FDM 被复用。

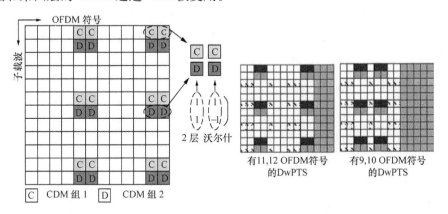

图 3-21　秩 3～4 的基线 DMRS 模式；长度为 2 的 OCC 映射

秩 5～8 的 DMRS 模式：类似于秩 3 和秩 4，对于具有正常 CP（常规子帧，DwPTS）的秩 5～8 传输采用了混合 CDM + FDM DMRS 模式。在这种情况下不支持扩展 CP；相同位置具有与秩 3 和秩 4 相同的密度（每 PRB 24 个资源元素）。秩 3 和秩 4 之间的主要区别是时域中的 OCC 的长度，其对于两个 CDM 组为 4。图 3-22 显示了秩 5～8 的 DMRS 模式。

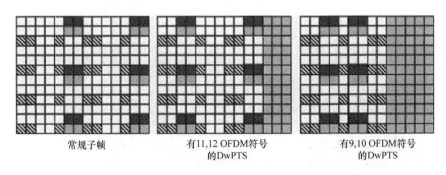

图 3-22　秩 5～8 的 DMRS 模式；长度为 4 的 OCC 映射

秩 5～8 DMRS 的主要特征是它重复使用秩 3～4 模式，对于较低层数的 DMRS 模式应该是嵌套属性，作为更高层数的模式的子集。因为来自不同小区的层的数量是不同的，当一个小区选择传输较低数量的层数而另一个小区选择传输更高数量的层数时，如果这个嵌套属性不满足，则 DMRSs 之间的干扰和来自不同小区的 PD-SCH 将难以处理。所以，秩 5～8 的模式在时间维度上将 OCC 的长度从 2 扩展到 4。

给定层的 DMRS 资源元素位置独立于传输层的总数，并且信道估计中的唯一差别是 OCC 4 或 OCC 2 的解扩运算。4 层 DMRS 使用正交序列在 4 个资源元素上进行时间复用。DMRS 资源元素分为两组，如图 3-23 所示，对于两个 CDM 组，时域中的 OCC 长度均为 4。

总之，图 3-24 显示了使用 Rel-8 模式简单的扩展来实现多达 8 层传输的 DMRS 映射模式和复用方案。用于较低秩传输的 DMRS 映射位置是被设计为用于较高秩传输的映射位置的子集，以最小化数据符号的资源元素位置的改变。CDM 首先用于秩 2 传输。当插入密度变为 2 倍（等于 24REs/RB）时，将 FDM 应用于更高秩的传输。

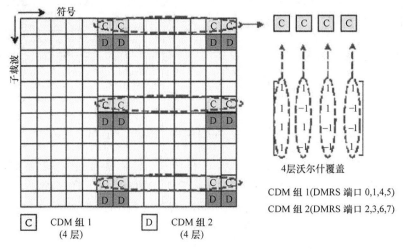

图 3-23　C 和 D 表示用于复用多达 4 层的 CDM 组

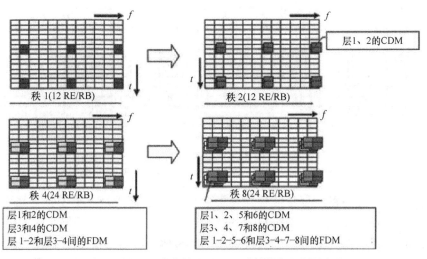

图 3-24　多达 8 层传输的 DMRS 映射模式和复用方案

具有 CDM 的 24 个 REs/RB 的 DMRS 密度是秩 4～8 传输的最终选择。LTE - A DMRS 的主要特点如下：

- DMRS 端口 0～7 由 2 个 CDM 组定义，使得 DMRS 端口 {0，1，4，6} 和 {2，3，5，7} 分别属于第一和第二 CDM 组。
- CDM 组内的正交码复用：长度为 2 的 OCC 可用于秩 4，长度为 4 的 OCC 用于秩 5～8。

3.3.3.2 传输层到 DMRS 端口的映射

由于用于数据解调的 DMRS 的引入，应当引入传输层和 DMRS 端口之间的新映射（见图 3-25）。

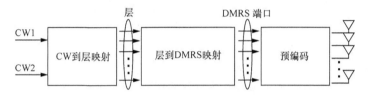

图 3-25 LTE - A 中的层到 DMRS 映射

在 LTE - A 中，在秩 1～2 传输的情况下，高达 2 个码字（CW）将共享一个 CDM 组，并且可以重用在 Rel - 9 中定义的用于双层波束成形的层到 DMRS 端口映射。此外，对于秩 2 之外的传输，DMRS 端口根据秩而独立地映射到层，因此 DMRS 端口由 3 个参数定义，包括 CDM 组、OCC 索引和根据秩的功率电平。在这种情况下，CDM 组绑定到码字，使得码字总是包含来自 CDM 组的 DMRS 端口，如表 3-4 所示。秩独立于 DMRS 分配，秩 N 包括层 0～层 $N-1$，层 N 对应于 DMRS 端口 n，$n=0$，…，7。

表 3-4 层到 DMRS 端口映射

秩	码字	层	DMRS 端口
1	CW - 0	层 0	端口 0
2	CW - 0	层 0	端口 0
	CW - 1	层 1	端口 1
3	CW - 0	层 0	端口 0
	CW - 1	层 1，层 2	端口 2，端口 3
4	CW - 0	层 0，层 1	端口 0，端口 1
	CW - 1	层 2，层 3	端口 2，端口 3
5	CW - 0	层 0，层 1	端口 0，端口 1
	CW - 1	层 2，层 3，层 4	端口 2，端口 3，端口 5
6	CW - 0	层 0，层 1，层 2	端口 0，端口 1，端口 4
	CW - 1	层 3，层 4，层 5	端口 2，端口 3，端口 5

（续）

秩	码字	层	DMRS 端口
7	CW-0	层0，层1，层2	端口0，端口1，端口4
	CW-1	层3，层4，层5，层6	端口2，端口3，端口5，端口7
8	CW-0	层0，层1，层2，层3	端口0，端口1，端口4，端口6
	CW-1	层4，层6，层6，层7	端口2，端口3，端口5，端口7

3.3.3.3 DL DMRS 的 OCC 映射

在 LTE-A 中，支持多达 8 层的传输，并且应用新的 OCC 映射方案。长度为 4 的 OCC 映射应当被设计为与 Rel-9 的映射方案向后兼容；秩 3~8 OCC 映射是针对用于 MU-MIMO 共同调度版本 Rel-9 UE 和 LTE-A UE 的秩 1~2 的超集。

OCC 映射方案应当维持二维正交性，时域正交性和来自两个相邻的相同 CDM 组的频域正交性，以在时间/频率选择信道上实现更好的性能。此外，应当利用长度为 4 的 OCC 来实现峰值功率随机化。对于秩 1~2，必须实现完美的峰值功率随机化，并且秩 3~4 必须达到部分峰值功率随机化。

3.3.3.3.1 OCC 映射模式

采用二进制相移键控（BPSK）字符集进行正常 CP 模式的 OCC 映射，长度为 4 的沃尔什序列，定义为

$$W_4 = \begin{pmatrix} 1 & 1 & 1 & 1 \\ 1 & -1 & 1 & -1 \\ 1 & 1 & -1 & -1 \\ 1 & -1 & -1 & 1 \end{pmatrix} = (\mathrm{a} \quad \mathrm{b} \quad \mathrm{c} \quad \mathrm{d})$$

秩 5~8，OCC=4 代码

符号 a、b、c 和 d 表示沃尔什覆盖码的元素。长度为 4 的 OCC 映射的设计标准是保持时域和频域正交性，即 a~d 被映射到时域中的 4 个资源元素，并且 a~d 被映射到频域中最接近的 4 个资源元素，如图 3-26 所示。

扩展 CP 的 OCC 映射模式如图 3-27 所示。与在 Rel-9 中应用的机制类似的机制在偶数 PRBs 和奇数 PRBs 中以相同模式使用。

每层的 DMRS 利用不同的 CDM 码来正交化 DMRS。例如，为每个 DMRS 分配 CDM 代码的最简单的方法是将 {+1，+1} 代码分配给第一层，将 {+1，-1} 分配给第二层所分配的 RBs 内的所有 CDM 资源元素集合。长度为 2 的 OCC 映射方案如图3-28右侧所示的被接受以实现更好的峰值功率随机化效应，这对于全功率利用是必要的。

每个层的 DMRS 序列与预编码元素相乘并在一起多路复用。这意味着对于某些预编码矩阵行向量，例如 {+1，+1} 或 {+1，-1}，DMRS 序列值被组合并被发送到物理天线端口上。作为将 CDM 码组合到物理天线的端口结果，某些预

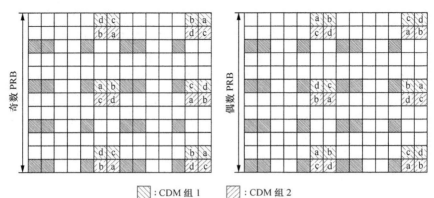

图 3-26　常规 CP 的 OCC 映射模式

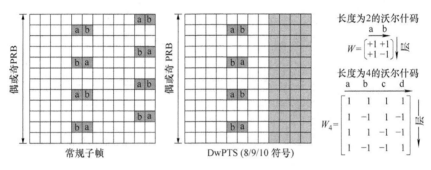

图 3-27　扩展 CP 的 OCC 映射模式

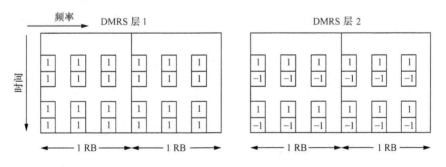

图 3-28　长度为 2 的 OCC 映射方案的最简单方法

编码的资源元素可以具有 2 倍的功率，某些预编码的资源元素可具有零功率。图 3-29 显示了一个在预编码之前和预编码之后的两个频率子载波 DMRS 序列的示例。

从图 3-29（左）中，我们看到在一个物理天线端口范围内的某些 OFDM 符号中所有的 DMRS 资源元素在两层传输中可以具有 2 倍的功率或零功率。在图 3-29 中，w_1 和 w_2 分别表示在 eNB 发射天线处的第一层和第二层的预编码权重，因此，在最坏的情况下，$w_1 = w_2$，第 6 及第 13 个 OFDM 符号的 DMRS 的发送功率比数据信号的发送功率多 2 倍，而第 7 和第 14 个 OFDM 符号的传输功率为零。如果我们决定以 CDM 方式复用 4 层，则某些 OFDM 符号中的 DMRS 资源元素具有 4 倍的功率或零功率。这对于具有高成本功率放大器（PA）的 eNB 来说可能是一个关键问题。从这个角度来看，将 CDM 代码随机化是有益的，从而通过交替地反转频域中的正交覆盖码的映射方向（见图 3-29，右图），预编码的 DMRS 值在整个频率上变化。然而，通过采用逆转方案，具有不同发射功率的资源元素交替出现在频域中，因此，峰值发射功率是平均的。

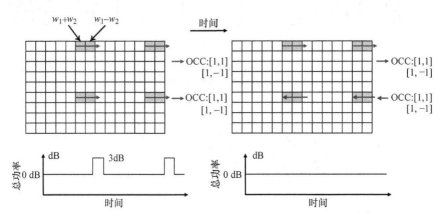

图 3-29　正交覆盖码映射方案的峰均功率比（PAPR）分析

3.3.3.4　序列生成

LTE – A 支持用于 MU – MIMO 模式的多达 4 个 UE 实例的协调调度。一些额外的特征是必需的，以提供附加的 UE 特定的参考信号，例如通过加扰序列区分的附加 UE 特定参考信号。

对于天线端口 5，UE 特定参考信号序列 $r_{n_s}(m)$ 被定义为

$$r_{n_s}(m) = \frac{1}{\sqrt{2}}(1 - 2 \cdot c(2m)) + \mathrm{j}\frac{1}{\sqrt{2}}(1 - 2 \cdot c(2m + 1)), m = 0, 1, \cdots, 12N_{RB}^{PDSCH} - 1$$

其中，N_{RB}^{PDSCH} 表示相应 PDSCH 传输资源块中的带宽。伪随机序列 $c(i)$ 生成器在每个子帧起始处使用，$c_{init} = (\lfloor n_s/2 \rfloor + 1) \cdot 2(N_{ID}^{cell} + 1) \cdot 2^{16} + n_{RNTI}$，进行初始化。

我们可以看到，DMRS 序列是一种小区特定序列，因为 UE ID 从伪随机序列发生器的初始化中被排除。在 MU – MIMO 模式中，如果 UE 可以知道协调调度 UE 的 DMRS 序列，则 UE 可以使用线性最小均方估计（LMMSE）均衡来消除 UE 间的干扰，以获得更好的解调性能。

如果我们考虑用于 LTE – A 的 MU – MIMO 的示例，则将 UE 特定的加扰序列应用于 DMRS，对于协调调度的 UEs 执行信道估计是非常困难的，因为 UE 不知道其他的 UE 的 IDs。UE 接收机可以使用分配给协调调度的 UE 的协调调度 OCC 来执行

由信道估计辅助的干扰抑制组合（IRC）或高级干扰消除。为了解决这个问题，LTE - A 采用加扰序列的应用，如下文所示，初始化因子由更高层信令给出。

在 LTE - A 中，对于任何天线端口 $p \in \{7, 8, \cdots, v + 6\}$，参考信号序列 $r(m)$ 被定义为

$$r(m) = \frac{1}{\sqrt{2}}(1 - 2 \cdot c(2m)) + j\frac{1}{\sqrt{2}}(1 - 2 \cdot c(2m + 1)),$$

$$m \begin{cases} 0, 1, \cdots, 12N_{RB}^{max,DL} - 1 & \text{常规循环前缀} \\ 0, 1, \cdots, 16N_{RB}^{max,DL} - 1 & \text{扩展循环前缀} \end{cases}$$

伪随机序列发生器在每个子帧开始处使用 $c_{init} = (\lfloor n_s/2 \rfloor + 1) \cdot (2N_{ID}^{cell} + 1) \cdot 2^{16} + n_{SCID}$ 进行初始化，其中，n_s 是时隙索引，n_{SCID} 是加扰序列索引。对于天线端口 7 和 8，n_{SCID} 由最近的与 PDSCH 传输相关联的下行链路控制信息（DCI）2B 或 2C 格式中的加扰标识给出。基于由 DCI 的 2B 或 2C 格式指示的动态分配的 DMRS 端口，将采用一种灵活统一的 SU/MU - MIMO 传输模式。如果在天线端口 7 或 8 上没有与 PDSCH 传输相关联的 DCI 中的 2B 或 2C 格式，则 UE 应假定 n_{SCID} 为 0，对于天线端口 9 ~ 14，UE 应假定 n_{SCID} 为 0。对于单用户传输，相同的加扰序列用于两层。对于 MU - MIMO 传输，用于不同用户的加扰序列可以相同或不同，这取决于所指示的 n_{SCID}。对于秩 > 3 的传输，两个码分复用（CDM）组使用相同的加扰序列。

3.3.3.4.1 开销分析

表 3-5 总结了与 Rel - 8 CRS 和 LTE - A 参考信号相关的 RS 开销。

表 3-5 假定常规 CP 下测量 RS 开销

天线端口数量	Rel - 8 CRS		LTE - A DMRS
	单播子帧	MBSFN 子帧	
1	4.76%	1.19%	7.14%
2	9.52%	2.38%	7.14%
4	14.29%	3.57%	秩 1/2：7.14% 秩 3/4：14.28%
8	n/a	n/a	秩 1/2：7.14% 秩 3/4/5/6/7/8：14.28%

3.3.3.5 PRB 绑定

从前面的讨论中，我们知道达到秩 8 的 UE RS 模式的密度是每 RB 24 个资源元素，而且每个天线端口的 UE - RS 的密度是每 RB 3 个资源元素。利用对 UE RS 开销的这种约束，信道估计损失显得很重要。

提出了 PRB 绑定以提高信道估计性能，可用于在这样的 UE RS 开销上的更高秩的 UE RS。PRB 绑定意味着 UE 可以假设预编码的粒度是多个 RBs，尽管仍然允许 UE 执行单 RB 信道估计。PRB 绑定有益于小延迟扩展或较低频率选择性的信道。

当 PRB 绑定被引入，单信道估计操作是基于更多的样本并且可能涉及更多的相关系数。在 PRB 绑定中（见图 3-30），几个邻接的 PRBs 将被调度到一个 UE，并且相同的预编码向量用于这些邻接的 PRB，因此 PRB 绑定也可以被称为预编码粒度。UE 可以跨越这些连续的 PRB 执行联合信道估计，以实现更高的信道估计准确度。既然更高秩的传输不适用于特殊的频率选择性比较严重的信道，我们认为几个邻接资源块的绑定可以用于较高秩的传输以获得信道估计损失和开销之间的合理的权衡。

应当注意，虽然绑定可以提高信道估计性能，但是它会增强对调度器的限制，并且意味着预编码粒

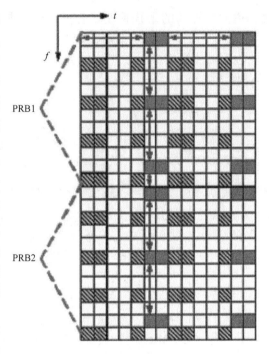

图 3-30　更高秩的 PRB 绑定

度随着捆绑尺寸的增加而增大。通常，预编码粒度越大，可以实现的预编码增益越差。RB 绑定将需要 eNB 在绑定的 RBs 上执行一些下行链路预编码向量，这降低了在 eNB 处的预编码灵活性。降低的预编码灵活性可能导致系统的性能降低。如图 3-31 所示，信道模型下具有 OCC 长度为 4 的秩 8 传输的 1 个、2 个和 6 个 PRB 捆绑的 16 正交幅度调制（16－QAM）的 PDSCH 数据性能分析。

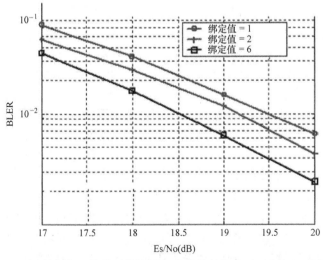

图 3-31　OCC 长度为 4 的秩 8 传输的 PRB 绑定的性能（BLER——块错误率）

具有良好信道估计的 10MHz 带宽的 TU6 信道（30 km/h），其链路吞吐量比较如图 3-32 所示。链路吞吐量仿真在链路适配和秩适配下进行。我们可以看到，对于低 PDSCH 信噪比（SNR）状态（-2~2dB），基于 2-PRB 的信道估计和解调提供大约 1.5dB 的增益。在相对高的 SNR 状态（14+dB），基于 2-PRB 的信道估计和解调提供大约 1dB 的增益。

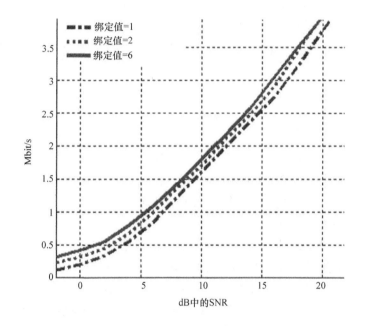

图 3-32　不同大小的预编码粒度的链路吞吐量比较

　　在 LTE-A 系统中，绑定 RBs 的数量等于资源块组（RBG）的大小。由于下行资源分配是基于 RBG 的，RB 绑定可能潜在的基于作为整个系统带宽的功能的 RBG。配置用于给定服务小区的 LTE-A 中的传输模式 9 的 UE 可以假定当配置预编码矩阵指示符/秩指示符（PMI/RI）反馈时，预编码粒度是频域中的多个资源块。大小为 P 的固定系统带宽相关预编码资源块组（PRG）划分系统带宽，并且每个 PRG 包括连续的 PRB。UE 可以假设相同的预编码器全部应用于 PRG 内的预定 PRB。UE 可以针对给定系统带宽而假设的 PRG 大小在表 3-6 中给出。

　　绑定大小本质上是 PRG 大小。PRG 大小为 1 意味着 UE 只能假设基于每 PRB 的预编码。在实践中，我们在 PRB 绑定的性能增益和实现复杂性之间进行权衡。穿越系统带宽的大小为 3（Q=3）的 PRG 示例，如图 3-33 所示。

表 3-6 PRG 绑定大小

系统带宽（N_{RB}^{DL}）	PRG 大小（P'）（RPBs）
≤10	1
11 ~ 26	2
27 ~ 63	3
64 ~ 110	2

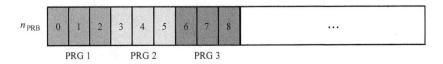

图 3-33 PRG 的示例

要注意的是 RB 捆绑将需要 eNB 执行在捆绑 RB 上的相同的下行链路预编码向量，这降低了 eNB 处的预编码灵活性。下行链路预编码粒度与反馈粒度密切相关，因此预编码灵活性降低可能导致系统性能下降，应该仔细研究以支持 LTE – A 系统。在网络正在执行基于 RB 的预编码的情况下，RB 捆绑是不可能的。当网络在一组 RB 上执行预编码时，RB 捆绑提供了不可忽视的收益。

3.3.3.6 DMRS 功率分配

如果 eNB 继续使用秩 1 – 2 的功率分配方法，则 DMRS 资源元素上的功率利用不够充分，其中数据的功率和 DMRS 的功率相等。对于超过秩 2 的传输，需要将两个额外的 CDM 组分配给 DMRS 端口。RS 中复用的层数在 RS 资源元素和数据资源元素之间是不同的。假定每个资源元素具有相同的功率谱密度（PSD），无论资源元素的类型如何，功率电平可以不同。DMRS 资源元素将面临与数据资源元素的功率利用率不同的情况。图 3-34 显示了用于描述功率低效问题的两个示例（秩 3 和秩 4），其中假设每个层的 DMRS 资源元素和数据资源元素具有相同的功率。

为 DMRS 功率分配提出了两种替代方案：秩相关功率分配和秩独立功率分配。对于秩相关功率分配，每个 CDM 组的总功率相等。每个 DMRS 端口的每个资源元素的能量（EPRE）对于奇数秩是不同的，并且 DMRS EPRE 和 PDSCH EPRE 之间的功率比随秩而变化。功率比应该标注到 MU – MIMO 中的 UE。对于秩独立的功率分配，每个端口的 EPRE 由总功率平均，并且 DMRS EPRE 和 PDSCH EPRE 之间的功率比是固定的。对于秩 1 – 2，DMRS EPRE 和 PDSCH EPRE 之间的功率比是 0dB。对于秩 3 – 8，DMRS 是（FDM + 2）个 CDM 组复用，数据只用 CDM，并且 DMRS EPRE 和 PDSCH EPRE 之间的功率比是 3dB 固定增强值。

考虑到 UE 侧的传输功率的充分利用和额外复杂性的最小化，LTE – A 采用了秩独立的功率分配方案。

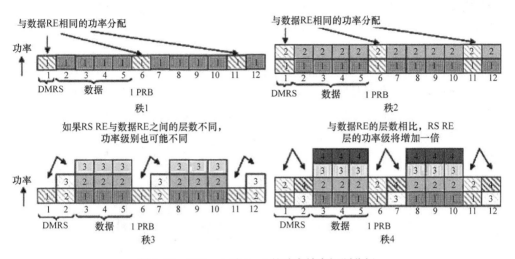

图 3-34 LTE – A 秩 1 – 4 的功率效率问题分析

3.3.4 下行链路信道状态信息参考信号（CSI – RS）设计

3.3.4.1 CSI – RS 设计

在 Rel – 8 中，CRS 用于传输模式 1～7 的信道测量和解调。在 LTE – A 中，由于引入了 8 个发射天线和对多小区 CoMP 的潜在扩展，因此 CRS 的开销（和可能的扩展）不再可容忍。此外，为了支持诸如 CoMP 的 LTE – A 组件，应考虑 CSI – RS 的附加设计原则。UE 需要基于来自 CoMP 测量集中的所有小区的 CSI – RS 来测量用于反馈的信道或其他度量，这不同于 Rel – 8，其中 UE 需要基于仅来自服务小区的 CRS 来测量信道。因此，LTE – A 将支持两种类型的下行链路参考信号：DMRS 和 CSI – RS：

- 多达 8 层 PDSCH 解调的 DMRSS；UE 特定和预编码。
- 用于多达 8 个天线端口 CSI（CQI / PMI / RI）估计的 CSI – RS；小区特定和非预编码。

在 LTE – A 中，以 CSI 估计为目标的 CSI – RS 参考信号是小区特定的，在频率和时间上稀疏，并且打孔到正常/MBSFN 子帧的数据区域中，没有在配置的 LTE – A CSI 测量中混合使用 Rel – 8 CRS 和 LTE – A CSI – RS。换句话说，当 LTE – A UE 以传输模式 1～8 中的任何模式进行配置时，它仅使用 CRS 进行所有 Rel – 8 CSI 反馈模式的信道估计。当 LTE – A UE 在传输模式 9 中配置时，其仅使用 CSI – RS（1 个、2 个、4 个或 8 个 CSI – RS 端口）进行所有 CSI 反馈模式的信道估计。CSI – RS 的一般设计特点在下文中描述。

CSI – RS 是全带宽传输的小区特定参考信号，并且在用于测量或者仅用于导出关于信道质量和空间属性的反馈的每个物理天线端口或虚拟化天线端口中传输。

CSI – RS 模式是小区特定的，在频率和时间上是稀疏的，并且具有比 CRS 更大的重用因子。CSI-RS 的模式取决于天线端口的数量，系统时间和物理小区 ID。信道估计准确度可以相对低于 DMRS。用于相同的小区的不同天线端口的 CSI-RS 需要被正交多路复用。

一般来说，UE 必须基于 CSI-RS 达到可接受的测量准确度，但是 CSI-RS 可能经历更严重的干扰，因为来自多个小区的接收功率通常低于来自服务小区的 CRS 功率。因此，多个小区的 CSI-RS 应该更好地彼此正交。由于 CSI-RS 在时间和频率上比 CRS（仅 3 个不同的移位）更稀疏，因此有很多机会提供更高的重用因子。相同小区的天线端口的 CSI-RS 以 TDM / FDM 方式正交复用。在 CoMP 集内，CSI-RS 的小区间正交性由以下方法支持：小区之间的 CDM、子帧内的时移、子帧内的频移、子帧偏移、小区特定跳频模式或这些项目的组合，如图 3-35 所示。

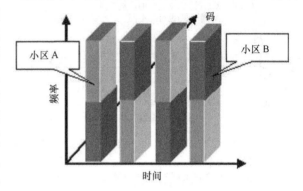

图 3-35 CSI-RS 组合的时间、频率、码复用

DMRS 对 Rel-8/9 UE 没有任何影响，因为它们仅限于 LTE-A 调度资源（PRB），但是 CSI-RS 不是这种情况，它需要在专用子帧中并在整个带宽上周期性地发送。通过在 LTE Rel-8/9 和 LTE-A PDSCH 上打孔数据 RE 来发送 CSI-RS。与其他小区中的 CSI-RS RE 冲突的 PDSCH RE 应该被静默以用于小区间干扰的测量，使得 UE 可以清楚地看到其他小区 CSI-RS 而没有数据干扰。CSI-RS 被视为 LTE UE 的数据 RE。由于打孔和来自 CSI-RS 的干扰导致的信息丢失而引起的对传统 UE 的一些性能影响是不可避免的。

多小区 CSI-RS 设计被认为是面向未来的 CoMP。在 CoMP 方案中，UE 应该能够从 CoMP 测量集中的所有小区以可接受的准确度测量信道，其中 UE 可能需要估计非服务小区的信道。然后可以静默服务小区的 PDSCH 以及其他小区的 PDSCH，以尝试提高 CSI-RS 上的 SINR，从而改善非服务小区信道的估计。除了 TDM 或 FDM 解决方案之外，还采用 RE 数据打孔（静默）进行相邻小区测量。为了在 CoMP 小区集内的那些多个小区之间实现 CSI-RS 时频正交性，提出了 RE 的静默，其中 CoMP 集中的小区发送其 CSI-RS。针对 CSI-RS 目标的 PDSCH 静默用于实现小区间 CSI-RS 准正交性并与没有 PDSCH 静默和 CRS 的 CSI-RS 相比，改善了小区间信道测量准确度和 CoMP UE 吞吐量性能。静默对于需要在将来版本中进行小区间测量的 CoMP 方案是有益的。每个小区的 CSI-RS 和 PDSCH 静默模式的示例在集群内根据图 3-36 进行分配。图 3-36 中由不同音调标记的矩形元素对应于每个小区的 CSI-RS 占用的 RE。叉掉的矩形元素表示每个小区的静默 RE。

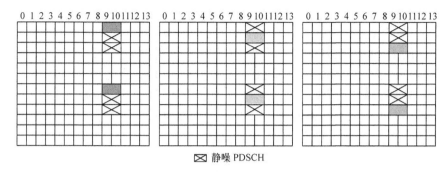

⊠ 静噪 PDSCH

图 3-36 三个协作小区的 CSI – RS 和 PDSCH 静默模式

静默配置是小区特定的,并通过更高层发出信号。PDSCH 静默在遵循与 CSI – RS 相同的规则的带宽上执行,UE 可以假定 DL CSI – RS EPRE 在 DL 系统带宽上是恒定的,并且在所有子帧上是恒定的,直到接收到不同的 CSI – RS 信息。静默 RE 的子帧内位置由 16 比特位图指示。每比特对应于 4 端口 CSI – RS 配置。除了属于该 CSI – RS 配置的 CSI – RS RE 之外,在设置为 1 的 4 端口 CSI – RS 配置中使用的所有 RE 都被静默(在 UE 处假设为零功率)。当配置 PDSCH RE 的静默时,LTE – A UE 假定围绕静默 RE 的 PDSCH 速率匹配。使用与 CSI – RS 的子帧偏置和占空比相同的编码,所有静默资源元素使用一个子帧偏置和占空比值。图 3-37 显示了由于 CoMP 场景中的数据打孔,CSI 估计精度对 CoMP JP 吞吐量性能的具体影响。

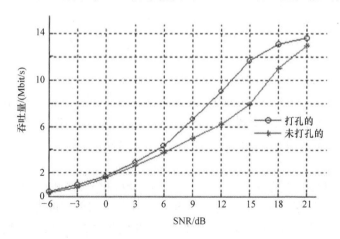

图 3-37 在 RE 处的数据打孔的 PDSCH 性能增益与相邻小区中的 CSI – RS 相冲突

对于 LTE – A UE,应通知静默位置以避免性能下降。然而,当 CSI – RS 对传统 UE 的数据区域进行打孔时,如果过多的数据 RE 被打孔,则 CSI – RS 增加的开销会严重影响传统 UE 的性能。图 3-38 显示了用于评估数据打孔对 LTE 传统 UE 性能影响的链路仿真。最好尽可能地最小化总的 RE 打孔,同时实现足够的空间信息反馈精度。

从图 3-37 中可以看到 RE 处的数据打孔与相邻小区中的 CSI - RS 冲突，这是减少小区间干扰的有效方式，并保证了 CoMP 测量集中协作小区的 CSI 测量质量。图 3-38 显示了每个 PRB 具有不同数量的打孔 RE 的 LTE 传统 UE 的 PDSCH 吞吐量损耗。每个天线端口的更高的打孔密度可能导致 UE 性能的大量损失，特别是对于具有高编码速率的调制和编码方案（MCS）。每个 RB 可容忍超过 4 个 RE 的打孔，并且需要关注每个 PRB 的较多打孔的资源单元。

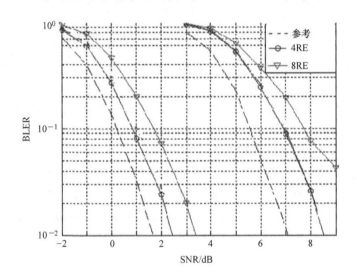

图 3-38 影响 LTE 传统 UE 的链路性能的数据打孔

总而言之，CSI - RS 是仅针对 CSI 估计的新型参考信号，其仅支持多达 8 个小区特定的天线端口。CSI - RS 是时频稀疏的，例如，每帧一个 OFDM 符号中的每第 6 个子载波以及每个天线端口约 0.12% 的开销，用于较低层数的 CSI - RS 模式应该是较高层数的模式的子集（即，2/4/8 端口的嵌套结构）。正常 CP 的 CSI - RS 模式的特征描述如下：

- 8 个天线端口支持具有 OCC 长度 - 2 的 CSI - RS 模式的 CDM - T。
- 一个端口的密度为 2 RE/端口/ PRB；2/4/8 端口的密度为 1 RE/端口/PRB；1 个 CSI - RS 端口模式与 2 个端口具有相同的位置。这种密度转换为 CSI - RS RE 之间的 6 个子载波的频率间隔，其类似于 Rel - 8 CRS 间隔。
- 为了避免同一小区的天线端口 5 和 CSI - RS 冲突，增加了其他三个时分双工（TDD）强制模式；当传统 UE 在网络中占主导地位时，这些模式可以用于 LTE - A 的初始部署。
- CSI - RS 模式的占空比应该以半静态的方式配置为有限的一组值，例如，通过更高层的 {2，5，10} ms 信令，并且应该避免 CSI - RS 与携带系统信息的资源元素相冲突（见图 3-39）。

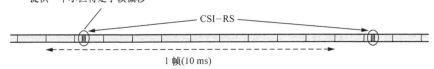

示例：CSI-RS 与一个周期性的复合的 1 帧一起被传输，其通常也提供一个小区特定子帧偏移

CSI-RS

1 帧(10 ms)

图 3-39　CSI－RS 模式的占空比示例（CSI－RS 密度在时域中每个天线端口每 10 ms 一个符号）

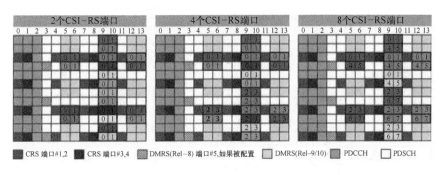

■ CRS 端口#1,2　■ CRS 端口#3,4　▨ DMRS(Rel-8) 端口#5,如果被配置　▨ DMRS(Rel-9/10)　▨ PDCCH　□ PDSCH

图 3-40　CSI－RS 模式；正常 CP FDD 和 TDD 强制性

支持 FDD 和时分双工（TDD）的正常 CP 的 4 个 CSI－RS 模式如图 3-40 和图 3-41 所示。CDM 是用于每对 CSI－RS 端口的 CSI－RS 端口复用的基线，并且 CDM 时域用于 CSI－RS 端口对复用。图中的每个不同的音调代表不同的 CSI－RS 模式，嵌套的对应模式用于 4 个、2 个天线端口。

TDD 支持的 3 种 CSI－RS 模式和可选的 FDD 模式如图 3-40 所示。

3.3.4.2　CSI－RS 开销分析

在 LTE－A 中，所考虑的最低

0	1	2	3	4	5	6	7	8	9	10	11	12	13
								0		1			
								4		5			
								0		1			
								4		5			
								0		1			
								4		5			
								2		3			
								6		7			
								2		3			
								6		7			
								2		3			
								6		7			

图 3-41　正常 CP TDD 的 CSI－RS 模式强制性

CSI－RS 资源元素密度是每个天线端口每 PRB 有 1 个资源元素。这为 SU－MIMO 传输提供了可接受的链路级性能，同时确保了最小程度的 Rel－8 UE 性能降级。对于频域中的 CSI－RS 密度，为了减轻传统性能影响，对于 2 个、4 个和 8 个天线端口，每个 PRB 仅使用 1 个子载波。eNB 在同一子帧内针对每个天线端口发送所有

CSI-RS。对于时域中的 CSI-RS 密度，假设周期为 10ms，CSI-RS 开销可以计算为每个天线端口 0.12% [1/840]，每个天线端口 [1/140] 每 10ms 1 个符号，每个天线端口 [1/6] 每 6 个子载波 1 个子载波。对于 8 天线端口也可以达到 0.96%。

3.3.4.3 CSI-RS 功率分配

在 Rel-8 的 CQI 计算中，UE 被告知 PDSCH EPRE 与 CRS EPRE 的比率 (ρ_A)。在 LTE-A 中，CSI 计算基于 CSI-RS，并且通过更高层信令向 UE 通知 PDSCH EPRE 与 CSI-RS EPRE (P_C) 的比率。

P_C 是当 UE 导出 CSI 反馈并取 1dB 步长的 [-8, 15] dB 范围中的值时，PDSCH EPRE 与 CSI-RS EPRE 的假设比率。

3.3.4.4 CSI-RS 序列生成

CSI-RS 序列重用 CRS 序列，长度为 CRS 长度的一半。参考信号序列是 $r_{l,n_s}(m)$，定义为

$$r_{l,n_s}(m) = \frac{1}{\sqrt{2}}(1 - 2 \cdot c(2m)) + j\frac{1}{\sqrt{2}}(1 - 2 \cdot c(2m + 1)),$$
$$m = 0,1,\cdots,N_{RB}^{\max,DL} - 1$$

式中，n_s 是无线电帧内的时隙号；l 是时隙内的 OFDM 符号数。伪随机序列 $c(i)$ 生成器在每个 OFMD 符号开始处通过 $c_{init} = 2^{10} \cdot (7 \cdot (n_s + 1) + l + 1) \cdot (2 \cdot N_{ID}^{cell} + 1) + 2 \cdot N_{ID}^{cell} + N_{CP}$ 初始化，其中

$$N_{CP} = \begin{cases} 1 & \text{对于正常 CP} \\ 0 & \text{对于扩展 CP} \end{cases}$$

通过专用信令（包括零 Tx）将 CSI-RS 配置发送到 UE。CSI-RS 信令的内容包括：

- CSI-RS 端口号：2 比特
- CSI-RS 配置：5 比特
- 占空比和子帧偏置：8 比特（可在引入 4 ms 占空比后更新）
- UE 特定功率偏置：5 比特

3.3.4.5 CSI-RS 天线映射

LTE Rel-8 UE 不能估计 8 个下行链路信道。从 Rel-8 UE 的角度来看，8 天线 eNB 必须能够拥有作为具有多达 4 个天线的传统 eNB 的功能。另一方面，为了利用来自所有可用的发射功率放大器（PA）的发射功率，当配置的 LTE Rel-8 天线端口少于天线数量时，从 LTE Rel-8 天线端口到传输 PA（这里称为"天线"）需要天线映射。作为示例，可以利用天线虚拟化方案使得 8 个天线在 UE 处显示为 4 个天线，如图 3-42（左图）所示。图 3-42（右图）举例说明了具有 0-1、2-3、4-5 和 6-7 的天线对的虚拟天线映射方案。或者，用于虚拟天线映射的不同的天线对也是可能的，例如 0-4、1-5、2-6 和 3-7 的天线对。

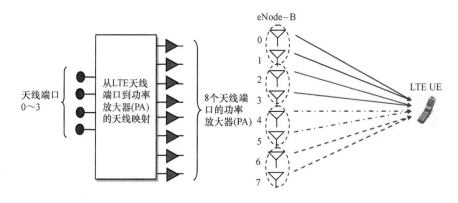

图 3-42　从 LTE 天线端口到 8 个 LTE 发射天线的映射

　　在这种情况下，LTE 系统的广播信道（BCH）仍然配置 4 个天线到 LTE UE，而 LTE‑A 系统的 BCH 配置 8 个天线到 LTE‑A UE。

　　对于 LTE‑A，引入了 CSI 天线端口来实现 LTE‑A UE 的测量。需要定义 8 个新的 CSI 天线端口，以支持来自 8 天线 eNB 的测量。eNB 的实施可以支持网络中的多天线设置，其中用于 Rel‑8 CRS 的天线端口的数量小于 LTE‑A CSI‑RS 的天线端口的数量。尽管天线映射（一个说明性方案如图 3‑43 所示）是一个实现的问题，但它对 LTE‑A 中新的 CSI‑RS 的定义有一定的影响。

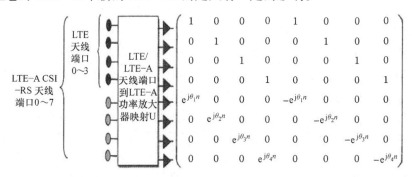

图 3-43　从 LTE 天线端口到功率放大器（PA）的天线映射

3.3.4.5.1　Rel‑8 CRS 和 LTE‑A CSI‑RS 天线端口的组合

　　在 LTE‑A 网络中，Rel‑8 CRS 天线端口的最大数量为 4，LTE‑A CRS 天线端口的最大数量为 8。eNB 可以配置 LTE‑A UE 以使用 Rel‑8 CRS 或 LTE‑A CSI‑RS 进行 CSI 测量。Rel‑8 CRS 和 LTE‑A CSI‑RS 天线端口的组合是设计网络的一个重要问题。每个小区具有两个天线端口的天线配置（如图 3‑44 所示）是当前蜂窝网络中的典型应用。因此，LTE‑A 必须支持多达 8 个 CRS 天线端口，并且 Rel‑8 必须支持 2 个 CRS 天线端口，这可能是使用 2 个 Tx MIMO 的 Rel‑8 LTE 的基准，并为高级 UE 采用 4~8 个高阶 SU／MU－MIMO。

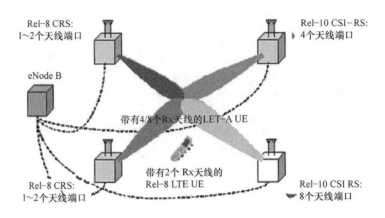

图 3-44　2 个 Tx MIMO 的 Rel－8 LTE 和使用分布式天线的 LTE－A 高阶 MIMO 的示例

3.3.5　上行链路参考信号设计的一般原则

3.3.5.1　Rel－8 中的上行链路参考信号

3.3.5.1.1　DMRS

UE 特定的 DMRS 用于上行链路信道估计和相干解调，并且每 0.5ms 时隙发送一次。单天线传输，基于循环移位[⊖]的 CDM 复用对于 UL MU－MIMO 是可能的，并且循环移位指数在 UL 授权中被传达给 UE，可以使用八正交循环移位作为最大值。当前的 LTE UL DMRS 从 1 天线发送，用于单输入多输出（SIMO），并占用与资源分配大小相同的带宽。UL DMRS 采用 30 个基本序列组，每组最多 2 个碱基序列，并支持 12 个等间隔的基本序列循环时移（间隔为 5.55μs）。在 UL 授权 PD-CCH DCI 格式 0 中指示 3 比特的 DMRS 循环移位。物理上行链路共享信道（PUSCH）和物理上行链路控制信道（PUCCH）始终启用循环移位跳频，并且用于分离参与 MU－MIMO 操作的在上行链路中具有相等带宽分配的不同 UE 的 DMRS（正交性的不同循环移位）。为了保持不同 UE 之间的 DMRS 的正交性，MU－MIMO 的那些 UE 配对的传输带宽必须相同，否则会降低调度灵活性。在 LTE－A 中支持 PUSCH DMRS 基本序列和跳跃模式协调，并且在 Rel－8 中已经支持时隙边界上的序列组跳跃。

3.3.5.1.2　探测参考信号（SRS）

SRS 是 LTE 中的一组上行链路参考信号。SRS 用于在网络侧的上行链路信道状

⊖　循环移位（CS）分离是 UL DM－RS 的主要复用方案。在 Rel－8 中，对于每个 UE，仅存在由 PD-CCH 指示的一个 CS 指数，在 UL 调度授权（DCI 格式 0）中采用用于 DM－RS 的 3bit CS 分离指示符。它可以支持具有同等 CS 分离的最多 8 个正交 RS 资源，并且足以支持每个 UE 多达四个 TX 天线端口的 SU－MIMO。对于在 LTE－A 中具有 4×4 UL SU－MIMO，MU－MIMO 和 CoMP 接收的操作场景，仅使用 CS 来进行小区内干扰减轻是不够的。

态估计以辅助上行链路调度、链路适配、上行链路功率控制和天线选择，并辅助维护同步和下行链路传输（例如，在具有 UL／DL 互易性的场景中的下行链路波束成形），特别是在时分双工中（TDD）。每第 N 个子帧发送上行链路 SRS，对上行链路导频时隙（UpPTS）进行计数。SRS 要求每个发射天线发射 SRS，其周期短于信道相干时间，并且带宽显著大于信道相干带宽。即使没有调度 PUSCH（或 PUCCH），可以在相同带宽上对多个 SRS 用户进行码复用和传输。这为频谱的任意部分提供了信道估计，并且可以在具有即时良好信道质量的资源块上调度 UL 传输。SRS 是 UL 频率选择性调度的先决条件，以提高系统吞吐量。SRS 是 UE 特定的测量参考信号。SRS 资源以小区特定方式定义，并且 UE 被配置为在小区特定 SRS 资源内发送最小 4 个 PRB 的 SRSs。定义了多达 4 级基于树型结构的 SRS 带宽（如图 3-45 所示），并且每个 eNB 可以配置 SRS 跳变。

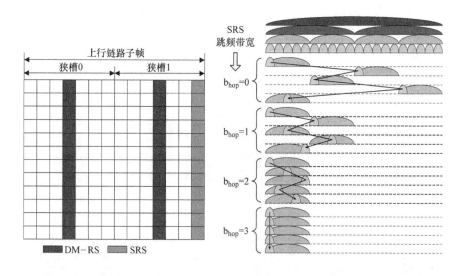

图 3-45　基于树的 SRS 结构的 SRS 位置和跳频带宽

有多种方式可以复用 SRS 信号，例如探测 FDM 或 CDM 方式的信道。SRS 用户也可以使用不同的梳（偶数或奇数子载波）。可以配置 SRS 传输的周期，使得在缓慢变化的无线信道中，不需要每个子帧发送 SRS。在这种情况下，可以在 TDM 方案中复用用户。CDM 用户采用具有不同循环移位，具有固定移位间隔的基序列。选择循环移位使得其可以适应大的延迟扩展。Rel – 8 SRS 设计特点如下：

- 交织频分多址（IFDMA）梳状 SRS 结构重用 DMRS 基序列，与 PUCCH 基本序列组相同。
- 可配置的 UE 特定 SRS 带宽（BW）被限制为 4 个 RB（连续）的倍数，支持跳频以允许循环地探测具有不同频率起始位置和不同传输实例的整个小区特定的 SRS 带宽。

- 支持每梳有 8 个相等间隔的循环时移（间隔为 4. 17μs）；不支持 SRS 的循环移位跳跃。

3.3.5.2 LTE-A 的上行链路参考信号

在 LTE-A 中，应当增强 UL 参考信号以有效地支持新特征。使用的 DMRS 资源的数量应该等于层的数量，以实现适当的信道估计并满足目标中的向后兼容性要求，以更少的复杂性实现性能改进。因此，在 LTE-A 中使用 DMRS 增强的动机如下：

- 最多 4 层的 UL SU-MIMO，以及来自多个发射天线的同步 SRS 传输：它是否需要不同层之间的正交性？它是否需要一个向后兼容的信令设计？
- MU-MIMO 问题：对于小区内和小区间 MU-MIMO，需要在配对的 UE 之间保证良好的正交性。配对 UE 是否需要不等带宽分配的正交性？
- UL-CoMP 问题：是否需要 CoMP UE 与具有向后兼容性的普通 UE 之间的正交性？

基于这些方面，在引入 OCC 和/或 IFDMA 方面，一些 UL DMRS 的增强似乎是必要的。用于增强 UL DMRS 的一些候选方案如图 3-46 所示。

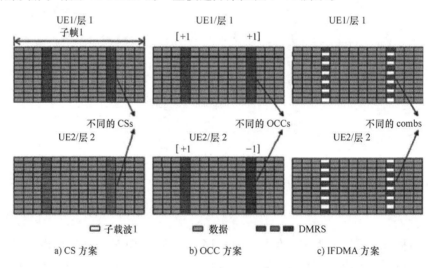

图 3-46　用于增强 UL DMRS 的候选方案

对于 LTE-A 的 UL DMRS 的候选方案，我们应该考虑如何组合这些不同类型的正交资源。表 3-7 显示不同正交 RS 复用方案的比较，从向后兼容性、性能改进以及 MU-MIMO 和 CoMP 特定问题的角度来看，例如循环移位、OCC 和 IFDMA。

基于表 3-7 中的比较，我们可以看到 DMRS 序列的不同循环移位可以被认为是支持 SU-MIMO、MU-MIMO 和 CoMP 的良好基线方案，但是这仅允许具有相等带宽分配的用户之间的 MU-MIMO 复用（见图 3-47）。OCC 的主要优点是能够增加正交 RS 资源的数量，支持不同 UE 的不同传输带宽，并获得更高的调度灵活性，

而缺点是正交性在高移动性情况下被破坏。当时隙级序列/组跳频[⊖]使能时，OCC
也不能保证具有不等带宽分配的 MU – MIMO 的正交性。IFDMA 由于其不支持 LTE
配对 UE 和 LTE – A UE 而被排除，PRB 的数量必须是梳数的倍数，并且干扰抑制
将减少 10log10（梳数），这将导致更差的信道估计，特别是对于小区边缘 UE。

表 3-7　IFDMA、CS 和 OCC 之间的比较

对照		IFDMA	循环移位	OCC
向后兼容性	与 LTE UE 配对	否	是	是（OCC［+1，−1]）
	通过信令指示	梳信息	否	OCC 信息
	资源配置限制	是（PRB 数量是梳数的倍数）。限制可支持的 BW 分配的数量，因为分配的 RB 数应该被梳状数整除	否	否
性能改进	从内部帧跳频的分集增益	是	是	否
	正交性	与 LTE 相同	与 LTE 相同，但由于延迟传播造成损失	比 LTE 好（由于多普勒频移而在移动场景中的损失）
	正交资源	与 LTE 相同	与 LTE 相同	如果与 CS 结合使用，会增加一倍
	具有序列/组跳跃的正交性	是	是	否
支持 MIMO、CoMP	SU – MIMO	是	是	是
	具有不等带宽的 MU – MIMO	是	否，只支持同样的带宽	是
	UL CoMP	是	是，相同的根序列（已经存在于 LTE 中）	是，无序列/组或 CS 跳频

　　应该注意的是，由于恒幅零自相关（CAZAC）序列跳频是小区特定的，并且
适用于 PUSCH 和 PUCCH，因此禁用它将降低所有传输的性能。由于不同长度的
CAZAC 序列之间的相关性可能很大，因此序列跳跃的缺失可能导致显著的性能
下降。

　　系统级仿真结果表明，带宽不等分配的 MU – MIMO（使用 OCC 或 IFDMA）可
以在相等带宽分配上带来明显的增益。由于 OCC 有利于 MU – MIMO 的不等资源分
配，因此 LTE – A 除了用于 SU – MIMO 的主循环移位复用之外还引入了 OCC，因

　⊖　Rel – 8、SPS、PUCCH 和其他 UL 传输启用 CAZAC 序列跳频。

为它有助于具有 3 层或 4 层的高 SNR 区域，并且支持不等带宽分配。

在 Rel - 8 中，RS 序列由基本序列的循环移位来定义，并且在 PDCCH UL 授权中指示 DMRS 循环移位偏移。最大间隔隐含地确定其他 SU - MIMO 层的 DMRS 循环移位，以最小化不同层的估计的信道之间的串扰，例如，用于 2 层传输的层之间的 6 个 CS 间隔。我们也可以修改 PDCCH CS 偏移映射以支持具有 SU - MIMO 和最大间隔的 12 个 CS 中的每一个可能的分配。碱基序列分为 30 个序列组（SG）。eNB 可以通过小区特定的信令逐个时隙地启用或禁用序列跳跃和组跳跃（SGH）（参见图 3-48），从而改善 UL DMRS 的抵抗能力，如小区间抗干扰能力。如果启用 SGH，可以获得 ICI 随机化增益，但是 OCC 不能保证 UE 之间的 DMRS 的正交性；如果禁用 SGH，则不能获得 ICI 随机化增益。因此，应引入 UE 特定的 SGH 以使大多数 UE 能够从 ICI 随机化增益中受益，并使得 LTE - A UE 在 MU - MIMO 配对中具有更好的灵活性，以及在 UE 实例之间具有良好的正交性。

因此，每个 CC 的不同序列组或每个 CC 的不同循环移位序列是合适的，并且需要 LTE - A UL DMRS 的详细设计。

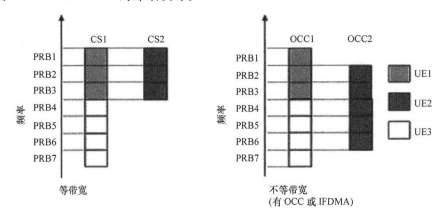

图 3-47　相等或不等带宽分配

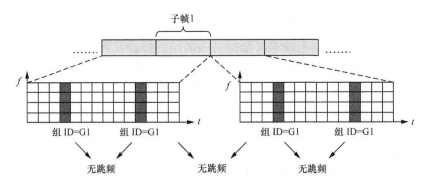

图 3-48　子帧内和子帧间禁用 SGH

3.3.6 上行解调参考信号设计

3.3.6.1 上行 DMRS 设计

对于 LTE-A 中的多发射天线,DMRS 可以扩展到非预编码的 DMRS 和预编码的 DMRS。预编码 RS 可以产生具有波束成形增益的较低的 RS 开销,与非预编码 RS 相比,这可以提供更好的信道估计性能。非预编码的 UL DMRS 解决方案将不必要地浪费 RS 资源,并且已经在 Rel-8 中被采用。它用于估计来自每个发射天线的信道,并且可能需要多个用于 UE 的循环移位分配,用来估计每个天线端口的空间信道,因此需要单个 UE 的 Nt(即,发射天线的数目)循环移位分配。在这种情况下,与 LTE 相比,由于单个 UE 的多个循环移位分配,上行链路 MU-MIMO 和小区间干扰协调似乎具有进一步的限制。因此,作为基线,在 LTE-A 中采用 UL 预编码 DMRS,其应当利用分配用于 PUSCH 数据传输的预编码器进行预编码(即,在 UL 授权上用信号通知)。因此,接收机可以直接估计预编码的信道,因此也节省了计算资源。所使用的 UL DMRS 资源的数量应当等于层的数量以实现适当的信道估计。UL 预编码 DMRS 被预编码,用来估计来自每个层的信道,并且可能需要循环移位的层数,这意味着如果传输秩是 1,则仅需要一个循环移位值,而不考虑当采用预编码时的 Nt。因此,可以尽可能地为其他 UE 保持循环移位值的数量。

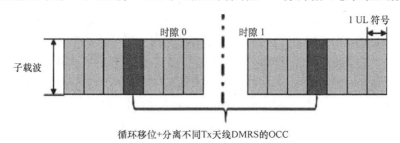

图 3-49 码分多路复用 UL DMRS

应用于解调参考信号的预编码与应用于 PUSCH 的预编码相同。循环移位间隔是具有良好正交特性的解调参考信号的主要复用方案之一。可以从 UE 发送多达 4 个上行链路 DMRSs。上行链路 DMRS 的瞬时带宽等于对应的 PUSCH 传输的瞬时带宽。多天线端口传输情况的结构是单天线端口情况的结构的扩展。

用于 DMRS 复用的循环移位间隔,最多 4 层,可以借助不同的循环移位来分离。循环移位的优点包括向后兼容性和良好的正交性。由于在 Rel-8 中循环移位的最大数为 8,因此可以利用不同的 CS 来区分不同的天线端口和不同的层,支持的最大的延迟扩展[⊖]为 66.67μs/ 4 = 16.67μs。与 Rel-8 DMRS 不同,支持 OCC 序列来进一步保持 UE 实例之间的正交性,并减少 LTE-A 中的层间干扰而不增加 UL 授权信令开销。我们知道,OCC 可以通过 SU-MIMO 来提高来自 UE 发射机天

⊖ 在大延迟扩展环境中,可用的循环移位会受到限制。

线的 DMRS 之间的正交性并且允许具有不同带宽（见图 3-49）的 PUSCH 传输的空间复用（MU – MIMO）。这是一种减轻 SU – MIMO 的层间干扰的互补的方式。

注意：长度为 M 的参考信号序列：$r(n)$，$n = 0, \cdots, M-1$

可以通过以下方式生成参考信号序列的循环移位

$$r^{(\alpha)}(n) := e^{j\frac{2\pi\alpha}{M}} \cdot r(n), n = 0, \cdots, M-1$$

其中 $r(n)$ 是长度为 M 的参考信号序列。

可以通过具有所选序列移位模式 f_{ss}^{PUSCH} 的调度来支持来自不同小区的 PUSCH 的 DMRS 之间的正交性。而且，为了改善具有不同带宽配对的 MU – MIMO 的小区间干扰随机化，OCC 可以用于 MU – MIMO。

3.3.6.2 循环移位/正交掩码（CS/OCC）映射

在 LTE – A 中，可以结合 CS 和 OCC 来设计 UL DMRSS 模式。CS /OCC 映射应考虑向后兼容性、SU – MIMO 性能、MU – MIMO 融合性和复杂性。

- 向后兼容性：第一层的循环移位值将跟随 Rel – 8 设计。
- SU – MIMO 性能：层之间的循环移位间隔至少为 3，以产生高正交性。
- MU – MIMO 灵活性：可以支持所有 MU – MIMO 场景。
- 复杂性：提出简单的嵌套设计以简化配置。

如在 Rel – 8 中那样，在 PDCCH DCI 中包含 3bit 的循环移位字段；零自相关代码用作 DMRS 序列，因此 DMRS 序列的不同循环移位可用作正交参考信号。在 LTE – A 中，层之间的 CS 值将尽可能地分开以最小化层间干扰并且没有额外的信令来指示每层的 CS 值。同时，PDCCH DCI 将指示 LTE – A 中的所有传输层的 CS 和 OCC（参见表 3-8）。OCC ｛1，1｝和 ｛1，－1｝的引入将潜在地将复用容量从 12 增加到 24，从而改善来自具有 SU – MIMO 的 UE 发射机天线的 DM 之间的正交性，并且允许具有不同 MU – MIMO 带宽的 PUSCH 传输的空间复用。

表 3-8 上行链路相关 DCI 格式的 $n_{\text{DMRS},\lambda}^{(2)}$ 和 $[w^{(\lambda)}(0) \quad w^{(\lambda)}(1)]$ 的循环移位字段的映射

上行链路相关 DCI 格式中的循环移位字段	$n_{\text{DMRS},\lambda}^{(2)}$				$[w^{(\lambda)}(0) \quad w^{(\lambda)}(1)]$			
	$\lambda = 0$	$\lambda = 1$	$\lambda = 2$	$\lambda = 3$	$\lambda = 0$	$\lambda = 1$	$\lambda = 2$	$\lambda = 3$
000	0	6	3	9	[1 1]	[1 1]	[1 −1]	[1 −1]
001	6	0	9	3	[1 −1]	[1 −1]	[1 1]	[1 1]
010	3	9	6	0	[1 −1]	[1 −1]	[1 1]	[1 1]
011	4	10	7	1	[1 1]	[1 1]	[1 1]	[1 1]
100	2	8	5	11	[1 1]	[1 1]	[1 1]	[1 1]
101	8	2	11	5	[1 −1]	[1 −1]	[1 −1]	[1 −1]
110	10	4	1	7	[1 −1]	[1 −1]	[1 −1]	[1 −1]
111	9	3	0	6	[1 1]	[1 1]	[1 −1]	[1 −1]

注意：$w^{(\lambda)}(m)$ 是 OCC 正交序列。

该 UL DMRS 设计方案需要用 4 个循环移位和 2 个时间正交码来实现 4 层的分离（参见表 3-9）。显然，循环移位和正交码的复用更具有鲁棒并且在更高的 SNR 下是必需的，尤其是当循环移位间隔是 OFDM 符号的 1/4 甚至更少时。当使用时间正交覆盖码时，保持 OFDM 符号的 1/2 的循环移位间隔。例如，层 1 和层 3 具有比较大的循环移位分离，类似地，层 2 和层 4 也一样。它们都占用相同数量的循环移位并且保持两倍的循环移位间隔。因此，它将比循环移位之间的信道中的频率选择性和"泄漏"更具有鲁棒性。

表 3-9　多路复用多达 4 层的 DMRS 资源分配示意图

循环移位	C1	C2	C3	C4
OCC {+1, +1}	层 1		层 3	
OCC {+1, -1}		层 2		层 4

图 3-50 中显示了属于同一 UE 的多个层的 DMRS 示例。明确指出 OCC 用于第 1 层和第 2 层，而另一个 OCC 用于第 3 层和第 4 层。12 个 CS 资源使用与 PUCCH 中的确认/否认（ACK/NACK）资源分配相同的方法。

3.3.6.3　UL RS 序列的映射

对于集群离散傅立叶变换扩展 OFDM（DFT – S – OFDM），DMRS 应当在相同的数据传输带中传输，并且分量载波（CC）内的不连续 RB 分配也是参考信号传输必需的。这其中有一个问题是频率不连续的资源分配的 DMRS 序列设计。根据整个分配的规模在 Rel – 8 LTE 中使用 CAZAC 基序列并分成集；DMRS 序列设计也用于非连续资源分配。图 3-51 展示了 RS 序列的映射的示例，该 RS 序列的长度对应于其生成 CC 的分配的子载波的数量。基本序列分为每个集的大小。划分后的基本序列分别映射到每个集的 DMRS 资源。

3.3.7　上行链路探测参考信号（SRS）设计

3.3.7.1　SRS 设计

如上所述，闭环预编码所需的信道状态信息可以仅通过 SRS 测量获得，并且预编码 UL SU – MIMO 和 CoMP 的性能将在很大程度上取决于基于 SRS 的信道探测的性能。LTE 仅在一个分量载波中支持传输，并且在每个子帧中仅支持一个 UE 发射机天线。这些属性构成一个简单的 SRS 传输结构，其中可以通过更高层信令来分配每个 UE 实例的相应时间、频率和代码资源。然而，在 LTE – A 上行链路中，支持多个分量载波和多达 4 个 UE 发射机天线中的 UL 传输，这需要对 SRS 资源、SRS 开销和 SRS 传输的激活进行不同的管理。SRS 开销的量取决于 SRS 传输间隔和 SRS 带宽。在 10ms SRS 发送间隔和全带宽 SRS 的情况下，相对开销大约为 0.7%。

SRS 性能可以使用以下表达式计算：

$$\text{SRS 容量} = \frac{\text{系统 SRS BW}}{\text{UE 特定 SRS BW}} \times N_{CS} \times N_C$$

$$= \frac{\text{UE 特定周期性 SRS}}{\text{小区特定子帧配置周期}}$$

其中，N_{CS} 是循环移位的数量；N_C 是频率梳的数量。

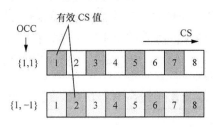

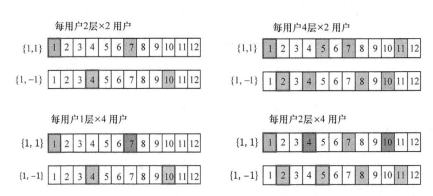

图 3-50　使用循环移位的 OCC 资源分配。（左）每个小区 4 层复用；（右）每个小区 8 层复用

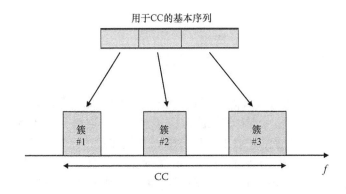

图 3-51　频率非连续资源分配的 RS 序列的映射

在 Rel-8 中，每个 SRS 带宽和频率梳可以支持至多 8 个循环移位，这取决于在小区中看到的最大延迟扩展。

因此，为了支持具有多达 4 个天线的上行链路 SU-MIMO，UE 需要从每个组合天线发送上行链路 SRS，并且基于 SRS 的信道探测的性能可能成为 UL MIMO 和

CoMP 广泛使用的限制瓶颈⊖。之后描述了 SRS 增强的动机。

3.3.7.1.1 探测容量增强

3GPP TR 36.913 规定 LTE‐A 系统应该能够支持至少 300 个在 5MHz 带宽中无间歇接收（DRX）的活跃用户。LTE Rel‐8 UE 仅需要 1 个 SRS 资源，其不支持多发射天线的 UE，但是 LTE‐A 和未来 UE 需要多个 SRS 资源，原因包括 UL MIMO、CoMP 和多分量载波使用。

- UL MIMO：4 个天线最多 4 个资源，从而与 LTE Rel‐8 相比，可支持 UE 实例的数量变为原先的 1/4。为了最小化探测延迟，LTE‐A UE 支持经由多个 TX 天线的 SRS 的并行传输。
- UL CoMP：多个小区为每个 CoMP UE 预留资源。应当在协作集中的所有小区可靠地接收探测，这需要协调协作小区之间的探测资源，以避免小区间干扰。
- UL 载波聚合：每个 UE 需要用于每个分量载波的 SRS 资源，并且期望为多个分量载波指定不同的探测配置。
- DL SU‐MIMO/MU‐MIMO/CoMP：SRS Tx 按需进行下行链路调度，以计算用于下行链路传输的长期信道统计。

SRS 在同一符号中的复用容量可能是系统性能优化的重要瓶颈，因为具有多个发射天线的 LTE‐A UE 的总 SRS 资源可能不足。SRS 资源短缺将导致更长的延迟和更低的系统性能。在 LTE 中，由于两个传输梳和通过循环移位的 8 个可用的正交序列，在每个上行链路子帧中最多可以复用具有最大 SRS 带宽的 16 个 SRS。可以扩展 SRS 容量的方法包括循环移位资源和根序列的扩展⊖，更短的探测延迟和变化的梳状结构。

3.3.7.1.2 探测性能增强

LTE Rel‐8 UE 的发送功率被限制在 23dBm，LTE‐A 和未来 UE 总传输功率可能仍然被限于 23dBm。如果每个天线被限制在比 23dBm 更小的功率，小区边缘 UE 将具有更差的探测性能，因此 SRS 需要预编码增益以获得更好的性能来实现小区间干扰消除；另一方面，Rel‐8 SRS 设计不能支持由于不同小区的 SRS 序列之间的非正交性导致的充分的小区间信道估计。

3.3.7.1.3 向后兼容性

LTE‐A SRS 不应与传统 UE 的现有周期性 SRS 有冲突，或引起显著干扰。

⊖ 对于 TDD，根据 UpPTS 长度和 UL‐DL 配置，小区特定 SRS 传输的最大数量可以从每无线电帧 2 个变化到每无线电帧 10 个。对于 FDD，在正常子帧中只有一个符号可以被调度用于 SRS，并且 SRS 资源使用半静态配置。

⊖ 在 Rel‐8 中，SRS 序列由 CAZAC 根序列的相移定义，并且每个小区使用一个根序列。SRS 多路复用能力受到具有最大延迟扩展容差的符号间隔内支持的相移数量的限制。CAZAC 根序列在 Rel‐8 中的 SRS 复用容量设置为 8。增加 LTE‐A 中一个小区的根序列号是获得更多 SRS 容量的最简单方法，但需要合理的小区规划。

我们可以使用这些增强功能开发 LTE-A 的 SRS 设计原则。LTE-A 操作中的 SRS 基准是非预编码的并由天线指定的。对于探测参考信号的多路复用，最好复用已经进行一些可能的改进的 Rel-8 SRS 原则中（CS 间隔，IFDM 间隔）。

在载波聚合的情况下应当针对每个分量载波来配置 SRS。当 UE 被配置有两个或更多个 UL 分量载波时，eNB 需要在调度其他 UL 分量载波之前知道附加分量载波上的信道/干扰状况。这样的信息可以帮助介质访问控制（MAC）调度器来决定是否值得通过增加聚合附加分量载波来增加用户的吞吐量。

所有配置的发射天线端口的 SRS 应在同一子帧的一个单载波 OFDM（SC-OFDM）符号内发送。循环移位和梳状两者都可以用于不同天线复用，并且所有天线端口的 SRS 传输带宽和频率资源块位置都是相同的。实际上，需要进一步讨论，看看我们是否可以缩小配置参数，以及如何在实践中使用时间循环来从天线端口复用 SRS。

在 LTE-A 中，除了 LTE Rel-8 中使用的周期性 SRS 之外，还支持新的动态非周期性 SRS，以用于探测声音增强。在非周期性探测中，至少通过 PDCCH UL 授权来触发，并且支持单时隙非周期性 SRS 传输。如果周期性 SRS 支持多个天线 SRS，则非周期性和周期性 SRS 资源的传输端口的数量是可以独立配置的。

3.3.7.2 非周期探测

非周期性 SRS 是用于最大化 SRS 容量和最小化 SRS 开销的解决方案，因为在不需要 SRS 时，它是不被传输的。非周期性 SRS 可以向 eNB 提供需要动态调度 UE，用于单时隙 SRS 传输的灵活性。建议允许动态物理层激活/去激活来自多个天线/分量载波的 SRS 传输，以允许及时响应变化的信道和传输条件。为了最小化开销，SRS 增强需要在现有的 SRS 资源之上工作并引入非周期性 SRS。非周期性 SRS 和周期性 SRS 可以共同使用，并且 eNB 可以以最小的延迟捕获信道信息。

在 LTE-A 中，非周期性 SRS 传输将重用 Rel-8（时间/频率/码）SRS 资源并在小区特定 SRS 子帧中传输。小区特定的 SRS 配置参数适用于周期性和非周期性探测，但 UE 特定的 SRS 配置参数，例如 SRS 带宽、开始位置、传输梳和循环移位在周期性和非周期性探测之间可以是不同的。周期性 SRS 的参数是无线资源控制（RRC）配置的，并且 SRS 传输是半持续的。非周期性 SRS 首先通过 RRC 信令来配置，类似于周期性 SRS。可以为现有的周期性和非周期性 SRS 保留单独的 SRS 资源。非周期性 SRS 仅在其被触发之后才被发送。当检测到子帧 n 中确定的 SRS 请求时，UE 将在子帧 $n+k$（$k \geqslant 4$）中开始非周期性的 SRS 传输，如图 3-52 所示。

3.3.7.2.1 非周期性探测持续时间

目前，LTE-A 支持单时隙 SRS，LTE-A 不支持多时隙非周期性 SRS（A-SRS）传输。类似于 LTE Rel-8 中的非周期性 CQI，用户将被触发以发送 A-SRS，

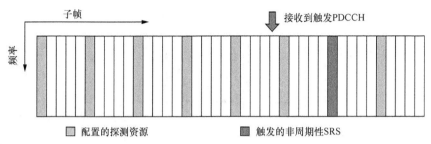

图 3-52　非周期性 SRS

并且 DCI 格式 4 和 0 可以都用于 A – SRS 触发[⊖]。A – SRS 总是在相同的分量载波上作为调度的 PUSCH 发送。对于 DL 指派触发（DCI 1a，2b，2c），A – SRS 在 UL 载波上发送，UL 载波是链接到发送 PDSCH 的 DL 载波的系统信息块（SIB） – 2。对于每种类型的触发，使用独立的 RRC 配置参数。

- DCI 格式 4：用于 SRS 请求的两个新 bits 指示 3 组 RRC 配置的 A – SRS 传输参数；状态 "1" 表示没有 A – SRS 激活。可能的参数是传输梳、循环移位、带宽、频域位置、跳频带宽、持续时间（如果支持多时隙 SRS）和天线端口的数量。可以使用循环移位、梳状或频域位置参数来避免碰撞。使用循环移位来避免冲突的一个示例是最直接的，如图 3-53 所示。

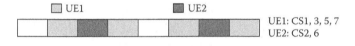

图 3-53　使用循环移位避免碰撞

- DCI 格式 0：一个新 bit（RRC 配置）指示 A – SRS 激活。UE 公共搜索空间中不支持 A – SRS 激活。
- UE 可以配置用于在每个服务小区上的触发类型 0 和触发类型 1 的 SRS 参数。对于触发类型 0 和触发类型 1，以下 SRS 参数由更高层服务小区指定和半静态配置：传输梳、起始物理资源块分配、持续时间、SRS 带宽、跳频带宽、循环移位、天线端口数量等。

用于探测参考信号传输的天线端口集被独立地配置用于周期性和每个非周期性探测的配置。配置用于在服务小区的多个天线端口上进行 SRS 传输的 UE 应在服务小区的相同子帧的一个单载波频分多址（SC – FDMA）符号内传输用于所有配置的发射天线端口的 SRS。对于给定服务小区的所有配置的天线端口，SRS 传输带宽和开始物理资源块分配是相同的。图 3-54 是 UE 同时为每个发射天线发送非周期性

⊖　触发非周期性探测：UE 必须基于两种触发类型在每个服务小区 SRS 资源上发送探测参考符号，触发类型 0：更高层信令；触发类型 1：FDD 和 TDD 的 DCI 格式 0/4/1A，以及 TDD 的 DCI 格式 2B/2C。

SRS 的示例。传输定时由 UL 授权的接收定时确定。

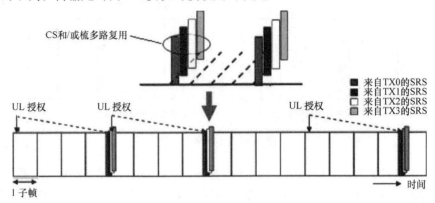

图 3-54 从所有发射天线同时发射

UE 特定的 A - SRS 周期性支持 {2，5，10} ms 的集。对于相同的 A - SRS 传输机会，UE 不期望接收多个触发。

3.3.7.3 多小区 SRS 检测

在 LTE Rel - 8 中，通过协调 SRS 资源的使用来支持 eNB 内 SRS 协调，例如小区特定的 SRS 子帧、SRS 探测区域、梳状等。可以向 UE 分配正交资源集，其中协调 UE 的 SRS 资源未被分配给小区中的其他 UE。由于 Rel - 8 SRS 设计不足以避免小区间干扰，以支持图 3-55 中所示的 CoMP，因此必须在小区之间协调 SRS 配置，以支持 LTE - A 中的 CoMP 部署。多小区 SRS 协调将在一组小区内正交地配置 SRS 序列。SRS 配置的协调将最小化 SRS 交叉干扰，从而提供更可靠的信道状态估计。图 3-56 给出了多小区 SRS 检测的示例。非服务小区中的 SRS 检测受到该小区中的 UL 信号的干扰。通常，由于来自不同小区的 SRS 序列之间的互相关，来自 CoMP UE 的 SRS 的检测性能在协作点处较差。

CoMP UE 和 LTE（非 CoMP）UE 之间的正交性可以通过协调包括 TDM、FDM 和 CDM 方法的 SRS 资源来实现。一些可靠的多小区 SRS 检测的考虑类似于用于 CoMP 的 UL DMRS。

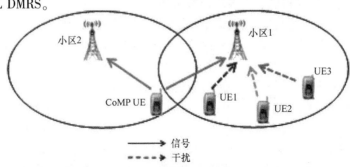

图 3-55　SRS 小区间干扰

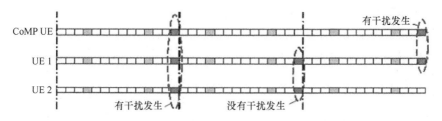

图 3-56 SRS 在多小区 SRS 检测情况下的传输

- CoMP UE 和非 CoMP UE 之间的具有 SRS 调度信息协调的 TDM/FDM 的解决方案将避免 CoMP UE 的 SRS 受到协作点中的数据或 SRS 的干扰。这个方法不受标准影响，但是会降低资源利用效率。
- 在 TDM/FDM 区域中，分配特定集序列移位模式对于 CoMP 小区集内的 CoMP UE 具有较高的资源利用效率，以使得具有不同循环移位的相同 SRS 带宽从不同小区分配给 UE。
- 多小区 SRS 检测可靠性的另一个替代方案是通过增加可用的探测资源，增加循环移位/传输梳，经由 DMRS 探测，以及经由 PUSCH PRB 探测来改善 SRS 容量。

一般来说，随着上行链路 MIMO 和其他特性的引入，SRS 容量可能是系统级性能的瓶颈。更有效的探测管理，如动态非周期性探测，可以产生更高的检测可靠性。改进的 SRS 容量和多小区协调可以一起用于单小区和多小区 SRS 检测。

3.4 多点协作反馈

在第 1 章中，我们讨论了联合处理（JP）和协调调度/协调波束成形（CS/CBF）方案的反馈和回程要求，包括协调波束交换（CBS）需要与 Rel－8 CQI 类似的反馈开销的事实，并且需要通过 X2 接口进行非常有限且不频繁的交换。JP 需要与 CBF 相同的反馈，包括预编码器、CQI/CSI 等。表 3-10 简要分析了不同 CoMP 反馈的要求。

表 3-10 不同 CoMP 反馈的要求比较

方案	种类	反馈
CBS	无	服务小区的 CQI
CBF	网络协调 CBF	CQI；多小区的 CSI
	站点内 CBF	CQI；多小区的 CSI
JP	站点内相干 JP	CQI；多小区的 CSI

不管如何进行实际的下行链路协作传输，网络都将需要与下行链路信道条件相关的一些信息，这些信息是由 UE 测量的。在 LTE Rel－8 中，存在 5 种反馈类型或

格式以支持下行链路 SU – MIMO，并使用基于 PUCCH 的周期性报告和基于 PUSCH 的非周期性报告来支持 PMI/CQI/RI 隐式反馈。然而，传统单小区 PMI/CQI/RI 单独报告的直接扩展可能不足以支持 CoMP。LTE – A CoMP 操作的重要的方面之一是反馈设计，其向 eNB 提供足够的空间信息，并且也应当在系统资源和 UE 功耗的比例方面仅产生低的开销。一般来说，反馈设计应针对最具竞争力的 CoMP 方案，该方案能够通过合理的反馈开销和某些回程要求提供显著的小区平均和小区边缘吞吐量增益。尽管可以修改现有反馈信道以增加 LTE – A 规范中的反馈容量，但是增强的反馈可以被尽可能优化以重用这些信道。由于多个小区参与传输，因此网络侧闭环操作所需的信息随协作小区的数量线性增加。对于 FDD 系统，信息主要通过 UE 反馈获得，这将是上行链路的沉重负担。CoMP 测量集被定义为小区集，关于其与 UE 链路相关的信道状态信息被反馈。CoMP 测量集可以与 CoMP 协作集相同，并且实际的 UE 报告可以向下选择为其发送实际反馈信息的报告小区。由于使用 LTE – A UE 特定的 DMRS，所以 CoMP UE 是能够接收和解调仅与单个服务小区相关联的 PDSCH。因此，一些 CoMP 和非 CoMP 单小区传输方案可以共享相同的反馈机制，并且使 eNB 能够决定实际的传输方案。在这种情况下，当报告集缩小到单个小区时，非 CoMP 单小区反馈只是 CoMP 反馈的特例。

在 LTE – A 系统中，三种主要类别的 CoMP 反馈机制如下面所述：

- 显式信道状态和统计信息反馈：接收器观察到的信道，不假定任何传输或接收机处理，即 UE 直接测量 Nt × Nr 个下行信道和/或干扰矩阵，并报告瞬时或统计信息。
- 隐式信道状态和统计信息反馈：使用不同发射和/或接收处理的假设的反馈机制，例如 CQI、PMI 和 RI。在 REl – 8 中，PUCCH 和 PUSCH 用于传输周期性和非周期性 PMI/CQI/RI 信息，它们分别是隐式信道信息反馈的形式。
- 对于时分长期演进（TD – LTE），SRS 的 UE 传输可以用于 eNB 处的 CSI 估计以利用信道互易性。用于信道探测的 SRS 主要用于在 FDD 中的上行链路自适应和 MIMO 预编码控制，但是它也可以用于适配 TDD 中的 DL CoMP 传输。虽然显式反馈可以提供关于信道传递函数的准确信息，但是它显著地增加了 UL 中的开销。因此，为了最小化开销，可以应用 SRS 反馈。

3.4.1 显式反馈

显式反馈主要包括直接信道系数反馈，空间信道协方差矩阵反馈和主特征向量反馈。将精确的信道信息反馈给 eNB，这有利于 eNB 选择更准确的预编码矩阵，以消除用户间的干扰。但是反馈负担巨大，调制和编码方案（MCS）级别由于缺少接收机而不容易准确地确定处理信息。相反，在隐式反馈中，PMI/CQI/RI 信息被反馈到 eNB，因此它具有相对小的反馈开销。然而，如果存在共同调度的 UE，并且 UE 不知道预编码矩阵，将存在 CQI 失配问题。

例如，首先，UE 可以基于相应小区的 CSI – RS 来测量下行链路信道（H_i，其

中 i 是 CoMP 报告集合中的小区的索引)。然后，UE 报告矩阵 $\{H_1, H_2, \cdots, H_N\}$ 的集合。这个方案可以同等地应用于 U_n 处理和协调波束成形。或者，为了协调波束成形，UE 可以报告与服务小区 $\{H_1\}$ 相关联的下行链路信道和聚合干扰 $H_2 + \cdots + H_N$，其可以用于导出干扰小区的推荐 PMIs。

实际上，信道矩阵 (H) 的显式反馈可以表示完整的 CSI 并且适用于包括相干/非相干 JP 和 CS/CBF 的所有操作模式。第 k 个用户接收信号并由 $y_k = H_k W_x + n_k$ 表示。n_k 是第 k 个用户的加性高斯噪声，其中每个元素的方差等于 σ^2。W 表示预编码矩阵，x 表示发送信号。在 CoMP 中，H 的大小可能很大，并且不能即时反馈 H。

信道协方差的显式反馈 ($R = H^H H$) 通常用于非相干的 JP 和 CS/CBF。信道 H 的发射协方差矩阵在时间和频率上被平均为 $R = (\text{sum}\{H_n^H H_n\})/M, n = 0, 1, 2, \cdots, M-1$，其中 M 是平均执行的频率子带和子帧的跨度。在频域中的平均可以基于宽带或子带，在一个子帧（或更长的周期）上，并且 R 是基于在子帧中来自 CSI-RS 的瞬时信道估计的瞬时相关。如果在更长的周期内累计，则其最终收敛到统计相关。相关矩阵可以被认为是压缩的或来自一组信道响应矩阵的平均"信道"。宽带协方差矩阵减少了信道估计误差的影响，但这是以增加与频率选择性信道的不匹配和降低频率调度增益为代价的。接收机估计协方差信息比全信道信息更容易，由于更长的估计间隔可以获得更好的估计。CSI 由短期和长期信息组成，需要不同的反馈周期。空间信道协方差矩阵或其最大特征值和对应的特征向量可以表示长期空间反馈。空间协方差包含更多的子空间信息，但也将产生如预期的更大的反馈开销。

信道特征向量矩阵的显式反馈（从 H 的奇异值分解）也用于非相干 JP 和 CS/CBF。信道矩阵的奇异值分解 (SVD) 由 $H = U\Sigma V^H$ 表示，如图 3-57 所示。V 表示信道的右奇异向量 ($V = [V_1\ V_2\ V_3\ V_4]$，其中，V_1、V_2、V_3 和 V_4 是 4 个元素特征向量)，并且 eNB 通过 PMI 和附加模拟反馈获得 V。根据信道秩我们可以使用信道矩阵 H 的 SVD 将信道分成 N 个正交"管道"；每个特征信道可以根据 SNIR 使用不同的 MCS。最后，我们可以根据这个等式得到输出 y：

图 3-57　信道矩阵的 SVD

$$y = U^H HVx + U^H n = U^H U\Sigma V^H Vx + U^H n, \quad D^2 = \begin{bmatrix} \lambda_1 & 0 & 0 & 0 \\ 0 & \lambda_2 & 0 & 0 \\ 0 & 0 & \lambda_3 & 0 \\ 0 & 0 & 0 & \lambda_4 \end{bmatrix}$$

$$= Dx + U^H n$$

式中，n 是噪声矢量；D 是对角矩阵，使得 x 的元素在接收机处分离，λ_1、λ_2、λ_3 和 λ_4 是特征值。

3.4.2 隐式反馈

隐式信道反馈反映了推荐的 RI/PMI/CQI，即与 Rel-8 中的反馈范例一致。UE 报告基于 CoMP 方案的某些内容推荐的 MIMO 传输格式。来自 CoMP 报告集的 CSI-RS 被用于导出隐式信道信息，其可以基于 UE 对下行链路 CoMP 方案的假设来导出。对于 JP 传输模式，UE 报告针对报告集推荐的 RI/PMI，假设相干或非相干合并。对于协作波束成形传输模式，UE 报告服务小区推荐的 RI/PMI，以及报告集中的非服务小区的 PMI。用于非服务小区的 PMI 与服务小区 PMI 一起被优化以减少同信道干扰，提高小区覆盖和吞吐量。

隐式 CSI 反馈是基于预定义的预编码码本集，其是在 eNB 和 UE 处已知的离线计算的矩阵集。基于码本的反馈是减少反馈开销的良好方法，类似于 Rel-8 中的 PMI，包括多小区 CQI/PMI/RI 和单小区 CQI/PMI/RI。例如，隐式反馈的不同 PMI 选择标准可以是最大似然、最小奇异值、均方误差和容量。在某种程度上，PMI 是协方差的粗略近似，并且是用于 SU-MIMO 的非常有效的压缩技术。这是用于瞬时信息的短期 CSI，其可以用来重建用于多小区调度的更有效的信道信息。值得一提的是，Rel-8 PMI 可以被认为是主特征向量（s）和协方差矩阵的近似，但是 LTE-A UE 不能简单地遵循 Rel-8 SU-MIMO 反馈框架并且报告隐式 SU-MIMO PMI/CQI 以获得更高的吞吐量。多小区 CQI/PMI/RI$^\ominus$和单小区 CQI/PMI/RI 定义如下：

- 多小区 CQI/PMI/RI：基于给定的多小区假设，每个所选子集一个 CQI。
- 单小区 CQI/PMI/RI：基于传输协调的一个或多个假设，报告一个或多个 CQI。

隐式反馈具有良好的向后兼容性并可以最小化对 LTE-A 规范的影响。基于码本隐式反馈的缺点可能导致信道信息的量化误差。

⊖ 秩指示符（RI）：首选的传输秩（数据流的数量）。

预编码矩阵指示符（PMI）：UE 推荐的秩-r 码本中的预编码矩阵的索引。对于 LTE Rel-8，针对每个频率子带报告单个 PMI，对应于 RI 报告。

信道质量指示符（CQI）：信道的质量（例如，以可支持的数据速率的形式，SNR）。报告的 CQI 与报告的 PMI 相关联。

3.4.3 显式反馈和隐式反馈的区别

显式反馈和隐式反馈之间的主要差别是 UE 是否在反馈计算中考虑 UE 接收过程和能力,即是否使用不同发送或接收处理的假设。显然,显式反馈的开销总体上大于隐式反馈,并且通常随发射天线的数量和接收天线的数量线性增长;另一方面,隐式 CSI 反馈可以在各种传输模式的单小区场景下提供可接受的反馈开销的合理性能增益。

在实践中,有几种不同的反馈 CSI 的方法:整体、个体和混合反馈(即,可能是全部或这三者的子集的组合)。另一方面,与单小区 SU/MU – MIMO 操作不同,多个 PMI 反馈(描述链接到报告 UE 的不同信道)对于 DL CoMP 的成功是必要的。对于 DL CoMP CS/CBF 和 DL CoMP JP,网络需要知道从 CoMP 测量集中的小区到报告 UE 的链路相关的信道信息。

为了支持多达 8 层的信道质量、频带选择或信道空间信息(例如,码本)的反馈,将从 eNB 开始广播附加参考信号。所述信道状态信息参考信号将不用于解调,而是将被设计为时频稀疏,开销在 1% 以下。CSI – RS 设计将支持多达 8 个发射天线,并且将潜在地使小区边缘处的 UE 能够测量从相邻小区发送的用于 CoMP 支持的 CSI – RS。必须仔细设计 CSI – RS 的功率、密度和布局,因为其可能干扰相同子帧中的 Rel – 8 或 Rel – 9 用户的数据传输。

因为显式状态信息具有比隐式信息(例如,RI/PMI)更快的变化速率,隐式信息是信道的相对较长期的反射(例如,总体几何形状,信道相关性,支持多个流的能力和波束方向),应记录显式状态信息对空中接口/X2 延迟和 UE 的灵敏度。如果信道反馈不能与单个报告子帧相适应,则需要多个报告子帧,并且可以进一步增加对信道变化的灵敏度。一般来说,显式信道反馈能够提供理论上的最高的可能的 CoMP 增益,因为 eNB 可以以最大的灵活性设计 CoMP 协调。考虑到可靠/快速的信道反馈和 X2 接口的可用性,这应被视为 CoMP 性能上限。

为了增强 MIMO/CoMP 的基于 Rel – 8 PMI 的隐式反馈,我们还将显式反馈视为 LTE Rel – 8 隐式反馈的增强。

3.4.4 反馈需要考虑的因素

对于需要反馈的 CoMP 方案,将单独的每个小区的反馈视为基线。也可能需要互补的小区间反馈。这意味着多个小区的反馈内容是基于每个小区的(不包括多小区码本),尽管 UE 仅向服务小区报告,但是其他小区的 CSI 信息由服务小区在多个小区之间共享。CBF/CS 方案可能仅需要单独的每个小区 CSI,而小区间反馈主要用于相干 JP 方案。

例如,UE1 的服务基站为 eNB1,UE2 的服务基站为 eNB2。令 N_T 为 eNBs 处的发射天线的数量,N_R 为移动用户处的接收天线的数量。还让 H_{11}、H_{12}、H_{21} 和 H_{22} 是相应的信道增益。然后在 UE1 和 UE2 处的接收信号可以表示为

$$Y_1 = H_{11}X_1 + H_{21}X_2 + N_1$$

$$Y_2 = H_{12}X_1 + H_{22}X_2 + N_2$$

式中，Y_i 是移动用户 i 处的接收信号的 $N_R \times 1$ 向量；X_i 是基站 i 的发射信号的 $N_T \times 1$ 向量，以及 N_i 是 $N_R \times 1$ 加性白高斯噪声（AWGN）向量，如图 3-58 所示。

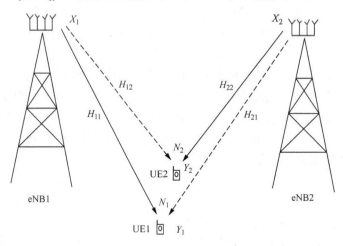

图 3-58　两个 eNB 同时与两个 UE 进行通信

在这个模型中，我们有 4 个信道增益矩阵，即 H_{11}、H_{12}、H_{21} 和 H_{22}。此外，我们有两组数据：一组用于 UE1；而另一组用于 UE2。在 LTE Rel－8 中，在两个 eNB 之间没有信道知识共享；每个 eNB 仅知道跟自身与其服务 UE 之间的信道有关的信息。也就是说，eNB1 仅知道与 H_{11} 相关的信息，而 eNB2 仅知道与 H_{22} 相关的信息。这样，就可以应用小区间干扰协调来减轻干扰。该技术的基本思想是调度不同频带中的小区边缘用户以便减轻信息。现在我们可以在两个 eNB 之间具有两个级别的 CoMP 反馈的信息共享——部分信道知识共享和总信道知识共享。在总信道知识共享的情况下，在两个 eNB 之间共享与 H_{11}、H_{12}、H_{21} 和 H_{22} 相关的信息。在部分信道知识共享的情况下，在两个 eNB 之间共享与 H_{11}、H_{12}、H_{21} 和 H_{22} 相关的信息的子集。例如，eNB1 可以仅知道与 H_{11} 和 H_{12} 相关的信息，而 eNB2 仅知道与 H_{21} 和 H_{22} 相关的信息。此外，如果我们考虑 JP 方案，则信道知识共享的内容也应包括用户数据。

在总信道知识共享的情况下（例如，多小区 MIMO 或 JP 方案），预编码矩阵被共同设计，使得预期信号与干扰信号正交。在部分信道知识共享的情况下（例如，协调的波束形成），UE 发送关于干扰 eNB 的最小干扰 PMI 的反馈信息，并建议干扰 eNB 使用这反馈信息。从这个意义上来说，干扰可以通过有限的协调减轻。另一个类似的方法是 PMI 协调技术，建议在干扰 eNB 中使用一组 PMI 而不是用于协调波束成形的最小干扰 PMI。随着开销的增加，PMI 协调改进调度灵活性，并导致更高的总体网络吞吐量。在图 3-59 中描述了协调波束成形的潜在系统架构，其中 3 个干扰扇区被协调。主调度器（其可能位于 eNB 内）根据高带宽低延迟回程一起本地调度多个小区。

注意：其他波束协调方案称为零迫零成形，这意味着相邻小区在报告的子带上报告的 PMI 的零方向上调谐其发射波束。

对于多小区协调，主调度器可以在虚拟 eNB 中定义，虚拟 eNB 可以位于协作 eNB 中的一个，并且可以控制联合传输中涉及的多个 eNB 的行为。随着 UE 围绕小区移动，动态地选择一组小区用于来自 UE 附近的小区之间的协调，这可以基于 UE 测量报告来完成。一套 eNBs 由主 eNB 控制，主 eNB 控制共享诸如数据和调度信息之类的必要信息，以共同调度和配置 UE 的传输。因此，主 eNB 覆盖在其相关联的 eNB 的控制下发生 Un 传输的地理区域。

如果主小区及其协作小区属于同一 eNB，则不存在诸如与 eNB 内通信相关联的延迟和开销之类的问题。相反，如果信令发生在属于不同 eNB 的小区之间，则最小化信令延迟和开销很重要。主小区向主要干扰源发出协调请求，其包含每个 PRB 的 PMI 推荐或限制信息。接收到协调请求后，协调的小区尝试尽可能多地遵循请求。

在图 3-59 中，UE 基于来自活动小区的参考信号的测量来计算并报告上行链路中的 CQI/PMI/RI。主调度程序收集来自活动 eNB 的信道质量信息，做出调度决定，并将调度信息传输到活动 eNB。然后，活动小区根据调度信息将数据同时发送到 UE。

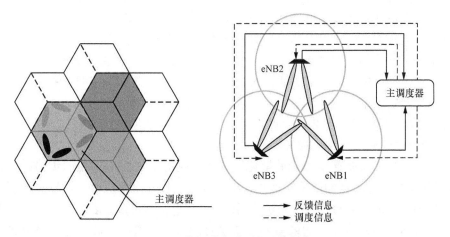

图 3-59　协调波束成形的系统架构

3.4.5　CSI 反馈

与 Rel-8 相比，在 LTE-A 的设计中存在许多改变 CSI 反馈的因素。例如，对于 eNB 的处理，LTE-A CoMP 和 MIMO 方案与 Rel-8 MIMO 不同。因为信道状态的维度与 Rel-8 相比大大增加，所以在码本和反馈设计中利用基础 MIMO 信道结构和长期特性变得很重要。在 Rel-8 中，UE 报告的 CQI 是基于传输模式的假设计算的，并且预编码矢量基于单个 UE 报告。在 LTE - A 中，UE 配对是关键操作，并且每个 UE 的预编码向量基于多个 UE 报告。基于所报告的 CSI，eNB 可以通过预编码来减少对其他用户的干扰。此外，不同的 DL CoMP 传输方案需要不同的 CSI 反馈内容。对于 CS/CBF，仅需要每个小区的 CSI 反馈。对于具有全局预编码的 JT（全局发射空间相关矩阵），将需要每小区 CSI 反馈和小区间 CSI 反馈（包括相对相位和幅度）以实现多小区全局 CoMP 预编码。对于具有本地 CoMP 预编码的 JT，需要每个小区 CSI 反馈。基于所报告的 CSI，协调的 eNB 可以通过 Un 处理传输的数据来增强 UE 的信号强度。

3.4.5.1 信道质量指示（CQI）反馈

LTE Rel - 8 的 CQI 报告（由每个码字给出）是基于 CRS 的测量，其可以被配置在 3 种带宽模式：宽带、UE 选择的子带和较高层配置子带。每个 CQI⊖ 报告涉及时间和频率上的特定参考资源，以协助 eNB 选择适当的调制和编码方案（MCS）以用于下行链路传输。对于 LTE - A，eNB 也正在考虑基于 CSI - RS 的 CQI。所测量的 CQI 被指定为辅助 eNB 选择适当的 MCS 以用于下行链路传输，并且还用于确定 PDCCH 的聚合级别和传输功率。在 LTE - A CoMP 场景中，在测量集中有两种不同的方式来反馈 CQI：单独反馈和集成反馈。

单独反馈就是指每个小区的 CQI 被单独反馈。单独反馈需要更多的反馈开销。然而，它允许 eNB 调度用于 UE 数据传输的具有良好信道质量的小区。

集成反馈就是指该集合中的所有小区的集成 CQI 反馈。集成 CQI 可以更好地反映联合处理的信道质量。然而，这种反馈方法将对调度施加一些限制，因为难以从集成的 CQI 中恢复每个小区的单独 CQI。反馈开销由于集成而降低。

在实况网络中，对于单层联合的处理，为了降低规范的复杂性和控制信令的开销，CQI/PMI 的报告应当被约束为半静态小区集。在这种半静态的方法中，网络向 UE 通知用于 CQI/PMI 报告的小区集。小区集是 UE 特定的。

3.4.5.2 预编码矩阵指示符（PMI）反馈

PMI 反馈可以被看作是信道量化算法的简化方法。对于不同的传输技术，当 UE 经历来自相邻小区的严重干扰并且需要报告干扰波束信息时，可以基于每个小区或作为整体来计算每个小区的预编码矩阵。波束信息可以是表示具有最小干扰的最佳 PMI 或具有最大干扰的最差 PMI 或量化的有效信道向量的单个实体或多个实体。在 TDD 配置中，eNB 可以通过上行链路测量获取瞬时下行链路信道状态信息，并且可以基于没有反馈的信息获得下行链路预编码矩阵。对于单个 PMI，全局预编码协作小区的发射天线被作为一个整体来对待处理。预编码矩阵从"大"码本中

⊖ 报告的 CQI 不是 SINR 的直接指示；相反，它指示最高调制方案（正交相移键控［QPSK］，16 - QAM，64 - QAM）和信道编码率的数值，允许 UE 以不高于 10% 的传输块错误率解码接收到的 DL 数据。因此，UE 的 CQI 信息不仅考虑了主要的无线信道质量，还考虑了 UE 的接收器的特性。

选择，因此反馈单个 PMI。这在反馈开销和性能方面是高效的。对于多个 PMI，在每个小区的基础上需要预编码矩阵，因此 UE 需要分别反馈每个小区的 PMI。单小区传输的码本可以重复使用。反馈开销随着协作小区的数量线性增加。PMI 反馈方案的总结可以见表 3-11。

表 3-11 PMI 反馈方案摘要

	无 PMI	单个 PMI	多个 PMI
反馈开销	无	低	高
应用场景	TDD；基于到达角度（AoA）的传输方案；开环传输	全局预编码；具有相同预编码器的单频网络（SFN）预编码	联合处理和协作调度
CQI 反馈	单独；集成；混合	集成	集成；单独；混合

CSI 反馈的另一个重要问题是反馈定时。在 Rel - 8/9 LTE 中，UE 可以使用 CRS 在每个子帧上测量下行链路信道状态，因此 UE 的信道反馈延迟具有相同的反馈周期，尽管 UE 可能具有不同的反馈定时偏移。然而，在 LTE - A 中，对于给定的 CSI - RS 占空比，具有不同反馈定时偏移的 UE 的信道反馈延迟可以是不同的，因为信道测量与其反馈之间的时间间隔根据反馈定时偏移而变化，这将引起不同的性能。

3.4.6 预编码矩阵指示和秩指示（RI）限制及协作

当 LTE 和 LTE - A UE 位于小区边缘并且在相同小区边缘频带内调度时，小区边缘处的 LTE 和 LTE - A UE 都受到基于小区间相对窄带发射功率（RNTP）信令的小区间干扰协调（ICIC）[⊖]方案的保护，以及 LTE - A CoMP UE 受到额外的 PMI 和 RI 限制和协调的保护。

为了支持 PMI 限制和协调，LTE - A CoMP UE 应该向其服务小区报告 PMI 限制和推荐信息。通过多小区协调，要求相邻小区使用推荐预编码器或不使用受限预编码器。在抑制干扰方面，PMI 推荐比 PMI 限制更有效。为了避免过多的反馈开销，PMI 信息通常可以限制为一个或两个强干扰小区。

为了支持 PMI 协调，需要 LTE - A UE 反馈以下信息给其服务小区：CoMP UE 向其服务小区报告 PMI 限制/推荐信息。这种反馈的典型示例包括每个频率子带的首选 PMI 指数：

$$(w_{b_i,ik}, w_{b_j,ik}) = \arg\max_{w_i, w_j} \log\left(1 + \frac{\|H_{b_i,ik}, w_{b_i,ik}\|_2^2 P_i}{N + \|H_{bj,ik} w_{bj,ik}\|_2^2 P_j}\right)$$

$$= \arg\max_{w_i, w_j} \|H_{b_i,ik} w_{b_i,ik}\|_2^2 P_i - \|H_{b_j,ik} w_{b_j,ik}\|_2^2 P_j$$

式中，$w_{b_i,ik}$是用于 UE k 的服务小区 b_i 的首选预编码指数，并且 $w_{b_j,ik}$是相邻小区 b_j

---

⊖ 参见第 8 章。

的推荐预编码指数。通过多小区协调，UE 不仅可以报告其自己的 PMI，而且可以报告导致其最小干扰的 PMI，并且请求相邻小区以使用推荐的预编码器或不使用受限预编码器。PMI 推荐在抑制干扰方面比 PMI 限制更有效。图 3-60 给出了 PMI 协调的简单解释。

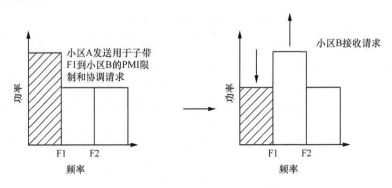

图 3-60   PMI 协调的 eNB 间信令

CQI 反馈也应该反映 PMI 协调。估计 CQI 时，UE 假定 PMI 协调是如所报告的那样完成的，或者服务小区先前通知 UE 关于强干扰小区使用的实际 PMI。

秩协调与 PMI 限制和协调类似。因此，UE 反馈对自身最有害或最有益的干扰秩。对于与服务 eNB 相关联的 UE，终端将其优选的 RI 发送到 eNB，并且还向服务 eNB 发送最小化或最大化其性能的干扰 RI 或干扰 eNB RI 的秩。如果干扰 eNB RI 使性能最小化，UE 请求干扰 eNB 来限制对该传输秩的使用或者建议干扰 eNB 传输与干扰 RI 相对应的层数。相邻 eNB 将交换来自多个 UE 的所有收集到的秩信息，以协调它们对来自所有 UE 的干扰 RI 的限制。

在实况网络中，避免干扰的一种方法是将 LTE 和 LTE – A UE 分离成不同的时频资源区域和干扰协调的应用。在另一种方法中，当 LTE 和 LTE – A UE 位于小区边缘时，在相同的小区边缘频带内被调度。小区边缘处的 LTE 和 LTE – A UE 实例受到基于小区间 RNTP 信令的 ICIC 方案保护，并且 LTE – A CoMP UE 进一步受到附加 PMI 和 RI 限制和协调的保护。

3.5   下行多点协作

在一般意义上，下行链路 CoMP 意味着来自多个地理上分离的传输点的下行链路传输之间的动态协调。这种协调的示例包括在传输之间的调度中的动态协调点（例如，允许动态干扰协调），从具有动态选择发射权重的多个发射点到 UE 的联合传输，以及在传输点之间快速切换到 UE 的传输（在某种意义上，是联合传输的特殊情况）。原则上，将选择用户的最佳服务组，以便构造发射机波束以减少对其他相邻用户的干扰，同时增加服务用户的信号强度。

在联合处理的类别中，数据从多个传输点同时发送到单个 UE 以提高接收信号质量并消除对其他 UE 的干扰。用于特定 UE 实例的数据在不同小区进行联合处理。作为联合处理的结果，预期 UE 的接收信号将被相干地或非相干地进行组合。在 CS/CBF 中，数据从一个传输点传输到单个 UE，同时协调调度决策以控制在一组协作小区中产生的干扰。两个下行链路 CoMP 类别如图 3-61 所示。

图 3-61　DL CoMP 类别

实际上，DL CoMP 处理由 3 个步骤构成。步骤 1：基于一些阈值并通过服务 eNB 和来自 UE 的反馈来识别受损 UE 和协作 eNB；步骤 2：UE 估计来自干扰 eNB 的功率/信道并将反馈从 UE 发送到服务 eNB；步骤 3：通过网络进行调度。因为发射参数（波束、MCS、UE）取决于协作 eNB 的发射参数，所以单个小区中的所有 UE 的所有协作 eNB 将需要进行联合调度。通过下行链路多点传输的协调，每个点将选择适当的发射参数集以保证其自身的期望功率和对相邻小区的最小干扰。

3.5.1　下行多点协作数学模型

联合处理和协调调度/波束成形可以用一个通用模型表示（见图 3-62），其中协作集由两个相邻基站组成：eNB1 和 eNB2。在 CoMP 服务区中有两个 UE，UE1 和 UE2。为了简单起见（不失一般性），图 3-62 中所示的每个 UE 只有一个接收天线，并且每个基站有两个发射天线。假设单路径快速衰落，我们使用 $h_{i,j:u}$ 来表示连接第 i 个 eNB 和第 u 个 UE 的第 j 个天线的信道的复数系数。在所有组合中，在这个双站点 CoMP 中总共有八个信道系数。

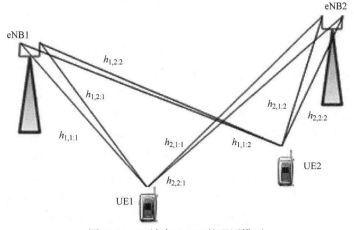

图 3-62　双站点 CoMP 的通用模型

在联合传输的情况下，数据在两个 eNB 处可用以实现每个 UE 的网络预编码增益。在第 i 个 eNB 的第 j 个天线处为第 u 个 UE 应用的发送权重表示为 $w_{i,j:u}$。从最佳候选集 W_4 中选择最佳权重向量（4 表示每个向量有四个元素），使得权重向量的内积和同一 UE 的信道向量在数学上最大化为

$$W_{u,\text{JP}} = \begin{bmatrix} w_{1,1:u} \\ w_{1,2:u} \\ w_{2,1:u} \\ w_{2,2:u} \end{bmatrix}_{\text{JP}} = \underset{W_{u,\text{JP}} \in W_4}{\arg\max} \sum_{i,j=1}^{2} w_{i,j:u} h_{i,j:u}$$

对于多用户联合传输，我们还希望将 UE 配对以最小化同信道干扰，如下所示：

$$[u_1, u_2]_{\text{pair,JP}} = \underset{u_1, u_2 \in U}{\arg\min} \sum_{i,j=1}^{2} w_{i,j:u_1} w_{i,j:u_2}^{*}$$

在协调调度/波束成形的情况下，用户数据仅在服务小区可用，并且在 eNB 之间没有预编码增益。发送权重本身仅取决于服务小区中的用户，并且从总候选向量集 W_2 中选择（2 表示每个向量具有两个元素）如下：

$$w_{u,\text{CS/BF}} = \begin{bmatrix} w_{u,1} \\ w_{u,2} \end{bmatrix}_{\text{CS/BF}} = \underset{w_u, \text{CS/BF} \in W_2}{\arg\max} \sum_{j=1}^{2} w_{u,j} h_{u,j:u}$$

类似于多用户联合传输，CoMP 区域中的 UE 共享相同的资源需要仔细配对，以减少其他小区的干扰，如下：

$$[u_1, u_2]_{\text{pair,CS/BF}} = \underset{u_1, u_2 \in U}{\arg\min} \sum_{j=1}^{2} w_{u_1,j} w_{u_2,j}^{*}$$

在 UE 处确定发射权重，其反馈 PMI。用户配对由 eNB 确定，其可以基于 eNB 的相关性码本以避免功率分配、PMI、RI 等之间的强耦合。

联合调度和联合波束成形之间的差别在于在相同 eNB 天线之间的空间相关性假设。联合调度假定宽间隔的垂直或交叉极化天线，而波束成形意味着高度相关的天线阵列实际形成物理波束。

3.5.2 联合处理

在联合处理/接收的类别中，从多个传输点同时发送到单个 UE 实例的数据，以提高接收到的信号质量并消除来自其他 UE 的干扰。这项技术对于多发射天线小区是特别有益的，因为它能够实现空间干扰归零以及跨多个小区发射信道增益组合。在该类别中，针对特定 UE 的数据在不同的小区进行联合的处理，并且 eNB 应该交换相应的控制和/或数据信息以支持联合的处理。在 eNB 之间共享信道信息之后，服务和协调的 eNB 可以计算它们各自的预编码权重向量/矩阵以 Un 服务于一些特定的 UE。高效的联合处理依赖于低延迟宽带回程来支持向联合服务于 UE 的小区的数据传输，向调度器传输发送侧的信道状态信息和 HARQ 反馈的机制，以及传输调度决策的机制，空间预编码参数，资源分配以及 MCS 和 HARQ 信息发送到 UE 信号的适当发射机/接收机。这些考虑因素使得联合处理适合于小区间或

eNB 间协作以及通过高速宽带链路互连的一组 RRH 内的协作传输。

联合处理通过多个小区同步传输分组到一个或多个 UE，从而提供相干小区间的能量组合以及干扰归零的优势。由于多个点将数据信号发送到可能不属于其服务小区的特定 UE，所以在实际传输之前应该知道相关信息（例如，调度信息、信道测量信息、数据）。就来自 UE 的多个小区的信号组合的方式而言，联合处理可以被分类为相干传输和非相干传输。对于非相干传输，每个小区的预编码矩阵以每个小区为基础来计算。对于相干传输，小区需要知道接入点之间的信道相位差，并且 PMI 可以单独反馈（相位校正 + 预编码）或作为聚合（全局预编码）。相干传输提供了将干扰改变为接收信号的有效方式，而发射分集仅增强功率而不减轻干扰。这种先进技术对于小区边缘的吞吐量特别有利，预计将是 CoMP 的主要应用。

CoMP 联合处理的相干传输的关键思想是将来自不同小区的信号在空中相干组合。在相干传输类别下，网络获取所有协作小区站点的信道状态信息。根据可用的 CSI 通过调整发送信号的相位，到达预定 UE 的信号可以相干地组合。除了单小区预编码增益和功率增益之外，阵列增益和分集增益可以通过相干传输来实现。首先，协作小区站点基于来自最大平均接收功率的预定义阈值内的下行链路平均接收功率电平来决定小区边缘 UE。然后协作站点为小区边缘 UE 选择最佳预编码向量，使得来自具有联合处理的多个小区的信号的相干组合之后的瞬时接收功率最大化。最后，小区边缘 UE 在相干组合之后测量接收到的 SINR，并将测量值反馈给网络。因此，CoMP 的优势可能来自于一些干扰资源的功率成为有用信号的方面。对于执行 eNB 内联合传输的给定 UE，UE 的 SINR 计算如下：

$$SINR = \frac{\sum_{c=0}^{N} P_c}{\sum_i P_i + N}$$

式中，c 和 i 分别表示协作集中扇区的平均接收功率和干扰小区；N 为噪声功率。

例如，图 3-63 显示了 JT CoMP 的基本模型，其中数据向量 d 从两个 CoMP 传输点发送到 CoMP UE。在所示模型中，x_i、w_i 和 H_i 分别表示调制信号、预编码器以及关注的 UE 和第 i 个 CoMP 传输点之间的 DL 信道。

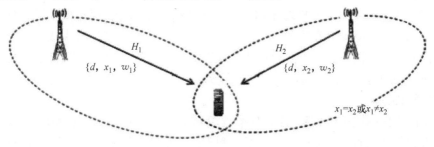

图 3-63　联合传输 CoMP

JT CoMP 传输策略是假定使用为传输块（TB）生成的参数冗余版本（RV）生成在传输时间间隔（TTI）中从每个 CoMP 传输点发送的数据有效载荷。来自图 3-63 中所示的每个 CoMP 传输点的实际空中传输信号可以相同也可以不同，即 $x_1 = x_2$ 或 $x_1 \neq x_2$。两种 CoMP 策略都提供了对 CoMP UE 接收的信号进行建构性组合的机会，并且可以通过接收更多的奇偶校验位来进一步改善编码增益的可能性。

相反，非相干传输并没有在协作小区中利用 CSI 的关系，因此到达 UE 的信号不能进行相干组合。另外，单小区预编码增益和功率增益以及额外的分集增益可以通过非相干传输获得。

图 3-64 给出了下行链路多小区协调的图示。联合处理 UE 调度和链路自适应在生成分配的传输块的超级小区控制器中执行。链路自适应包括 MCS、秩自适应和预编码适配。自然地，协作链路自适应参数和生成的 TB 在回程网络内共享，并由超级小区控制器转发到参与小区。每个点与 TB 一起接收链路自适应参数，并且基于相关联的链路自适应参数执行信道编码、速率匹配、符号映射、层映射和预编码。

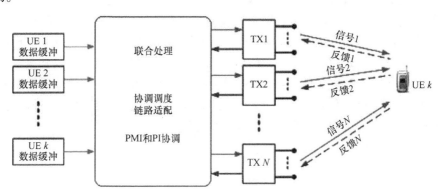

图 3-64　下行链路多小区协调图

3.5.3　协调调度和波束成形

协调调度的主要概念是在每个小区中以预定格式执行下行链路波束扫描，并且多个 eNB 协作以减轻小区间干扰。服务小区将选择一个正交波束，或简单地减少一些资源的发射功率，以便改善 UE 在小区边缘处经历干扰的 SINR。JP 通过要求服务 eNB 集中的小区之间的数据和 CSI 共享来区别于协调调度和波束成形。与 JP 相比，协调调度和波束成形的回程负载要低得多，因为只有信道信息和调度决策需要在 eNB 之间共享。在有限的回程容量的场景中，这使得协调调度和波束成形成为理想的解决方案。

不同小区的波束模式跨时间/频率资源同步，并且 UE 周期性地反馈在不同资源上看到的信道质量，因此对应于服务和干扰波束的不同组合。每个小区根据信道和干扰条件调度 UE，从而同时实现机会性波束成形和干扰避免。

对于协调调度，每个 eNB 首先通过在其自己的小区中分配可用资源；它基于可用的信道估计和当前的干扰情况执行独立的调度。每个 eNB 决定哪个 UE 应该在哪个 PRB 上以及在哪个功率级别进行传输。然后，生成的资源分配表通过 X2 接口在一组协作小区之间进行交换。当从其他协作小区接收到资源分配信息时，服务 eNB 知道在 UE 的预期传输间隔期间，将在协作集中传输数据的 UE，以使链路自适应仍能够完成。如果 eNB 具有来自这些干扰 UE 的适当的 CSI，则它可以准确地预测由它们引起的干扰，并且使用它来预测在其自己的小区中调度的 UE 的干扰等级。

协调调度方案主要依赖于来自可能的大量 UE 的周期/非周期信道质量反馈的可用性，并且可以由 UE PMI 集报告来支持。PMI 集报告是多个 eNB 之间的协作形式，通过限制强干扰 PMI 并在相邻小区中的受限码本子集中使用最佳 PMI 来减轻 ICI。UE 向服务小区反馈服务小区 PMI 和强烈干扰相邻小区的 PMI 集。然后相邻小区限制最强的干扰 PMI，并在受限码本子集中使用最佳的 PMI。

以下示例涉及两个 eNB 系统地循环穿过一组固定的窄波束，同时波束成形其传输信道及其 RS（见图 3-65）。UE 基于波束成形的 RS 报告 CQI。在该模式中，每个 eNB 将从预定格式或基于其负载和用户分配确定其自身的波束循环模式，然后将该信息通过回程传到主控制器。这些循环模式可以改变，预计它们将成为流量分配的一个功能。

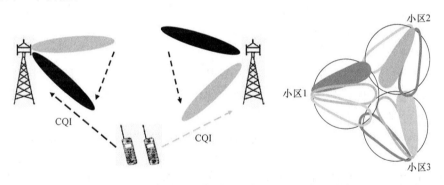

图 3-65　两个 eNB 系统循环地穿过一组固定的波束

协调波束调度可以在一定程度上被视为一类特殊的协调波束成形。在协调波束调度中，每个小区中的 eNB 独立地选择由于在其他小区中的 UE 调度引起的小区外干扰的波束模式。多小区协商限于模式的周期和顺序，每个小区中的波束纯粹是循环模式的一个功能。通常，协调的波束调度更适用于低 UE 移动性和全缓冲传输流。

协调波束成形是单小区波束成形的传输，其不仅要考虑到期望的 UE 的空间下行链路信道，而且还需要通过适当的波束选择对由相邻小区服务的 UE 进行协作干扰消除。协调波束成形的目的是通过点之间的波束协作来管理干扰。协调波束成形意味着协调调度决策和发送波束选择，以减少对在相邻小区中调度的 UE 所引起的干扰，而每个 UE 从单个服务小区接收数据。协调波束成形有利于具有少量主要干扰源的较大数量的 UE。提出了一种协调波束切换方案来解决闪光效应，要求协调集中的传输点同步循环选定的窄波束组，并且可以在时间和频率上进行切换。图 3-66 提供了与两个协作小区的 eNB 间小区协调的示例。

在图 3-66 中，S_1 和 S_2 分别表示属于同一 eNB 的小区 1 和小区 2 的接收信号功率。$I + N$ 表示协调之外的信元的总噪声加干扰信号功率。在这种情况下，每个协作小区的 CQI 被表示为

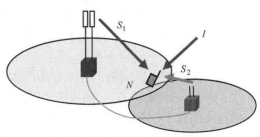

$$CQI_1 = \frac{S_1}{S_2 + I + N} , \quad CQI_2 = \frac{S_2}{S_1 + I + N}$$

图 3-66　与两个协作小区的 eNB 间小区协调的示例

在每个 CQI 中，来自其他协作小区的接收信号功率被包含在内，作为干扰。同时，CS 和 CBF 之后的 CQI 可以表示为

$$CQI_{CS} = \frac{w_1 S_1}{I + N}, \quad CQI_{CBF} = \frac{w_1 S_1}{w_2 S_2 + I + N}$$

其中，w_1 表示在 eNB 估计的小区 1 的波束成形增益。对于 CS，S_2 通过小区 2 处的静噪操作被去除。对于 CBF，w_2 表示在 eNB 处估计的小区 2 的波束成形增益（例如，如果假定完美的零强制，则 $w_2 = 0$）。例如，可以从长期协方差矩阵导出这种波束成形增益。

实际上，可以在满载小区中选择 CBS 模式，并且可以为轻负载小区选择 CBF 模式，特别是如果该流量是突发的。通过使用 CBS 模式，这将有助于减少负载较重的小区中的反馈开销。

基于小区协作的波束成形技术可以根据不同的场景区分为两种类型：具有多个小区和多个小区站点的单个站点。具有多个小区的单个站点通常是传统的扇区单元布置，并且仅需要对网络信令规范的最小改变。多个小区站点应由不同的 eNB 和网络规范来控制，以支持合作。协调波束成形将 LTE Rel - 8 的多天线模式与波束成形相结合，作为 CoMP 的下行传输模式。一种典型的方法是在不同的单元中的多天线处理之后传输不同的信号行。在不同小区中用不同的 UE 特定波束成形向量加权后，信号的每一行都在 UE 的方向上传输。使用双 eNB CoMP 场景的一般程序在以下文本中给出：

- 两个 eNB 在半静态的基础上确定附属于两个 eNB 的候选 UE 集。对于协调预编码 UE 配对，eNB 请求那些候选 UE 反馈在 CoMP 模式中使用的信息。
- 然后，UE 估计到锚 eNB 和其他干扰 eNB 的 DL 信道。这些估计的信道既可以用于接收机解调处理，链路适配的目的，也可以用于两者。

- 在 CoMP 操作模式中，UE 将与所需信道和干扰信道相关的信息反馈给其锚点。CoMP 操作中的 eNB 共享从每个小区中的候选 UE 收集的反馈信息。
- 参与 eNB 的调度器执行最终的 UE 选择/配对，并且可以基于吞吐量优化目标和公平约束来计算预编码矩阵。

两个 eNB 之间协调波束成形的简单示例如图 3-67 所示。假设 UE 1 已由 eNB 1 调度，同时 UE 2 已被 eNB 2 调度。设 H_i^j 为 eNB j 和 UE i 之间的信道。为了简单而不失一般性，所有 UE 具有相同数量（Nr）的接收天线，并且两个 eNB 具有相同数量（Nt）的发射天线。

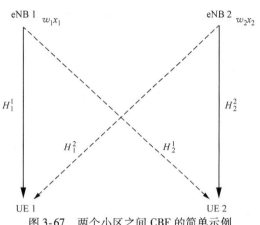

图 3-67 两个小区之间 CBF 的简单示例

输入 – 输出关系可以被简单的表示为

$$y_1 = \sqrt{P_1}H_1^1 w_1 x_1 + \sqrt{P_2}H_1^2 w_2 x_2 + n_1$$
$$y_2 = \sqrt{P_2}H_2^2 w_2 x_2 + \sqrt{P_1}H_2^1 w_1 x_1 + n_2$$

式中，P_1、P_2 是来自 eNB 1 和 eNB 2 的发射功率；y_1、y_2 是 UE 1 和 UE 2 的 Nr * 1号天线的接收向量；w_1、w_2 是 eNB 1 和 eNB 2 的 Nt×1 个波束成形向量；x_1、x_2 是 UE 1 和 UE 2 的信息符号；n_1、n_2 是 UE 1 和 UE 2 的 Nr×1 上的随机 AWGN 噪声向量。

对于这种 CBF 方案，eNB 1 处的 UE 选择决策将取决于与 eNB 1 统一协调的在其他 eNBs 处的 UE 选择决策。值得注意的是，eNB 1 应必须获得 P_1、H_1^1 与 H_1^2 的信息，eNB 2 必须获得 P_2、H_2^2 和 H_2^1 的信息。每个 eNB 应该自己确定预编码器。例如，假设 eNB 1 和 eNB 2 之间没有协调，每个小区决定要调度哪些 UE 以及相应的发射预编码。然后，基于迭代中其他小区做出的决策，每个小区将重新访问其对 UE 的决策，以调度其发射预编码和发射功率。最后，基于相邻小区中的预编码、功率和 UE 决策来计算新的 CQI，因此给定小区中的调度决策不仅是由该小区调度的用户的效用度量的函数，而且还是实用程序在迭代后被其他单元调度的受害者用户的度量。CS/CBF 协调调度和波束成形的迭代方法如图 3-68 所示。

图 3-68 CS/CBF 协调调度和波束成形的迭代方法

3.5.3.1 多点协作传输和发射分集

当 CoMP 传输在开环发射分集方案中工作时，可以与波束成形组合。在这种情况下，基于每个传输端口，利用加权向量从不同的小区发送不同行的发射分集信号。假设 CoMP 传输基于 m 个传输端口，并且服务小区和坐标小区的总数为 n。如果 $m < n$，我们可以将 n 个小区分成 m 个组，每个组对应一个传输端口。如果 $m \geqslant n$，我们可以在每个传输端口将波束成形的服务小区的天线和协调小区组合成 m 组。根据这两种情况的 4 个传输端口的示例在图 3-69 和图 3-70 中给出。

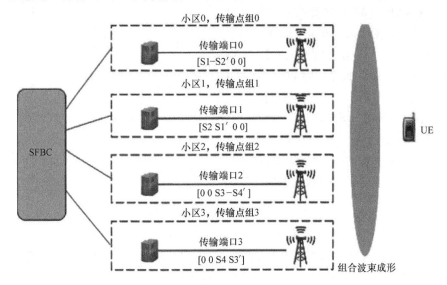

图 3-69　当有 4 个传输端口，并且服务小区和协调小区的总数大于传输端口数量时，
CoMP 的发射分集结构的示例

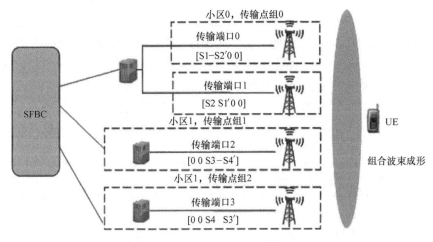

图 3-70　当有 4 个传输端口，并且服务小区和协调小区的总数小于传输端口数时，
CoMP 的发射分集结构的示例

最后，我们通过一个例子来总结一下 CS/CBF 的 CoMP 流程：

- UE 根据对应于 CoMP 协作集的协作 eNB 发送的 CSI - RS 的测量结果向服务 eNB 提供反馈。
- 服务 eNB 决定传输参数（预编码权重，MCS）并调度 UE。首先，服务 eNB 通过回程共享从 UE 与其协作子集接收的反馈信息。然后，根据协作集的调度信息和传输参数，以迭代方式跨协作 eNB 执行传输参数过程的确定。
- 服务 eNB 传输调度信息，并使用 UE 特定的 DMRS 向 UE 发送 PDSCH。
- UE 使用 UE 特定的 DMRS 执行 PDSCH 解调。

3.6 上行多点协作

在 DL CoMP 中，eNB 和 UE 都需要规范，而预测支持 UL CoMP 的规范工作较少。UL CoMP 意味着在地理上多个分离的点处接收一个用户的信号的 Un 处理的可能性（见图 3-71）。通常，UE 不需要知道正在接收其传输的网络节点或者在这些节点处或者在中央节点处对相应的接收信号执行的处理。UE 需要知道的是如何提供与上行链路传输（调度授权、HARQ 确认和/或功率控制命令）相关联的任何下行链路信令。

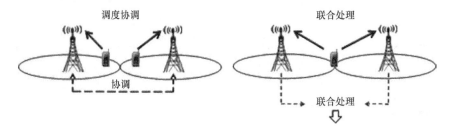

图 3-71 在多个小区接收到 PUSCH，在上行链路 CoMP 中的小区之间协调调度

UL 协调多点接收调度决策可以在小区之间协调控制干扰。应当注意，在不同的实例中，协作单元可以是分离的 eNB、远程无线电单元、中继等。此外，由于 UL CoMP 主要影响调度器和接收器，所以这主要是实现的问题。因此，LTE 的演进可能仅仅限于促进多点接收所需的信令。

UL CoMP 处理也可以在三个步骤中完成，类似于下行链路：步骤 1：从协作的 eNB 接收到的 SRS，网络将识别从 CoMP 和相关的 eNB 中获益的 UE；步骤 2：协作的 eNB 之间应共享最新的 SRS 测量。联合调度将在合作的 eNB 上进行，需要在协作的 eNB 之间共享调度信息；步骤 3：接收信号信息（从 I/Q 采样进行硬比特判决获取比特值）应在协作的 eNB 之间共享。

UL JP - CoMP 意味着在多个点处接收的信号的联合处理，以通过 UL CoMP 宏分集接收来改善（特别是）小区边缘用户吞吐量。图 3-72 中的联合处理对于 UE

是透明的；这是一个执行问题，对规范的影响非常有限，这取决于合作战略，回程的要求是不同的。在内部协调中，不需要回程。为了协调不同的站点，我们需要改变 X2 接口定义。在 UL CoMP 中，每个 CoMP 接收点的接收数据可以潜在地传输到服务小区进行联合处理。用户将数据发送到所有接收点，并且接收点将在将其解码之前或之后将接收到的数据转发到服务小区。通过 X2 接口交换的信息的分辨率级别通常可以是 I/Q 采样（每天线）级、软位级、码块级或传输块级。

在 UL CoMP 宏分集接收中，网络将决定 eNB 是否应该基于 UE 测量进行宏分集接收。假设使用最大比组合（MRC）将从服务链路和所选宏链路接收到的干扰消除的理想信号进行结合，则可以根据以下等式实现 *SINR*：

$$SINR = SINR_{\text{ServerLink}} + \sum_{n=0}^{N} SINR_{\text{CompLink\_}n}$$

如图 3-73 和图 3-74 所示，对于理想的基于 IC 的场间 MRC 情况，与传统小区相比，宏分集具有比特吞吐量增益。

上行链路 CoMP JP 系统可被视为复合 MIMO 系统，如图 3-75 所示。每个 OFDM

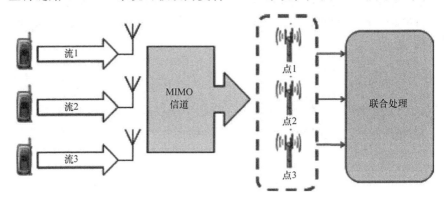

图 3-72　UL JP – CoMP

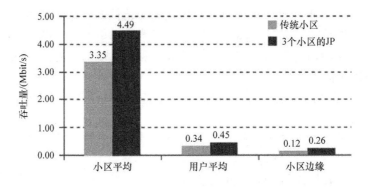

图 3-73　三个单元的传统小区和 UL JP 的吞吐量比较

子载波具有相关联的 CoMP MIMO 信道矩阵 H。该解决方案应该考虑小区之间的定时差异，并且计算每个子载波的每个 UE 的相应相移和窗口函数系数。然后将该相移和窗口函数系数乘以复合 CoMP MIMO 信道的 MIMO 信道矩阵。这允许对整个 CoMP 集中的所有天线使用一个单一接收组合的天线权重组合。

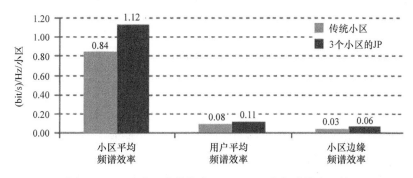

图 3-74　三个小区的传统小区和 UL JP 的频谱效率比较

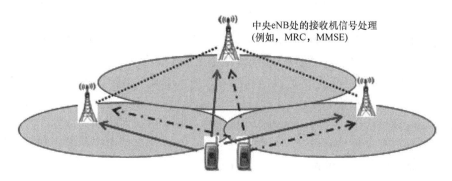

图 3-75　UL CoMP 的复合 MIMO 系统

　　然而，在上行链路 CoMP 联合处理中，必须处理多径传播和对 CoMP 协调集的不同小区的不同定时延迟，因此导致复杂性增加并且对 X2 接口容量和延迟的要求非常严格。每个 UE 在其服务小区中以时间对准的方式进行发送，但是不以对准的方式接收到达相邻小区的干扰信号（可以被大致延迟）。如果这些定时的差异超过循环前缀，则一个接收机中不同 CoMP 接收点的上行链路信号的联合处理是不可能实现的，并且必须避免符号间干扰。相关问题将在下一节讨论。

3.7　多点协作的局限

　　正如我们已经讨论的那样，预计在 LTE – A 的 CoMP 方法中可以充分协调 eNB 的以下问题：

- CoMP 测量和传输集的配置和协调。
- 协作小区和 UE 之间精确的时间和频率同步。

- 精确的小区间信道估计。
- CQI 补偿、配置预编码和波束成形权重。
- 与 Rel – 8 相比，处理更多的 CQI/PMI/RI 反馈。由于额外的空间维度，UL 反馈信道的容量、复合预编码器选择、链路自适应和超级小区的 MAC 层（即，协作区域）是一个问题。
- 反馈信息。基于空间域的干扰抑制需要非常精确的 CSI 反馈，特别是对于 FDD；同时，急需低复杂性的反馈机制。
- 骨干数据交换用于 CSI 和协作小区中的用户数据共享。
- HARQ 进程延迟约束。
- CoMP 的协调天线校准；校准过程的复杂性可能是一个问题，因为协调天线校准需要对与 CoMP 操作相关联的所有 eNB 的所有天线进行校准。

3.7.1 多点协作延迟扩展分析

已经认为 CoMP 传输和接收是 LTE – A 系统中提高小区边缘 UE 吞吐量的重要特征。来自协调小区（站点间或站点内）的增益的处理基于这些小区同步的很好的假设。

尽管假设 CoMP 在同步网络中执行，但是由于 UE 与小区站点之间的不同距离（即，存在不一致的到达时间），来自协作小区站点的信号可能在不同的时间到达 UE。图 3-76 说明了不匹配的起因。如果不匹配大于某一值，则符号间干扰将抵消协作增益。为了克服这一点，可以设置一个阈值。如果小区站点和参考小区站点之间的不匹配超过阈值，则可以从协作小区集中排除小区。对于阈值内的不匹配，可以采用校准处理来补偿差异。即使在补偿之后，协作小区组内仍然存在剩余时间不匹配。剩余时间不匹配的影响取决于协作技术。

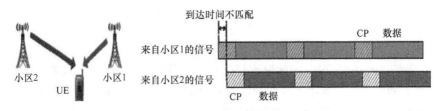

图 3-76　两个合作单元之间的到达时间不匹配

在 LTE – A CoMP 场景中，需要较小的延迟扩展。只有到达时间在 $[0\mu s, 3.9\mu s]$ 范围内的信号才能有助于在具有正常 CP 的 TTI 期间检测；否则会发生符号间干扰（ISI）。当定时不匹配调整基于活动 CoMP 集中具有最小传输时间延迟的小区时，可以进一步提高系统性能。

3.7.1.1 下行链路多点协作延迟扩展分析

下行链路时延问题在图 3-77 中进行说明。为了简单起见，假设连接到 eNB 的多达两个小区为一个 UE 提供服务，实现站点间同步。也就是说，小区同时发送信号。定义 τ_1 和 τ_2 分别作为从小区 1 和小区 2 到 UE 的传输时间。在 UE 处的总延迟扩展是从小区 1 和小区 2 加上多径延迟的下行链路时间差异的和，即，是多径延迟，如在没有联合处理的集中式蜂窝系统中，其中 CP 长度需要满足 $\tau_{\text{multipath}} < CP_{\text{downlink}}$，其中 CP_{downlink} 表示下行链路 CP 长度。

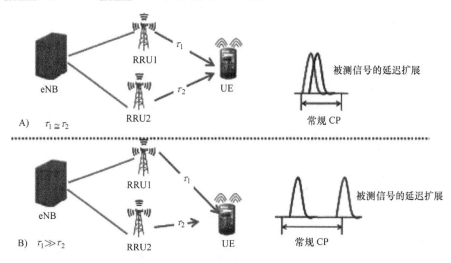

图 3-77　联合传输中的下行链路延迟问题

当 UE 位于与小区相似的距离（图 3-77 中的情况 A，$\tau_1 \cong \tau_2$）时，延迟问题类似于没有联合处理的集中式蜂窝系统。但是当 UE 位于小区 2 附近而远离小区 1（图 3-77 中的情况 B，$\tau_1 \gg \tau_2$）时，总延迟扩展可以扩展到超出 CP 覆盖范围，因此符号间干扰将影响接收性能。

因此，当扩展到多个小区，同时服务于一个 UE 的场景时，下行链路 CP 的需求预期大于总时延延迟的 CP 长度，或者

$$\max_{\text{UE}k} \left\{ \max_{\text{RRU}\, i} \left[\tau_{\text{UE}\, k, \text{RRU}\, i} \right] - \min_{\text{RRU}\, i} \left[\tau_{\text{UE}\, k, \text{RRU}i} \right] \right\} + \tau_{\text{multipath}} < CP_{\text{downlink}}$$

式中，$\tau_{\text{UE}\, k, \text{RRU}\, i}$ 表示从第 i 个服务 RRU 到第 k 个 UE 的传输时间延迟。

因此，LTE – A CoMP 系统中的下行链路时延问题比不用联合处理的集中式蜂窝系统更为严重。随着联合处理小区数量的增加，这个问题更加明显。

3.7.1.2　上行链路多点协作延迟扩展分析

在实际情况下，如图 3-78 所示，小区边缘 UE 向 CoMP 协作集中的不同小区发送 UL 信号，其中小区 2 被认为是管理定时对准的服务小区。由于扩展到不同小区的延迟可能明显不同，所以传输信号的提前或者延迟到达（与服务小区相比）将分别在小区 1 和小区 3 中被接收。循环前缀长度的过度延迟或者少量的提前会引入帧间干扰，降低检测性能，会进一步限制 CoMP 的优点。

因此，如果为下行链路和上行链路的联合发送和接收调度了多个 RRU，则可以看到上行链路具有比下行链路更严格的延迟扩展要求。此外，在多个 RRU 联合

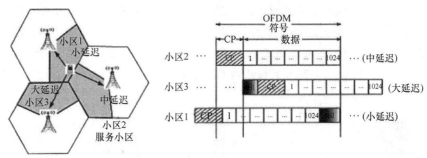

图 3-78　UL CoMP 中延迟传播的说明

处理情况下，时间延迟扩展导致分布式天线小区中的问题比没有联合处理的集中式天线小区中的问题更多。

3.7.1.2.1　上行链路问题：UL 定时提前

对于 LTE Rel-8 中的上行链路，采用 CP 来消除 ISI，保证所有子载波信号之间的正交性。为了确保上行链路信号被 CP 窗口覆盖，UE 应该事先发送信号，使得上行链路信号在预期的时间到达小区接收机，或者 UE 与其服务小区同步。在 CoMP 场景中，到非服务小区（AP）的 UE UL 信号可能在该小区的接收 CP 范围之外，这导致较差的检测性能。为了实现协调的接收，LTE-A 网络中的接收点将在 CoMP 模式中对 UE 的 TA 同步方面进行协调。

上行链路延时问题在图 3-79 中进行说明，该图示出了具有 3 个 UE 和 3 个小区（连接到相同 eNB）的场景。假设第 k 个 UE 到第 i 个 RRU 的时间延迟是 $\tau_{\text{UE }k,\text{RRU}i}$ 并且定时提前是基于具有最强 RSRP 的小区，其被称为小区 TA。因此，UE k 的定时提前是 $\tau_{\text{UE }k,\text{RRU TA}}$。在这个例子中，我们假定 UE 1、UE 2 和 UE 3 的时序分别基于小区 1、小区 2 和小区 3。因此，UE 1、UE 2 和 UE 3 的定时提前分别为 τ_{11}、τ_{22} 和 τ_{33}。

从图 3-79 中可以看出，当 $\tau_{12} \gg \tau_{11}$ 和 $\tau_{32} \gg \tau_{33}$ 时，从 UE 1 和 UE 3 到小区 2 的信号的到达时间差将比正常 CP 长度大得多。这种情况可能导致严重的延时问题，并且无法从所有 UE 恢复信号。

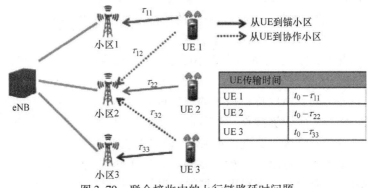

图 3-79　联合接收中的上行链路延时问题

来自 UE k 的信号的到达时间为 $\tau_{\text{UE }k,\text{RRU }i} - \tau_{\text{UE }k,\text{RRU TA}}$。因此，RRU i 的接收机的总时延是

$$\max_{\text{RRU }i}\left\{\max_{\text{UE }k}\left[\tau_{\text{UE }k,\text{RRU }i} - TA_{\text{UE }k}\right] - \min_{\text{UE }j}\left[\tau_{\text{UE }j,\text{RRU }i} - TA_{\text{UE }j}\right]\right\} + \tau_{\text{multipath}}$$

$$= \max_{\text{RRU }i}\left\{\max_{\text{UE }k}\left[\tau_{\text{UE }k,\text{RRU }i} - \tau_{\text{UE }k,\text{RRU TA}}\right] - \min_{\text{UE }j}\left[\tau_{\text{UE }j,\text{RRU }i} - \tau_{\text{UE }j,\text{RRU TA}}\right]\right\}$$

$$+ \tau_{\text{multipath}}$$

当 $\tau_{\text{UE }k,\text{RRU }i} - \tau_{\text{UE }k,\text{RRU TA}}$ 在多个 UE 之间明显变化时，根据在相同 TTI 处所服务的 UE 的位置，总时间延迟（上行链路时间延迟差异和多径延迟扩展的总和）显著增加，如图 3-80 所示。事实上，CP 长度涵盖了所有服务的 UE 的所有有用信号，以避免 ICI 和 ISI。

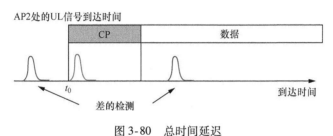

图 3-80　总时间延迟

在接收机上的上行链路总时间延迟超过 CP 范围的可能性高于下行链路的可能性，因为小区将处理来自其所有服务的 UE 的时间延迟。因此，上行链路时延延迟可能导致比下行链路更高的干扰。

扩展到多个小区同时服务于一个 UE 的场景，上行链路 CP 的要求应满足 CP 长度大于总时延延迟的要求，或

$$\max_{\text{RRU }i}\left\{\max_{\text{UE }k}\left[\tau_{\text{UE }k,\text{RRU }i} - TA_{\text{UE }k}\right] - \min_{\text{UE }j}\left[\tau_{\text{UE }j,\text{RRU }i} - TA_{\text{UE }j}\right]\right\} + \tau_{\text{multipath}} < CP_{\text{uplink}}$$

式中，$\tau_{\text{UE }k,\text{RRU }i}$ 表示从第 k 个 UE 到第 i 个服务 RRU 的传输延迟；$TA_{\text{UE }k}$ 表示第 k 个 UE 的定时提前；CP_{uplink} 表示上行链路 CP 长度。

因此，我们必须得出结论，CoMP 系统中的上行链路时延问题比没有联合处理的集中式蜂窝系统更为严重。时延问题在上行链路上比在下行链路上更严重。上行链路信号延迟扩展的累积密度函数（CDF）如图 3-81 和图 3-82 所示。其中非 CoMP 和 CoMP 系统都被研究。较高的阈值导致上行链路信号延迟扩展小于 CP 长度的概率较低。在如图 3-81 所示的情况 1 中，当服务小区选择的阈值为 6 分贝时，约 1/3 的具有正常 CP 的小区将会降低性能。在如图 3-82 所示的情况 3 中，这个问题导致几乎所有具有正常 CP 的小区都会降低性能。

通常，当采用 CoMP 时，上行链路信号延迟扩展大于正常的 CP 长度。从以前的分析来看，扩展 CP 可以削弱延迟传播问题。可以通过采用扩展 CP 或新的 TA 调整方案使多小区延迟扩展问题的解决方案得到应用。

对于扩展 CP（或者可扩展 CP，其不同的 TTI 采用不同的 CP 长度），它可以容

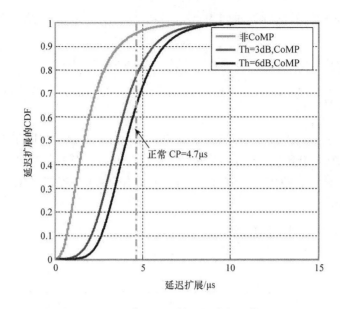

图 3-81　UL 信号延迟扩展的分布（情况 1）

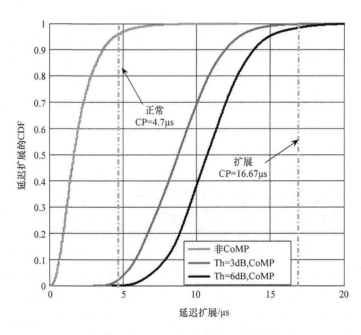

图 3-82　UL 信号延迟扩展的分布（情况 3）

忍在多个接收小区的更大的延迟扩展，但是它引起高开销并相应地降低性能。

新的 TA 调整方案可以在活动 CoMP 集中基于具有最小传播延迟的小区。TA 小区是活动 CoMP 集（即集合中最近的小区）中具有最小传输延迟的小区。这可以通过基于最早接收 UE 信号的服务小区的 TA 调整来实现。使用这种方法，信号在预期时间之前不会到达小区的接收机。

3.7.2 对 LTE – A 实现的影响

DL CoMP 操作（与 JP 和/或 CBF/CS 相关）对 LTE – A 实现产生附加要求。Uu 和网络内部接口的控制信令和过程需要被加强。必须在 CoMP 操作中实现多个小区的下行链路信道状态信息的 UE 反馈。协调小区之间的探测资源协调也是避免小区间干扰的必要条件。所有上述要求意味着对 eNB 和 UE 实现的额外的复杂性和成本，并且需要强大的回程来支持复杂的 X2 接口。

关于 eNB，将需要支持多点接收的更强的基带处理能力和更高复杂度的接收机以支持多小区协调。此外，应该增强 eNB 的数据传输能力，以在低延迟和高带宽的小区之间传输数据。如果需要动态的 eNB 间 CoMP，则更强大的回程也是必需的。

由于邻区信道估计和干扰减轻能力，UE 的复杂度将显著增加。UE 还需要支持新的反馈机制来支持不同的 CoMP 类别。

从回程的角度来看，X2 接口需要新的标准化工作来承担支持 CoMP 操作的附加信令。强烈推荐强大的回程机制来支持 JP，如光纤，其具有低延迟和高容量。

在 CoMP 操作中，高层信令应能够支持测量集中的多个小区和不同 CoMP 类别的传输模式。CoMP 需要新的反馈机制。可以引入一个新的更高层次的程序，用于 CoMP 的切换增强。

3.8 多点协作的性能

首先，我们将讨论哪些 UE 应该在 CoMP 传输下服务。通常，预 CoMP SINR 用作决定哪些 UEs 服务于 COMP 传输的措施。更有针对性的方法是将有 CoMP（R_{comp}）的速率和无 CoMP（$R_{non-comp}$）的速率进行比较，这比 SINR 计算复杂得多。考虑到 CoMP 传输方法的成本，如果 $R_{comp} > (1 + k) R_{non-comp}$，则可以在 CoMP 传输下服务 UE，其中，$k$ 是成本因子。应当注意，R_{comp} 包含 $1/n$ 的因子，其中 n 是协作 eNB 的数量。使用 CoMP 传输来增加系统吞吐量的一种方法是考虑用于服务不同 UE 的可变大小的 eNB 集。例如，在具有三个协调点的 CoMP 场景中，一些 UE 将仅由一个 eNB 服务，一些 UE 将由两个 eNB 服务，其余的将被所有三个协调的 eNB 服务。可以再次做出服务于一个特定 UE 的数量的决定，这个决定基于服务 eNB 的不同数量的 R_{comp} 与 $R_{non-comp}$ 进行比较来做出。

从理论的角度来看，如果在协调的 eNB 采用最佳传输方案，通常需要从 eNB 到所有 UE 的同时传输（即，CoMP – MU – MIMO 操作模式），则在 CoMP 传输下服务于小区中心和小区边缘 UE 都有吞吐量增益。然而，如果协调的 eNB 在任何给定时间仅服务于一个 UE（即，CoMP – SU – MIMO 操作模式），则在 CoMP 下的服务小区中心 UE 中可能存在吞吐量损失。这是 CoMP 在链路层面上呈现出巨大潜在收

益而在系统层面显示的收益低得多的原因之一。其他原因可能包括:

- 为参考信号设计和通道状态信息反馈创建开销
- LTE 帧结构和 HARQ 过程集对最优 CoMP 概念设置了限制
- RF 性能和同步需要注意,但目前还没有解决办法

据我们所知,目前正在考虑两种 CoMP 模式:CS/CBF 和 JP。前者依赖于邻小区的协调来管理和减少小区间干扰,后者可以充分利用多个发射/接收基站的多样性,从而实现更好的吞吐量增强。对于 CS/CBF,每个 UE 具有单个服务小区。小区边缘 UE 的吞吐量改善来自协调的干扰管理。只要干扰管理有效,小区可以具有一个频率重用,并且相邻基站的自由度将被 UE 消耗尽。

3.8.1 多点协作参数对性能的影响

正如我们所讨论的那样,对于 UE 特定的 CoMP 协作集有两个关键参数:UE 特定 CoMP 协作集决策的阈值和 UE 特定 CoMP 协作集的最大大小。在下面的模拟仿真中,我们评估这些关键参数对小区边缘用户吞吐量的 CoMP 增益以及平均扇区吞吐量的影响。

首先,我们假设 UE 特定 CoMP 协作集的最大大小等于 10。图 3-83 给出了针对 UE 特定 CoMP 协作集决策的具有不同阈值(Thr)的 CoMP 协作集的小区号的概率分布函数(PDF)。如图 3-83 所示,当 Thr = 3dB 时,只有 2% 的 UE 在 CoMP 协作集中有 3 个小区,并且没有 UE 有 3 个以上的小区。当 Thr = 7dB 时,7% 的 UE 在 CoMP 协作集中具有 3 个小区,并且仅 1.2% 的 UE 在 CoMP 合作集中具有超过 4 个小区。因此,UE 特定 CoMP 协作集的最大大小不大于 3。在下面的仿真中,我们假设 CoMP 协作集的最大大小等于 2 或 3 个点,以评估 CoMP 增益、边缘用户吞吐量和平均扇区吞吐量。

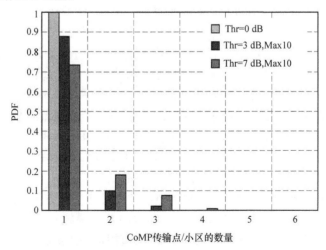

图 3-83   UE 特定 CoMP 协作集的小区数量的 PDF

图 3-84 给出了当 CoMP 协作集的最大大小等于 2 或 3 个点时，作为 UE 特定 CoMP 协作集决策的阈值的函数的平均扇区吞吐量和小区边缘用户吞吐量。

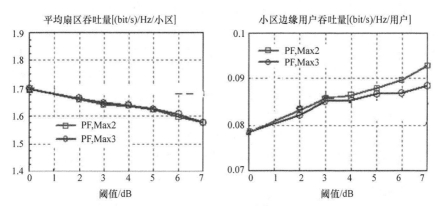

图 3-84　平均扇区吞吐量和小区边缘用户吞吐量作为 UE 特定 CoMP 协作集决策的阈值的函数

由于大多数 UE 使用不超过两个 CoMP 传输点，所以 UE 特定 CoMP 协作集中最多 2 个小区的小区边缘用户吞吐量和平均扇区吞吐量与最多 3 个小区的小区边缘用户吞吐量和平均扇区吞吐量相似。即使 Thr = 7dB，只有 7% 的 UE 具有 3 个 CoMP 传输点。从图 3-84 可以看出，在 Thr = 7dB 的情况下，最多 2 个小区的小区边缘用户吞吐量略高于最多 3 个小区的边缘用户吞吐量。这是因为具有 3 个 CoMP 传输点的 UE 比具有 2 个 CoMP 传输点的 UE 从所有 CoMP 传输点分配相同 RB 的机会更少。然而，平均扇区吞吐量由于在每个 CoMP 传输点中分配给 CoMP UE 的 RB 导致其他 UE 的剩余 RB 更少，所以平均扇区吞吐量略有下降，如图 3-85 所示。

根据我们的评估，CoMP 协作集中最多两个小区足以实现针对 3GPP 情况 1 的小区边缘用户吞吐量和平均扇区吞吐量的 CoMP 增益。在平均扇区吞吐量降低 6% 的代价下，小区边缘用户吞吐量的潜在 CoMP 增益高达 18%。可能需要更多的 CoMP 传输点的自适应选择，以避免平均扇区吞吐量的降低。

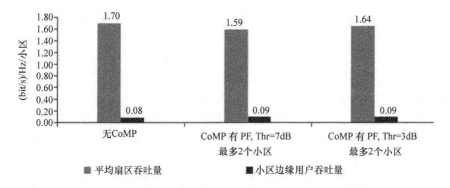

图 3-85　平均扇区吞吐量和小区边缘用户吞吐量的比较

3.8.2　上行多点协作评估

在本节中，当延迟传播问题被忽略时，将进行系统评估以研究 CoMP 在上行链路中引入的最大性能改进。进行系统级仿真以评估 CoMP 的优点。根据目前的研究，协调小区数量最多在 3 个左右。CoMP 活动集基于阈值组成；也就是说，如果 $RSRP_{celli} > RSRP_{anchor} - Threshold$，则将小区 i 选择为服务小区之一，其中 $RSRP_{celli}$ 表示来自第 i 个小区的 RSRP，$RSRP_{anchor}$ 表示来自锚小区的 RSRP。建议将活动 CoMP 集中具有最佳信道条件的小区作为锚小区，UE 从该小区检测系统信息及其多小区协调信息的专用控制信令。我们假设阈值为 3dB 或 6dB。请注意，当阈值较大时，更多的 UE 可以受益于 CoMP 的优点。对于小区平均和小区边缘吞吐量，非 CoMP 系统的吞吐量改进如图 3-86 所示。给出了情况 1 和情况 3 的结果。

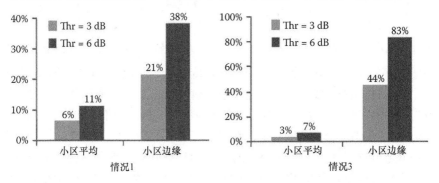

图 3-86　在情况 1 和情况 3 中使用 3GPP 中的 CoMP 的好处。（Thr – threshold）

总之，当延迟传播问题被忽略时，CoMP 可以显著改善系统吞吐量，特别是对于小区边缘 UE。当更多的 UE 由多个小区服务或者更多的小区可以服务于 UE 时，可以获得更大的吞吐量改进。

3.8.3　下行多点协作评估

在 3GPP TSG RANWG1（RAN1）中，同意了内部下行链路 CoMP 的评估方案和假设，多家公司为高负载（10 个 UE）和低负载（2 个 UE）场景提供了 CoMP 评估结果。下文中描述了一个全缓冲传输流模型的站点内 CoMP 评估结果的总结。

具有多达三个共同定位小区的协调的站内 CoMP 是配置 3 下的性能评估的基准情景，其包括每个小区 2 个发射天线和每个小区 4 个发射天线的天线安装。对于全缓冲传输流模型，分别对低负载情形和高负载情形进行每个小区 2 个用户和每个小区 10 个用户的评估。评估结果在图 3-87 和图 3-88 中给出，并显示了基于 Rel – 8 SU – MIMO 的 CoMP（SU – MIMO），基于 MU – MIMO 的 CoMP（MU – MIMO）和 Rel – 8 SU – MIMO 的平均增益。

注意：有些公司在 CoMP 评估（远远低于 3GPP 要求）和 3GPP 评估（满足 3GPP 要求）中表现出不同的结果。

图 3-89 和图 3-90 显示了根据 DL 中各种 CoMP 技术的系统仿真确定的小区边

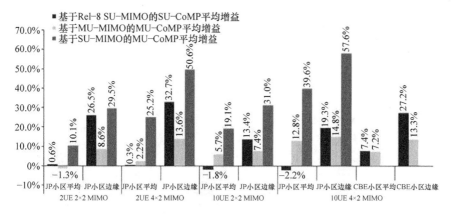

图 3-87 对于配置 3 的 FDD，分别基于 Rel－8 SU－MIMO 的 CoMP（SU－MIMO），基于
MU－MIMO 的 CoMP（MU－MIMO）以及 Rel－8 SU－MIMO 的平均增益

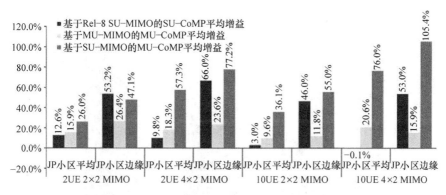

图 3-88 对于配置 3 的 TDD，分别基于 Rel－8 SU－MIMO 的 CoMP（SU－MIMO），基于
MU－MIMO 的 CoMP（MU－MIMO）以及 Rel－8 SU－MIMO 的平均增益

缘和小区平均吞吐量增益的可能的系统性能。仿真采用更先进的接收机和干扰协
调/消除算法，SU－MIMO 的 CBS 量化反馈，MU－MIMO 的站点内 JP，以及其他
方案的理想反馈。仿真假设与 3GPP TR 36.814 中同意的假设一致。研究的 CoMP
技术包括 CBS，非相干联合处理（JP－Nco），连贯联合处理（JP－Co），CBF 和站
点内连贯 JP。

　　以前的系统级仿真作为示例来显示下行链路多点联合传输的性能。评估结果支
持下行链路 CoMP 将大大增加小区边缘用户吞吐量以及小区平均吞吐量的理念。此
外，可以观察到，不仅仅 5% 的小区边缘 UE 经历改善的吞吐量，而是通过在整个
小区覆盖范围内应用 CoMP，附加的 UE 经历改进的小区边缘吞吐量和小区平均吞
吐量。因此，CoMP 对小区边缘用户吞吐量和小区平均吞吐量都有好处。实现
LTE－A 高级要求是一种有前景的技术。模拟结果还表明，使用协调调度和联合处
理的小区边缘用户吞吐量分别比单小区传输增加了约 10% 和 20%。还值得一提的

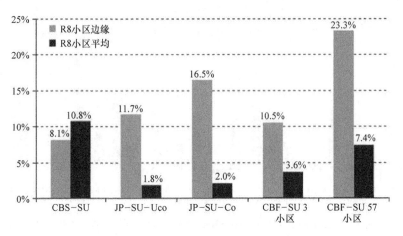

图 3-89　DL CoMP（SU - MIMO）的 Rel - 8（3GPP 情况 1）的潜在增益

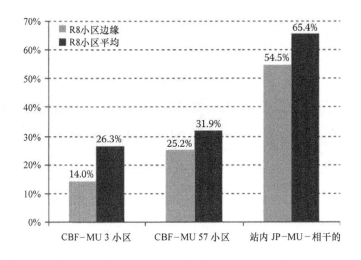

图 3-90　DL CoMP（MU - MIMO）的 Rel - 8（3GPP 情况 1）的潜在增益

是，CBF 作为多点技术可以将单点 MU - MIMO 操作的性能提高 10% ~ 15%。

最后，CoMP 性能评估与国际电信联盟（ITU）要求的比较如图 3-91 所示，其中 CoMP 以理想化假设展现了良好的收益。LTE Rel - 8 已经支持简单协调，因此基于从上行链路测量的长期信道统计，可以实现下行协调波束成形，并显示 FDD 和 TDD 系统中的性能增益。我们还可以看到，eNB 内部和 eNB 间的 CoMP 将成为提高数据速率和小区边缘吞吐量覆盖率的工具，并通过空间域小区间调度和干扰协调，以及其他协作方法来提高系统吞吐量。然而，CoMP 仍然是一项不成熟的技术。鲁棒性对各种信道估计误差的影响以及反馈延迟和量化误差的影响尚不清楚。例如，高 CoMP 增益需要复杂的调度算法；CoMP 增益对 CSI 精度敏感，这在现实环境和潜伏期中是不同寻常的，站点间 CoMP 回程要求的数据率非常苛刻。目前，仍然不清楚哪些具有实际的、非理性假设的方案可以在部署中被使用。

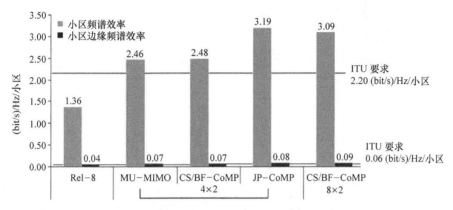

图 3-91　国际电信联盟（ITU）的要求和 CoMP 的初步性能

第4章

多输入多输出(MIMO)

在长期演进高级（LTE－A）系统中，边缘吞吐量和平均小区吞吐量目标的是
LTE Rel－8 目标的 10 倍。在 LTE－A 中新推出的协同多点（CoMP）接收和以前采
用的波束成形技术是在边缘吞吐量方面提高系统性能的可能的方式，而高阶单用户
多输入多输出（SU－MIMO）和多用户 MIMO（MU－MIMO）是在 LTE－A 中引入
增强小区中的峰值和平均吞吐量的可能的主要技术。

第 3 章讨论了 CoMP，本章将详细研究各种与 MIMO 相关的主题和波束成形技术。

4.1 无线信道特征

MIMO 技术已经被视为新兴技术，以满足对更高数据速率和更好的小区覆盖的
需求，并且不需要增加平均发射功率或频率带宽。MIMO 结构总体上是构建了多个
空间层，其中在给定的频率－时间资源上传输多个数据流，并且线性地增加信道容
量。MIMO 系统的性能与接收的信号与干扰加噪声比（SINR），以及作为多径信道
和天线配置特征的属性直接相关。

4.1.1 LTE－A 信道模型

MIMO 技术在多天线系统中使用，其中的数据可以通过存在于 n 个发射天线和
m 个接收天线之间的信道集发送给用户。如果该集的信道在统计上足够的独立，则
可以在信道集上同时传输多个数据流。系统在 MIMO 信道集上成功发送多个同步和
不同步数据流的能力是信道 SINR 的功能，并且在较高 SINR 和较低信道相关性的
情况下，MIMO 传输的增益增加。这就是我们所说的"信道决定性能"。

发射机天线和接收机天线之间的无线电信道的特征有以下几个：信道频率响应
$h(f,r,t)$、干扰 I 和噪声 N。

信道频率响应 $h(f,r,t)$ 随频率 f、位置 r 和时间 t 的变化而变化。更多的影响特
征有：路径损耗（包括遮挡），延迟分布，衰落特性，同频道和相邻信道干扰，以
及多普勒频谱。延迟分布是多径传播的结果，它包括每个路径的增益和相移。在多
个天线的情况下，信道的特征还与天线特性相关。

延迟分布（列于表4-1）可以用来代表低、中和高延迟传播环境。低延迟传播
和中延迟传播是基于国际电信联盟（ITU）行人 A 和车载 A 信道模型，这些模型最

初是2000年为国际电信联盟无线电通信部门（ITU - R）国际移动通信所评估的（IMT - 2000）。行人模型具有较低的延迟差距，而城市模型则具有较高的延迟差距。高延迟扩展模型基于用于全球移动通信系统（GSM）的典型城市模型以及LTE的一些评估工作。模型在10ns采样网格上定义的。

表 4-1　LTE 信道模型的延迟配置文件摘要

模型	信道分接头数量	延迟传播 （r. m. s）	最大过量延迟 （跨度）
扩展行人 A（EPA）	7	45ns	410ns
扩展车载 A（EVA）	9	357ns	2510ns
扩展典型城市（ETU）	9	991ns	5000ns

我们知道，国际电信联盟模型和空间信道模型（SCM）（Ped A，Veh - A，Ped - B等）被创建用于小于5MHz的信道带宽，并且当用于更宽的带宽时可能无法反映实际的信道条件。在更宽的带宽上，更多的路径变得可解析，并且信道变成更 Rician（即，更大的 K 因子⊖）。图4-1描述了高达20 MHz带宽的扩展 ITU 信道模型。在第三代合作伙伴关系项目（3GPP）中，我们通常使用两种 LTE - A 信道模型方法：

■ 基于射线的模型：射线跟踪模型的基本原理使得能够通过射线跟踪方法分析电波传播并通过理论计算获得接收信号的强度。基于射线 SCM 模型明确地模拟反向路径。它们是最准确的，但在实践中模拟也是最耗时的，并且还没有成熟。

■ 基于协方差的模型：为了降低计算复杂度，可以在时分双工（TDD）的情况下从探测参考信号（SRS）传输估计协方差矩阵，并且协方差矩阵是用于估计频分双工（FDD）的协方差矩阵的有效方法。

多径传播引起接收信号的时间延迟、幅度、相位等的变化，以及出发和到达的角度（AoD 和 AoA）的变化。接收信号功率由于角扩展而在空间中衰减，或者由于延迟而在频率中衰减扩散，或由于多普勒扩散而在时间上衰落。在信号电平中的调制被称为衰落并且通常会降低无线系统的性能。

统计协方差反馈可以分为长期和短期统计协方差。长期统计协方差是在一个信息中积累的时间窗口，它是在快速衰落上平均的渐近协方差矩阵，因此仅取决于传播环境。当开销不高时使用短期协方差反馈，但是长期协方差反馈可能会丢失它的一些空间方向性信息，因为在非常长的时间段和非常宽的带宽上进行平均时，天线交叉相关性会减小。

MIMO 信道建模的方法之一是集群建模，其将反射路径作为射线集。每个集具有功率延迟谱（不同延迟下的功率，即离散时间中的抽头），其用于计算 MIMO 信

⊖　开放（较大）环境比具有近距离反射物体（更多散射）的较小环境有更高的 K 因子。

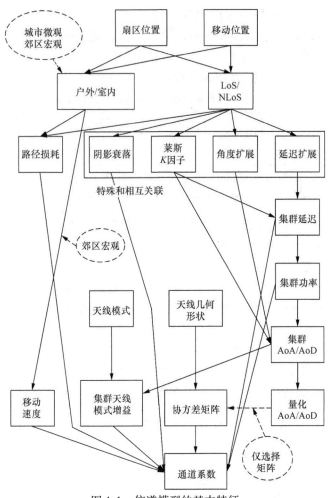

图 4-1　信道模型的基本特征

道的抽头系数。用于建模每个集群的参数是来自发射机的 AoD，在接收机处的 AoA，以及两个站的角扩展（AS）（每个为一个 AS 值）。集的数量取决于模型，每个集群可以包含许多射线。利用给定天线配置的每个抽头功率、AS 和 AoA（AoD）的知识，可以确定信道矩阵 H，其中，H 完整地描述了所有发射和接收天线中的传播信道。

我们假设 H_i 表示第 i 个用户设备（UE）和演进节点 B（eNB）之间的信道矩阵。可以将第 j 帧处的第 i 个 UE 的空间协方差矩阵估计为其统计平均值，如下：

$$R_{ij} = (1 - \alpha)R_{ij} + \alpha \frac{1}{N} \sum H_{ij}^H H_{ij}$$

其中，$0 < \alpha < 1$，发射协方差矩阵的长期平均值收敛到其统计平均值。N 是在发射协方差矩阵的计算中平均的子载波的总数；通常这将是几个资源块（RB）甚至是整个频带。然后，eNB 可以通过发射空间协方差矩阵导出 UE 所使用的码本。

关于统计信道信息，众所周知，信道协方差变化比信道的相干时间和带宽变化慢得多。由于这个原因，信道协方差已经在 TDD 系统中广泛使用，并且协方差矩阵在用于较大 FDD 双工距离的 FDD 系统上也是有效的。如果 eNB 在上行链路（UL）传输上测量特定 UE 的空间信道协方差矩阵，则可以使用一些频率转换技术来提高准确度。以前讨论过的频率转换特性和互易性表明类似的协方差可用于下行链路（DL）信号处理。

4.1.2　多径传播增益

通常，发射的信号在到达接收机之前会被其他物体反射。与最短路径相比，每个反射都会产生有一定延迟的路径。如果有视线，直接路径将完全占主导地位并且可以忽略反射路径。如果没有视线，反射路径就可以被比较。它们的幅度和相对延迟决定了延迟谱。延迟谱的示例如图 4-2 所示。

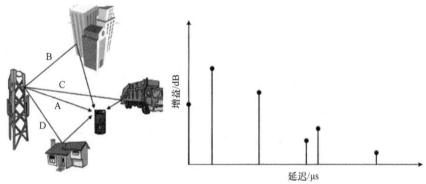

图 4-2　具有多个路径的延迟模式（A、B、C、D 是作为示例的四条路径）

延迟谱中的不同路径将相加或相消，这取决于每个路径的相移。由于相移取决于频率，因此多径衰落导致频率选择性。也就是说，信道增益随频率而变化。信道增益作为频率的功能如图 4-3、图 4-4 和图 4-5 所示，用于三种不同类型的阴影和散射环境。

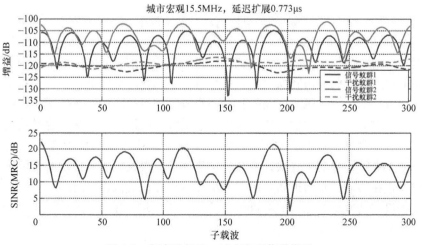

图 4-3　频率选择性，城市宏观信道模型

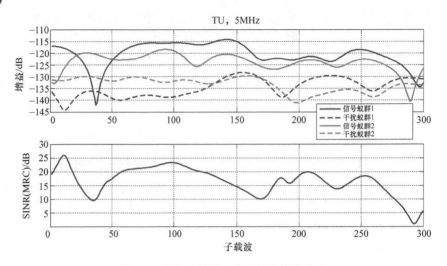

图 4-4　频率选择性，典型城市频道模式

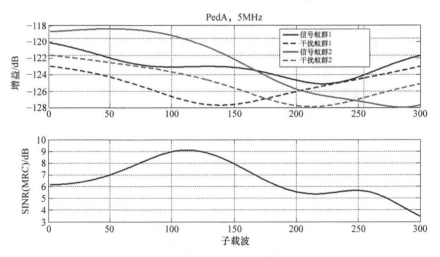

图 4-5　频率选择性，行人信道模型

　　如果反射物体位于远离发射机或接收机的位置，则称为阴影衰落或慢衰落。这是典型的信号被丘陵或山脉反射的农村环境。在遮蔽的情况下，信道增益随位置缓慢变化，因为如果发射机或接收机移动一小段，则每个路径的相位不会受到太大影响。如果反射对象靠近发射机或接收机，它被称为散射或快衰落。这是典型的信号被建筑物和车辆反射的城市环境。在 DL 情况下，路径通常从所有方向到达接收机，这使得由于相移随位置快速变化，信道增益对接收机的短移动非常敏感。如果反射对象正在移动，则信道增益不仅取决于频率和位置，也随时间变化。如果发射机或接收机移动也是如此，但在这种情况下，信道增益随时间的变化取决于位置，

其当发射机或接收机移动时随时间改变。

　　发射机和接收机之间的距离仅导致路径损耗，这反映在各个延迟曲线路径的增益上。路径损耗既不依赖于时间也不依赖于频率，而取决于接收机与发射机相对的位置。根据发射机和接收机之间是否存在视线，路径损耗有很大的差异。路径损耗和多径衰落一起导致信道增益随时间和频率变化。

4.1.3　多普勒扩展

　　当发射机或接收机移动时，附加的影响是信号的多普勒扩展。利用视线，载波频率由多普勒来设定频率，这取决于发射机和接收机之间相对于轴的移动。多普勒效应被表示为多普勒频移或多普勒频率，其可以被定义为

$$f_\mathrm{d} = \frac{1}{2\pi}\frac{\Delta\phi}{\Delta t} = \frac{v}{\lambda}\cos\theta$$

式中，$\Delta\phi$ 是相位变化；Δt 是时间的变化；v 是接收机（UE）相对于源（基站）的速度；λ 是发射信号的波长；θ 是 UE 的前向速度与 UE 到基站的视线之间的夹角。从方程中我们可以看到当相对速度较高时，多普勒频移可能非常高。因此，如果发送和接收技术对载波频率偏移非常敏感，则接收机可能无法检测发送的信号频率。

　　在多径传播的情况下，根据经典多普勒频谱，不同的路径会受到不同的影响，如图 4-6 所示。

　　多普勒扩展的结果是信号在更宽的频率范围上扩展，并且可能干扰在频率上相邻的信号。

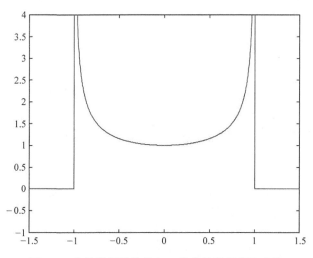

图 4-6　多普勒频谱作为归一化多普勒频率的功能

4.1.4　干扰

　　在 LTE 系统中，或在任何类型的无线通信系统中，存在三种影响系统性能的

干扰类型：噪声、系统间干扰和系统内干扰。噪声干扰固有的存在于无线通信系统中，我们无法避免它，只能通过先进的信号处理技术削弱噪声的影响。当其他网络与 LTE 系统在相同区域中操作时存在系统内的干扰，因此，我们还应该考虑 LTE 网络规划中现有网络的频段、覆盖范围和运行状态。系统内部干扰存在于 LTE 系统本身，这是影响系统性能的主要因素，在网络规划中应该更加认真地考虑。

LTE 是一种自推断蜂窝系统。它的系统内干扰可以分为小区间干扰和小区内干扰。小区间干扰主要影响小区边缘用户的吞吐量，这导致整个系统的性能下降。与小区间干扰相比，小区内干扰是一个更严重的问题，因为它影响所有小区用户的吞吐量。

以下部分内容描述了 LTE 系统中可能存在的各种干扰。

4.1.4.1 下行链路干扰

4.1.4.1.1 小区内干扰

首先，存在来自不同层上的 eNB 传输到其自己的 UE 的干扰。这适用于 SU-MIMO。干扰取决于天线的相关性，其以天线间隔、AoD 和 AoD 扩展为特征，如图 4-7 所示；其次，相同的资源块（RB）上存在来自 eNB 传输到其他 UE 的干扰，这适用于 MU-MIMO。干扰还取决于天线相关性；第三，有干扰从不同 RB 上的 eNB 传输到其他 UE。当相邻子载波和/或镜像子载波上的传输可能干扰其自身的传输时，这种干扰取决于 UE 的性能。只要 eNB 不使用 UE 特有的功率，这种干扰将很小。

干扰也可能由多普勒扩展引起。若 TDD 间隙的大小被设置为处理 eNB 和 UE 之间的最大往返时间（RTT），则不应该发生从一个 UE 的传输结束到另一个 UE 的接收开始的干扰。

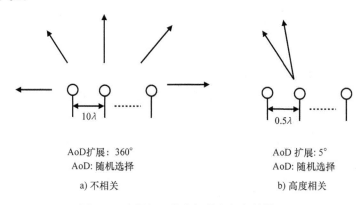

AoD扩展：360°
AoD：随机选择
a) 不相关

AoD 扩展：5°
AoD：随机选择
b) 高度相关

图 4-7 发射机天线之间的空间相关模型

4.1.4.1.2 小区间干扰

一种类型的小区间干扰是来自相邻小区 eNB 传输的干扰，这是干扰的主要来源。对于小区边缘处的 UE，如果相邻小区 eNB 在相同的 RB 中发送，则来自相邻小区 eNB 的信号至少与来自其自己小区的 eNB 的信号一样高。然而，如果相邻小区 eNB 未在相同 RB 中调度任何传输，将没有干扰。干扰根据重叠 RBs 的数量而差异很大。可以注意到，LTE 没有任何扩频增益作为宽带码分多址（WCDMA）。从而，接收机中的解码器中的信号 – 干扰比可以低于 0dB。

另一种类型的小区间干扰是来自相邻小区 UE 传输的干扰，这仅适用于 TDD。如果小区不与公共 DL/UL 模式保持时间同步将是一个问题。由于问题的严重性，TDD 时间同步应该总是被应用，因此这种干扰应该是异常发生的情况。

由于小区的 UE 和相邻小区中的 UE 之间的距离可以超过对应于最大 RTT 的距离，则有可能邻区 UE 的传输的结束可能会干扰小区自己的 UE 传输接收的开始。然而，由于 UE 将分开很大的距离，所产生的干扰应该是可以被忽略的。

4.1.4.1.3 载波间干扰

来自相邻载波上的 eNB 传输的干扰也是可能存在的。这适用于单个载波和相邻载波中的 FDD 和 TDD 的任何组合形式。相邻载波可以是 LTE 或其他的，但是为了简单起见，发射机被称为 eNB。

如果来自相邻载波的 eNB 的信号比来自家庭 eNB 的信号强得多，则相邻载波可能导致 UE 接收机中的阻塞。如果载波属于同一运营商，这不应该是一个问题，因为切换机制应确保 UE 连接到最强的载波。此外，载波可能被共同定位在相同的站点上，因此具有可比较的信号强度。

应该通过运营商之间的适当的保护频带来避免这个问题，但是由于相邻的载波泄漏，接收灵敏度可能会降低。

另一种情况是来自相邻载波 UE 传输的干扰。这适用于 TDD – TDD 和 TDD – FDD 共存的情况。

4.1.4.1.4 系统间干扰

其他系统可能会由于杂散发射而引起干扰，但这是一个异常发生的情况。

4.1.4.2 上行干扰

4.1.4.2.1 小区内干扰

类似于下行链路情况，在小区内存在来自其自身在其他层的 UE 传输的干扰，这适用于 SU – MIMO。干扰取决于天线的相关性。在同一个 RB 上还存在来自小区内的其他 UE 传输到其自己的 eNB 的干扰，这适用于 MU – MIMO。干扰也取决于天线的相关性。

最后，存在来自不同 RB 上的相同小区中的其他 UE 传输的干扰。这将取决于 UE 性能，当传输发生在邻近子载波和/或镜像子载波时，可能会干扰来自小区自己的 UE 的传输。干扰电平将取决于 UL 调度策略。

如在下行链路情况下，多普勒扩展也会引起干扰。

4.1.4.2.2 小区间干扰

类似于下行链路情况，相邻小区的 eNB 传输会产生干扰，这仅适用于 TDD。

如果这些小区不与公共 DL/UL 模式保持时间同步将是一个问题。因为问题的严重性，TDD 时间同步应始终被应用，因此该干扰应该是异常发生的情况。

由于小区自己的 eNB 与相邻小区的 eNB 之间的距离超过对应于最大 RTT 的距离，邻区结束的 eNB 传输可能干扰小区自己的 eNB 接收的开始。当使用大输出功率的伞形小区以及低功率的室内小区时，这可能是一个问题。这个潜在的问题可以通过在室内小区中增加保护时段来减轻。因此假设这个干扰源很小。

当相邻小区的 UE 传输也存在于上行链路中时，也可能发生干扰。这是干扰的主要来源。

如果相邻小区的 UE 在其小区边界处，靠近家庭小区的 eNB，则将使得家庭小区 eNB 中的接收信号强度至少与其自己的 UE 的目标信号强度一样高。

在大多数情况下，UEs 将在小区边缘处受到功率限制。因此，它们将不能够在许多资源块上进行发送。相邻小区 UEs 通常成为窄带干扰源。

来自相邻小区 UEs 的干扰差异很大，这取决于在相邻小区的边缘处是否存在任何 UEs，以及它们何时被调度。

4.1.4.2.3　载波间干扰

来自相邻载波上的 eNB 传输的干扰适用于 TDD – TDD 和 TDD – FDD 共存的情况。

来自相邻载波上的 UE 传输的干扰适用于任何 FDD 和 TDD 在本地载波和相邻载波中的组合。相邻载波可以是 LTE 或其他的，但是为了简单起见，发射机被称为 UE。如果来自相邻载波的 UE 的信号比来自本地运营商的 UE 的信号强得多，则相邻载波可能导致 eNB 接收器中的阻塞。如果载波属于同一运营商，这不应该是一个问题，因为切换机制应当确保 UE 连接到最强的载波，并且因此不以不必要的高功率进行发送。此外，运营商将可能并列的位于相同的位点，因此具有可比较的信号强度。应该通过运营商之间的适当的保护频带来避免这个问题，但是在那里由于相邻载波泄漏，接收灵敏度可能仍然会降低。

4.1.4.2.4　系统间干扰

其他无线通信系统可能由于杂散发射而引起干扰，但这是一个异常发生的情况。

4.1.5　天线相关性

当存在一个发射机天线和多个接收机天线时，该信道被称为单输入多输出（SIMO）。当有多个发射机天线和一个接收机天线，该信道称为多输入单输出（MISO）。当发射机和接收机侧有多个天线时，该信道被称为多输入多输出（MIMO）。

MIMO 信道被表示为 $N_{TX} \times N_{RX}$，其中，N_{TX} 是发射机天线的数量；N_{RX} 是接收机天线的数量。一个 2×2 MIMO 信道如图 4-8 所示。

从发射机天线到接收机天线的每个路径都受路径限制损耗、衰落和干扰的影响。

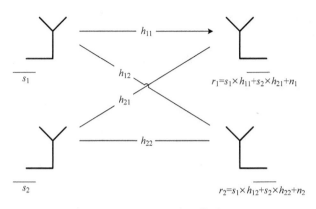

图 4-8　2×2 MIMO 信道

路径 h_{mn} 在一般情况下不是彼此独立的。如果 h_{2n} 可以从 h_{1n} 预测所有 n，则认为发射天线（或接收天线）是完全相关的。空间相关矩阵被定义为在 UE 处观察并由 UE 计算的发射天线相关性。然而，两个天线之间的相关性可以是介于 0 和 1 之间的任何值。相关系数为 0 意味着天线是不相关的，而大于 0 的值意味着它们相关。对于空间复用，天线需要具有足够低的相关性。通过双极化发送在不相关的信道维度上的 MIMO 通信更适合于 SU－MIMO，并且每个 UE 可以通过最小均方误差（MMSE）均衡或更高级的串行干扰消除/最大似然（SIC/

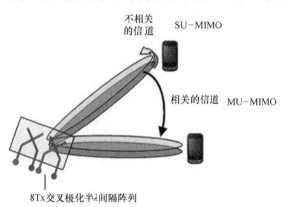

图 4-9　分离 UE 的相关域和 SU－MIMO 的不相关域

ML）接收机有效地抑制不相关维度上的内部流干扰。在不相关的情况下，MU－MIMO 增益小得多，并且多个 UE 可以通过在长期信道相关属性的基础上建立低多用户干扰的非重叠波束在剩余的空间相关信道维度上被复用，如图 4-9 所示。

如果天线具有不同的极化或者如果它们在空间上分隔一个足够的距离，则可以实现这一点。对于接近散射环境（靠近许多反射器）的 UE，空间间隔需要大约 $\lambda/2$。对于通常远离散射环境（几乎没有反射器靠近）的 eNB，根据经验法则，空间分离需要大约 10λ。在载波频率为 2.6GHz 的情况下，$\lambda = c/f = 3e^8/2.6e^9$ m = 0.12m。换一种说法，天线需要在 UE 侧上分开至少 6cm 并且在 eNB 侧至少分开 1.2m 以避免相关性。

目前一些运营商倾向于在 8Tx 天线配置中优先考虑相关双极化天线。8Tx 的优先级方案包括 $\lambda/2$ 间隔 4 个双极化元件的双极化（DP）阵列和 $\lambda/2$ 间隔 8 个共极化元件的均匀线性阵列。如图 4-10 所示的 8Tx DP 天线，8Tx 可以分为两个天线组，每组有四个天线。第一组 {1，2，3，4} 中的天线是相关的，并且第二组 {5，6，7，8} 中的天线也是相关的，而不同组中的天线由于不同的极化而大致独立。

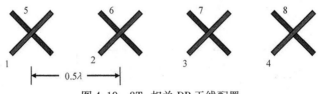

图 4-10　8Tx 相关 DP 天线配置

如我们已经讨论过的，天线相关性的特征在于天线间隔和偏离角度等。城市传播环境中的角度扩展不利地影响了波束成形系统，因为它增加了有效波束宽度，但是 MIMO 系统将受益于传播环境中的散射。利用低信道的偏离角扩展，天线意味着一个高度空间相关的信道；然而，在双极化阵列的情况下，两个极化分支仍然可以被认为是不相关的。在任何情况下，这样高度相关的信道对于 MU – MIMO 操作是理想的。随着更高的偏离扩展角度，即使是间隔紧密的天线，信道在空间上的相关性也变得较差，所以 SU – MIMO 变得比 MU – MIMO 更有吸引力。高相关性会减少 SU – MIMO 的容量，并且 0.7 或更小的相关性对于 SU – MIMO 是可接受的，如图 4-11所示。

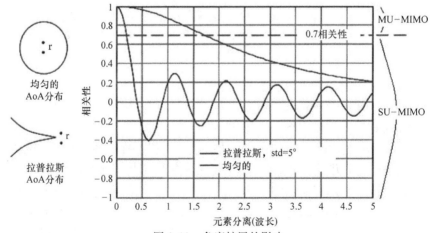

图 4-11　角度扩展的影响

4.1.6　终端非理想情况的考虑

在考虑 DL 和 UL 中的功率控制时，需要考虑 UE 性能的实际限制。动态范围（在 eNB 处测量的最高和最低 UE 之间的以 dB 为单位的功率谱密度［PSD］差异）不能太高。

在 UL 中，UE 将在镜像频率（镜像在直流［DC］子载波中）产生相邻信道泄漏和杂散发射。在实际的接收机实现中，DC 子载波或零频率将由于本地振荡器泄漏而遭受高干扰/失真。干扰电平将由 3GPP 规定为 UE 性能要求。相邻信道泄漏和镜像频率下的杂散发射的实际电平约为 – 30 dBc。

这意味着所接收的其他 UE 的 PSD 必须不太接近无线电基站（RBS）中的那些电平，因为这样泄漏和发射将导致在受干扰频率处调度的 UE 的 SINR 更低。这可以通过调度和/或功率控制来减轻。

在 DL 中存在相同的问题，这是由于 UE 中接收机的缺陷所致（见图 4-12）。3GPP 将需要指定 UE 能够以指定的灵敏度性能来处理哪个 DL 动态范围。

在图 4-12 中，当 UE 的 PSD 级别远低于 UE 1 的 PSD 时，来自 UE 1 的相邻信道泄漏和杂散发射导致 UE 2 和 UE 3 的干扰。这适用于 DL 和 UL。可以注意到，RBS 可以并且将被设计为使得对应的现象可以被忽略不计。UE 将始终具有更差的性能，因为它必须相对便宜。还可以注意到镜像现象也将存在于 UE 在整个载波带宽上或至少在 DC 子载波的两侧被调度时。然而，在这种情况下，UE 将仅干扰自己。当 PSD 电平在带宽上保持恒定时（除了频率选择性衰落）， – 30 dBc 处的干扰的影响将可以被忽略不计。

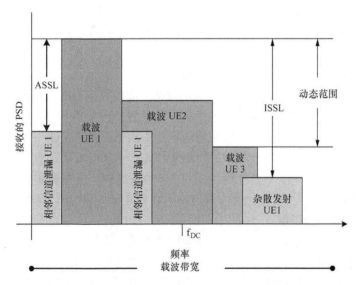

图 4-12　由于 UE 缺陷导致对动态范围的影响

4.2　MIMO 概述

在 LTE 中，MIMO 技术已被广泛用于提高下行链路峰值速率、小区覆盖和平均小区吞吐量。为了实现多样化的目标，LTE 采用多种 MIMO 技术，自从 LTE 规范问世的第一天起就开始使用了。

4.2.1 MIMO 机制

LTE 系统定义了几种类型的多天线传输方案，例如发射分集（TxD）、开环空间复用（SM）、闭环空间复用（基于预编码）、MU – MIMO 和波束成形。每一个方案已经在 LTE Rel – 8 中标准化，根据信道和系统环境正常工作，并且每种方案都提供显著的增益。在 LTE Rel – 8 中的 MIMO 方案（除了波束成形之外）被指定用于在下行链路中具有两个或四个发射天线的配置，其支持具有多达四层的多个空间层到给定 UE 的传输。LTE Rel – 8 中的波束成形被指定用于在下行链路中具有八个发射天线的配置。

可以肯定的是，在 LTE – A 中应当支持 LTE Rel – 8 中定义的所有 MIMO 方案。

4.2.1.1 MIMO 机制设计原则

发射分集的目的是使传输更加鲁棒。通过使用发射分集，在不同的路径上使用冗余数据，数据速率没有增加。

接收（RX）分集在接收机侧比在发射机侧使用更多的天线。最简单的情况包括两个 RX 和一个 TX 天线（SIMO，1×2）。由于不同的传输路径，接收机收到两个不同的衰落信号。通过在接收机中使用适当的方法，可以提高信噪比。

TX 分集比 RX 侧使用更多的 TX 天线。最简单的情况是使用两个 TX 和一个 RX 天线（MISO，2×1）。在两个天线上冗余地发送相同的数据，使得多个天线和冗余编码从可移动的 UE 移动到 eNB。为了生成一个冗余信号，空时编码被使用，并额外地得到改善性能并使空间分集可用。

空间复用并不是旨在使传输更鲁棒，相反它增加了数据速率。为此，将数据划分为单独的流，这些流经由单独的天线独立地发射。在开环方法中，传输包括接收机也已知的特殊部分。接收机可以相应地执行信道估计。在 LTE 中，开环 SM 基于循环延迟分集（CDD），其中信号由单独的天线进行有时间延迟的发射。这将虚拟重复发送引入到基于正交频分复用（OFDM）的系统中，以便提高接收机的频率选择性。在闭环 SM 中，UE 经由反馈信道向 eNB 报告信道状态，这使得对不断变化的情况做出响应变得可能。

波束成形是用于创建天线阵列的辐射图的方法。发射机可以通过波束成形技术形成用户特定波束，并且仅沿着波束的中心具有最佳信号强度。自适应波束成形器实时地将波束调整到移动的接收机。波束成形非常适合于在较低信噪比（SNR）条件下工作的小区边缘用户，并且其提高了小区边缘上的吞吐量，但不足以接近到小区中心。

不同 MIMO 方案的使用和设计原则如图 4-13 所示。

4.2.1.2 发射分集

发射分集的原理是基于经由两个或更多个独立天线的同步传输信号以获得独立信号副本。这样大概率两个信号不会同时衰减并且可以避免最深度的衰减。因此，发射分集改善了信号质量并通过不同路径的适当组合在接收机侧实现了更好的信

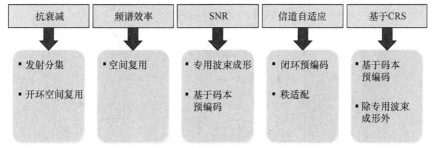

抗衰减	频谱效率	SNR	信道自适应	基于CRS
▪ 发射分集 ▪ 开环空间复用	▪ 空间复用	▪ 专用波束成形 ▪ 基于码本预编码	▪ 闭环预编码 ▪ 秩适配	▪ 基于码本预编码 ▪ 除专用波束成形外

图 4-13　MIMO 设计原则

号-干扰比（SIR）。LTE 中的发射分集基于两个发射天线的情况下的空频编码（SFBC），以及两个以上天线的情况下的 SFBC 和频率切换发射分集（FSTD）的组合（见图4-14）。通常，当信道状态信息不可用或由于信道变化而不可靠时，发射分集可以通过利用空间分集来提供显著的增益。发射分集模式是 MIMO 支持中保持系统覆盖范围尽可能大，并为高移动性 UE 提供可靠的数据传输的最重要的因素之一。

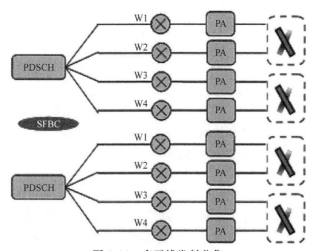

图 4-14　多天线发射分集

　　在 LTE Rel-8 中，用于发送诸如物理 DL 控制信道（PDCCH）和物理广播信道（PBCH）的公共控制信道的发送天线的最大数量是 4。这意味着2Tx 和4Tx 发射分集（见图4-15）可用于 Rel-8 中的公共信道。

4.2.1.3　空间复用

　　空间复用允许在相同的下行链路资源块上同时传输不同数据流。这些数据流可能属于一个单用户（SU-MIMO）或不同用户（MU-MIMO）。当 SU-MIMO 增加了一个用户的数据速率时，MU-MIMO 允许整个系统容量增加。只有在移动无线电信道允许的情况下，空间复用才是可能的。为了实现最高性能，需要空间复用的去相关信道。

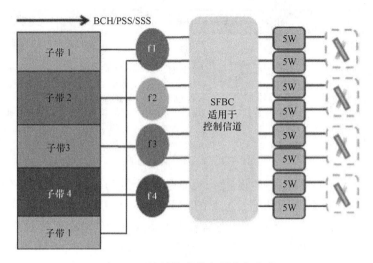

图 4-15　控制信道的发射分集方案

SU - MIMO 空间复用中存在两种操作模式：闭环空间复用模式和开环空间复用模式。

在闭环空间复用模式中，eNB 对发送的信号应用空域预编码，考虑由 UE 报告的预编码矩阵指示符（PMI），使得所发送的信号与 UE 所经历的空间信道相匹配。换句话说，闭环技术意味着使用码本进行 MIMO 传输。

开环空间复用不同于闭环的相应部分主要是在于预编码矩阵的选择。当 UE 不能提供精确的反馈时使用开环传输，例如，由于高速度或在没有反馈自然可用的公共信道的情况下，开环空间复用可以为具有中等到高流动性、高几何结构的 UE 提供更高的吞吐量性能。

基于 SU - MIMO，eNB 可以在相同的时频资源上共同调度多个 UE。MU - MIMO 是利用 MIMO 传输被组织为在单独的天线层上传输若干信息流的并行传输的技术。可以通过波束成形或信道解码或两者共同将单独流引导到单独的用户。MU - MIMO 特别适用于 LTE - A，因为其能够增加小区总的吞吐量而不是简单地向小区中的小部分 UE 提供非常高的峰值数据速率。

MU - MIMO 方案可以通过利用多用户调度增益来提供更高的系统吞吐量。它可以通过两种不同的模式实现：透明模式和非透明模式。在透明模式下，被调度的 UE 不能明确地知道有多少其他 UE 被共同调度或者哪个预编码向量被任何共同调度的 UE 使用；另一方面，在非透明模式中，被调度的 UE 将接收显式信号以通知它们其他 UE 如何与它们成对被协调调度。

4.2.1.4　波束成形

当 UE 支持使用 UE 特定参考信号的数据解调时，支持波束成形以改善数据覆盖。eNB 使用天线元件阵列生成波束（例如，8 个天线元件的阵列），然后利用该波束对数据有效载荷和 UE 特定参考信号进行相同的预编码。注意，UE 特定参考信号以这样的方式发送使其时间 – 频率位置不与小区特定参考信号重叠。

波束成形可以被分类为单流波束成形和多流波束成形。多流波束成形是 TDD 系统的自然演进，已经在 LTE Rel – 8 中采用了单流波束成形。在多流波束形成中，多个空间信道被用于同时传输多个符号。可以通过利用信道互易性（基于奇异值分解［SVD］的波束成形）或执行波达方向（DoA）波束成形来应用单流波束成形，而多流波束成形（BF）仅建立在互易性上。当考虑要部署的流的数量时，必须考虑维持 DL 过程所需的 UL 资源，主要是 UL 探测的结果。从这个角度来看，认为两个流能够在数据速率增加和 UL 传输的复杂性之间提供良好的折衷，并且已经在 LTE Rel – 9 中将两个流的波束形成定义为传输模式 8。

4.2.1.5　MIMO 机制的自适应调整

表 4-2 总结概述了前面提到的各种 MIMO 机制的特点。

发射分集、空间复用和波束成形之间需要被区分开。当信道条件改变时，动态适应信道优化 MIMO 方案的能力是 LTE 系统的关键点。因此，要求 eNB 调度器具有最优地选择适合于移动设备的信道条件的 MIMO 方案的能力。

在 eNB 处的天线配置，以及 eNB 和 UE 之间的整个信道环境对可用的 MIMO 方案的类型具有一定的影响。天线的传播环境通过许多因素影响 MIMO 信道的性能，包括 UE 移动性、路径损耗、阴影衰落和发射信号的极化。这与发射机和接收机处的特定天线配置相结合，确定整体信道特性。

窄间隔天线是支持波束成形的理想选择，同时广间隔或交叉极天线是空间复用和发射分集的理想选择。闭环空间复用结合合适的天线配置适用于具有丰富散射环境的高 SINR 区域。基站接收机的测量和移动设备的反馈信号帮助基站确定单个或多个用户可支持的流的数量。当信道条件变得不利于空间多载波时，可以使用波束成形和发射分集。

表 4-2　MIMO 机制的特点

发射分集的特点	开环空间复用的特点
• 小区特定发射分集方案	• 大延迟 CDD（循环延迟分集）
• 一种用于所有控制信道的方案，除主同步信号（PSS）和次级同步信号（SSS）	• 支持秩适应
	• 秩 1 开环空间复用（OL – SM）= 发射分集
• 支持回退操作	• 最多 2 个码字传输
• SFBC（2TxAnt），SFBC + FSTD（4TxAnt）	• 无预编码（2TxAnt）；预编码器循环（4TxAnt）
闭环空间复用的特点	MU – MIMO 的特点
• 由于基于 CSR 传输的基于码本的预编码	
• 码本子集限制	• 基于码本的预编码
• 支持秩适应	• 在高度相关的 Tx 天线的假设下开发
• 最多 2 个码字传输	
专用波束成形的特点	
• 基于专用参考信号（RS）的基于非码本的预编码	

另一方面，为了在广泛的情景下获得良好的性能，提供了自适应多流传输方案，其中的并行流可以被连续地调整以匹配瞬时信道条件。当信道条件非常好时，可以发送多达四个并行流，在20MHz带宽内产生高达300Mbit/s的数据速率。当信道条件较差时，使用较少的并行流。在这种情况下，波束成形传输方案可以使用多个天线以提高整体的接收质量，从而提高系统容量和覆盖范围。

为了在较大规模的小区中实现良好的覆盖或者在小区边界处支持更高的数据速率，可以采用单流波束成形传输以及公共信道的发射分集。

MIMO 适应的场景总结在图 4-16 中。

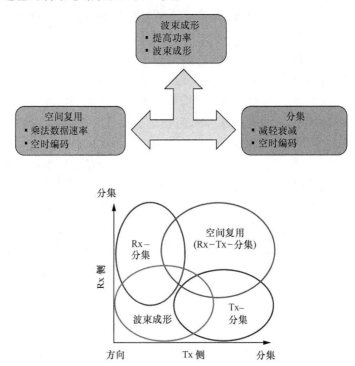

图 4-16　MIMO 适应的场景

4.2.2　LTE MIMO 的演进

4.2.2.1　Rel-8 的 MIMO

所有先前讨论的 MIMO 方案已经在 LTE Rel-8 的下行链路传输中被使用，在不同的下行链路传输模式中被定义。总共定义了七种 LTE Rel-8 下行链路传输的传输模式，如表 4-3 所示。

对于 LTE Rel-8 上行链路传输，UE 仅支持一个发射天线和多个接收天线。因此，在 UL 上不能支持 SU-MIMO 但是 UL 可以透明地支持 MU-MIMO。

4.2.2.2　Rel-9 中的双流波束成形

虽然在 LTE Rel-8 中已经支持下行链路单层波束成形，但是在 LTE Rel-9

中，它被认为是在双流波束成形的支持下扩展的。这种增强结合了波束成形和空间复用的优点，这将主要提高正在经历良好信道条件的用户的吞吐量。

表 4-3　LTE Rel－8 中的传输模式

传输模式	PDSCH 的传输方案
1	单天线端口，端口 0
2	发射分集
3	如果相关联的秩指示符为 1，则为发射分集，否则为开环空间复用
4	闭环空间复用
5	多用户 MIMO
6	具有单个传输层的闭环空间复用
7	单天线端口，端口 5

双流波束成形同时发送两个波束成形数据流用于空间复用。此外，它可以保留单流波束成形技术的特点，以扩大覆盖范围，增加小区容量，并最大限度地减少干扰，提高小区边缘用户的可靠性，以及小区中心用户的吞吐量。

根据用户调度，该技术可以分为单用户和多用户双流波束成形。

在单用户（SU）双流波束成形技术中，eNB 测量上行信道以获得它们的状态信息。然后根据该上行信道信息计算两个波束成形向量，并使用这些向量进行两个数据流的下行链路波束成形。在单用户双流波束成形技术中，UE 可以同时进行两个数据流的接收，从而受益于波束成形增益和空间复用增益。这样，它可以实现比单流波束成形技术更高的数据速率，从而增加了系统的容量。

在多用户（MU）双流波束成形技术中，eNB 根据上行信道信息或 UE 反馈匹配多个用户。

然后，根据某些标准，生成波束成形向量并将该向量用于每个 UE 和每个流的波束成形。

多用户双流波束成形技术使用智能天线波束方向来实现多用户空分复用接入（SDMA）。

LTE Rel－9 支持使用针对 TDD 和 FDD 的 UE 特定参考信号的双流波束成形。设计 UE 特定的解调参考信号和将物理数据信道映射到资源元素的目标是具有 LTE－A 解调参考信号的前向兼容性。

在 LTE Rel－9 中，已经针对双流波束成形调度引入了新的传输模式 8，以及对应的新信道质量指示符（CQI）、PMI 和秩指示符（RI）反馈方案。传输模式 8 借助于加扰 ID 支持用于多用户 MIMO 和准正交 MU－MIMO 的 UE 特定 RS 的两个正交流。

4.2.2.3　LTE－A 中的 MIMO

LTE－A 的目标是支持 30（bit/s）/Hz 的下行链路峰值频谱效率和

15 (bit/s) /Hz的上行链路峰值频谱效率。假设 DL 的天线配置是 8 × 8 或更小，UL 的天线配置是 4 × 4 或更小。

LTE - A 中的高级特征之一是支持高阶 MIMO。已经表明无线系统的容量随着独立天线的数量增加而线性增长。更高数量的发射天线也实现了很多较窄的波束成形以扩展覆盖范围。

LTE Rel - 8 被设计为在 eNB 处支持 {1, 2, 4} 发射天线和 UE 处的 {1, 2, 4} 接收天线。eNB 处的下行链路传输可以被映射到最多四个层。UE 上的上行链路传输仅支持单个天线模式，而 eNB 最多支持四个接收天线。LTE - A 的目标是 1Gbit/s 的瞬时下行链路峰值数据速率。除了增加总带宽，这个目标只能是通过增加朝向单用户的空间复用数据流的数量来实现。

LTE - A 应将表4-4 中列出的不同环境中的平均频谱效率和小区边缘用户吞吐量作为目标。

在 LTE - A 中，在下行链路中支持多达 8 个小区特定天线端口（发射天线）。在上行链路最多支持 4 个天线端口（发射天线）。接收天线的数目是接收机实现接收所特定的。在 UE 侧假设至少有两个接收机天线。天线配置（协调/非协调天线，共极/交叉极化配置等）是特定实施的。

在 LTE - A 中已经为 8 层空间复用指定了另一个下行链路传输模式9。具有多个 TX 天线的 UL 空间复用和 UL 发射分集也是标准化的。增强型 MU - MIMO 和 CoMP 传输/接收是 LTE - A 中的一些亮点。

从 Rel - 8 到 LTE - A 的 MIMO 演进被总结在图 4-17 中。

表4-4　平均频谱效率和小区边缘用户吞吐量的目标

无线电环境 天线配置		情况 1 [（bit/s）/Hz /小区/用户]	无线电环境 天线配置		情况 1 [（bit/s）/Hz /小区]
	2 × 2	0.07		2 × 2	2.4
DL	4 × 2	0.09	DL	4 × 2	2.6
	4 × 4	0.12		4 × 4	3.7
UL	1 × 2	0.04	UL	1 × 2	1.2
	2 × 4	0.07		2 × 4	2

4.2.2.4　物理下行共享信道的资源复用

为了在 LTE - A 系统中支持在 eNB 处具有多于 4 个发射天线的 Rel - 8 和 Rel - 9 传统 UEs 和 LTE - A UEs，物理 DL 共享信道（PDSCH）资源应当被适当地复用。一般来说，有两种方法可以实现这种复用，如图 4-18 所示。

第一种替代方案是时分复用（TDM），其中，子帧被分配用于针对 Rel - 8 传统 UEs 的传输或针对 LTE - A UE 的传输。另一种方式是频分复用（FDM），其在相同

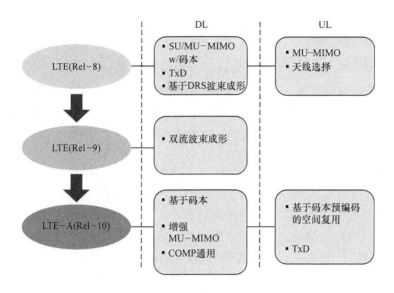

图 4-17　MIMO 演进

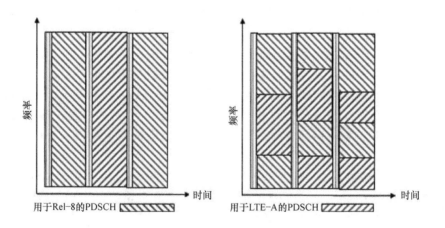

图 4-18　资源多路复用（左边是 TDM；右边是 FDM）

子帧内不同的资源块（RBs）可以同时分配给 Rel-8 传统 UE 和 LTE-A UE。对于 FDM，在分配给 LTE-A UE 的 RBs 中限制用于支持高阶 MIMO 的附加 RSs（>4Tx）。

在网络实现时应考虑 TDM 和 FDM 复用。在一些情况下，更优选 FDM 复用，因为对传统 UE 没有影响。对传统 UE 无影响可以实现，因为支持高阶 MIMO 的附加 RSs（>4Tx）在分配给 LTE-A UE 的资源被限制，并且 FDM 可以以低延迟同时支持传统 UE 和 LTE-A。

4.3 下行 MIMO

在 LTE Rel-8 中，用于下行链路的发射天线的最大数目是4。这导致 2Tx 和 4Tx 发射分集的使用以及下行链路的空间复用多达 4 层。为了在 LTE-A 中实现峰值频谱，在下行链路中可以采用更大数量的天线使得与 LTE 相比可以进行更高秩的传输。因此，在 LTE-A 中引入了 8×8 下行链路 MIMO 传输。

4.3.1 MIMO 方案增强

在 LTE Rel-8 中，发射分集是已经广泛用于实时网络的主 MIMO 方案。在 LTE-A 中，最初在下行链路引入 8 层传输的意图只是在于增加例如 PDSCH 的数据信道的峰值数据速率。高阶发射分集具有 8 个发射天线，可以在使用 4Tx 的发射分集上带来一些分集增益。然而，众所周知，通过发射实现的空间分集增益随着分集级别越来越高，分集方案迅速饱和。这意味着如果分集阶数高于某一水平（例如，分集阶数为 4），来自发射分集方案的增益是无关紧要的，更重要的是将实现复杂性保持在最低限度。由于典型的信道是频率选择性的，并且由此具有足够丰富的频率分集，因此 8Tx 发射分集相比于 4Tx 发射分集的优点是不明显的。

此外，如果考虑信道估计误差，那么高阶分集增益可能就没有意义了。为了实现可接受的信道估计准确度，每个天线需要正交的参考信号，这可能在 Rel-8 中除了定义的那些内容之外带来额外的 RS 开销，其中 4Tx 参考信号开销已经高于 14%。考虑到有限的资源，所以这种 RS 开销的增加可能是不可容忍的。另一方面，因为 Rel-8 UE 和 LTE-A UE 共享相同的控制区域，所以在 LTE-A 系统中将优选地保持 LTE Rel-8 的公共 RS 端口（对于例 4）的原始数目，并且利用 UE 透明虚拟化重用 LTE Rel-8 中的 4Tx TxD，使得 LTE 和 LTE-A UE 都可以同时接收控制信道。

总之，在 LTE-A 中，优选地将 LTE Rel-8 中的 4Tx TxD 重用于具有 8Tx 个天线的 eNB。在 LTE-A 中的 8 TxD 的最明显的选择是 SFBC-FSTD，因为其已经在 LTE Rel-8 中被采用为 4TxD 方案。

$$X_{\text{SFBC-FSTD}} = \begin{bmatrix} s_1 & -s_2^* & 0 & 0 & & & & \\ s_2 & s_1^* & 0 & 0 & & & 0_{4\times4} & \\ 0 & 0 & s_3 & -s_4^* & & & & \\ 0 & 0 & s_4 & s_3^* & & & & \\ & & & & s_5 & -s_6^* & 0 & 0 \\ & & 0 & & s_6 & s_5^* & 0 & 0 \\ & & & & 0 & 0 & s_7 & -s_8^* \\ & & & & 0 & 0 & s_8 & s_7^* \end{bmatrix}$$

　　在 LTE – A 中还将支持开环空间复用，以用于更简单的 MIMO 操作，以及用于具有较不精确的信道状态信息的终端。通常，当 UE 不能提供准确的反馈时，使用开环空间复用。它对于具有高移动性的高几何条件的 UE 是有益的，并且即使对于中等到高移动性，也用来提供合理的 UE 吞吐量。因此，在 LTE – A 系统中也应当支持开环空间复用。在 LTE 系统中，甚至对于 4Tx 天线系统也支持全秩开环 SM 传输。然而，对于 LTE – A，应该调查是否需要秩 8 开环空间复用传输；8Tx 中的全秩传输可能是不现实的，因为较差的信道估计性能可能在高移动性场景中显著降低秩 8 传输性能。因此，最好是 8Tx 开环空间复用的最大秩小于 8，从而避免不必要地增加实现复杂性。

　　LTE – A 规范将支持 8 个发射天线和 8 × 8 MIMO，支持的 MIMO 模式将遵循 LTE Rel – 8。闭环空间复用操作很可能是用于 8Tx 天线的主 MIMO 模式；预编码增益也可用于更实用的设置，如 8 × 2。闭环技术意味着使用码本进行 DL 传输。对于具有 2Tx 和 4Tx 天线的 LTE Rel – 8 系统采用基于码本的预编码，并且每个发射天线具有其自己的码本，例如基于离散傅里叶变换（DFT）的码本（用于 2Tx）和基于豪斯霍尔德的码本（用于 4Tx）。为了支持 8 × 8 DL MIMO 传输，有必要定义 8Tx 码本以实现峰值数据速率。

　　简而言之，在 LTE – A 中引入的 DL MIMO 的主要特征包括以下：

- 支持多达 8 层 SU – MIMO 传输、4 层 MU – MIMO 传输，以及每个共同调度的 UE 多达 2 层传输；支持动态 SU/MU – MIMO 切换（传输模式 9）。针对 SU – MIMO 指定的反馈可以应用于 MU – MIMO 操作。
- 支持基于解调参考信号（DMRS）的 PDSCH 解调；预编码灵活性和信令开销的下降是采用预编码 RS 的主要原因。
- 支持基于信道状态信息（CSI）– RS 的测量可以减少由于时域中的稀疏配置的开销。由于嵌套结构，它是一个简化的实现。
- 支持基于双重码本的反馈框架。

　　此外，LTE – A 在 DL/UL 传输中支持多模式自适应 MIMO。LTE – A 使用自适应 MIMO 来适应下一代宽带无线接入对更高数据速率和更宽的覆盖范围的需求。通常，SU – MIMO 用于峰值用户数据速率改善，使用 MU – MIMO 平均数据速率增强，以及协作/网络 MIMO 小区边缘用户数据速率提升（见图 4-19）。

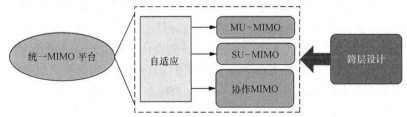

图 4-19　用于 DL/UL 的多模式自适应 MIMO

4.3.2　8Tx MIMO 设计

LTE - A 中最显著的改进之一是支持 8 天线传输，这在理论上可能带来一些技术优势。

首先，在 8 个天线情况下，可以在相同的总发射功率下实现 SU - MIMO 中 UE 的更大的波束成形增益。这意味着需要较低的 SNR 以获得相同的误块率（BLER），并且减少了对其他小区的平均干扰泄漏。因此，扇区和小区边缘吞吐量将得到提高。此外，在 8 天线系统中，在理论上可以支持多达 8 个空间数据流，无论它们是否为目标 UE 或更典型的多个 UE。所以在 eNB 具有 8 个天线的增强的 MU - MIMO 方案将支持具有比只有 4 个天线更好性能的 MU - MIMO。

此外，利用更多的发射天线，当 PA 的数量加倍并且总输出功率保持相同时，实现了缩小的单个功率放大器（PA）尺寸。是否有成本优势还有争议，但是可以选择将单个 PA 尺寸减半或以其他方式使总 TX 功率翻倍的方式实现。

然而，8 天线 eNB 的挑战在于支持传统 Rel - 8 的 UE 被设计为仅支持高达 4Tx。换句话说，8 天线 eNB 需要支持 LTE - A 和 Rel - 8 UE 的混合。因此，在 LTE - A开发中已经考虑了一些关于 8Tx 支持的准则。

如果可能的话，8 天线 eNB 应当支持具有最小（如果有的话）性能影响的 Rel - 8 UE，并且与 4Tx 下行链路传输相比具有改进的性能。Rel - 8 UE 无法估计 PDCCH 解码或用于 PDSCH 的基于 PMI 的闭环操作中的 8 个信道，因此 8 天线 eNB 必须能够用作具有多达 4 个天线的传统 eNB。可以把天线虚拟化方案作为使得在 Rel - 8 UE 处将 8 天线视为 4 天线的方式之一。

4.3.2.1　8Tx 的参考信号

为了支持 LTE - A 组件，例如高达 8 层的 MIMO 和 CoMP，以及额外的 RS 必须被定义。

支持 LTE - A UE 的 8 天线操作的简单设计理念可以容易地理解为简单地扩展现有的 4Tx 小区特定参考信号（CRS）设计和 4Tx 预编码码本至 8Tx。这是一个 CRS 中心设计理念，其中 CRS 具有足够的密度，使得 UE 可以导出基于 CRS 的用于数据解调的有效信道，以及诸如 PMI 形式的预编码权重的应用传输方案。相同的 CRS 也用于测量和链路自适应（例如，CQI、PMI 等）。

在以 CRS 为中心的设计中，MIMO 接收机根据天线端口的数量和传输模式来实现。预编码信息应当在每次传输中对 UE 可用（基于码本的预编码）。所有物理天线端口信道应被估计用于解调，并且无论秩如何，信道估计性能都相同。

然而，LTE Rel - 8 中的 4Tx 小区特定 RS 的供应具有大约 14% 的开销。这是一个固定的 CRS 开销，如果还使用解调参考信号（DMRS），则可能产生额外的开销。因此，如果采用相同的以 CRS 为中心的理念的简单扩展，那么 8Tx CRS 的供应将带来大大增加的系统开销。

在以 DMRS 为中心的设计理念中，提供具有足够密度的 DMRS 用于数据解调，但是低密度 CRS 可能仍然存在仅用于解码公共控制业务的测量目的。小区特异性 RS 用于两个目的：用于数据解调的接收机信道估计（如果不使用用户特定 RS），以及用于测量和报告（例如，CQI、PMI 等），以及公共控制消息。

在以 DMRS 为中心的设计中，可以使用单个 MIMO 接收机而不管天线端口数量和传输模式如何（TxD 除外）。在 eNB 侧使用基于非码本的预编码。只有虚拟天线端口信道需要以本地化的方式估计解调，而信道估计的性能会根据秩的差异而不同。

上面两种不同的设计原理各有优缺点（见表 4-5）。至少对于 LTE – A 操作，重新评估 8 天线环境中的两个设计原理是有用的，即使后向兼容性要求至少部分地回退到现有的基于 CRS 的设计。

表 4-5　CRS 和 DMRS 设计原理的优缺点

	优点	缺点
基于 CRS	• 对 eNB 天线启用"合适"信道估计，覆盖整个频带（两个频带边缘）和子帧 • 用于两种目的一组 RS：解调和测量 • 无论 UEs 的秩和数量如何，RS 开销都是固定的	• 在发信号通知传输方案（例如，预编码）时的开销，使得 UE 可以构建其有效信道 • 允许预编码权重限制为码本，从而降低性能 • RS 无法受益于 UE 在其数据突发上看到的增加的 SNR，其具有更高的总发射功率和预编码增益
基于 DMRS	• RS 还受益于 UE 在其数据突发上看到的增加的 SNR • eNB 可以更灵活地定制预编码权重到单个 UE 或 UEs 组，而没有任何约束 • 低秩传输的开销通常较低 • 允许在 eNB 实施中更好的灵活性。eNB 可以通过使用无视 UE 的参数和方法来潜在地使用不同的天线端口、天线阵列技术和协调的 MIMO 模式	• FDD 操作仍然需要 CRS 以帮助 UE 进行预编码，即使 CRS 不用于解调时，其导频密度可以低得多 • 信道估计质量受到子带边缘效应的影响 • RS 开销随着传输秩的增加而增加，并且在高传输秩时它可能导致比 CRS 更多的总开销

当设计新的参考信号时，除了在 LTE Rel – 8 和 Rel – 9 中定义的 CRS 以及带内信道估计之外，还需要其他测量以便实现自适应多天线传输。3GPP 已经指定了两个附加的参考信号。描述如图 4-20 和图 4-21 所示，解释如下：

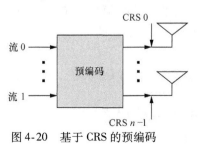

图 4-20　基于 CRS 的预编码

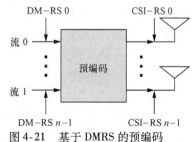

图 4-21　基于 DMRS 的预编码

- 信道状态信息参考信号（CSI - RS）：CSI - RS用于信道探测，即，估计不同频率的信道质量与分配给特定UE的信道质量。信号位于稀疏网格中并且需要较低的开销。
- UE特定解调参考信号（DMRS）：DMRS以与应用基于非码本的预编码时的数据相同的方式进行预编码。

CSI - RS的网格模式应当从Rel - 9中定义的双流波束成形模式被扩展，其中利用了两层RS之间的码分复用（CDM）。

4.3.2.2 8Tx的预编码

4.3.2.2.1 码本设计要求

当前Rel - 8码本设计主要针对SU - MIMO，从中采用Rel - 8 MU - MIMO码本设计。已经意识到应该设计码本以匹配底层信道特性。如果想得到最佳性能，预期编码矩阵应当与空中接口上的某些传输带宽相匹配。否则，预编码矩阵的匹配特性将被降级，这可能导致实际性能降低。例如，基于格拉斯曼线包（GLP）的码本展示出独立的同样分布的瑞利衰落信道实现接近最佳性能。然而，那些GLP码本在使用双极化天线的相关衰落信道或块对角衰落信道中表现不佳。针对不同的天线间隔（例如，0.5λ、10λ）和不同的天线极化曲线，需要一种在不同衰落场景（例如，郊区宏衰落、城市微衰落、城市宏衰落）中表现良好的全天候码本。其他有吸引力的特征，例如恒定模量、有限字符集和嵌套特性，对于不同的用途也是需要的。这些项目共同使得设计代码本变得困难，直接结果是，用于SU - MIMO的当前LTE Rel - 8码本设计是许多因素的折中，并且实时网络可以证明当前码本具有许多优异的性能以减少码字搜索过程。如上所述，酉性质、有限字符集、嵌套结构和恒模都在LTE - A码本设计中被采用。

因为我们需要支持高达8Tx的天线并且对于LTE - A中的MU - MIMO有更好的支持，所以定性地论证每个用户需要更多的反馈比特是直截了当的。然而，与Rel - 8的4比特4天线码本相比，4比特8天线码本表现出非常有限的性能改进，特别是对于MU - MIMO。这背后有一些主要原因。首先，由于信道的空间维度从4增加到8，它将期望对反馈比特更高的要求以更好地表示更高维度的信道；第二，对于MU - MIMO，期望的信号功率和不期望的干扰功率都受到码本设计的影响，并且很自然的对反馈准确度的要求会提高，而与SU - MIMO相比，只有期望的信号功率受到码本设计的影响；第三，反馈比特的数量必须与SNR呈线性增加的关系以便实现容量。因此，我们需要用于LTE - A码本的新的广义化方法。

4.3.2.2.2 码本设计指南

LTE - A 8Tx码本被设计用于各种天线设置和空间信道条件，并且优先考虑以下三个8Tx设置：

a. 具有$\lambda/2$（半波长）间隔的均匀线性阵列（ULA）
b. 两个元件之间有$\lambda/2$间距的四个双极化元件

c. 两个元件之间有 4λ（较大）间距的四个双极化元件

在前面提到的实际情况中，10λ 维度通常使用在 eNB 处的整个阵列，即对于 8Tx 系统，天线之间的间隔小于 1.5λ。这意味着信道在 eNB 侧高度相关。在这种相关信道情况下，众所周知的是较小尺寸的码本仍然可以提供足够的频谱效率。减少构建 8Tx 天线的必要物理空间的一个解决方案是采用双极化天线。共置双极化天线系统为其他 MIMO 天线系统提供了成本和空间效率的替代方案。因此，LTE – A 8Tx 码本应提供合理的频谱效率，不仅对于单极化天线，还有双极化天线。

在 LTE – A 中针对预编码器码本组合强制执行以下文本中讨论的准则。

4.3.2.2.2.1　约束字符集

低复杂度码本设计可以通过从小集合中选择每个矩阵/向量的元素来获得。LTE Rel – 8 中的小集合的示例是 4 字符大小的 $\{\pm 1,\ \pm j\}$。使用四相移键控（QPSK）和 8PSK$\left\{\pm 1,\ \pm j,\ \pm \dfrac{(1+j)}{\sqrt{2}},\ \pm \dfrac{(-1+j)}{\sqrt{2}}\right\}$ 字符集避免了计算矩阵/向量乘法的需要。

具有约束字符集的所有码本在计算给定秩的给定预编码器的 CQI 时有相同的复杂度，并且可以消除用于 CQI 计算的全部乘法。事实上，当 W 的条目被约束到字母表 $\{0, 1, -1, j, -j\}$ 时，MMSE 滤波器中使用的操作 HW（具有 H 信道矩阵和 W 预编码器）不需要任何复数乘法。唯一复杂的乘法来自乘积 $H^{H}H$。

4.3.2.2.2.2　恒模量

具有恒模量特性的码本设计有利于避免不必要的峰均功率比的增加（PAPR），这使得 UE PMI 的选择不那么复杂，并且避免了 eNB 侧的功率放大器失衡，从而确保功率放大器平衡并保证每个天线的功率传输相等（对于秩 1 传输特别重要）。

4.3.2.2.2.3　弦距离最大化

码本设计应考虑保持码字之间的某些最小弦距离。对于两个随机矩阵 U、V，弦距离的定义是 $d(U,V) = \dfrac{1}{2}\|UU^{H} - VV^{H}\|_{F}$。该设计分别对于秩 1、秩 2 和秩 3 实现（0.7071, 1.0, 0.7071）的较大弦距离。

对于非相关的信道，已知弦距离是一个重要的性能指标。具体来说，码本的性能由码本中的码字之间的最小弦距离决定，由 $G_1 = \min\limits_{f \in \widetilde{F}, 1 \leqslant n < m \leqslant N} \mathrm{dist}(f_{\mathrm{n}}, f_{\mathrm{m}})$ 表示，其中，$\widetilde{F}$ 是码本；f_i 是码本的第 i 个码字，而 $\mathrm{dist}(f_{\mathrm{n}}, f_{\mathrm{m}})$ 代表两个码字之间的弦距离。因此，设计目标之一是使非相关信道的 G_1 最大化。为了达到这个目标可以用以下公式表示：

$$F = \arg\max_{\widetilde{F}} \min_{f \in \widetilde{F}, 1 \leqslant n < m \leqslant N} \mathrm{dist}(f_{\mathrm{n}}, f_{\mathrm{m}})$$

对于相干信道，码本的性能部分的反映在投射到阵列天线子空间的码本的零方向增益上，其可以表示为 $G_2 = \min\limits_{f \in \widetilde{F}, 0 \leqslant \theta \leqslant \pi} |a(\theta)^{*}f|^{2}$，其中，$f$ 是码本 $\widetilde{F}$ 的码字；a

(θ) 是阵列天线响应矢量。因此，第二个设计目标是使码本的 G_2 最大化，这个目标可以用以下等式表达：

$$F = \arg \max_{\tilde{F}} \min_{f \in \tilde{F}, 0 \leq \theta \leq \pi} |a(\theta)^* f|^2$$

值得一提的是，在 MU – MIMO 方案中，使用和弦距离阈值来避免两个具有信道相互关联的 UEs 配对，这也可以减少比较所有组合的计算。

4.3.2.2.2.4 嵌套属性

嵌套结构（即，较低秩码字是较高秩码字的子集）旨在简化存储和计算。跨秩嵌套属性有利于适应秩覆盖。对于在某个秩中的每个预编码器矩阵，在较低秩的所有码本中存在至少一个对应的列子集。这意味着秩 3 码本是秩 4 码本的子集（前三列），秩 2 码本是秩 3 码本的子集（前两列），并且秩 1 码本是秩 2 码本的子集（第一列）。嵌套属性可以有助于减少 CQI 计算复杂度。

4.3.2.2.2.5 单元预编码器

在单元预编码器中，预编码器矩阵的列向量必须彼此成对正交。虽然不是必需的，但它是保持恒定的平均发射功率的充分条件。这些约束还用于至少针对一些相关秩设计码本。

4.3.2.2.2.6 有效码本大小

码本大小对传输零点性能的影响以干扰抑制比度量来表征。更大的码本可以提供更高分辨率的反馈，并且意味着更准确地了解发射机处的信道，从而提高吞吐量。码本大小的增加将提高码本性能。但是，一个大码本将增加预编码器选择和反馈开销的计算复杂度。因此，应评估性能和复杂性的平衡。

在实际部署中，在 eNB 处存在各种传播环境和天线配置，诸如 ULA、分离天线阵列、交叉极化天线、大天线间隔和小天线间隔。不可能为所有配置优化一个恒定的码本。

4.3.2.2.3 码本设计细节

先前 LTE Rel – 8 码本设计的指导方针和经验构成了 LTE – A 8Tx 码本设计的基础。考虑到许多贡献者的提议，3GPP 采用了基于分层结构的 8Tx 天线预编码双索引码本。双码本结构在 LTE – A 中被引入用来提高反馈准确度，而没有过多的开销增加；即，用于子带预编码器 W 作为两个矩阵的矩阵乘法而获得，并且两个矩阵中的每一个属于一个单独的码本。

在 LTE – A 中采用的分层结构（见图 4-22）中，码本条目按层次结构组织。这样的码本结构可以使 UE 反馈能够在多个报告上聚合，从而在 eNB 处提供更准确的 MIMO 信道信息并使得吞吐量提高。通过在多个报告上聚合反馈，可以以分层结构排列码字，使得一个报告中的反馈可以使用以前反馈的信道估计。

基于层次结构的码本利用信道的时间/频率相关性来实现连续的重新量化。它依赖 MIMO/CoMP 通常在低速下工作的特点，其中两个反馈实例之间的时间相关较大。

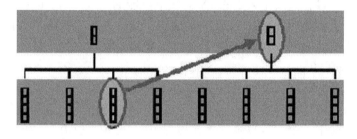

图 4-22　分层结构

　　具有用于子带的分级结构的预编码器由两个矩阵组成，两个矩阵中的每一个属于单独的码本。两个码本矩阵一起确定预编码器。两个矩阵中的一个针对宽带和/或长期信道特性；另一个矩阵针对频率选择性和/或短期信道特性。第一个预编码器 W_1 负责信道的相关特性并且将信道压缩成更小的维度。相关特性在带宽上大致保持恒定，并且随时间缓慢变化，因此 W_1 不需要频繁地报告或在带宽上以频率选择性方式报告。第二个预编码器 W_2 尝试匹配有效信道的瞬时特性，诸如用于接收侧的发射信号的构造组合或有效信道的正交化的相位校准。注意 Rel – 8 预编码器反馈可以被认为是这种结构的特殊情况。

　　将 PMI 分成两个索引为 UE 提供了计算上有效的方法来搜索码本中的优选预编码器。在 N_1 – bit 码本中顺序搜索第一索引和 N_2 – bit 码本中的第二索引比在 $(N_1 + N_2)$ – bit 码本中搜索单个索引简单。因此，将码本分为两部分是增加码本大小的同时限制计算复杂度增加的有效方式。然而，不应该忽略计算复杂度的进一步降低。秩嵌套、恒模量和有限字符集码本元素也被用于有效的计算，并且可以被长期考虑，只要它们不会不合理地削弱性能。

　　因此，整个预编码器形式为 $W = W_1 W_2$。内预编码器 W_1 具有块对角结构，并且目标是宽带和长期信道特性。外部预编码器 W_2，目标是频率选择和短期时间信道特性，并调整极化之间的相对相移，因此量化码本会根据信道协方差矩阵自适应地改变（参见图 4-23）。

　　UE 首先基于诸如空间协方差矩阵的长期信道属性来选择第一预编码器码本 W_1。这是在长期基础上完成的，这符合空间协方差矩阵需要一段很长的时间内以宽带方式被估计的事实。在 W_1 条件下，UE 基于短期信道选择 W_2。可能也取决于所选择的秩指示符来选择。

图 4-23　LTE – A 双索引预编码码本

现如今，双极化天线是大量的 TX 天线最可能的天线配置。因此，对于两个偏振中的每一个分别执行宽带和/或长期预编码，然后共同定相两个极化是一种有前景的方法。这激励了 W_1 的块对角线结构，其中每个块针对每个极化。X 的块对角矩阵由 $W_1 = \begin{bmatrix} X & 0 \\ 0 & X \end{bmatrix}$ 表示。

从交叉极化阵列（CLA）的角度来看，天线可以被划分成两组。每组中的天线处于相同的极化上，因此可以被视为共极化 ULA 天线。理论上，不同组上的天线在空间上不相关。因此，空间相关矩阵 X 可以近似于块对角矩阵。

当组合所有可能的 X 矩阵时，目标是生成 16 4 - DFT 波束，其表示 4 倍过采样以便提供足够的空间分辨率。由 DFT 向量生成的波束具有最大阵列增益和信道的长期特性。X 现在将呈现一组波束特有的长期信道特性而不仅仅是一个波束的特性。长期属性可以反映天线配置和可能的传播环境。UE 可以基于下行链路 CSI - RS 估计长期（例如，100ms）宽带空间相关矩阵，并以相对长的反馈间隔来反馈对应于空间相关性质的量化版本的长期宽带 PMI。

此外，为了便于实现，可以在 4 个天线的每个极化上单独选择宽带预编码，以及在短期子带反馈 W_2 捕获由两个极化之间的时间未对准引起的线性相移。W_2 的目标是频率选择性短期时间信道属性，并且由波束选择和共同定相操作的组合构成。为了解决更高的偏离扩散场景的角度，W_1 应包括多个 DFT - 4 向量（每块），对于每个子带，W_2 可以从中单独进行选择。这给出了以每个子带 W_2 寻址更大角度空间的自由度，这在较高角度的情况下是需要的（即相关性较小的情景）。

W_2 预编码器可以采用共极化 ULA 中的至少 16 个波束中的一个的形式，或者采用紧密间隔的双极化设置中的每组 4 个天线的至少 8 个波束中的一个。众所周知，这种波束网格在具有较高空间相关性的信道中提供良好的性能。在这种情况下，反馈/码本应提供捕获偏离角度的手段。由于信道相关性变得较低，因此需要支持频率选择性的 PMI 反馈。这成为高秩的主要问题，当偏离扩散的角度非常大时，这通常发生在完全不相关的信道中。

因此，W_1 的块对角线设计对于交叉极化天线的常见情况是非常有效的，甚至对其他天线配置也可以是高效的。W_1 匹配双极化天线设置的空间协方差，其中至少 16 个 8Tx DFT 向量（用于共极化 ULA 的不同波束，用于紧密间隔天线设置的每组 4 个共极化天线的 8 个不同波束）从 W_1 和共相 W_2 产生。波束将充分利用所有 PA，并且每个波束实现最大可能的阵列增益。3GPP 在 LTE - A 中采用的 8Tx 码本在以下部分内容中进行描述。

如上所述，W_1 是 X 的块对角矩阵。W_1 的双极化天线设置的空间协方差与任何间隔（例如，$\lambda/2$ 或 4λ）相匹配，并为高的和低的空间相关性提供良好的性能。从 W_1 生成至少 16 个 8Tx DFT 向量，并通过 W_2 共同定相以匹配 ULA 天线设置的空间协方差。

4. 3. 2. 2. 3. 1 秩 1~4 码本

对于秩 1 至 4，W_1 中的 X 是 $4 \times N_b$ 矩阵，由对应于从过采样的 DFT - 4 矩阵中提取的角域中的相邻波束的 N_b 列向量组成，或者换句话说，包括 N_b 个 DFT - 4 矢量（波束）的子集被包含在 X 中。N_b 表示 X 中包含的相邻波束的数目。对于每个 W_1，相邻的重叠波束用于减少频率选择性预编码中的边缘效应。

对于秩 1 和 2，为 X 定义了 32 个 4Tx DFT 波束（过采样 8x），波束索引为 0，1，2，…，31，表示如下：

$$\mathbf{B} = \begin{bmatrix} \mathbf{b}_0 & \mathbf{b}_1 & \cdots & \mathbf{b}_{31} \end{bmatrix}, \; [\mathbf{B}]_{1+m,1+n} = e^{j\frac{2\pi mn}{32}}, \; m = 0,1,2,3, \; n = 0,1,\cdots,31$$

$$\mathbf{B} = \begin{bmatrix} 1 & 1 & \cdots & 1 \\ 1 & e^{j\frac{2\pi}{32}} & \cdots & e^{j\frac{2\pi \times 31}{32}} \\ 1 & e^{j\frac{4\pi}{32}} & \cdots & e^{j\frac{2\pi \times 2 \times 31}{32}} \\ 1 & e^{j\frac{6\pi}{32}} & \cdots & e^{j\frac{2\pi \times 3 \times 31}{32}} \end{bmatrix} \quad \mathbf{b}_n = \begin{bmatrix} 1 \\ e^{j\frac{2\pi \times n}{32}} \\ e^{j\frac{2\pi \times 2n}{32}} \\ e^{j\frac{2\pi \times 3n}{32}} \end{bmatrix}, n = 0,1,2,\cdots,31$$

对于 W_1 秩 1 和 2，X 由 $N_b = 4$ 个相邻的重叠波束构成，因此每个秩中总共有 16 个 W_1 矩阵，每个矩阵中具有波束索引：$\{0，1，2，3\}$，$\{2，3，4，5\}$，$\{4，5，6，7\}$，…，$\{28，29，30，31\}$，$\{30，31，0，1\}$。秩 1 和 2 的 W_1 码字表示如下：

$$X^{(k)} \in \left\{ \begin{bmatrix} \mathbf{b}_{2k \bmod 32} & \mathbf{b}_{(2k+1) \bmod 32} & \mathbf{b}_{(2k+2) \bmod 32} & \mathbf{b}_{(2k+3) \bmod 32} \end{bmatrix} : k = 0,1,\cdots,15 \right\}$$

$$W_1^{(k)} = \begin{bmatrix} X^{(k)} & 0 \\ 0 & X^{(k)} \end{bmatrix}$$

码本 1：$C_1 = \{ W_1^{(0)}, W_1^{(1)}, W_1^{(2)}, \cdots, W_1^{(15)} \}$

对于秩 1 的 W_2，4 种选择假设和 4 种 QPSK 共同相位假设被定义如下，并且构成 16 个 $8 \times 1 W_2$ 矩阵。

$$W_2 \in C_2 = \left\{ \frac{1}{\sqrt{2}} \begin{bmatrix} \mathbf{Y} \\ \mathbf{Y} \end{bmatrix}, \frac{1}{\sqrt{2}} \begin{bmatrix} \mathbf{Y} \\ j\mathbf{Y} \end{bmatrix}, \frac{1}{\sqrt{2}} \begin{bmatrix} \mathbf{Y} \\ -\mathbf{Y} \end{bmatrix}, \frac{1}{\sqrt{2}} \begin{bmatrix} \mathbf{Y} \\ -j\mathbf{Y} \end{bmatrix}, \right\}$$

$$\mathbf{Y} \in \{\widetilde{\mathbf{e}}_1, \widetilde{\mathbf{e}}_2, \widetilde{\mathbf{e}}_3, \widetilde{\mathbf{e}}_4\} = \left\{ \begin{bmatrix} 1 \\ 0 \\ 0 \\ 0 \end{bmatrix}, \begin{bmatrix} 0 \\ 1 \\ 0 \\ 0 \end{bmatrix}, \begin{bmatrix} 0 \\ 0 \\ 1 \\ 0 \end{bmatrix}, \begin{bmatrix} 0 \\ 0 \\ 0 \\ 1 \end{bmatrix} \right\}$$

$\widetilde{\mathbf{e}}_n$ 是一个 4×1 的除了第 n 个元素值为 1 之外全零选择向量。

对于秩 2 的 W_2，8 种选择假设和 2 种 QPSK 共同相位假设组成 16 个 8×2 W_2 矩阵。

$$W_2 \in C_2 = \left\{ \frac{1}{\sqrt{2}} \begin{bmatrix} \mathbf{Y}_1 & \mathbf{Y}_2 \\ \mathbf{Y}_1 & -\mathbf{Y}_2 \end{bmatrix}, \frac{1}{\sqrt{2}} \begin{bmatrix} \mathbf{Y}_1 & \mathbf{Y}_2 \\ j\mathbf{Y}_1 & -j\mathbf{Y}_2 \end{bmatrix} \right\} (\mathbf{Y}_1, \mathbf{Y}_2) \in \{ (\widetilde{\mathbf{e}}_1, \widetilde{\mathbf{e}}_1), (\widetilde{\mathbf{e}}_2, \widetilde{\mathbf{e}}_2),$$

$(\widetilde{\mathbf{e}}_3, \widetilde{\mathbf{e}}_3), (\widetilde{\mathbf{e}}_4, \widetilde{\mathbf{e}}_4), (\widetilde{\mathbf{e}}_1, \widetilde{\mathbf{e}}_2), (\widetilde{\mathbf{e}}_2, \widetilde{\mathbf{e}}_3), (\widetilde{\mathbf{e}}_1, \widetilde{\mathbf{e}}_4), (\widetilde{\mathbf{e}}_2, \widetilde{\mathbf{e}}_4) \}$

对于秩 3 和 4，存在为 X 定义的 16 个 4Tx DFT 波束（过采样 4x），波束索引 0，1，2，$\cdots$，15，表示如下：

$$\mathbf{B} = \begin{bmatrix} \mathbf{b}_0 & \mathbf{b}_1 & \cdots & \mathbf{b}_{15} \end{bmatrix}, [\mathbf{B}]_{1+m,1+n} = e^{j\frac{2\pi mn}{16}}, m = 0,1,2,3, n = 0,1,\cdots,15$$

$$\mathbf{B} = \begin{bmatrix} 1 & 1 & \cdots & 1 \\ 1 & e^{j\frac{2\pi}{16}} & \cdots & e^{j\frac{2\pi \times 16}{32}} \\ 1 & e^{j\frac{4\pi}{16}} & \cdots & e^{j\frac{2\pi \times 2 \times 16}{32}} \\ 1 & e^{j\frac{6\pi}{16}} & \cdots & e^{j\frac{2\pi \times 3 \times 16}{32}} \end{bmatrix} \quad \mathbf{b}_n = \begin{bmatrix} 1 \\ e^{j\frac{2\pi \times n}{16}} \\ e^{j\frac{2\pi \times 2n}{16}} \\ e^{j\frac{2\pi \times 3n}{16}} \end{bmatrix}, n = 0,1,2\cdots,16$$

对于 W_1 秩 3 和 4，X 由 $N_b = 8$ 个相邻的重叠波束形成，所以每个秩中总共有 16 个 W_1 矩阵，每个矩阵中的波束索引为 $\{0,1,2,\cdots,7\}$，$\{4,5,6,\cdots,11\}$，$\{8,9,10,\cdots,15\}$，$\{12,\cdots,15,0,\cdots,3\}$。秩 3 和 4 的 W_1 码字表示如下：

$$X^{(k)} \in \left\{ \begin{bmatrix} \mathbf{b}_{4k \bmod 16} & \mathbf{b}_{4(k+1) \bmod 16} & \cdots & \mathbf{b}_{4(k+7) \bmod 16} \end{bmatrix} : k = 0,1,2,3 \right\}$$

$$W_1^{(k)} = \begin{bmatrix} X^{(k)} & 0 \\ 0 & X^{(k)} \end{bmatrix}$$

码本 1：$C_1 = \{ W_1^{(0)}, W_1^{(1)}, W_1^{(2)}, W_1^{(3)} \}$

对于秩 2 的 W_2，16 种选择假设和 1 个 QPSK 共同相位假设被定义如下，并且构成 16 个 8×3 W_2 矩阵。

$$W_2 \in \left\{ \frac{1}{\sqrt{2}} \begin{bmatrix} \mathbf{Y}_1 & \mathbf{Y}_2 \\ \mathbf{Y}_1 & -\mathbf{Y}_2 \end{bmatrix} \right\}$$

$$(\mathbf{Y}_1, \mathbf{Y}_2) \in \left\{ \begin{matrix} (\mathbf{e}_1, [\mathbf{e}_1 \ \ \mathbf{e}_5]), (\mathbf{e}_2, [\mathbf{e}_2 \ \ \mathbf{e}_6]), (\mathbf{e}_3, [\mathbf{e}_3 \ \ \mathbf{e}_7]), (\mathbf{e}_4, [\mathbf{e}_4 \ \ \mathbf{e}_8]), \\ (\mathbf{e}_5, [\mathbf{e}_1 \ \ \mathbf{e}_5]), (\mathbf{e}_6, [\mathbf{e}_2 \ \ \mathbf{e}_6]), (\mathbf{e}_7, [\mathbf{e}_3 \ \ \mathbf{e}_7]), (\mathbf{e}_8, [\mathbf{e}_4 \ \ \mathbf{e}_8]), \\ ([\mathbf{e}_1 \ \ \mathbf{e}_5], \mathbf{e}_5), ([\mathbf{e}_2 \ \ \mathbf{e}_6], \mathbf{e}_6), ([\mathbf{e}_3 \ \ \mathbf{e}_7], \mathbf{e}_7), ([\mathbf{e}_4 \ \ \mathbf{e}_8], \mathbf{e}_8), \\ ([\mathbf{e}_1 \ \ \mathbf{e}_5], \mathbf{e}_1), ([\mathbf{e}_2 \ \ \mathbf{e}_6], \mathbf{e}_2), ([\mathbf{e}_3 \ \ \mathbf{e}_7], \mathbf{e}_3), ([\mathbf{e}_4 \ \ \mathbf{e}_8], \mathbf{e}_4) \end{matrix} \right\}$$

对于秩 4 的 W_2，4 种选择假设和 2 种 QPSK 共同相位假设被定义如下，并且组成 8 个 8×4 W_2 矩阵。

$$W_2 \in C_2 = \left\{ \frac{1}{\sqrt{2}} \begin{bmatrix} \mathbf{Y} & \mathbf{Y} \\ \mathbf{Y} & -\mathbf{Y} \end{bmatrix}, \frac{1}{\sqrt{2}} \begin{bmatrix} \mathbf{Y} & \mathbf{Y} \\ j\mathbf{Y} & -j\mathbf{Y} \end{bmatrix} \right\}$$

$$\mathbf{Y} \in \{ [\mathbf{e}_1 \ \ \mathbf{e}_5], [\mathbf{e}_2 \ \ \mathbf{e}_6], [\mathbf{e}_3 \ \ \mathbf{e}_7], [\mathbf{e}_4 \ \ \mathbf{e}_8] \}$$

$\mathbf{e}_n$ 是一个除了第 n 个元素值为 1 之外全零的 8x1 选择向量。

4.3.2.2.3.2 秩 5~8 码本

对于秩 5 至 8，W_1 中的 X 是 4×4，4TxDFT 矩阵，如下所示。秩 5 到 7 存在 4 个 W_1 矩阵，秩 8 有一个 W_1 矩阵。

$$X^{(0)} = \frac{1}{2} \times \begin{bmatrix} 1 & 1 & 1 & 1 \\ 1 & j & -1 & j \\ 1 & -1 & 1 & -1 \\ 1 & -j & -1 & j \end{bmatrix}, X^{(1)} = \text{diag}\{1, e^{j\pi/4}, j, e^{j3\pi/4}\} X^{(0)},$$

$$X^{(0)} = \mathrm{diag}\{1, e^{j\pi/8}, e^{j6\pi/8}, e^{j9\pi/8}\} X^{(0)}$$

对于秩 5 ~ 8，W_2 由 $\begin{bmatrix} I & I \\ I & -I \end{bmatrix}$ 的乘积和固定的 8 × 秩列选择矩阵组成，

$\begin{bmatrix} I & I \\ I & -I \end{bmatrix}$ 被引入以确保每个传输层的两个极化组的相同使用，这将为具有更丰富的散射的空间信道的较高秩传输带来良好性能。

假设每个秩一个 W_2 矩阵。秩 5 ~ 8 的 W_1 和 W_2 矩阵定义如下：

秩 5：

$$W_1 \in C_1 = \left\{ \begin{bmatrix} X^{(0)} & 0 \\ 0 & X^{(0)} \end{bmatrix}, \begin{bmatrix} X^{(1)} & 0 \\ 0 & X^{(1)} \end{bmatrix}, \begin{bmatrix} X^{(2)} & 0 \\ 0 & X^{(2)} \end{bmatrix}, \begin{bmatrix} X^{(3)} & 0 \\ 0 & X^{(3)} \end{bmatrix} \right\},$$

$$W_2 = \frac{1}{\sqrt{2}} \begin{bmatrix} \tilde{e}_1 & \tilde{e}_1 & \tilde{e}_2 & \tilde{e}_2 & \tilde{e}_3 \\ \tilde{e}_1 & -\tilde{e}_1 & \tilde{e}_2 & -\tilde{e}_2 & \tilde{e}_3 \end{bmatrix}$$

秩 6：

$$W_1 \in C_1 = \left\{ \begin{bmatrix} X^{(0)} & 0 \\ 0 & X^{(0)} \end{bmatrix}, \begin{bmatrix} X^{(1)} & 0 \\ 0 & X^{(1)} \end{bmatrix}, \begin{bmatrix} X^{(2)} & 0 \\ 0 & X^{(2)} \end{bmatrix}, \begin{bmatrix} X^{(3)} & 0 \\ 0 & X^{(3)} \end{bmatrix} \right\},$$

$$W_2 = \frac{1}{\sqrt{2}} \begin{bmatrix} \tilde{e}_1 & \tilde{e}_1 & \tilde{e}_2 & \tilde{e}_2 & \tilde{e}_3 & \tilde{e}_3 \\ \tilde{e}_1 & -\tilde{e}_1 & \tilde{e}_2 & -\tilde{e}_2 & \tilde{e}_3 & -\tilde{e}_3 \end{bmatrix}$$

秩 7：

$$W_1 \in C_1 = \left\{ \begin{bmatrix} X^{(0)} & 0 \\ 0 & X^{(0)} \end{bmatrix}, \begin{bmatrix} X^{(1)} & 0 \\ 0 & X^{(1)} \end{bmatrix}, \begin{bmatrix} X^{(2)} & 0 \\ 0 & X^{(2)} \end{bmatrix}, \begin{bmatrix} X^{(3)} & 0 \\ 0 & X^{(3)} \end{bmatrix} \right\},$$

$$W_2 = \frac{1}{\sqrt{2}} \begin{bmatrix} \tilde{e}_1 & \tilde{e}_1 & \tilde{e}_2 & \tilde{e}_2 & \tilde{e}_3 & \tilde{e}_3 & \tilde{e}_4 \\ \tilde{e}_1 & -\tilde{e}_1 & \tilde{e}_2 & -\tilde{e}_2 & \tilde{e}_3 & -\tilde{e}_3 & \tilde{e}_4 \end{bmatrix}$$

秩 8：

$$W_1 \in C_1 = \left\{ \begin{bmatrix} X^{(0)} & 0 \\ 0 & X^{(0)} \end{bmatrix} \right\},$$

$$W_2 = \frac{1}{\sqrt{2}} \begin{bmatrix} \tilde{e}_1 & \tilde{e}_1 & \tilde{e}_2 & \tilde{e}_2 & \tilde{e}_3 & \tilde{e}_3 & \tilde{e}_4 & \tilde{e}_4 \\ \tilde{e}_1 & -\tilde{e}_1 & \tilde{e}_2 & -\tilde{e}_2 & \tilde{e}_3 & -\tilde{e}_3 & \tilde{e}_4 & -\tilde{e}_4 \end{bmatrix}$$

基于先前的描述，码本 C_1 和 C_2 中的码字总数总结在表 4-6 中。在 109 个码字内的任何一个码字可以通过无线资源控制（RRC）信令中的码本子集限制位图来禁用。码本由 eNB 通过更高层控制信令来配置，取决于天线配置、UE 位置、信道条件等。UE 将在受限码本子集中搜索 PMI 报告。

4.3.2.3　码字和码字到层的映射

在空间复用中最大数目的码字直接影响开销（CQI 报告的数量，混合自动重传请求［HARQ］过程的数量）和 UE 复杂度，因为具有多个码字的空间复用需要应

用自适应调制和编码（AMC），以及基于每个码字的误差控制以便在低移动性场景中实现峰值性能。在 Rel – 8 中，考虑到 4 × 4 配置中较大数量的码字的较小的性能优势，码字的数量被限制为两个。对于 LTE – A，需要对这个数的效应进行评估以确定最优数据吞吐量、信令开销和复杂度之间的交换。对于更高层数，在 LTE – A 中高达 8 层，则最终同意使用相同的层映射规则，如在 Rel – 8 中，并且简单地扩展 Rel – 8 映射，使得两个码字在每层上尽可能均匀地分布。

利用空间复用，eNB 可以在相同频率的下行链路传输中向 UE 发送多个数据流（或层）。层或流的数量被定义为秩。码字的数量可以是一个或两个，具体取决于层数（参见图 4-24）。层数 υ 小于或等于 $\min(N_{TX}, N_{RX})$，其中，N_{TX} 和 N_{RX} 分别是 eNB TX 天线端口的数目和 UE RX 天线端口的数目（即，对应于 $N_{TX} \times N_{RX}$ 空间复用）。

表 4-6　8Tx 码本大小

秩	码本大小								和
	1	2	3	4	5	6	7	8	
C_1	16	16	4	4	4	4	4	1	53
C_2	16	16	16	8	—	—	—	—	56
所需的位图大小									109

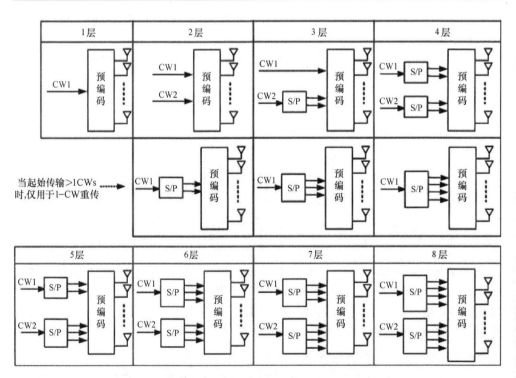

图 4-24　LTE – A 中的 DL 码字（CW）到层映射（S/P – 串行/并行）

4.3.2.4 天线映射和虚拟化

在具有大量天线（超过4）的 LTE－A 系统中，为了支持 Rel－8 UE，其能力限于 eNB 的4Tx 传输，一些解决方案应该被制定出来。一个简单直接的方法就是使用虚拟天线映射，如图 4-25 所示，其中将用于 Rel－8 UE 的传输流可以

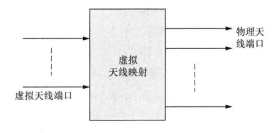

图 4-25 虚拟天线映射

被视为从虚拟天线端口（4 个或更少）发射。由于有 4 个以上的物理发射天线，这些在虚拟天线端口发射的信号应该在传输之前映射到物理天线。该操作对 Rel－8 UE 应该是透明的。

当 eNB 处有 8 个天线并且所有可用的发射功率应用于 LTE 时，Rel－8 天线端口需要天线映射。如果配置了比天线更少的 Rel－8 天线端口，则 Rel－10 eNB 中少于 8 个天线的 Rel－8 天线端口也可能需要天线映射。虽然映射实现是一个问题，但它应具有以下所需的属性：

- 天线虚拟化可以在采用多天线设置的同时保持全功率利用率。应该均等地使用每个功率放大器（即平衡输入），并且所有放大器在相同的工作点工作并以相同的功率发射，因此天线端口应具有统一的扇区覆盖范围。
- 通过使用映射应该使对 PDCCH 和 Rel－8 PDSCH 性能的影响最小化。
- 无论 LTE－A 端口是否存在于资源块/子帧中，天线端口的映射必须相同。

天线虚拟化方案优于关闭其他 4 个天线的替代方案，这产生低效的功率利用。利用所有 PA 功率进行非预编码传输是重要的，例如在 PDCCH 和物理多播信道（PMCH）接收中。传统 UE 将估计来自 4 个虚拟天线端口的信道，以进行数据解调（如果未使用用户特定 RS）和链路自适应支持（CQI、PMI 等）。

显然，利用虚拟映射可以使具有大量天线（＞4）的 LTE－A 系统灵活地支持 LTE－A UE 和 Rel－8 UE。虚拟天线映射可以由 eNB 在半静态或静态的基础上进行配置，这取决于部署方案。为了支持具有高层传输的 LTE－A UE，eNB 可以根据信道条件配置附加的天线端口（＞4）。虚拟天线映射可以通过使用固定预编码、CDD 或射频（RF）切换来实现，虚拟天线映射的好处是系统可以维持最少数量的用于解码 LTE－A UE 和 Rel－8 UE 的 PDCCH，以及 Rel－8 传统 UE 的 PDSCH 的公共 RS 端口（例如，4）。

4.3.3 传输模式 9

传输模式（TM）9 在 LTE－A 中被引入并且支持 SU－MIMO 的高达秩 8 和 SU/MU 动态切换。传输模式 9 执行基于 DMRS 的预编码传输，并且 DMRS 将用于 UE 侧的解调，不必通知预编码器索引。DL 预编码器未指定，因此在 eNB 设计中可以

使用灵活的预编码器。

在 LTE – A 中定义了下行链路控制信息（DCI）格式 2C 以支持传输模式 9。在 DCI 格式 2C 下不支持 TxD。不论天线端口数量或 UE 能力如何，传输模式 9 都使用一个统一的信令系统（见表 4-7）；也就是说，它总是使用最多 8 层的信令表。在 DCI 格式 2C 中支持 3 比特的天线端口，加扰标识（SCID）和层数的联合编码。来自 DCI 格式 2B 的 SCID 比特被重用以支持联合编码。根据表 4-7，添加到当前 DCI 格式 2B 的附加比特数量是 2 比特。

表 4-7　最多 8 层的 DMRS 端口/ SCID 指示

	一个码字		两个码字
	码字 0 已启用，码字 1 已禁用		码字 0 已启用，码字 1 已启用
	信息		信息
0	1 层，端口 7，SCID = 0	0	2 层，端口 7~8，SCID = 0
1	1 层，端口 7，SCID = 1	1	2 层，端口 7~8，SCID = 1
2	1 层，端口 8，SCID = 0	2	3 层，端口 7~9
3	1 层，端口 8，SCID = 1	3	4 层，端口 7~10
4	2 层 s，端口 7~8	4	5 层，端口 7~11
5	3 层 s，端口 7~9	5	6 层，端口 7~12
6	4 层，端口 7~10	6	7 层，端口 7~13
7	保留	7	8 层，端口 7~14

还在 LTE – A 中针对传输模式 9 定义了新的 CSI 报告，并且引入了新的两阶段预编码方案。

UE 从 W_2 码本中选择其优先预编码的向量或矩阵，因此根据量化空间相关矩阵使 CQI 对于相应的向量/矩阵最大化。PMI_1 和 PMI_2 以不同速率和不同频率分辨率报告给 eNB。UE 以比长期宽带 PMI 的反馈周期更短的反馈间隔将相应的短期窄带 PMI 反馈给 eNB（如图 4-26 所示）。对于每个反馈实例，也可以一起配置不同类型的反馈，并且差分反馈是利用在时间或频率上相邻的预编码矩阵之间的相关性。实际上，对于低速 UE，差分反馈可以提高反馈准确度。

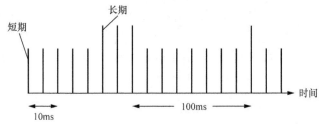

图 4-26　短期窄带和长期宽带 PMI 报告

具体来说，令信道为 H。PMI 码本首先由长期 W_1 修改。然后使用修改后的码本来量化信道 H。量化操作可简单地写为

$$\underset{w_i \in W_2}{\arg \max} \left| H R^{1/2} w_i \right|$$

其中，W_2 是用来表示基线码本矩阵的矩阵。这过程如图 4-27 所示。

总之，利用来自 UE 的长期空间相关矩阵和短期 PMI 反馈，eNB 将重建预编码矩阵，这提高了反馈准确度并且有利于 SU – MIMO 和 MU – MIMO 性能。这种将推荐预编码器的报告分成两部分的方式提供了一种增加预编码的空间分辨率的同时仍然限制反馈开销的方法。

隐式反馈（PMI/RI/CQI）用于 LTE – A。基于 eNB 在 CQI 参考资源内的每个子带上使用由反馈给出的特定预编码器（或预编码器）的假设来计算 CQI。

对于周期性物理上行链路控制信道（PUCCH）报告，部署了来自 Rel – 8 和 Rel – 9 的 CQI/PMI/RI 模式的自然扩展。W_1/W_2 报告过程有两种模式，如下所示：

- CSI 模式 1：W_1 和 W_2 在单独的子帧中用信号通知
- CSI 模式 2：W 由与单个子帧相关的单个报告确定

对于非周期性物理上行链路共享信道（PUSCH）报告，还部署了来自 Rel – 8 和 Rel – 9 的 CQI/PMI/RI 模式的自然扩展。非周期性 PUSCH 中的报告在同一子帧中是自包含的。一份报告可以包含 W_1 和 W_2。如果 W_1 或 W_2 被固定，则一个报告可以包含仅 W_1 或仅 W_2 而不管预编码器 W 是从 W_1 还是 W_2 导出。相同的报告还包含秩指示符（RI）和 CQI。

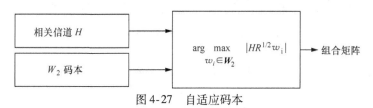

图 4-27　自适应码本

4.3.3.1　PUCCH 上的周期信道状态信息

对于传输模式 9，如果 UE 配置有 PMI/RI 报告并且 CSI – RS 端口数 >1，则使用周期性 CSI 报告模式 1 – 1 或 2 – 1；如果 UE 被配置为没有 PMI/RI 报告或 CSI – RS 端口数 = 1，则使用 1 – 0 或 2 – 0 的模式。下面列出了传输模式 9 的周期性 CSI 报告的设计细节。

1. 对于 2Tx 和 4Tx 情况：W_1 是单位矩阵，因此不是明确信号；W_2 使用 Rel – 8 码本。

2. 对于 8Tx 情况：已商定三种不同报告模式；进一步向下选择尚未排除。

3. Rel – 8 PUCCH 模式 1 – 1 的扩展，其中，RI 和 W_1 在相同的子帧用信号通知：

  a. 可以根据最终码本设计来执行码本子采样（以确保总有效载荷足够小）。

  b. W 是根据最新 RI 报告的双子帧报告（在 CSI 模式 1 中，W_1 和 W_2 在单独的子帧中用信号通知）确定的。

  c. 报告格式：报告 1 包括 RI 和 W_1，联合编码；报告 2 包括宽带 CQI 和宽

带 W_2。

4. 针对传输模式 9 的 Rel - 8 PUCCH 模式 2 - 1（参见图 4-28）的扩展，8 个 CSI - RS 端口被配置。

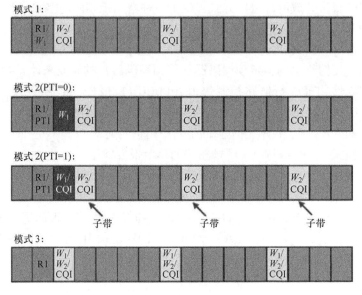

图 4-28 PUCCH CSI 报告模式 2 - 1 的扩展

a. W 是根据最新的 RI 报告的三子帧报告确定的。

b. 报告格式：

  i. 格式 1：RI 和 1 - bit 预编码器类型指示（PTI）

  ii. 格式 2：PTI = 0：W_1 将被报告；PTI = 1：将报告宽带 CQI 和宽带 W_2。

  iii. 格式 3：PTI = 0：将报告宽带 CQI 和宽带 W_2；PTI = 1：子带 CQI，子带 W_2；子带选择指示器与预定义循环的传输有待进一步研究（FFS）。

  iv. 对于 2Tx 和 4Tx，PTI 假定设置为 1 并且不发送信号。

5. 使用从先前子帧中的最新 RI 报告调节的单个子帧报告确定的 W 的 Rel - 8 PUCCH 模式 1 - 1 的扩展。

  a. 对于每个秩，使用码本 C_1 的子集和/或码本 C_2 的子集来确保总有效载荷大小（W_1 和 W_2 和 CQI［s］）至多为 11bits。

    i. 对于每个秩，C_1 的子集和 C_2 的子集被固定，因此不可配置。

    ii. 对于每个秩，C_1 的子集和 C_2 的子集单独或联合设计。

  b. 可能的同相的不同子集用于不同的波束角度组。

表 4-8 中列出了 PUCCH 报告模式 1 - 1 和 2 - 1 的 PMI 报告变化。

表 4-8 **PMI 报告格式**

	具有 CSI 模式 1 的模式 1 - 1	具有 CSI 模式 2 的模式 1 - 1	模式 2 - 1
问题	RI 可靠性问题	可能会导致性能下降	更标准的努力
格式 1	RI + W_1 （子采样）	RI	RI，PTI
格式 2	CQI，W_2	CQI，W_1 + W_2 （子采样）	PTI = 0：W_1 PTI = 1：宽带 （WB） W_2，WB CQI
格式 3			PTI = 0：WB W_2 和 WB CQI PTI = 1：SB W_2 和 SB CQI （如果报告子带索引，则进行子采样）

4.3.3.2　PUSCH 上的非周期信道状态信息

对于传输模式 9，如果 UE 配置有 PMI/RI 报告并且 CSI - RS 端口数 >1，可以使用非周期性 CSI 报告模式 1 - 2、2 - 2、3 - 1；如果 UE 被配置为没有 PMI/RI 报告或者 CSI - RS 端口数 =1，则可以使用模式 2 - 0、3 - 0。3GPP 曾讨论过新的 CSI 报告模式 3 - 2，但尚未将其纳入规范。下面列出了传输模式 9 的非周期 CSI 报告的设计细节。

1. 在 LTE - A Rel - 10 中支持 Rel - 8 非周期性 PUSCH CQI 模式的自然扩展 （参见表4-9）。

表 4-9　**非周期性 PUSCH CQI 模式**

CQI/PMI 模式	CQI	W_1	W_2
1 - 2	整个系统带宽 （BW） 的宽带 CQI		子带 PMI W_2
2 - 2	用于整个系统的宽带 CQI + "M—优先" CQI （用于 UE 选择的频带）	单一的 W_1：一个为整个系统 BW （宽带）	宽带 PMI W_2 + "M—优先" PMI W_2 （用于 UE 选择的子带）
3 - 1	子带 CQI		宽带 PMI W_2

　　a. 正在商榷支持 PUSCH 模式 3 - 2，其中子带 PMI + 子带 CQI 针对 Rel - 10 中的 MU 和 SU 的反馈准确度进行改进。

　　b. PUSCH 报告是自包含的，其中总是在相同的子帧中报告 W_1 和 W_2。

　　　i. 对于 2Tx 和 4Tx，不报告 W_1 （单位矩阵）。

2. 报告多个 CQI 的可能性，以及如果可能的 PMI/RI （例如，一个目标 SU - MIMO 和另一个目标 MU - MIMO）并且附加 CQI （以及可能的 PMI/RI）的频率粒度是 FFS。

3. 模式 2 - 2 是否被完全支持取决于模式 3 - 2 的协议和细节，即，最终可以

支持模式 2－2 和/或模式 3－2。

4.4 上行 MIMO

对于 LTE－A，正在考虑上至四层的上行链路空间复用用于支持 500Mbit/s 的上行链路峰值数据速率和 15Mbit/s/Hz 的上行链路峰值频谱效率。在 Rel－8 上行链路中只有一个码字和一个层；在 LTE－A 中，可以在每个上行链路分量载波的子帧中，从被调度的 UE 发送多达两个传输块和多达四个层的空间复用。作为基线，默认 UL 操作模式是单天线端口模式。

对于 LTE－A，被调度的 UE 可以发送多达两个传输块。每个传输块具有其自己的调制和编码方案（MCS）。根据传输层的数量，遵循 LTE Rel－8 中用于下行链路空间复用的原则，与每个传输块相关联的调制符号被映射到一个或两个层上（见图 4-29）。根据个数确定不同的码本层可以动态地适配传输秩。此外，根据 2 或 4 个发射天线是否可用，使用不同的预编码。还有用于码本的比特数索引根据 2 和 4 个发射天线情况而各不相同。

TxD 对于增加上行链路传输的信道分集是必要的。多天线技术的部署可以进一步提高网络性能和覆盖范围。基于对所有相关贡献的评估，确定空间正交资源发射分集（SORTD）方案，以提供对 PUCCH 格式 1/1a/1b、2/2a/2b 和 3 的支持。在 SORTD 中，不同天线的不同正交资源发送相同的调制符号。在没有载波聚合（CA）的情况下部署用于 PUCCH 格式 1/1a/1b 的 SORTD，SORTD 是格式 2/2a/2b 的基线。如果支持 TxD，SORTD 将被选用于格式 3 和具有信道选择的格式 1a/1b。

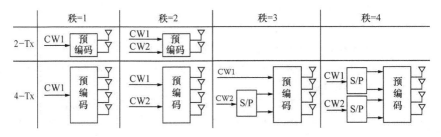

图 4-29　LTE－A 中的 UL 码字（CW）到层映射

对于 LTE－A 中的上行链路传输，定义不同的天线端口用于不同物理信道的传输。由于在 PUCCH 上实施透明预编码器的向量切换，因此 PUCCH 天线端口不对应于 PUSCH 或 SRS 天线端口。表 4-10 示出了 PUSCH、PUCCH 和 SRS 天线端口在 LTE－A 天线端口配置中的应用。图 4-30 说明了用于 2Tx 的天线端口映射。

在用于 SU－MIMO PUSCH 传输的 LTE－A 中引入了两种传输模式：与 LTE Rel－8 PUSCH 传输兼容的单天线端口模式和提供双天线端口和四天线端口传输的

多天线端口模式。3GPP 正在讨论关于 PUSCH 多天线端口传输的改进，例如，在 PUSCH 上处理秩 1 传输、SRS 选项和上行链路控制信息（UCI）复用，以及用于重传的预编码器设计。

表4-10　用于不同物理信道和信号的天线端口

物理信道或信号	索引 $\tilde{p}$	天线端口数 p 作为一个函数，是关于用作各自物理信道/信号配置的天线端口数的		
		1	2	4
PUSCH	0	10	20	40
	1	—	21	41
	2	—	—	42
	3	—	—	43
SRS	0	10	20	40
	1	—	21	41
	2	—	—	42
	3	—	—	43
PUCCH	0	100	200	—
	1	—	201	—

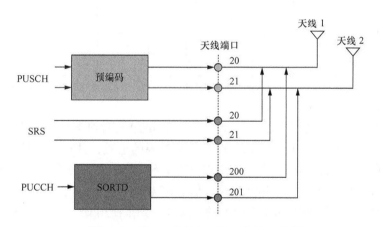

图4-30　在 2Tx 的情况下的天线端口映射

LTE – A 中的 UL 参考信号结构将保留 LTE Rel – 8 中的基本结构。增强了两种类型的参考信号：DMRS 和 SRS。接收机使用 DMRS 来检测传输。在上行链路多天线传输的情况下，应用于 DMRS 的预编码与应用于 PUSCH 的预编码相同。循环移位（CS）分离是 DMRS 的主要多路复用方案。正交覆盖码（OCC）分离还用于分离不同虚拟发射天线的 DMRS。接收机使用 SRS 来测量移动无线信道。目前，SRS 是非预编码和天线特定的，LTE Rel – 8 原理将被重用于复用 SRS。

4.4.1 PUCCH 发射分集机制

如我们已经讨论的，可以利用上行链路发射分集增益在块错误率方面进一步改进性能或保持覆盖需求的同时降低总发射功率，这有利于小区间干扰的降低，甚至还包括 UE 功耗。

已经表明 PUCCH 发射分集提供了显著的性能增益。这种增益对于改善通常受干扰限制的 PUCCH 操作的接收可靠性是有用的。一些发射分集方案是被认为是 LTE - A 中的 PUCCH 传输的候选，包括时间切换发射分集（TSTD）、预编码矢量切换（PVS）、循环延迟分集（CDD）、空时块编码（STBC）、FSTD 和空频块编码（SFBC）。它们的比较如表 4-11 所示，其标准包括发射分集增益、低 PAPR／立方度量（CM），以及码分复用 LTE Rel - 8 UE 之间的正交性等。

表 4-11　PUCCH 的双天线发射分集方案的比较

发射分集方案		分集增益	PAPR	具有码分复用的 Rel - 8 的正交性，10 个 LTE 终端	每个 UE 循环移位或正交码（OC）资源的使用	每个 UE 的 DMRS 资源数量
1 个发射器	TSTD	小	低	正交	1	1
2 个发射器	PVS	小	低	正交	1	1
	CDD	中	低	正交	1/2	1/2
	STBC	大	低	正交（CQI）／不正交（ACK/NACK）	1	2
	FSTD	中	低	不正交	1	2
	SFBC	大	高	不正交	1	2

注：对于 RS 传输，不同的天线仍然需要使用不同的正交序列以使 eNB 可以分别估计来自每个 Tx 天线的信道。

这些方案的优点在于 2 个发射天线使用相同的正交序列来传输数据符号。相对于单个 UE 天线传输，PVS 和 CDD 提供非常有限的增益，并且由于这个原因，它们没有被进一步考虑。当 OCC 用于 DMRS 时，STBC 不支持格式 2a/2b。对于格式 2a/2b，确认/否定确认（ACK/NACK）信息作为一个时隙内的 2 个 DMRS 之间的相位差被发送。为了保持 OCC DMRS 的正交性，如果使用 OCC，则 STBC 不允许利用相位差来编码两个 DMRS 上的信息。

此外，针对 PUCCH 提出了服务连接持续时间（SCTD；或正交资源传输 [ORT]）。SCTD 获得最大的发射分集增益，类似于 STBC，并且不需要像 STBC 中那样处理不成对的符号问题。因此，SCTD 似乎比 STBC 好。但是 SCTD 的缺点是每个 UE 需要两个循环移位或正交覆盖资源，从而随着每个 RB 的 UE 复用容量减半而使开销加倍。这意味着存在系统吞吐量性能会降低的潜在问题。

通常，在大多数情况下，TxD 性能非常好，但与没有 TxD 相比，需要两倍的资源。在考虑支持格式 2/2a/2b 的传输和性能（SORTD 提供比 STBC 更好的性能，大约 1dB）的同时，在 LTE - A 中采用 SORTD 进行 PUCCH 传输。SORTD 意味着来自 PUCCH 的相同调制符号在两个独立的正交序列上从两个天线端口发送（如图 4-31 所示）。SORTD 是针对 2Tx 天线定义的，并且没有为 4Tx 天线定义明确的 TxD 方案，在这种情况下也应选用 2Tx TxD 方案。

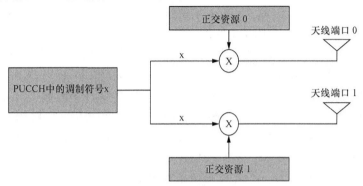

图 4-31　PUCCH TxD：使用两个 PUCCH 资源的 SORTD

使用 SORTD 的资源分配方案用于不同的 PUCCH 格式如下：

- 格式 1/1a/1b：对于格式 1 和 SPS 传输，SORTD 的两个资源由 RRC 信令半静态地分配；对于动态调度，这两个资源隐含地从相应 PDCCH 的 n_{cce} 和 $n_{cce}+1$ 的索引导出。
- 格式 2/2a/2b：通过 RRC 信令两个资源被半静态地分配。
- 格式 3：
- 当仅在主小区上进行 PDSCH 调度时，根据动态调度或 SPS 传输，使用与格式 1/1a/1b 相同的资源分配。
- 当在多个小区上进行 PDSCH 调度时，资源由对应于辅助小区调度的 PD-CCH 中的 ARI（ACK/NACK 资源指示符）指示。

SORTD 传输模式可以被半静态地或动态地配置。如果它们被半静态地配置，则将通过更高层信令来通知该配置。eNB 可以决定何时在单一天线和 SORTD 模式之间切换，然后向 UE 发送该配置。该决定可以基于 UE 的几何或移动性，以及资源的可用性。图 4-32 示出了用于 PUCCH 的可配置发射分集的信号交换的示例。

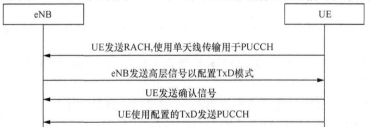

图 4-32　PUCCH 的可配置 TxD 模式（RACH——随机访问信道）

4.4.2 PUSCH 传输模式

在 LTE－A 中，PUSCH 将支持开环和闭环空间复用，并且在闭环操作的情况下，将使用基于码本的预编码。与 DL 相反，UL 中的传输方案被优化以保持单载波性质或减少 PAPR/CM。

码本设计还支持低 PAPR/CM 的预编码传输。另外，码本还将提供在 eNB 的指令下关闭某些天线的能力（用于电能的节约）。

在 LTE－A（见表 4-12）中定义了两种 PUSCH 传输模式：PUSCH 模式 1 和 PUSCH 模式 2。UE 经由较高层信令被半静态地配置以使用两种 PUSCH 传输模式中的一种来传输 PUSCH。对于 PUSCH 模式 2，UE 在 PDCCH 中搜索 DCI 格式 0 和格式 4。DCI 格式 0 用于单天线端口（SAP）传输，并且可以在公共和 UE 特定的 PD-CCH 搜索空间中。DCI 格式 4 只有在 UE 特定 PDCCH 搜索空间中使用，用于具有闭环（CL）空间复用的多天线端口（MAP）。对于 PUSCH 模式 1，UE 需要仅搜索具有 DCI 格式 0 的 PDCCH。PUSCH 模式 1 是 UE 的默认的上行链路传输模式，直到通过高层信令向 UE 分配 PUSCH 传输模式。eNB 可以将 4Tx 天线 UE 配置为在 PUSCH 模式 2 使用 4 个或者 2 个天线端口。对于具有 Rel－10 传输方案的 PUSCH 模式 2 和 PUSCH 模式 1，不使用 Rel－8/9 天线选择方案。

表 4-12　PUSCH 传输模式

Tx 模式	DCI 格式	搜索空间	PUSCH 的 Tx 方案对应于 PDCCH
模式 1	DCI 格式 0	公共和 C－RNTI 特定的 UE	单天线端口，端口 10
模式 2	DCI 格式 0	公共和 C－RNTI 特定的 UE	单天线端口，端口 10
	DCI 格式 4	C－RNTI 特定的 UE	闭环空间复用

图 4-33 和图 4-34 分别示出了用于 PUSCH 模式 1 和模式 2 的物理层处理。

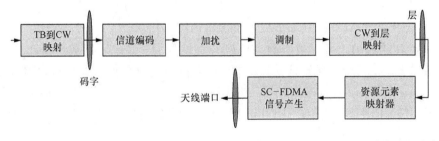

图 4-33　PUSCH 传输模式 1（CW——码字；TB——传输块；SC－FDMA——单载波频分多址）

对于半持续调度，尽管支持 PUSCH 模式 1 和 2，UE 仅需要搜索具有 DCI 格式 0 的 PDCCH。

还根据 PUSCH 传输模式来配置 SRS 传输端口的数量。对于 PUSCH 模式 1，可用于 SRS 传输的天线端口的数量是 0、1、2 或 4。对于具有 2 个或 4 个天线端口的 PUSCH 模式 2，用于 SRS 传输的天线端口的数量分别为 0、1、2 和 0、1、4。

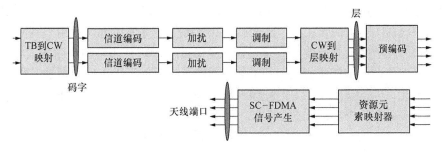

图 4-34 PUSCH 传输模式 2

PUSCH 传输模式、PUCCH 传输方案和 SRS 天线端口的数量通过 RRC 信令独立地进行配置。

4.4.3 上行预编码技术

正如我们已经讨论的,需要秩自适应和信道相关预编码以实现 UE 面对低 SINR 环境的使用多个天线的增益。预编码也是 UL SU – MIMO 的必要组件。考虑到 UE 通常操作于具有较大的入射波角度扩展的多散射环境中,并且因此一般不能依赖高空间相关性来指导其传输,因此需要瞬时信道特性的预编码匹配以实现增益。预编码器选择可以基于上行链路中的探测 RS 或解调 RS。

4.4.3.1 码本和非码本

如今,基于预编码的 SU –/MU – MIMO 是用于无线通信以在闭环 MIMO 系统中提供高频谱效率增益最重要的技术之一。预编码应当被分类为基于码本或基于非码本。基于码本的预编码方案和基于非码本的预编码方案都可以实现,TDD 方式应该支持基于非码本的预编码以充分利用信道互易性,需衡量发送和接收链的优点,以及由此带来的系统复杂度及额外增加的测试和验证的难度。在 FDD 系统中,不能通过信道的互易性获得信道信息。因此,应该使用基于码本的预编码来量化下行链路信道信息。基于码本和基于非码本的预编码比较在表 4-13 中给出。如上所述,基于非码本的方案依赖于发射干扰归零技术并且允许 eNB 在选择秩、MCS 和预编码矩阵方面具有更大的自由度。虽然可以获得一些收益和潜在增益,但是额外的来自基于非码本的预编码的复杂度可能超过潜在增益,甚至对于 TDD 也是如此。因此,可以优选基于码本的预编码。在任一情况下,可以经由预编码的 DMRS 执行用于解调的信道估计。

为了看到基于非码本的预编码的性能影响,进行了将其与基于码本的预编码进行比较的链路级仿真。针对具有秩自适应的 2×2 系统和 MMSE 接收机给出上行链路模拟假设。调度带宽为 6 个 RB,信道模型是 EPA 5Hz。采用下行链路信道估计基于单值分解(SVD)的方法用于确定基于非码本的预编码器,并假设具有完美的信道互易性,并且预编码向量是与 UE 和服务小区之间的相关矩阵的最大特征值对应的主特征向量。从图 4-35 的仿真结果可以看出,与基于码本的 2×2 秩自适应的预编码相比，使用基于非码本的预编码的增益小于1dB。这归因到与码本方法相比确定预编码器的更大的自由度，从而在发送侧提供更好的信道正交性。但是基于非码本的预编码增加了立方度量，而立方度量保持（CMP）码本的预编码没有增加。它也需要记住在该示例中使用的基于非码本的预编码器不能实现功率放大器的平衡使用。因此，尽管基于非码本的预编码在某些假设下表现出一些良好的增益，但是需要进一步研究几个方面来评估实践中的收益。

表4-13　基于码本与基于非码本的预编码的比较

系统方面	基于码本	基于非码本
预编码器选择	eNB –＞较低的 UE 复杂度	UE –＞更高的 UE 复杂度
性能	受码本大小限制	可能比基于码本的更好
所需的信令支持	UL 授权的 PMI bits；额外的开销很小	［FDD］从 eNB 到 UE 的 UL 信道估计的信令 –＞附加的 DL 信令信道，额外的开销很大
		［TDD］可以利用信道互易性来避免发信号通知 DL；UL 信道估计的信令需要 UE 和 eNB 之间的精确天线校准
链路适配的 SRS	没有预编码	需要预编码

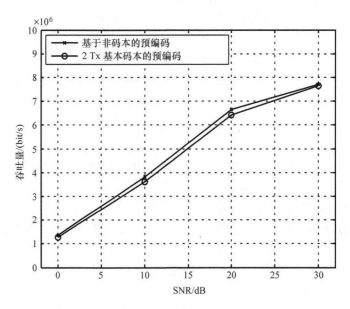

图 4-35　非码本与码本的比较

4.4.3.2　上行码本设计的因素考虑

与下行链路码本设计相反，在上行链路码本设计中应考虑其他方面，包括单载波属性、PAPR 要求和 PUCCH 负载。

用于给定秩的预编码码本由一组码本矩阵或向量组成。用于 DL 和 UL 预编码码本的设计限制是类似的，特别是关于恒模限制。有限字母表也是有用的，因为 eNB 可能需要在给定子帧处为多个 UE 执行 PMI 选择。这些是关于各自设计上行链路码本的一些一般的关注点：

- 平衡的功率放大器：应充分和平等地利用功率放大器，为了确保这一点，预编码向量/矩阵的每一行的向量范数应该是相同的（见图 4-36）。
- 每层功率相等：重要的是在码本设计中给予每个层相等的发射功率。如果期望每层的功率控制，则可以通过相应地调整 PUSCH 和上行链路 DMRS 的功率来获得。因此，层功率控制应该留在码本设计之外，以更好地利用有限的码本大小。这意味着预编码矩阵的每列的列范数应该是相同的（见图 4-37）。

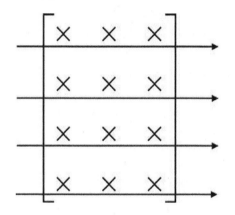

图 4-36 平衡功率放大器

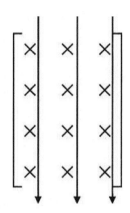

图 4-37 每层功率相等

- 良好的距离性能：码本应该具有良好的距离属性（例如，通过弦距离测量）以确保在较不相关的场景中的良好性能。
- 与传输阵列响应良好匹配：这对于确保在高度相关的情况下的良好性能非常重要。
- 约束字符集：即使 eNB 确实具有比 UE 更大的计算处理能力，eNB 也需要支持小区中大量的 UE。eNB 中的任何计算复杂度降低将按照 eNB 可以支持的 UE 的数量的因子降低总复杂度。结果是 LTE – A 上行链路 4Tx 码本向量/矩阵将使用 QPSK 值 $\{+1, -1, +j, -j\}$。
- 嵌套结构：码本的嵌套结构降低了每个秩的下行链路 SINR 计算的复杂度，并且是 DL 码本设计中支持秩重写的关键设计因素之一。此外，嵌套码本结构节省了 UE 和 eNB 的存储器需求。在 UL SU – MIMO 的情况下，由于 eNB 总是控制上行链路 UE 传输并且 UE 不通知 eNB 关于信道的优选秩，因此 eNB 可以总是根据信道条件选择适当的预编码。所以没有必要维持码本设计的嵌套结构属性，因为没有上行链路的秩替代的概念。

- 立方度量（CM）：下级 CM 可以转换为更高的上行链路传输功率。几个码本设计因子之一的 PAPR/CM 在功率受限的情况下支持单载波属性。立方度量已经被 3GPP 采用作为确定 PA 额定功率的方法。低 CM（CM 保留）是在功率有限的情况下码本设计的合理标准。

对于 UL 传输，UE 可能经历功率受限情形，从而需要设计能够维持较低的立方度量值的码本。在单秩传输中应该保持较低的立方度量。CMP 码本的主要优点是在功率受限情况下允许更高的功率传输。如上所述，LTE Rel-8 码本不能总是保留较低的立方度量。

此外，应注意，物理天线选择免于上述问题。物理天线选择是一种非常特殊的码本，其在天线增益不平衡（AGI）的情况下用于节省 UE 功率。手持设备实际上受到的限制，如天线的位置和方向，将导致天线增益不平衡。在 LTE-A 中，UE AGI 完成接收机在 DL MIMO 中的性能，并且移动到发送侧。AGI 被定义为两个天线之间天线增益的差异，并导致较差的天线效率。如果 AGI 保持接近零，则平均信道容量显著增加。随着 AGI 增加，UL 多天线传输的益处将稳步下降。当 AGI 增加到 6dB 或更大时，通过使用两个发射天线获得的增益将显著降低，并且仅在高 SINR 状态下才能观察到性能优势（如图 4-38 所示）。这种趋势不仅会在一些非常典型的示例中对 UL 多天线传输的优势产生负面影响，实际上对 UL 单天线传输的性能是有害的。

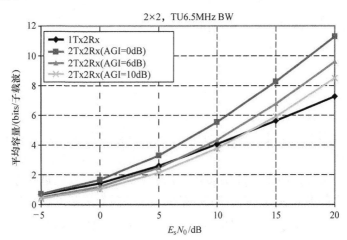

图 4-38　E_sN_0 与不同 AGI 下的平均容量

4.4.3.3　针对 2 个发射天线的码本

对于 UL 秩 2 传输，期望不相关的空间信道，并且一个单位矩阵就足够了。AGI 问题需要 2 个天线选择矩阵；否则它与 DL 中的相同。对于具有 2 个上行链路空间复用的发射天线，如表 4-14 所示定义了三位预编码码本。

表 4-14   上行链路 2Tx 天线的码本

码本索引	层数	
	1	2
0	$\frac{1}{\sqrt{2}}\begin{bmatrix} 1 \\ 1 \end{bmatrix}$	$\frac{1}{\sqrt{2}}\begin{bmatrix} 1 & 0 \\ 0 & 1 \end{bmatrix}$
1	$\frac{1}{\sqrt{2}}\begin{bmatrix} 1 \\ -1 \end{bmatrix}$	
2	$\frac{1}{\sqrt{2}}\begin{bmatrix} 1 \\ j \end{bmatrix}$	
3	$\frac{1}{\sqrt{2}}\begin{bmatrix} 1 \\ -j \end{bmatrix}$	
4	$\frac{1}{\sqrt{2}}\begin{bmatrix} 1 \\ 0 \end{bmatrix}$	天线关闭矢量,以节约电能为目标,例如,针对AGI情况,天线选择单元
5	$\frac{1}{\sqrt{2}}\begin{bmatrix} 0 \\ 1 \end{bmatrix}$	

天线关闭单元的目的明显不同于天线选择（其提供选择分集）。当感知的上行链路信道反映显著的天线增益不平衡（由于手握等）时，eNB 可以选择应用天线关闭矩阵（或矢量）。在存在不平衡的情况下，与具有从 UE 发送的相等总功率的 Rel-8 码本相比，天线关闭矢量的应用可以提供一些吞吐量增益。换句话说，在这种情况下来自关闭天线的功率被添加到其他天线。因此，天线关闭矩阵的应用应该留给 eNB 自行决定。

4.4.3.4   针对 4 个发射天线的码本

有时要求预编码以增加立方度量，并且会进一步增加用于功率放大器的补偿。这将使预编码不适合于需要较小的立方度量的单载波传输。然而，这样的结论仅适用于某些类型的码本。实际上可以设计与 1Tx 单载波传输一样理想的具有 PA 后端属性的码本。只要采用单个预编码器，只有当不同层的信号在同一 PA 上混合在一起时，CM 才会增加。因此，从 CM 角度来看任何恒定模数的码本都是可接受的，所以秩 1 传输显然不是一个问题。对于更高秩的传输，重要的是码本结构使得层到相同 PA 上的混合受到限制。这种秩 1 码本的一个示例在表 4-15 中给出。正如所见，在所有预编码器矩阵中，每行只有一个非零元素，因此码本保留了 CM。这样的 CM 保留码本结构可能看起来相当有限，因此，与设计可自由增加 CM 的码本相比，可以合理地怀疑性能是否会受到负面影响。

为了评估对使用 CM 保留码本的性能的影响，进行了链路级模拟仿真，将 CM 保留码本与用于 LTE Rel-8 下行链路的基于豪斯霍尔德的码本的秩 2 部分进行比较。还模拟固定预编码以给出总预编码增益的概念。模拟的结果显示在图 4-39 中，并假定两个码本有相同的总发射功率。可以看到依赖于信道的预编码相对于信道独立的预编码的增益大约为 2dB。此外，两个信道相关的预编码码本的性能明显几乎相同，这对于 CM 保留码本来说稍微有利一些。因此，与初始担心的相反，CM 保存结构似乎不限制性能。事实上，如果我们考虑 PA 回退功率，CM 保留码本将在整个 SNR 范围内明显优于豪斯霍尔德码本。这表明单载波传输和预编码不一定相互矛盾，并且实际上可以同时被支持，同时享有与不考虑 CM 的码本设计相比的显著的性能优势。

表 4-15　4Tx 秩 1 码本

指数 0~7	$\frac{1}{2}\begin{bmatrix}1\\1\\1\\-1\end{bmatrix}$	$\frac{1}{2}\begin{bmatrix}1\\1\\j\\j\end{bmatrix}$	$\frac{1}{2}\begin{bmatrix}1\\1\\-1\\1\end{bmatrix}$	$\frac{1}{2}\begin{bmatrix}1\\1\\-j\\-j\end{bmatrix}$	$\frac{1}{2}\begin{bmatrix}1\\j\\1\\j\end{bmatrix}$	$\frac{1}{2}\begin{bmatrix}1\\j\\j\\1\end{bmatrix}$	$\frac{1}{2}\begin{bmatrix}1\\j\\-1\\-j\end{bmatrix}$	$\frac{1}{2}\begin{bmatrix}1\\j\\-j\\-1\end{bmatrix}$
指数 8~15	$\frac{1}{2}\begin{bmatrix}1\\-1\\1\\-1\end{bmatrix}$	$\frac{1}{2}\begin{bmatrix}1\\-1\\j\\-j\end{bmatrix}$	$\frac{1}{2}\begin{bmatrix}1\\-1\\-1\\1\end{bmatrix}$	$\frac{1}{2}\begin{bmatrix}1\\-1\\-j\\j\end{bmatrix}$	$\frac{1}{2}\begin{bmatrix}1\\-j\\1\\-j\end{bmatrix}$	$\frac{1}{2}\begin{bmatrix}1\\-j\\j\\1\end{bmatrix}$	$\frac{1}{2}\begin{bmatrix}1\\-j\\-1\\j\end{bmatrix}$	$\frac{1}{2}\begin{bmatrix}1\\-j\\-j\\-1\end{bmatrix}$
指数 16~23	$\frac{1}{2}\begin{bmatrix}1\\0\\1\\0\end{bmatrix}$	$\frac{1}{2}\begin{bmatrix}1\\0\\-1\\0\end{bmatrix}$	$\frac{1}{2}\begin{bmatrix}1\\0\\j\\0\end{bmatrix}$	$\frac{1}{2}\begin{bmatrix}1\\0\\-j\\0\end{bmatrix}$	$\frac{1}{2}\begin{bmatrix}0\\1\\0\\1\end{bmatrix}$	$\frac{1}{2}\begin{bmatrix}0\\1\\0\\-1\end{bmatrix}$	$\frac{1}{2}\begin{bmatrix}0\\1\\0\\j\end{bmatrix}$	$\frac{1}{2}\begin{bmatrix}0\\1\\0\\-j\end{bmatrix}$

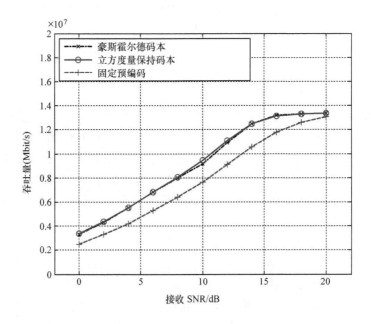

图 4-39　对于秩 2 传输的豪斯霍尔德和 CM 保留码本的链路级比较

基于前面的讨论，LTE – A 中的不同秩采用独立码本设计。天线选择码本元素被设计用于秩 1。CMP 码本用于秩 2 和秩 3。单位预编码矩阵用于秩 4。

4.4.3.4.1　4Tx 秩 1 码本

由于只传输一层，所以单载波特性不会被预编码而影响。仅考虑预编码性能（即，弦距离、天线功率不平衡等）。

- 尺寸 24：16 恒定模数 + 8 天线对关闭矢量。为所选择的天线 PA 关闭定义了一些矢量，以便在例如天线增益不平衡的情况下节省功率。为了确定秩 1 码本大小，如前所述，较低秩的码本大小可能需要更多的矢量/矩阵来实现与理想相似的相对性能。预编码增益对于较低秩来说会倾向于较大。同时，增大码本大小的增益往往会使更高的秩减小的更快。因此，为较低秩设计较大的码本更有利。

- 用于除了 LTE Rel – 8 中指定的秩 1 预编码之外的秩 1 预编码提议的 QPSK 字符集。

- 码本可以基于格拉斯曼准则来设计（即，最小弦距离的最大化）。

4.4.3.4.2　4Tx 秩 2 码本

参考表 4-16。对于秩 2 以及表 4-18 的秩 3，预编码可能增加发送信号的 CM。因此，最小化所产生的 CM 对于系统是有益的，因此 CMP 码本是主要需要考虑的因素，其余任务是找出一组具有最大/最小弦距离的预编码矩阵。

表 4-16　4Tx 秩 2 码本

索引 0 ~ 7：

$$\frac{1}{2}\begin{bmatrix}1&0\\1&0\\0&1\\0&-j\end{bmatrix}\ \frac{1}{2}\begin{bmatrix}1&0\\1&0\\0&1\\0&j\end{bmatrix}\ \frac{1}{2}\begin{bmatrix}1&0\\-j&0\\0&1\\0&1\end{bmatrix}\ \frac{1}{2}\begin{bmatrix}1&0\\-j&0\\0&1\\0&-1\end{bmatrix}\ \frac{1}{2}\begin{bmatrix}1&0\\-1&0\\0&1\\0&-j\end{bmatrix}\ \frac{1}{2}\begin{bmatrix}1&0\\-1&0\\0&1\\0&j\end{bmatrix}\ \frac{1}{2}\begin{bmatrix}1&0\\j&0\\0&1\\0&1\end{bmatrix}\ \frac{1}{2}\begin{bmatrix}1&0\\j&0\\0&1\\0&-1\end{bmatrix}$$

索引 8 ~ 15：

$$\frac{1}{2}\begin{bmatrix}1&0\\0&1\\1&0\\0&1\end{bmatrix}\ \frac{1}{2}\begin{bmatrix}1&0\\0&1\\1&0\\0&-1\end{bmatrix}\ \frac{1}{2}\begin{bmatrix}1&0\\0&1\\-1&0\\0&1\end{bmatrix}\ \frac{1}{2}\begin{bmatrix}1&0\\0&1\\-1&0\\0&-1\end{bmatrix}\ \frac{1}{2}\begin{bmatrix}1&0\\0&1\\0&1\\0&-1\end{bmatrix}\ \frac{1}{2}\begin{bmatrix}1&0\\0&1\\0&1\\0&-1\end{bmatrix}\ \frac{1}{2}\begin{bmatrix}1&0\\0&1\\0&1\\0&-1\end{bmatrix}\ \frac{1}{2}\begin{bmatrix}1&0\\0&1\\0&1\\0&-1\end{bmatrix}$$

注：对于 CMP 码本，从 CM 角度来看，恒定模数码本是可以接受的。对于更高秩的传输，重要的是码本结构使得层在同一 PA 上的混合受限。在所有预编码器矩阵中每行恰好有 1 个非零元素，即，在每个发射天线上仅传送 1 个空间层，因此码本保留 CM。

- 大小 16：所有 4×2 预编码矩阵的 CM 预留；每个矩阵每 4 行都有一个零和一个非零 exp ($j*\theta$) 元素。

- QPSK 字符集；有利于简化和计算复杂性。

从单天线端口角度看，CM 预留矩阵是一个仅允许单层混合的矩阵；非 CM 预留矩阵是一个允许双层混合的矩阵。表 4-17 显示了来自不同层数的混合信号的 CM 值分析。我们可以看到，当来自不同层的多个信号被混合到单个天线端口时，结果是更高的 CM 值。CM 值增加与混合到单个天线端口中的层数成比例。

在上行链路中，应当为 4Tx 码本设计中的所有秩使用 CM 预留码本。对于高秩码本，非 CM 预留也可以被认为是码本的一部分。

表 4-17　单天线端口混合层数 CM 值分析

	CM/dB
在单天线端口中混合 1 层	1.22
在单天线端口中混合 2 层	2.55
在单天线端口中混合 3 层	3.05
在单天线端口中混合 4 层	3.30

4.4.3.4.3　4Tx 秩 3 码本

参考表 4-18。在一个天线端口中秩 3 码本的数据只有一层，这主要用于功率限制的场景。CM 属性对于秩 3 情况也很重要，因为当两个上行链路信道同时被调度时，由于 PUSCH 和 PUCCH 传输之间的上行链路功率共享，即使在更高的秩中仍然存在功率受限的情况（即，预编码矩阵的每一行可以具有立方度量预留的至多一个非零项）。对于码本大小和低复杂度之间的权衡，LTE – A 中的 4Tx 秩 3 码本设计的特征在于大小为 12 的 CMP 码本，二进制相移键控（BPSK）字符集，最小弦距离 = 0.2887。

表 4-18　4Tx 秩 3 码本

索引 0 ~ 3	$\frac{1}{2}\begin{bmatrix}1&0&0\\1&0&0\\0&1&0\\0&0&1\end{bmatrix}$	$\frac{1}{2}\begin{bmatrix}1&0&0\\-1&0&0\\0&1&0\\0&0&1\end{bmatrix}$	$\frac{1}{2}\begin{bmatrix}1&0&0\\0&1&0\\1&0&0\\0&0&1\end{bmatrix}$	$\frac{1}{2}\begin{bmatrix}1&0&0\\0&1&0\\-1&0&0\\0&0&1\end{bmatrix}$
索引 4 ~ 7	$\frac{1}{2}\begin{bmatrix}1&0&0\\0&1&0\\0&0&1\\1&0&0\end{bmatrix}$	$\frac{1}{2}\begin{bmatrix}1&0&0\\0&1&0\\0&0&1\\-1&0&0\end{bmatrix}$	$\frac{1}{2}\begin{bmatrix}0&1&0\\1&0&0\\1&0&0\\0&0&1\end{bmatrix}$	$\frac{1}{2}\begin{bmatrix}0&1&0\\1&0&0\\-1&0&0\\0&0&1\end{bmatrix}$
索引 8 ~ 11	$\frac{1}{2}\begin{bmatrix}0&1&0\\1&0&0\\0&0&1\\1&0&0\end{bmatrix}$	$\frac{1}{2}\begin{bmatrix}0&1&0\\1&0&0\\0&0&1\\-1&0&0\end{bmatrix}$	$\frac{1}{2}\begin{bmatrix}0&0&1\\1&0&0\\1&0&0\\0&1&0\end{bmatrix}$	$\frac{1}{2}\begin{bmatrix}0&0&1\\0&1&0\\1&0&0\\-1&0&0\end{bmatrix}$

由于秩 3 传输主要用于更高等几何学的 UE，因此典型情况是功率不受限制的情况。因此，秩 3 码本可以放松 CM 预留标准。CM 预留标准要求结构不必限制。可以通过利用特定结构来限制 CM 增加量，这种特定结构中的立方度量会增加但不会增加的多到像将来自所有三个层的信号混合到同一 PA 上的最坏情况那样。

4.4.3.4.4　4Tx 秩 4 码本

单个单位矩阵（见表 4-19）用于预编码。

对于空间复用，定义了多达 2 个码字和 4 个层并且支持动态秩自适应。对于具有 2 个发射天线的 UE，预定义用于具有多达 2 层的空间复用的 3 – bit 预编码码本，其中 6 个预编码向量用于单层传输并且一个单位矩阵用于 2 层全秩传输。对于具有 4Tx 天线的 UE，预定义用于具有多达 4 层的空间复用的 6 – bit 预编码码本；秩 1 码本大小是 24，秩 2 码本大小是 16，秩 3 码本大小是 12，并且秩 4 仅使用单位矩阵（即，全秩传输）。

表 4-19　4Tx 秩 4 码本

码本索引	层数 $v=4$
0	$\dfrac{1}{2}\begin{bmatrix} 1 & 0 & 0 & 0 \\ 0 & 1 & 0 & 0 \\ 0 & 0 & 1 & 0 \\ 0 & 0 & 0 & 1 \end{bmatrix}$

4.4.4　PUSCH 上行控制信息（UCI）复用流程

在 LTE – A 中，根据与 LTE Rel – 8 中相同的原则，通过与 PUSCH 上的数据复用的控制信令来支持上行链路控制信令和数据的同时传输，或者控制信令与 PUCCH 上数据的同时传输（见图 4-40）。

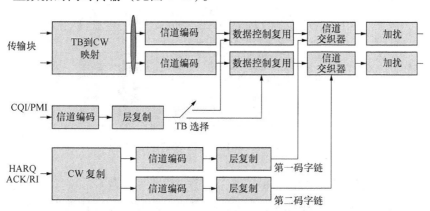

图 4-40　UCI 在 PUSCH 上复用

由于在 LTE – A 中支持多个发射天线用于上行链路传输，因此可以将多达两个 CW 用于 MIMO 传输的 PUSCH。当只有一个 CW 时，控制信息可以仅与其上的数据复用。对于具有两个 CW 的 UE，可以仅在一个 CW 或所有 CW 上复用 UCI 数据。

在 LTE – A 中，引入了用于 PUSCH 调度的新的 DCI 格式，DCI 格式 4。对于在 UL SU – MIMO 情况下的上行链路 HARQ，DCI 格式 4 中 MCS 字段的数目是两个。支持两个码字的单独链路自适应。DCI 格式 4 中的两个新数据指示符（NDI）（每个 CW 一个 NDI）支持 UL SU – MIMO，并且支持两个 HARQ ACK/NACK 比特。不支持空间 HARQ 绑定，并且每个码字存在一个 ACK/NACK。对于单分量载波（CC）上行链路 MIMO 传输，CW1 和 CW2 的物理 HARQ 指示符信道（PHICH）资源由以下标识：第一个 PHICH 由 Rel – 8 等式确定，第二个 PHICH 是通过用相同 Rel – 8 等式中的（最低 PRB 指数 + 1）替换（最低 PRB 指数）来确定的。

在信道编码之前，在两个 CW 上复制 HARQ – ACK 和 RI 比特，并且 TDM 与数据复用，使得 UCI 符号在所有层上时间对齐。与 Rel – 8 中相同，ACK/NACK 比特对 PUSCH 的资源进行打孔，而 RI 信息被映射到那些 HARQ – ACK 使用的资源周围，如图 4-41 所示。

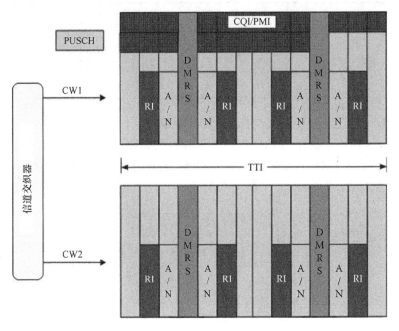

图 4-41   PUSCH 上 UCI 的信道交织器

CQI/PMI 传输将重用 Rel – 8 复用和信道交织机制并且仅在一个码字上进行传输。由于 CQI/PMI 对于系统的正常运行很重要，因此它需要比数据更多的保护使得其可以被 eNB 正确地接收。CQI 仅在初始授权上具有较高 MCS 的码字上被发送，或在两个码字的 MCS 相同时在第一码字上被发送。

当没有数据传输时，多个载波的 UCI 被联合编码并且仅支持 UCI 的秩 1 传输。

4.5 多用户 MIMO

MU – MIMO 是一组先进的 MIMO 技术，其利用多个独立无线终端的可用性来增强每个独立终端的通信能力。相反，单用户 MIMO 仅考虑对物理连接到每个独立终端的多个天线的接入。MU – MIMO 需要在相同的时间频率资源上调度多个 UE。不是仅在时间和/或频率上维持正交性，而是使用空间维度通过指定适当的发送和接收天线权重向量将信号分离到共同调度的 UE。MU – MIMO 可以被看作是 SDMA

的扩展概念，其允许终端同时向（或从）同一频带中的多个用户发送（或接收）信号。通过共同利用多用户调度增益和空间频率分集，MU – MIMO 可以在理论上实现比 SU – MIMO 明显更高的小区频谱效率。如果设计得当，MU – MIMO 可以提供空间多用户分集并优于单用户 MIMO。MU – MIMO 的理念是通过允许具有类似高 SNR 的用户和在相同子帧中的类似数据传输需求的用户来共享相同的时间和频率资源来增强总小区吞吐量。这也称为 UE 的共同调度（或配对）。

MU – MIMO 方案在图 4-42 中简单描述。每个 UE 估计每个资源块的 MIMO 信道矩阵。基于信道估计，每个 UE 设计接收波束形成器，从给定的矢量码本中选择适当的码字，并且针对每个 RB 独立地计算有效 CQI。从用于每个 RB 的码本中选择码字 CW，使其能够最好地表示向量数量 HW，其中 W 是自适应接收信道预编码矩阵，H 是与 RB 对应的信道矩阵（具有 N_t 行和 N_r 列；N_t 和 N_r 分别是 eNB 和 UE 天线的数量）。

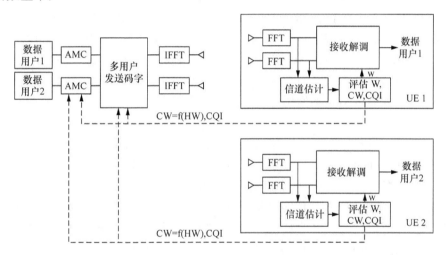

图 4-42　MU – MIMO DL 系统

利用 MU – MIMO，可以在相同的资源上调度多个 UE，并且在低移动性场景中将从多用户分集和空间复用增益中受益。如我们已经讨论的，适合在相关信道上复用多个 UE，并且可以通过向每个 UE 分配多个层来利用剩余的不相关的信道维度。每个 UE 具有单层的 MU – MIMO 传输，这对于具有高系统负载和高几何结构的部署将是非常有益的。具有非常高的几何形状，交叉极化的 eNB 天线阵列和具有轻系统负载的场景可以在 MU – MIMO 操作中引入每个 UE 的多层传输。

然而，为了获得合理的空间多用户分集增益，有必要处理多用户干扰。LTE 中的 MU – MIMO 方案不向 UE 提供任何干扰信道信息。因此，当 eNB 在相同的时频资源中调度多个 UE 时，在 UE 反馈和下行链路信道之间存在巨大的 CQI 失配。因此，应当为 LTE – A 引入更复杂的 MU – MIMO 操作以提供更好的性能。

值得一提的是，eNB 中的总功率在下行链路 MU - MIMO 中被固定，每个资源元素的功率也被固定。从这个观点来看，可以预见下行链路 MU - MIMO 具有比其上行链路副本更小的容量增益潜力。

4.5.1 LTE 中的 MU - MIMO（多用户 MIMO）

LTE Rel - 8 中的 MU - MIMO 规定了一个下行链路 MU - MIMO 的简单版本，并且与为 SU - MIMO 设计的技术密切相关，而实际上，可以通过不同的反馈和波束成形技术的方式来实现总系统吞吐量和频谱效率的更显著的改进。在实践中，如果设计得当，MU - MIMO 可以提供空间多用户分集并且在（bit/s）/Hz 方面优于 SU - MIMO。能够在传输模式 5$^{\ominus}$（MU - MIMO）中接收 PDSCH 传输的 LTE Rel - 8 UE 不一定具有在相同子帧中接收多个 PDSCH 码字的能力。从 eNB 到调度的 UE 的下行链路信令被用于指示所选择的预编码向量并且隐含地指示共同调度的 UE 的存在。这通过使用具有 PMI 和一个功率偏置位的 DCI 格式 1D 来完成。

用于 MU - MIMO 的预编码向量被限制在 LTE Rel - 8 中定义的码本内，并且仅有宽带 PMI 预编码报告被支持。宽带 PMI 的使用意味着 MU - MIMO 在相关信道中工作良好，因为空间相关性在频率上可能不会改变得太多。码本的粒度（用于 4 天线码本的 4 比特），PMI 的宽带性质以及 CRS 的使用限制了发射机侧干扰抑制（例如，迫零波束成形）的使用。

在 LTE Rel - 8 中，信道质量估计和数据解调都基于小区特定参考信号。由于 CRS 不能捕获应用于 PDSCH 的 UE 特定预编码，所以应当在 PDCCH 上用信号通知预编码器索引。同时，LTE Rel - 8 仅定义了一种专用于 RS 的模式，使得专用波束成形仅支持秩 1 传输。UE 需要知道用于解调的预编码矩阵，因为调度授权不提供关于其他共同调度的 UE 的预编码向量的信息。因为 UE 在估计 CQI 时不知道其他 UE 的预编码向量，所以将导致 CQI 失配问题，并且降低干扰抑制的有效性和系统吞吐量。根据来自 UE 的 SU CQI 反馈，可以基于下式计算 MU CQI：

$$CQI_{MU} = CQI_{SU} - n - \alpha - \Delta$$

其中，n 是功率分配引起的功率偏置，它取决于 MU 传输中的总层数。例如，如果两个秩 1 的 UE 配对进行 MU 传输，则 $n = 3dB$。α 是取决于 UE 几何形状的回退因子。Δ 是基于 ACK/NACK 的 CQI 调整因子。

在 LTE Rel - 8 MU - MIMO 中，每个 UE 被限制为接收单个层。尽管 Rel - 8 MU - MIMO没有明确禁止在资源块中调度两个以上的用户，但实际上，由于单个功率偏置位，仅最多有两个 UE 可以得到很好的支持。SU - MIMO 和 MU - MIMO 之间的唯一区别在于，在 PDCCH 中提供功率共享信息，使得当使用较高的调制时，UE 可以解调数据。由于未向 UE 通知同信道干扰信息，因此基于单用户 MIMO 传

$\ominus$ 在 LTE Rel - 8 中，SU - MIMO 和 MU - MIMO 是两种单独的传输模式。这两者之间的模式切换是半静态配置的，并通过高层信令发送信号通知。

输来计算 CQI。

我们假设 MMSE 接收机在 UE 处被使用。每个用户报告根据以下公式计算的所有预编码向量/矩阵上的 SNR（瞬时速率）：

$$SNR_k^{MMSE} = \frac{\varepsilon_s}{N_0 \left[F^* H^* HF + N_0 / \varepsilon_s I_M\right]^{-1} k, k} - 1$$

式中，F 是 Tx 天线数×秩维度的预编码矩阵；允许的 F 矩阵只能来自标准化的码本。UE 反馈其对 F 的最佳选择（称为 PMI）和相应的 CQI；H 是信道矩阵（包括路径损耗、衰落等）。

对于 SU – MIMO 秩 1 报告，在不考虑干扰的情况下计算上述 SNR，而秩 2 报告考虑来自用户的信道矩阵与正交预编码向量的相互作用的流间干扰。因此，秩 2 报告是各个流的频谱效率的总和。

从所有用户获得 CQI 报告之后，eNB 计算每个用户 i – 向量/矩阵 j 对的度量。对于仅有 SU – MIMO 的调度，调度器选择提供最高度量的最佳用户 – 向量对。当考虑 MU – MIMO 时，计算每个酉矩阵的度量。此度量是矩阵每列上的最高度量的总和。选择提供最高度量的矩阵，并将该度量与最佳 SU – MIMO 矩阵的度量进行比较。如果 MU – MIMO 度量较大，则以 MU – MIMO 方式分配（见图 4-43）。

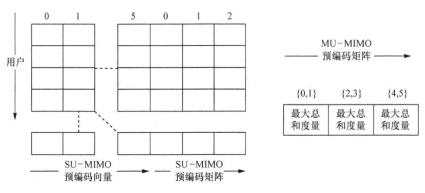

图 4-43　MU – MIMO 配对

具有 UE 信道状态信息的 LTE Rel – 8 eNB 可以在相同的无线电资源⊖上调度多个用户。典型的下行链路 MU – MIMO 系统如图 4-44 所示。考虑其中 s_k 和 n_k 分别表示第 k 个发射符号向量和加性高斯白噪声向量的情况。然后，用于用户 k 的实际传输信号向量由 $w_k s_k$ 给出，其中 w_k 表示用于第 k 个用户的预编码矩阵。假设服务将被提供给一组 k 个选择的不相关用户，并且每个用户配备有 $n_{r,k}$ 个不相关天线（因此能够接收多达 $n_{r,k}$ 个流）。第 k 个用户的接收信号向量是：

⊖　在 Rel – 8 MU – MIMO 中由于 CS 不能保持不同带宽的 UE 之间的正交性，所以复用 UE 的带宽必须相同。通过应用不同带宽的 MU – MIMO，可以进一步提高吞吐量。

$$y_k = H_k w_k s_k + H_k \sum_{l=1,l\neq k}^{K} w_l s_l + n_k$$

线性预编码的目标是基于全信道矩阵 $H[H_1^{\mathrm{T}}, H_2^{\mathrm{T}}, \cdots, H_k^{\mathrm{T}}]^{\mathrm{T}}$ 设计 $W = [w_1, w_2, \cdots, w_k]$，使得 HW 是对角线矩阵，例如，对于 $i \neq j$，$H_i w_j = 0$。

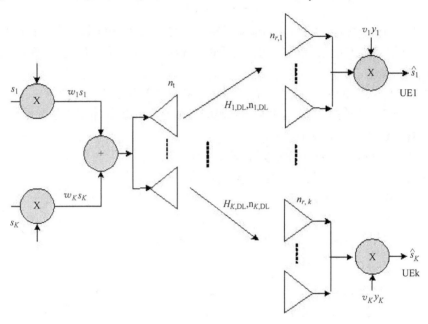

图 4-44　典型的下行链路 MU - MIMO 系统

存在若干成熟方案，例如，迫零预编码或块对角化或最大信号泄漏比（SLR）波束形成，其可用于消除用户之间的干扰。

迫零（ZF）预编码是用于下行链路 MU - MIMO 的潜在预编码器设计技术。迫零预编码的主要优点是在发射机侧的干扰预处理。这意味着 eNB 在设计预编码器时有很大的计算复杂度，并且每个 UE 仅需要其关于自己的用于接收的数据流的信息。迫零预编码过程如图 4-45 所示。

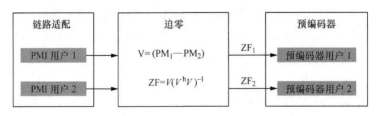

图 4-45　具有迫零的下行链路 MU - MIMO

对于单小区传输，考虑双用户场景，其中接收信号由下式给出：

$$y_1 = H_1 F_1 s_1 + H_1 F_2 s_2 + n_1$$
$$y_2 = H_2 F_1 s_1 + H_2 F_2 s_2 + n_2$$

式中，F_1 和 F_2 是用户 1 和用户 2 的预编码矩阵；s_1 和 s_2 是用户 1 和用户 2 的数据向量；H_j 是从 eNB 到第 j 个用户的信道矩阵；n_1 和 n_2 是具有协方差矩阵 $R_{1,n}$ 和 $R_{2,n}$ 的干扰和噪声。MU – MIMO 的迫零设计原理是获取预编码矩阵 F_1 和 F_2 来最小化或完全预防用户间干扰，使 $H_1 F_2 = 0$ 和 $H_2 F_1 = 0$，同时为有效的单用户信道 $H_1 F_1$ 和 $H_2 F_2$ 实现良好的系统性能。

块对角化（BD）是在同一小区中向不同用户发送多个无干扰数据流的 MIMO 信道中的线性预编码的另一种方法。BD（如图 4-46 所示）的原理思想是将预编码矩阵投影到共同调度用户的空值空间中，从而在 eNB 处预先处理用户间干扰，并且 UE 不需要执行额外的小区内干扰抑制。

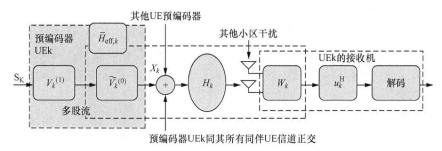

图 4-46 具有 BD 的下行链路 MU – MIMO

SLR 波束成形向量被设计为使在目标用户处接收的期望信号和在相同频率资源中的干扰泄漏到共同调度用户的比率最大化。SLR 波束成形允许一定水平的残留干扰作为用于更加灵活的波束成形设计的折衷，并且可以在使用 UE 特定干扰抑制方法的移动终端处进一步减轻残留的用户间干扰。具有 SLR 的用户 1 的预编码器表示为

$$W_1 = \arg\max_W \frac{W^H H_1^H H_1 W}{W^H (H_2^H H_2 + R_{2,N}) W}$$
$$= evec\{(H_2^H H_2 + R_{2,N})^{-1} \times H_1^H H_1\}$$

式中，$evec\{\cdot\}$ 是右主导/主特征向量；$R_{j,N}$ 是第 j 个用户的噪声/相干协方差估计。需要知道传输和噪声/干扰协方差的精确的准确度，以便有效地减轻用户间的干扰。容易看出，W_1 遵循 Rayleigh – Ritz 商理论，用于最大化用户 1 的期望信号与用户 1 对用户 2 造成的泄漏（干扰）的比率。如果认为 $R_{j,N}$ 估计不可靠，则替代解决方案是报告用于 SLR 波束成形的噪声/干扰功率 P_0，其公式为 $W_1 = evec\{(H_2^H H_2 + P_0 + I_{Nt})^{-1} \times H_1^H H_1\}$。

虽然存在上述方案，但 LTE Rel – 8 中 MU – MIMO 支持的是次最佳的：预编码基于 SU – MIMO 码本（无迫零），并且秩 1 SU – MIMO CQI 报告也用于 MU – MI-

MO。同时，UE 不知道干扰源的预编码器；UE 在执行 CQI 测量时不知道干扰，因此所报告的 CQI 过于乐观了。

用于解调的 Rel - 8 信道估计是基于小区特定参考信号的。这意味着需要从 eNB 到被调度的 UE 的下行链路信令来指示所选择的预编码向量并隐含地指示存在共同调度的 UE。这通过使用具有 PMI 的 DCI 格式 1D 和功率偏置位来完成，以向在 MU - MIMO 下工作的 UE 指示寻址该 UE 的数据的功率仅是每个资源元素 (EPRE) 的能量的一半。当前 Rel - 8 MU - MIMO 设计具有一些限制，例如，预编码向量被预定义的码本约束，两个共同调度的 UE 中的每一个被限于将导致有限的吞吐量的秩 1 传输，并且调度授权不提供关于其他共同调度的预编码向量的信息。综上所述，LTE Rel - 8 MU - MIMO 的主要特点如下：

• 半静态 SU - MU MIMO 切换：eNB 将 UE 半静态地配置为 SU - MIMO 或 MU - MIMO 操作。这里，术语半静态意味着经由 RRC 重配置执行切换。在闭环 (CL) 操作中，用于 MU 操作的 UE 反馈基于 SU 秩 1 假设。基于 SU 的反馈可能是实现由高级 MU 操作所预测的较高吞吐量的瓶颈，随着 eNB 处的发射天线的数目增加，这变得更可行且更重要。改进 MU 操作的一种方法是修改基于 PMI 的反馈以包括关于零空间的信息。

• 共同调度的 UE 的连续和对齐的资源分配。

• 不准确的反馈，在 SU - MIMO 和 MU - MIMO 之间的 CQI/PMI 反馈信令中没有差别。

• 较少有效干扰抑制：针对 Rel - 8 MU - MIMO 定义的码本与 SU - MIMO 的相同。通常使用宽带预编码；另一方面，UE 使用没有关于共同调度的 UE 的附加信令的小区特定参考信号，因此它限制了基于 UE 的干扰抑制的有效性和灵活性。

在 LTE Rel - 8 MU - MIMO 中，使用传输模式 5 支持透明 MU - MIMO，其中被调度的 UE 之间的良好的空间分离取决于 eNB 调度器。在 LTE Rel - 9 中，采用扩展来改善使用不同具有正交模式的 UE 特定天线端口的 DMRSs 和 DMRS 加扰初始化 ID 之间的正交性，作为一种不透明 MU - MIMO 的形式。UE 特定 MU - MIMO 方案支持在秩 1 传输的情况下 DMRS 端口支持的动态指示，以使得能够在相同 PDSCH 资源上使用不同的正交 DMRS 端口来调度具有秩 1 传输的两个 UE。在秩 1 传输的情况下，没有明确的信号表明存在共同调度的 UE。在秩 1 传输的情况下，UE 不能假设另一个 DMRS 天线端口不与分配给另一个 UE 的 PDSCH 相关联。Rel - 9 (TM8) 中的 MU - MIMO 的主要特征是：

• 动态 SU - /MU - MIMO 切换
• 透明 SU - /MU - MIMO 传输
• 最多 4 个总层并每个 UE 最多 2 层
• 灵活的资源分配和配对

LTE Rel - 9 MU - MIMO 同时支持多达 4 个 UE 的一个流传输，并且以准正交方式定义了 2 个正交 DMRS 端口和 2 个加扰序列，但是 UE 仅在 SU – MIMO 上下文中报告 PMI 和 CQI。

一般来说，Rel – 8/9 中的 MU – MIMO 与为 SU – MIMO 设计的技术非常密切相关，而在实践中，可以通过不同的反馈和波束成形技术来实现总系统吞吐量和频谱效率的更显著的改进 。对于 LTE – A，应该考虑更先进的 MU – MIMO 技术以提高整体系统的频谱效率，并且 LTE – A 应当能够比 LTE Rel – 8 更接近理论容量。

4.5.2　LTE – A 中的 MU – MIMO

在 LTE Rel – 8 中，如先前所讨论的，MU – MIMO 方案没有被完全优化以最小化同信道干扰。简单地重新使用 SU – MIMO 码本和反馈模式可能导致具有巨大的 CQI 失配的严重的性能降级。UE 不能预测什么样的预编码器将用于 PDSCH 传输，以及 UE 将从其他用户的波束经历多少干扰，所以 UE 非常难以测量和报告准确和适当的 CQI。干扰在实践中不能完全被消除，码本和反馈设计在这个问题中发挥了重要作用。没有准确的 CSI 反馈，eNB 不能在相同的无线电资源上适当地调度多个用户，并且使用例如迫零预编码或块对角化来消除用户间干扰。由于期望信号功率和不期望干扰功率都受到 MU – MIMO 中的码本选择的影响，因此与 SU – MIMO 相比，自然会对反馈精度有更高的要求。

由于 LTE Rel – 8 中可用的 DL MU – MIMO 方案已经被简单地设计，因此在 LTE – A 中 MU – MIMO 增强具有很大的空间。LTE – A 采用在 Rel – 9 中使用的许多基本特征，诸如透明 SU/MU – MIMO 传输，动态 SU/MU – MIMO 交换，多达 4 个总层，每个 UE 最多 2 个层，基于 DMRS 的解调，两个 SCID 和每 SCID 两个正交 DMRS，并且支持可变资源分配和 UE 配对。以下讨论 LTE – A MU – MIMO 的主要增强特征。

4.5.2.1　基于 CSI – RS 的信道状态信息测量

CSI – RS 在每个物理天线端口或虚拟化天线端口中发送，并且仅用于测量。其信道估计精度可以相对低于 DMRS。

CSI 反馈增强使用两矩阵（W_1，W_2）反馈框架，其中，W_1 的目标是宽带/长期信道特性，W_2 的目标是频率选择/短期时间信道特性。

4.5.2.2　动态 SU/MU 切换

SU – 和 MU – MIMO 之间的切换可以动态地或半静态地进行。然而，与半静态转换相比，动态转换具有一些显著的益处。利用动态切换，eNB 可以更好地适应于不同的系统条件，诸如业务类型和 UE 的数量，并且 eNB 可以更好地适应无线信道条件的时间变化。eNB 还可以在逐子帧的基础上自适应地优化其传输以最大化系统性能。但是，SU/MU – MIMO 动态切换的问题意味着 SU 和 MU – MIMO 应当在 UE 中具有统一的 CQI 反馈帧和 CQI 计算方法，这不基于传输模式假设。

在 LTE – A 中，UE 特定的 DMRS 可以为 SU – MIMO 和 MU – MIMO 之间的动态切换提供机会。在没有 RRC 重配置的情况下，可以在 SU – MIMO 和 MU – MIMO 传输之间进行切换。如果使用用于 SU–MIMO 和 MU–MIMO 的相同的 DMRS，则该隐式 MU–MIMO 可以通过允许 SU–MIMO 和 MU–MIMO 之间的动态切换来提供调度增益，并且 UE 不需要知道传输模式。由于历史原因，SU–MIMO 和 MU–MIMO 是当前 LTE Rel–8 和 Rel–9 中的两种单独的传输模式，并且模式切换是半静态地配置的，并且通过更高层（RRC）信令发送信号通知，以及指定两种不同的 DCI 格式支持这两种模式。LTE–A 支持动态 SU–/MU–MIMO 交换，其指示 SU–MI-MO 和 MU–MIMO 在相同的传输模式内传输，并且相同的 DCI 格式用于指示 SU–MIMO 和 MU–MIMO 传输。图 4-47 给出了用于动态 SU/MU 切换的 eNB 处理的框图。

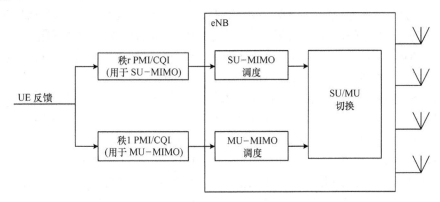

图 4-47 具有多个 PMI/CQI 反馈的 eNB 调度过程

4.5.2.3 透明 MU–MIMO 与不透明 MU–MIMO 比较

MU–MIMO DCI 将经由 PDCCH 从 eNB 发送到 UE。DCI 将包括共同调度的 UE 的存在的指示，共同调度的 UE 的预编码信息，DMRS 模式等。DCI 可以是透明的或不透明的（见表 4-20）。

表 4-20 透明 MU–MIMO 与不透明 MU–MIMO

	优点	缺点
透明	没有额外的信令来指示共同调度的 UE	在接收机侧的 UE 间干扰抑制是困难的；单单依靠网络侧的信号处理可能无法充分利用 MU–MIMO 增益
	SU–MIMO 和 MU–MIMO 的共同反馈模式	如果多于两个 UE 被共同调度，则必须在一定程度上依赖于空间隔离 DMRS（非正交）
不透明	良好的共同调度的 UE 干扰抑制能力，通过选择接收机中的优化的 MMSE 合并权重，或非线性干扰消除技术	额外的信令开销，应该有 MU–MIMO 特定的反馈模式

这里的透明意味着没有提供 DL 信令（DCI）来向 UE 指示到另一 UE 的 DL 传输是否发生在相同的 RB 中。换句话说，从 UE 的角度来看，透明 MU - MIMO 意味着在 SU - MIMO 和 MU - MIMO 之间传输没有差别，并且 UE 可以简单地使用用于 SU - MIMO 解调的干扰抑制组合接收机。定义不透明 DCI 使得关于共同调度的 UE 的一些信息被经由 DCI 显式地或隐式地向 UE 发送信号通知，这使得能够在共同调度的 UE 之间进行干扰抑制。由于预编码的 UE 特定的 DMRS，在 LTE - A 中不需要功率共享信息，因为 DMRS 已经包含功率电平信息，使得可以实现全 UE 透明 MU - MIMO。所以在 LTE - A 中，没有向 UE 提供动态 DL 信令以指示到另一 UE 的 DL 传输是否发生在调度 UE 的相同 RB 中。在透明情况下，不能由期望的 UE 准确地获得诸如空间标签的干扰的知识。透明 MU - MIMO 的性能严重依赖于在共同调度的 UE 之间可以实现的空间隔离的程度。由于 DMRSs 上的干扰导致的信道估计精度的劣化将导致 MU 传输相对于 SU 传输的边际增益。UE 接收机难以进行 UE 间干扰消除，并且必须在发射机侧进行干扰消除。

从前面的讨论中，我们知道透明 MU - MIMO 的性能将取决于空间隔离，而空间隔离取决于信道特性、天线设置、要调度的用户数量，以及可以通过共同调度的 UE 之间的发射机预编码实现的 eNB 侧的信道的知识。

4.5.2.4　基于双码本的反馈模式

新的码本支持更精细的信道反馈粒度和干扰矢量指示以更好地支持 CQI 计算。智能调度器可以选择适当的预编码器以减少 MU - MIMO 操作中的用户间干扰。LTE - A UE 简单地遵循 Rel - 8 反馈框架并报告隐式 SU CQI/PMI，并且相应地在 eNB 处执行 MU - MIMO 预编码判决和链路适配。可以通过对包括块对角化、最大 SLR 和迫零的各种解决方案从多个 UE 接收的 PMI 上的变换来导出 MU 预编码器。

4.5.2.5　LTE - A MU - MIMO 维度调整

LTE - A 必须根据共同调度的 UE 的数量和每个 UE 的层数来进行增强 MU - MIMO 计量。可共同调度的用户的最大数目将由 DMRSs 的数目来确定。在 LTE Rel - 8 中，MU - MIMO 基于每个 UE 的单层传输，并且仅有两个共同调度的 UE 才可以在小区特定 RS 上操作。定义的两个正交 DMRS 端口和两个加扰序列可以使用 Rel - 9 中的正交和准正交 DMRSs 的组合来构建多达 4 个层。一方面，从实现的角度来看，由于需要更精致的干扰消除和复杂的 eNB 调度而具有更多的 UE 复用增加了 UE 复杂度；另一方面，也应考虑到被调度的 UE 的多层传输以提高 LTE - A 中的总系统吞吐量。对于 DL 信令和 DMRS 的设计，对于 MU - MIMO 假定以下原理：

- 不超过 4 个 UE 共同调度，并且这些 UE 应当具有非常高的几何和空间复用增益，这由于功率分裂和增加的小区内干扰而更加显著。

- 具有 2 个正交 DMRS 端口的 UE，每个 UE 不超过 2 个层，因为在 MU - MIMO 中每个 UE 具有大量的层需要较高的 SINR，因此在层之间需要非常好的空间间隔，以避免过多的 MU 干扰。

• 对于 MU – MIMO 传输，总共不超过 4 个传输层，因为在 MU – MIMO 中支持多于 4 个层将需要非常高的 SINR 和极高水平的空间分离，这在实践中是不切实际的。

4.5.2.6　MU – MIMO 中的资源分配

LTE – A 在 MU – MIMO 中支持灵活的配对和资源分配（参见图 4-48），其可以在使用 LTE Rel – 8 的对准资源分配上提供 10% 的性能增益。基于所有之前的分析，我们可以看出，在 LTE – A 的 MU – MIMO 中已经有许多有价值的变化。总之，从 Rel – 8 到 LTE – A 的 MU – MIMO 技术演进如表 4-21 所示。

图 4-48　灵活的配对和资源分配

表 4-21　MU – MIMO 传输的演进

版本	主要特征
Rel – 8	1. 半静态 MU – MIMO 传输模式 2. UE 特定参考信号的一层；两个共同调度的 UE 中的每一个都是限于秩 1 传输 3. 类似于 SU – MIMO 的 CQI/PMI/RI 反馈 4. 基于 4 比特码本的反馈；预编码基于 SU – MIMO 码本（无迫零），秩 1 SU – MIMO CQI 报告也用于 MU – MIMO 5. UE 不知道干扰源的预编码器；UE 不能抑制由 MU – MIMO 引起的串扰 6. UE 在执行 CQI 测量时不知道干扰；因此报告的 CQI 太乐观了 7. 可能的 MU – MIMO 算法：具有正交秩 1 向量的 eNB 配对用户；eNB 选择最佳用户对；预测 MCS；UE 不能抑制由 MU – MIMO 引起的串扰 8. Rel – 8 MU – MIMO 中的信道估计基于使用天线特定的公共参考信号
Rel – 9	1. 支持 2 个 UE 特定的参考信号的 CDM 流：与 Rel – 8 相同的开销；1 个流 UE 特定的 RS；通过透明 MU – MIMO 实现串扰抑制 2. 秩 1、秩 2、MU 秩 1 的单一传输模式：SU 和 MU 之间的动态转换以及秩 1 和秩 2 之间的动态转换 3. 没有信令指示共同调度的 UE 的存在 4. 没有 PMI 反馈；LBUE 总是根据发射分集反馈一个 CQI；UE 不反馈秩指示符；由 eNB 确定的 MCS／秩；UE 在反馈期间不知道 SU 或 MU 传输 5. PMI 反馈（2Tx）：CQI/PMI/RI 反馈（与 2Tx 空间复用模式相同） 6. 在 TDD 中，SRS 传输可用于估计 MU – MIMO 的协方差矩阵；基于 KB 迫零的 MU – MIMO，适用于两个秩 1 用户；在 FDD 中，在一些情况下，从 UL 协方差到 DL 协方差的转换是可能的 7. 使用 CRS 进行基于码本的反馈效率低下

（续）

版本	主要特征
Rel－10	1. 特定于 UE 的参考信号扩展到 8 个流；支持超过 2 个用户的 MU－MIMO 和多流 MU－MIMO 2. 用于 CQI 估计的 CSI－RS（midamble）；支持减少 CRS 开销 3. FDD/TDD 的新型反馈方法；可能支持协方差反馈，高分辨率 PMI 反馈 4. 支持分布式天线系统；从几个网络天线发送到每个移动台；在许多网络天线接收每个移动台

4.5.3　用户间互干扰分析

众所周知，如果每个 UE 性能没有由于 UE 所经历的相互干扰的增加而严重降级，则 MU－MIMO 可以提供多重增加的总吞吐量，这是实现理论潜力要克服的最大技术挑战。在 MU－MIMO 中，存在两种类型的干扰：分配给相同 UE 的层之间的干扰（UE 内干扰）和分配给不同 UE 的层之间的干扰（UE 间干扰），这是由于缺乏在 eNB 和 UE 处的完美信道状态信息。假定典型的 2Rx UE 没有额外的自由度来消除任何干扰，则 eNB 必须承担减少跨 UE 干扰的大部分负担。如果 eNB 不具有来自所有 UE 的良好信道信息，则具有一定的挑战性。应当考虑以下几点以避免在引入新设计的高阶 MIMO 方案或用于 LTE－A 的更复杂的 MU－MIMO 操作时的不必要的实现复杂性。首先，应当保证与 LTE 系统中的方案相比，新的方案或操作可以提供显著的增益。第二，应当考虑向后/向前兼容性以支持传统 UE 以及 LTE－A UE。因此，原则上，可以在以下方面增强 LTE－A 中的 MU－MIMO。

Rel－8 中的 MU－MIMO 设计在发射机和接收机两端都缺少干扰抑制能力。通过引入预编码的 UE 特定的 RS，在发射机侧允许更多的预编码灵活性。然而，仍然需要在接收机处执行残留空间干扰检测和抑制。UE 特定 RS 设计可以允许 UE 跟踪空间干扰，并且信道对角化和干扰置零通常被认为是用于提高系统频谱效率和用户体验的单小区 MU－MIMO 方案的有吸引力的预编码策略。Rel－9 反馈机制以及 DMRS 已经允许 eNB 使用诸如迫零或其许多变型的预编码策略来共同调度两个 UE 并最小化它们的相互干扰。然而，应该彻底研究 UE 处的这种处理的实际可行性和实际增益。

可以通过基于 PMI 的预编码或接收机干扰消除（IC）来减轻 UE 内的干扰。UE 间干扰减轻可以仅通过干扰归零预编码器来实现，其有时需要大的 CSI 反馈。

智能调度器可以选择适当的预编码器以减少 MU－MIMO 操作中的用户间干扰。然而，如 LTE Rel－8 中规定的，MU－MIMO 仅仅依赖于基于码本的方法，因此用于确定 MU－MIMO 预编码器的智能算法是有限的。LTE－A 可以在具有协方差矩阵反馈的预编码（例如，ZF）中获得更好的干扰消除，并且通知干扰预编码器，使得 UE 可以使用例如线性最小均方估计（LMMSE）接收机来抑制残留干扰。

还有必要增强 CQI 报告，以便考虑干扰。换句话说，UE 在测量 CQI 时需要干扰感知。

许多 MU – MIMO 算法对于诸如块对角化（BD）和最大信号泄漏比（SLR）波束成形的发射协方差信息是可能的。

使用来自 UE 的协方差矩阵和 CQI 信息反馈，eNB 调度器可以选择使用 MU – MIMO 来调度 DL 传输。选择 DL 波束成形向量以减少交叉用户干扰并同时最大化所需的用户信号强度。具体地，在 UE1 和 UE2 成对的 MU – MIMO 的情况下，通过优化以下目标来导出 UE1 的波束成形向量：

$$v_1^* = \arg\max_{v_1} \frac{v_1^H R_1 v_1^H}{v_1^H R_2 v_1^H + ni_2}$$

式中，R_1 和 R_2 是 UE1 及其对 UE2 在一组频率上的平均信道协方差矩阵，ni_2 是 UE2 处的噪声和干扰功率电平，其可以直接报告或从 UE2 CQI 反馈导出。因此，v_1^* 的最优解是迫零波束成形器，表示为

$$v_1^* = Eig_m(R_{2,NI}^{-1} R_1)$$

或等效地，v_1^* 是对应于（R_1，$R_{2,NI}$）的最大广义特征值的特征向量，其中 $R_{2,NI} = R_2 + ni_2 \cdot I$，并且 $ni_2 \cdot I$ 表明在 UE2 处测量的每个接收天线的干扰加噪声功率。

在具有协方差矩阵反馈的 SU – MIMO 的情况下，波束成形向量是对应于 R_1 的最大的一个或两个特征值的特征向量，这取决于由 eNB 调度器调度的传输的秩。同时，如我们所看到的，需要配置 UE 以在宽带或指定子带上计算协方差矩阵的能力。这意味着需要定义额外的报告模式。

考虑到来自 UE 侧的干扰消除，如果 UE 知道 MU – MIMO 的传输模式，则可以在具有更多信令支持的接收机处消除来自其他共同调度的 UE 的干扰。必要的信令可以包括以下要素：

- 共同调度的 UE 的数量和层数，以及共同调度的 UE 的位置
- 用于 DMRS 的其他共同调度的 UE 的参考信号序列
- 用于 MU – MIMO 传输的分配的资源块

总而言之，MU – MIMO 高度依赖于发射机处的精确信道知识，并且对量化误差和反馈设计非常敏感。随着 SNR 增加，MU – MIMO 因为由量化误差引起的小区内干扰而受到干扰限制。在理想情况下，可以使用正交 MU 配对来分离两个 DMRS，其中干扰用户的发射权重与 UE 自己的信道正交。然而，由于不可避免的反馈量化误差和延迟误差，即使两个共同调度的用户所报告的 PMI 是正交的，也存在干扰。可以通过使用不同的扰码来减少干扰。但是，由于两个扰码提供的正交性很弱，特别是当预编码粒度小（例如，一个 RB）时，因此性能不能提高太多。所以，在更实际的用户分布、量化 CSI 反馈和非理性 CQI 下，两个共同调度的 UE 似乎是用于实况网络 MU – MIMO 操作的更典型和更合理的情况。LTE – A 采用双码本和灵活的反馈方案，根据用户的空间相关性、部署场景、环境等而变化。当在有限反馈中调度 MU – MIMO 时，在 TDD 中，如果信道互易性是理想的，并且应用了

天线校准，相对于 FDD，可以容易地减少空间域中的多用户干扰；另一方面，在 FDD 中，空间正交性可能由于有限的反馈和反馈延迟而难以得到保证，并且包括 eNB 和 UE 的干扰抑制能力的特殊方法需要进一步研究。

4.6　协作 MIMO

协作 MIMO（Co‑MIMO），也称为网络 MIMO（Net‑MIMO）或 Ad‑hoc MIMO，使用属于其他用户的分布式天线，而传统的 MIMO 或单用户 MIMO 仅使用属于本地终端的天线。Co‑MIMO 通过引入多个天线诸如分集、复用和波束成形的优点提高了无线网络的性能。如果主要问题是分集增益，则被称为协作分集。它可以被描述为宏分集的形式，例如，其用于软切换。协作 MISO 对应于发射机宏分集或同播。一个不需要任何高级信号处理的简单形式是单频网络（SFN），特用于无线广播。

Co‑MIMO 是对使用无线网状网络或无线自组织网络的未来蜂窝网络非常有用的一种技术。在无线自组织网络中，多个发射节点与多个接收节点通信。为了优化 Ad‑hoc 信道的容量，可以使用 MIMO 概念和技术应用于发射和接收节点群集之间的多个链路。对比在单用户 MIMO 收发器中的多个天线、参与节点以及它们的天线以分布式方式定位。因此，为了实现该网络的容量，管理分布式无线电资源的技术是必要的。已经提出了如自主的干扰认识、节点合作和具有脏纸编码的网络编码作为优化无线网络容量的解决方案。因此 Co‑MIMO 的基本概念是通过相同的无线电资源在多个协作 eNB 与单个 UE 或多个 UE 之间执行联合 MIMO 传输和接收。

尽管 Co‑MIMO 可能带来诸多好处，但我们必须面临部署 Co‑MIMO 的关键挑战。Co‑MIMO 将提出非常严格的回程容量和延迟要求。在下行链路中，数据和信道状态信息需要在所有合作基站中可用；在上行链路中，接收机软输出可能需要在协作基站之间交换。信道状态反馈还需要多小区信道估计，但是在可容忍的开销条件下（调度参考信号）进行大量天线的信道估计是极具挑战性的，并且终端需要强大的信道估计（和预编码计算）能力（例如，多达 2~5 个小区的全部天线）。

此外，用于反馈传输的 UL 资源非常少。自然地，信道状态反馈需要受到严格的限制，以保证 UL 容量能通过控制来不被填充。虽然小区边缘终端正是 Co‑MIMO 协作中受益最多的终端，但由于它们可能是功率受限的，因此特别是对于小区边缘终端而言，将面临严峻的挑战。

Co‑MIMO 将面临与单小区多用户 MIMO 相似的问题。由于基站的信道状态信息永远不可能完美，所以随着用户间干扰归零不完美，CQI 报告会很复杂。如果用户间干扰是未知的，则难以实现准确的 CQI 报告。因此，为了良好的性能，在 CQI 报告阶段可能需要干扰预编码权重。

Co‑MIMO 中最常见的场景可以分为两种类型。在第一种类型中，每个 UE 可以通过相同的无线资源上的 eNB 协调由多个 eNB 共同服务。这样做，可以减轻 ICI

或甚至将其改变为有用的信号功率。第二种类型在某些方面类似于 MU – MIMO 场景，其中每个 eNB 可以通过相同的无线资源服务多个 UEs。这样做，可以提高总体扇区吞吐量。

下行链路上的 Co – MIMO 的示例在图 4-49 中示出，其中两个 eNB 通过回程上的协调联合服务于两个 UEs。

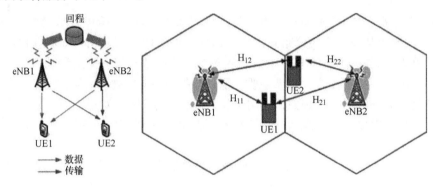

图 4-49　Co – MIMO 在下行链路上的示例

协作多小区 MIMO 可以通过多个站点的空间复用来增加吞吐量，如图 4-50 所示。eNB 使用相同的资源给相同的 UEs 并发送多个流。为了较少的同信道干扰和更好的小区边缘性能，eNB 将使用独立信道用于 UL 和 DL。在多小区 MIMO 场景中，需要 UE 同步到多个小区和同步网络，并且由于所需的反馈信息增加，需要考虑信令开销。期望多小区反馈尽可能多得利用单小区反馈，同时始终考虑反馈开销和相应性能之间的折衷。

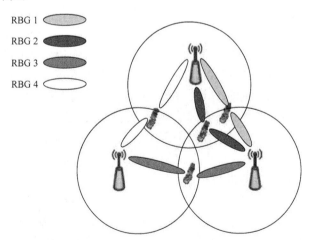

图 4-50　协作多小区 MIMO

Co – MIMO 包括三个基本操作。首先，每个 eNB 获取其服务的所有 UE 的信道信息。应该获取包括每个用户的信道矩阵和信道协方差矩阵的信道信息[○]。第二，eNB 应交换协调所需的信息。每个 eNB 可能需要在其自身与其可通过 Co – MIMO 服务的 UEs 之间共享完整或部分信道信息和调度信息。对于部分信道信息的交换，每个 eNB 可能仅需要共享信道信息的一部分，例如，长期 CQI，接收信号强度指示（RSSI）与其他 DL 前导码测量结果，或在 UE 和其自己之间的协方差信道矩阵。第三，基于前两个操作获得的信息，在下行链路上应用多 eNB 发射机处理，用于由协调 eNB 共同服务的 UE。可以使用不同的多用户发射机和接收机处理技术，诸如块对角化、SINR 最大化、干扰消除和波束成形。可以考虑各种技术替代方案以在性能和实现成本之间提供不同的折衷。Co – MIMO 可以被视为宏分集和多用户 MI-MO 的演进，其允许在一组协调 eNB 上实现宏分集（MD）和 MU – MIMO 的优点（见图 4-51）。

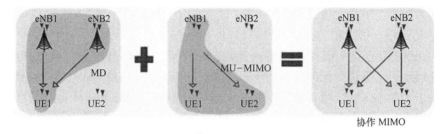

图 4-51 协作 MIMO 被视为宏分集和 MU – MIMO 的组合

Co – MIMO 的主要目标是多个 eNB 协作以减轻 ICI，或甚至将干扰信号改变为下行链路中的期望信号。根据数据和 CSI 共享方案，这些协作级别可能不同。因此，应该通过考虑性能和控制开销之间的权衡来决定协作 eNB 之间的信息共享级别。例如，多个 PMI 可以由 UE 报告以捕获每个小区的空间方向，或者 UE 可以报告一个 PMI 和每个协作小区的小区间信息。同信道干扰限制了单小区 MIMO 增益。为了减轻干扰，可以在多个小区中进行传输协作。在 LTE – A 中，一组小区（在一个或多个基站下）进行协作以改善终端感知的 SINR。在下行链路中，可以使用协作迫零波束成形或块对角化来使用户间干扰无效。上行链路的协作方案也正在研究，包括多小区联合检测，MU – MIMO 配对和多个小区分组，以及干扰消除。

Co – MIMO 和 CoMP 需要一起工作，用于 MU – MIMO 的反馈和控制信令需要以前向兼容的方式设计，并且用于单小区（SU – MIMO 和 MU – MIMO）的 CSI – RS 设计和重用模式需要与 Co – MIMO 和 CoMP 前向兼容。

○ 在 LTE 中，已经在 TDD 和 FDD 模式下为单 eNB MIMO 定义了信道测量机制。Co – MIMO 可以通过引入一些增强来重用这种机制。具体地，在单 eNB MIMO 中，每个 eNB 仅需要与其关联的用户的信道信息；而在 Co – MIMO 中，每个 eNB 也需要与其他 eNB 相关联的用户的信道信息。现有的信道测量机制不能支持这一功能，需要改进。

4.7 波束成形和下行链路双流技术

4.7.1 波束成形

波束成形的主要思想是使用多信号处理技术来解决功率问题。系统发送多个小信号（而不是一个大的功率的信号），使得它们在最终用户终端处有效地组合，但是在其他地方相互抵消。这个过程类似于在水中丢弃多个小鹅卵石，所有不同的波进行组合，在最终用户处形成一个更大的波，但不在任何其他地方以相同的方式进行组合。这个过程被称为波束成形。多个信号被组合以向用户形成 RF 波束。与单天线系统相比，智能天线在蜂窝网络的应用允许运营商更有效地利用其可用频谱。这是通过确保发送到不需要的位置或从不需要的位置接收而浪费尽可能少的功率来实现的。其结果是增强小区容量，或者如果容量没问题，则可以增加小区尺寸。两者都会为运营商节省大量成本。

在 LTE 中，可以在下行链路中进行 UE 特定的波束成形，即，eNB 为每个用户分别单独选择用于下行链路传输的预编码。UE 特定参考信号利用与有效载荷数据相同的预编码向量进行预编码并用于 UE 侧的解调。如先前所述，已经证明波束成形有利于增加小区吞吐量，其对于时分同步码分多址（TD – SCDMA）的商用网络中小区边缘的用户尤其重要。

另外，值得一提的是波束成形和闭环空间复用是两种具有不同关键特性的多天线技术。在闭环空间复用中，UE 通过基于 CRS 的信道估计来对 PDSCH 解码，并且 eNB 根据来自 UE 的闭环反馈通过码本预编码来发送 PDSCH。在波束成形中，PDSCH 信道估计基于 UE 侧的专用 UE 特定参考信号，并且 eNB 根据开环反馈发送具有非码本预编码的 PDSCH。

4.7.1.1 波束成形基本原理

由于 TDD 系统中的上行链路可以通过诸如协方差反馈或码本反馈之类的正常反馈方法提供关于下行链路的足够的空间信息以进行波束成形、MU – MIMO 和 CoMP，所以系统开销会显著降低，因为常规上行链路业务（或探测）可以用于确定下行链路发射权重而不需要反馈信道。实际上，TD – LTE 波束成形操作是非码本并且依赖于 UE 探测和信道互易性，以及 UE 特定参考信号（RS），也称为专用 RS（即，DRS），而不是小区特定的 RS。eNB 使用天线元件阵列来生成波束（例如，8 个天线元件的阵列），然后利用该波束将相同的预编码应用于数据有效载荷和 UE 特定参考信号。

TDD 系统的互易性在基于非码本预编码中得到充分利用。UE 可以使用下行链路参考信号来估计信道信息。然后，基于下行链路信道信息执行上行链路预编码并且从 SRS 导出的 eNB 执行 CSI 估计。可以辅以预编码解调参考信号来改善 eNB 中的 CSI 估计。在 eNB 基于非码本的预编码的相应的 CSI 估计中，通常分解基于探测 RS 的 CSI，首先得到预编码矩阵，然后借助于等效信道计算相应的 SINR。预期分解使用与 UE 中的预编码处理相同的算法,例如 SVD。SVD 是从信道矩阵获得预编码矩阵的主要但不是唯一的算法。其他方法如 ZF、MMSE 或 QR 分解⊖也可以用于预编码和 CQI 估计。

在 LTE 下行链路传输中部署了两种波束成形方案:用于业务信道(PDSCH)的波束成形和用于广播或控制信道的波束成形(PBCH,物理控制格式指示信道 [PCFICH]、PDCCH 和 PHICH)。业务信道波束成形考虑了在低移动性 UE 场景中 TDD 系统的互易性。从上行链路信道估计中检索波束成形权重阵列,然后用作分配给每个发射天线的下行链路权重,用于下行链路 PDSCH 传输以在 UE 侧获得波束成形增益。虽然波束成形不是一个覆盖增强器,但它可以通过提高 SINR 来增加更高 MCS 的用户数据速率。一方面,与业务信道波束成形中的实时波束成形权重更新相比,固定广播权重用于广播和控制信道波束成形,其中不存在波束成形增益,使得波束成形不能提高控制信道的覆盖范围,这可能成为限制因素。另一方面,可以根据覆盖要求半静态地配置广播权重,以减少多小区之间的公共信道干扰以用于网络优化。

波束成形利用信道状态信息来实现阵列处理 SINR 增益。信道状态信息主要包括快衰落信道系数(瞬时或平均)、信号的到达方向(DoA)和 CQI 信息。可以以不同的方式获得信道状态信息,包括来自接收机的反馈和来自假定信道互易性的反向链路的估计。

UE 侧的任何 CSI 错误都可能导致不适当的 BF 矩阵计算。在快速变化的信道条件的情况下,接收的 CSI 很有可能已经过期,这使得它对于建立信道矩阵是没有用的。由于短期空间相关矩阵是频率选择性的,因此 eNB 应该收集大量 CSI 以获得关于特定子带的信息。这可以通过 SRS 跳频实现。但是,扫描全带宽是非常耗时的。

4.7.1.2 多天线技术

波束成形技术基于具有小的元件间距离的天线阵列。在 LTE Rel - 8 中,单天线端口(端口 5)支持波束成形。波束成形可以使干扰的空间选择性明显。这是一个重要的问题,因为它对性能有决定性的影响。当利用相关发射天线进行波束成形时(SVD 或 DoA 预编码),小区内干扰辐射将取决于对期望的和受干扰的 UE 的 DoA。图 4-52 说明了不同天线间隔的空间干扰选择性如何根据 3GPP 同意的 SCM 信道模式所预测的那样变化。在模拟中,用户在具有全向天线方向图的四个单极化天线的天线阵列周围移动时可以看到不同的天线间隔的平均干扰。活动用户位于 0° 处并且基于本征发射波束成形。无线电信道用 3GPP SCM 建模。

图 4-52 显示了对受干扰 UE 的不同方位角干扰的短期值,并且我们观察到用

⊖ 在线性代数中,矩阵的 QR 分解是矩阵 A 分解为乘积 A = 正交矩阵 Q 和上三角矩阵 R 的 QR。QR 分解通常用于求解线性最小二乘问题,并且是特定特征值算法和 QR 算法的基础。

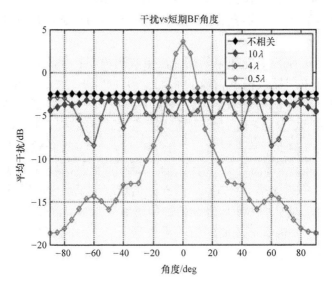

图 4-52　对受干扰的 UE 的不同方位角的干扰

于波束成形的典型阵列（λ/2 间隔）显示出重要的空间干扰选择性。当天线间距增大，选择性降低。为了预测正确的性能，必须在系统仿真中考虑到这一点。

另一个仿真（见图 4-53）显示相对信道容量变化随着 RX 天线数量的增加而减少。

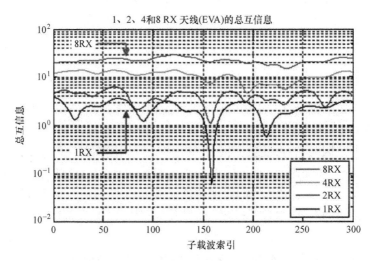

图 4-53　总互信息（＝容量）与频率的关系

波束成形要求通过探测参考信号发送瞬时 CSI 以获得瞬时信道知识。波束成形矩阵是基于瞬时信道相关矩阵的特征向量构建的。相关矩阵是频率选择性的，这意味着波束成形权重应该对每个子载波分别计算。在实践中，它仅在子带基础上应用。基于瞬时空间相关矩阵计算 BF 矩阵的事实使波束成形主要用于高度不相关的 MIMO 信道的情况。

4.7.1.3　波束成形算法

DL 和 UL 的波束成形是一个杀手级的功能，使 TD – LTE 比潜在的 TD – LTE 运营商的 FD – LTE 更具竞争力。DL TX 波束成形可以提供比 Rel – 8 中的基线高出约 30% 的增益。UL RX 波束成形（最大比率组合［MRC］和干扰抑制组合［IRC］）应该在理论上，也大大提高了 UL 性能。

存在选择波束成形向量的许多可能方式。在本节中考虑了用于估计预编码的两个不同的算法：较简单的波束表格（GoB，基于长期信道信息）算法和更复杂的基于特征值的波束成形（EBB，基于短期信道信息）。短期 BF 是高度不相关的特征向量的最佳技术。这可能发生在具有许多障碍物、反射，以及具有较高角扩展的强多径的密集城市环境中。在短期 BF 的情况下，15° 和 5° 角扩展之间几乎没有差异，因为它在多于一个主特征向量的情况下使用注水功率分配。

两种算法的区别在于 GoB 使用固定波束而 EBB 使用基于特征值的权重向量（见图 4-54）。在 GoB 算法中，通过使接收信号与一组固定波束相关来确定信号的到达方向。然后选择与接收信号最相关的固定波束作为下行链路中的预编码。在 EBB 算法中，根据信道估计的协方差矩阵的特征向量确定预编码，EBB 适合具有增加的多径（高角扩展）和低 UE 移动性的情况。增益根据信道变化、角度扩展、RX 天线的数量等因素而变化很大。

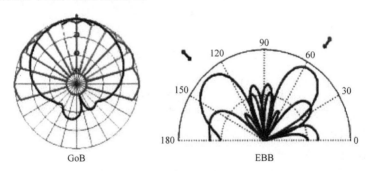

GoB　　　　EBB

图 4-54　GoB 和 EBB

为了向某个特定用户传输，波束成形向量 v 选自预定义的静态复数编号的天线权重集。在一个空间层的情况下，每个用户和子载波的接收向量具有以下形式：

$$\underset{M_R \times 1}{y} = \underset{M_R - M_T}{H} \ \underset{M_T \times 1}{v} \ \underset{1 \times 1}{p} \ \underset{1 \times 1}{s} + \underset{M_R \times 1}{z}$$

权重从固定码本 $v \in \{v_1 \ v_2 \cdots v_I\}$ 中选择，其中，I 表示可用光束的数量；H 是 MIMO 信道矩阵；p 是发射功率的平方根；s 是发射符号；z 是干扰加噪声的矢量。

对于所有元件，从波束 i 的主波束方向和从第 m 个发射元件位置计算天线权重 v_i（具有非锥形波束）。

4.7.2 下行链路双流技术

波束成形技术不仅增加了容量和覆盖范围，也适用于单一多流传输和多用户多流传输。单层波束成形主要被认为是对小区边缘用户性能的增强。双流波束成形可以看作是对于经历良好信道条件的用户的吞吐量使能器。由于使用交叉极化天线阵列，从单层到双流波束成形的这种演变也是有利的，因为与使用单极化天线的阵列相比，它们通常可以减少天线阵列尺寸。由于不同极化之间的低相关性，基于交叉极化天线的阵列在典型的无线电信道条件下将具有至少两个强 MIMO 子信道。为了在这些条件下最大化频谱效率，需要双流传输。所以启用双流传输可以被视为利用双极化天线进行波束成形的全部优点的自然进化步骤。LTE Rel - 9 进一步将 Rel - 8 中的单层波束成形扩展为单用户双流波束成形和双用户单流（MU - MIMO）以实现组合波束成形和空间复用技术（如图 4-55 所示）。为了支持双流波束成形，Rel - 9 用新的控制信令为 UE 特定的 RS 定义新的双端口 7 和 8。新定义的传输模式 8 可以采用两种反馈模式：PMI 或非 PMI。

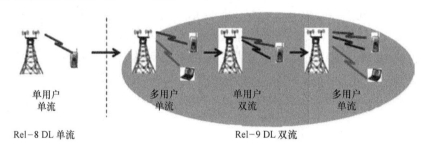

单用户
单流

Rel-8 DL 单流

多用户
单流

单用户
双流

多用户
单流

Rel-9 DL 双流

图 4-55　Rel - 9 中的双波束成形

为了体验来自双流操作的增益，两个虚拟天线应当是不相关的，并且这可以通过使用双极化天线或通过在两个虚拟天线之间具有宽间隔来实现。这个虚拟 2Tx MIMO 系统可以以类似于现有的 2Tx Rel - 8MIMO 解决方案的方式操作（具有两个活动 CRS 端口的传输模式 4）。

双流波束成形设计的基线配置是两个有源的 CRS 端口，每个都映射到一个虚拟天线。同时，由于单流调度仅需要一个 MCS，因此与双流调度相比，它需要较少的指示信息。传输模式与 DCI 格式组合以确定如何发送 PDSCH。在 LTE Rel - 8 和 Rel - 9 中，传输模式 7 被定义用于单层波束成形，传输模式 8 被定义用于双流波束成形。用于传输模式 7 和 8 的 DCI 格式列在表 4-22 中。

在 LTE Rel - 9 中，已经引入了两层 UE 特定的参考信号，如图 4-56 所示。这使得 eNB 能够通过使用信道互易性构造天线权重，使用闭环模式中的空间复用向其 UE 发送两层数据。将单层和双流传输之间切换到单个 UE，以及在 SU - MIMO

和 MU - MIMO 之间切换，以动态方式支持。用于支持动态和透明的 MU - MIMO 传输的控制信令开销很小，因为为了反馈或解调的目的，UE 是没有被明确地通知共同调度的 UE 的存在的。两层 UE 特定参考信号叠加在彼此的顶部（由长度 2 的正交覆盖码分开），并且 UE 在减去其信道估计之后可以估计协方差矩阵，其表示来自共同调度的 UE 外部小区传输的组合干扰。双流波束形成的主要特征如下：

- 基于 DMRS 的波束成形的扩展支持空间复用，向前兼容 LTE - A。
- 引入码域复用 DMRS（如图 4-56 所示）；基于码域多路复用的 DMRS 可以是一个很好的解决方案，它允许 UE 通过在每个被调度的 PRB 中使用能量检测来检测与正交 DMRS 的同信道干扰，并且 UE 可以抑制每个调度器的 PRB 中的干扰信号，如果存在干扰 UE。

表 4-22　传输模式 7 和模式 8

传输模式	DCI 格式	搜索空间	PDSCH 与 PDCCH 传输方案的对比
模式 7	DCI 格式 1A	通过小区无线电网络临时标识符（C - RNTI）的常见和 UE 特定	如果 PBCH 天线端口的数量是一个单天线端口，使用端口 0，否则发送分集
	DCI 格式 1	通过 C - RNTI 的 UE 的特定	单天线端口，端口 5
模式 8	DCI 格式 1A	通过 C - RNTI 的常见和 UE 特定	如果 PBCH 天线端口的数量是一个单天线端口，使用端口 0，否则发送分集
	DCI 格式 2B	通过 C - RNTI 的 UE 特定	双流传输，端口 7 和 8 或单天线端口，端口 7 或 8

两层 UE 特定参考信号由资源块中的代码分隔。图 4-56 中的阴影资源表示 Rel - 8 中存在的 4 个天线端口的小区特定的参考信号。

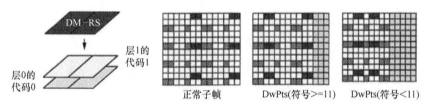

图 4-56　用于双流波束成形的 DMRS（DwPts - 下行链路导频时隙）

4.7.2.1　基于双层的 MU - MIMO

在 Rel - 8 中，SU - MIMO 和 MU - MIMO 由不同的传输模式支持，其由较高层半静态地配置。因此，SU 和 MU 传输方案可以独立优化。在 Rel - 9 中具有双端口的 DMRSs，可以同时支持两个或更多个 UE，每个 DMRS 支持每个 UE 的一个或两个层，而在两个 DMRSs 之间没有干扰。eNB 可以从 SRS 获得关于每个 UE 的瞬时信道信息，因此 UE 用于 MU - MIMO 传输的配对可以基于瞬时信道信息。根据最大吞吐量标准或其他配对标准，eNB 选择两个合适的 UE 进行分组并选择合适的 MCS 级别。两层之间的干扰可以用 UE 处的 MMSE SIC 接收机消除。由于对 DMRSs 进行预编码，所以 PMI 不需要通知 UE。

信道状态信息（例如，DoA）可以由 eNB 从上行链路信道测量中获得。根据这个信息，eNB 对满足特定约束条件的用户组进行配对。对应于某个用户的权重的波束具有以下特征：主瓣在目标用户的 DoA 方向上形成，并且零陷加宽是在与目标用户相同的组中的其他用户的 DoA 方向上形成。因此，减少了用户间干扰。此外，传输权重的同一组中的不同用户也可以进行正交化以进一步消除干扰。图 4-57 是多用户双层 BF 的框图。

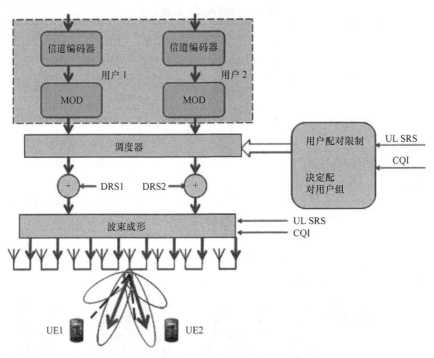

图 4-57　MU 双层 BF 方案的框图（MOD 调制）

在 Rel -9 中，UE 可以在传输模式 8 中被共同调度。MU - MIMO 可以基于具有附加控制信令的 SU - MIMO 来实现，例如 DMRS 端口指示和 DMRS 加扰初始化 ID（如图 4-58 所示）。采用长度为 2 的沃尔什扩频的码域复用通过在 DCI 格式 2B 中设置适当的加扰 ID n_{SCID} 来提供两个正交 DMRS 端口和两个 DMRS 序列，以便支持多达四个 UE 而没有大的性能降级。实际上，第二个 DMRS 序列的使用取决于 eNB 实现，因为其仅与第一个 DMRS 序列准正交。了解其自己的 DMRS 端口和 DMRS 加扰初始化的分配 ID，可以检测期望的层，而不管是否存在协调的 UE。

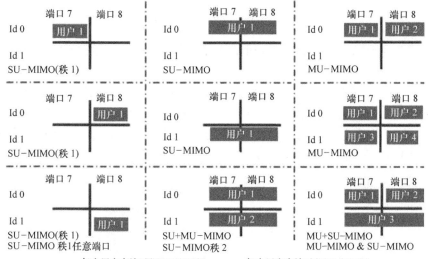

图 4-58　DMRS 端口指示和 DMRS 加扰初始化 ID

如果 eNB 共同协调两个 UE，则最好使用相同的 DMRS 序列优化信道估计性能。如果 eNB 共同调度两个以上的 UEs，则必须使用两个 DMRS 序列。如果 UE 可以知道共同调度的 UE 的 DMRS 序列，则 UE 可以使用 LMMSE 均衡来取消 UE 之间的干扰以获得更好的解调性能。一方面，考虑到 MU－MIMO 中的端口正交性，并且由于端口和 ID 分配是宽带的，因此即使在 MU－MIMO 中仅两个用户被复用，也不总是能够确保正交性。另一方面，即使当主干扰 UE 的 DMRS 序列已知时，这样的 DMRS 序列也仅与期望 UE 的 DMRS 序列准正交。

在 MU－MIMO 中，UE 不具有其他 UE 的信道信息（在匹配对中），因此 CQI 反馈机制将类似于 LTE Rel－8（即，UE 仅反馈其自己的 CQI）。对于一对匹配的 UE，秩 1 中的每一个，CQI 反馈与 LTE Rel－8 中的传输模式 7 相同，但是在 eNB 处的调谐仍然是必要的。在 TDD 系统中，利用从 eNB 处的 SRS 获得的信道信息，可以更精确地计算配对 UE 的 CQI，从而可以选择合适的 MCS。

4.7.2.2　信道互易性及失配校准

与在 TDD 模式操作中应用的波束成形有关的一个方面是利用信道互易性以从上行链路终端发送的探测信号上的上行链路信道估计导出下行链路 CSI。在这种情况下，信道实际由传播信道（发射机和接收机之间的介质）、天线和收发器 RF，以及在链路两侧的 IF 和基带电路组成。

LTE Rel－8 使用信道互易性来支持基于 SVD 的波束成形（秩 1 传输）以获得 CSI。由于没有针对于此的码本，因此需要支持一个流以及 UE 特定参考信号。在 LTE－A 中，可能会发生扩展到大于 1 的 SVD 预编码传输。这里，我们首先估计每个 N PRBs 的信道协方差为（$N \geqslant 1$，总计 N_f 个子载波）

$$R = \frac{1}{N_f} \sum_{i=f_0}^{f_1} H^{\mathrm{T}}(i) H^*(i)$$

然后，从对应于 R 的 p 个最大特征值的 p 个特征向量获得用于秩 p 传输的最佳预编码矩阵。

理论上，如果 UL 和 DL 传输之间的时间间隔远小于传播信道的相干时间，尽管传播信道可以假设为接近倒数，收发器电路通常不是互反（即，TX 和 RX 频率响应不同），并且这可能危及通过基于非码本的预编码实现的波束成形的性能，其依赖于 UL/DL 信道互易性（即，从 UL 探测中导出 DL CSI）。这在图 4-59 中被示意性地示出。

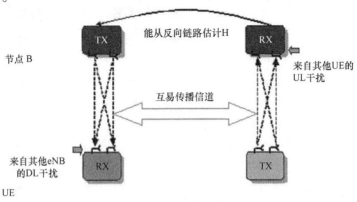

图 4-59　信道互易性

在无线传输中，温度的突然变化会改变晶体振荡器、滤波器和天线放大器的性质。当 UE 改变时，其状态从空闲到连接模式，由于电路的激活，温度可能会快速上升，从而在多个天线上不同程度地显著影响 RF 性能。RF 前端的实际缺陷（如图 4-60 所示）包括 A/D（D/A）、低噪声放大器（LNA）、混频器、本地振荡器（LO）、带通滤波器和 I/Q 调制器，它们中的许多是非线性的并且难以分析。基于互易性的波束成形需要精确校准在 eNB 的发射和接收天线之间的振幅 – 相位失配。为了支持上行链路中的基于非码本的预编码，在 eNB 和终端处的多个天线应当被校准，使得所有天线具有类似的幅度和相位特性以维持 TX 和 RX RF 的良好匹配。UE 特定参考信号解调性能，CQI 报告的难度是由于 UE 在报告时不知道预编码器，以及 TX/RX RF 不匹配是利用信道互易性时的关键挑战。在本节中我们讨论 TX/RX RF 不匹配将会破坏信道互易性，以及为什么良好的 RF 校准对于性能至关重要的事实。

TX 和 RX 失配校准的讨论使用以下表示法：

- T_{BS} 和 R_{BS} 是大小为 m 的对角矩阵，分别表示在基站（eNB）处的 m 个天线/收发机的 TX 响应和 RX 响应。
- T_{UE} 和 R_{UE} 是大小为 n 的对角矩阵，分别表示 UE 处的 n 个天线/收发机的

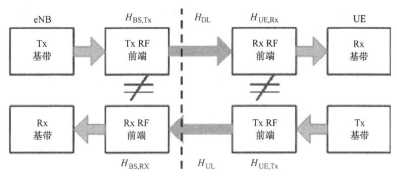

图 4-60　硬件的实际缺陷

TX 响应和 RX 响应。

- X_D 和 X_U 分别表示 DL 和 UL 发送的数据符号向量。
- W 是 DL 预编码矩阵，H 是从 eNB 到 UE 的传播信道，N_0 是在接收机处感知的高斯噪声。
- DL 接收信号由 $y_D = H_D \times W \times X_D + N_0$ 来表示，其中，$H_D = R_{UE} \times H \times T_{BS}$。
- UL 接收信号由以下公式表示：$y_U = H_U \times X_U + N_0$，其中，$H_U = R_{BS} \times H^T \times T_{UE}$。

从上面可以推导出，$H_U^T = T_{UE}^T \times H \times R_{BS}^T$ 和 $H = (T_{UE}^T)^{-1} \times H_U^T \times (R_{BS}^T)^{-1}$，以及 $H_D = R_{UE} \times (T_{UE}^T)^{-1} \times (R_{BS}^T)^{-1} \times T_{BS} \times H_U^T$。

从这个方程可以看出，如果我们没有 $R_{UE} \times (T_{UE}^T)^{-1} = I$ 和 $(R_{BS}^T)^{-1} \times T_{BS} = I$（$I$ 表示单位矩阵），则有效的 UL 和 DL 信道将不同，因此如果使用有效的 UL 信道来导出 DL 预编码器，则预编码器将不是最佳的。为了恢复信道互易性，我们应该引入一个校准信道 $H_{D,c}$ 和 $H_{U,c}$。通过在两个发射机中应用预编码，从有效信道生成校准信道如下：

下行校准信道：$H_{D,c} = H_D, K_{BS}$

上行校准信道：$H_{U,c} = H_U, K_{UE}$

其中，$K_{BS} = R_{BS}/T_{BS}$ 和 $K_{UE} = R_{UE}/T_{UE}$ 是大小为 m 的平方对角矩阵，n 分别表示在 eNB 和 UE 处的校准因子。校准过程基本上是导出 K_{BS} 和 K_{UE}，即每个 Rx/Tx 链的幅度和相位的增量。

因此，TDD LTE – A 系统的可行的校准流程如下（见图 4-61）：

1. eNB 从 SRS 或 DMRS 估计上行链路 CSI H_{UL}。

2. eNB 执行 SVD 并获得预编码酉矩阵 V_{UL}。

3. eNB 将由 V_{UL} 预编码的 UE 特定参考信号发送给 UE 进行信道估计。

4. 信道估计发生在 UE 处。利用专用的 UE 特定参考信号，估计下行链路有效信道 $H_{eff} = H_{DL} V_{UL}$。

5. UE 计算信道校准因子。SVD 分解由 UE 完成，使得 $[U_{eff} D_{eff} V_{eff}] = \text{svd}$

（$\boldsymbol{H}_{\text{eff}}$）。$\boldsymbol{V}_{\text{eff}}$ 的前 r 列可以被用作校准因子，即 $\boldsymbol{E} = \left(\boldsymbol{V}_{\text{eff}}\left(:, 1:r\right)\right)^{\text{H}}$。

6. UE 将校准因子 $\boldsymbol{E}$ 馈送给 eNB。注意，当系统采用窄带预编码方法时，UE 将反馈多个 $\boldsymbol{E}$ 矩阵，每个 $\boldsymbol{E}$ 对应于某个子带。

7. eNB 利用反馈校准因子来补偿预编码矩阵。因此，校准的预编码矩阵是 $\boldsymbol{V}_{\text{calibration}} = \boldsymbol{V}_{\text{UL}} \cdot \boldsymbol{E}^{\text{H}}$。并且一直使用相同的 $\boldsymbol{E}$，直到再次触发校准程序。

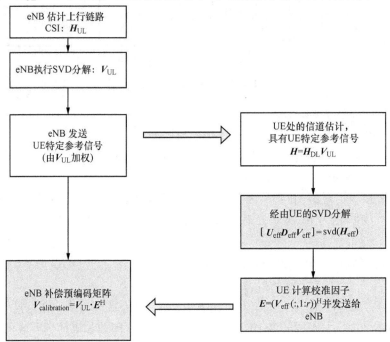

图 4-61 提出的基于 SVD 的 SU – MIMO 的校准过程

4.7.2.3 多层波束成形机制

首先说明基于 SVD 的 SU – MIMO 系统的发射机和接收机结构（如图 4-62 所示）。有效上行 CSI H_{UL}^{T} 的转置由 SVD 技术处理，由以下等式表示：

$$H_{\text{UL}}^{\text{T}} = U_{\text{UL}} \sum\nolimits_{\text{UL}} V_{\text{UL}}^{\text{H}}$$

等式中，矩阵 $\boldsymbol{U}_{\text{UL}}$ 和 $\boldsymbol{V}_{\text{UL}}$ 都是酉矩阵，使得 $\boldsymbol{U}_{\text{UL}} \boldsymbol{U}_{\text{UL}}^{\text{H}} = \boldsymbol{I} = \boldsymbol{V}_{\text{UL}} \boldsymbol{V}_{\text{UL}}^{\text{H}}$，$(\cdot)^{\text{H}}$ 被称为 Hermitian 变换，并且表示参数的转置复共轭。假设在发射机处有 n_{t} 个天线，在接收机处有 n_{r} 个天线，因此 $\boldsymbol{U}_{\text{UL}} \in \boldsymbol{C}^{n_{\text{r}} \times n_{\text{r}}}$，$\boldsymbol{V}_{\text{UL}} \in \boldsymbol{C}^{n_{\text{t}} \times n_{\text{t}}}$。CSI 矩阵 $\boldsymbol{H}_{\text{UL}}$ 的秩应满足 $r \leqslant \min\left(n_{\text{t}}, n_{\text{r}}\right)$。对角矩阵 $\sum_{\text{UL}}$ 可以表示为

$$\sum\nolimits_{\text{UL}} = \begin{bmatrix} \sum_{\text{UL}}^{\text{r}} & 0 \\ 0 & 0 \end{bmatrix}_{n_{\text{r}} \times n_{\text{t}}}$$

其中，$\sum_{\text{UL}}^{\text{r}} = \text{diag}\left(\lambda_1, \lambda_2, \cdots, \lambda_{\text{r}}\right)$，有序奇异值 λ_i，使得 $\lambda_1 > \lambda_2 > \cdots \lambda_{\text{r}}$。

对于基于 SVD 的预编码技术，利用 $\boldsymbol{V}_{\text{UL}}$ 矩阵，其中 $\boldsymbol{V}_{\text{UL}}$ 的列被称为 $\boldsymbol{H}_{\text{UL}}^{\text{H}} \boldsymbol{H}_{\text{UL}}$ 的

本征向量，其与通信信道的本征模相关。在 eNB 处的预编码技术由 $c = V_{UL}s$ 给出的矩阵向量乘法运算。

然后，接收信号矢量 y 由 $y = H_{DL}V_{UL}s + n$ 确定。在这里，$s = [s_1, s_2, \cdots, s_{n_t}]^T$。

请注意，在利用本征模选择预编码方法的同时，通常选择小于发射天线数 $(K < n_t)$ 的多个最大特征向量（例如，K 个特征向量）构建预编码矩阵。

如果 $H_{UL}^T = H_{DL}$，并且上行链路和下行链路信道是理想的倒数，我们有 $V_{DL}^H V_{UL} = I$。因此，接收信号可以表示为 $y = U_{DL}\Sigma_{DL}s + n$。

考虑到平坦衰落信道，UE 处的接收信号向量为

$$Y = HWS + N$$

式中，H 是 DL MIMO 信道；S 是在 eNB 被 W 预编码的传输数据矢量；N 是加性白高斯噪声。

在单层 BF 中，最优预编码向量为

$$W_0 = \arg\max_W \{W^H H^H HW\}$$

也就是说，预编码矢量 W_0 是对应于最大特征值的矩阵 $H^H H$ 的特征向量。

在多层 BF 中，选择预编码矩阵的一个标准是

$$W_0 = \arg\max_W \{\text{trace}(W^H H^H HW)\}$$

也就是说，预编码矩阵 W_0 由对应于矩阵 $H^H H$ 的两个最大特征值的特征向量组成。

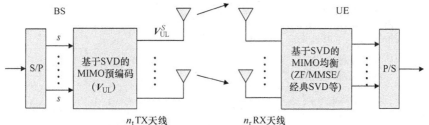

图 4-62 基于 SVD 的 MIMO 系统的发送机和接收机结构

(S/P 串行/并行；P/S 并行/串行)

4.7.2.4 下行控制信令和信道状态信息反馈

LTE Rel – 8 支持 7 种传输模式以提供各种特性来提高无线链路的性能。在传输模式 7 中支持单层波束成形。在 LTE Rel – 9 中，新的传输模式 8、新的 DCI 格式和两个新的专用天线端口 7 和 8 被定义用于双流波束成形。由于 DMRS 用于 PD-SCH 解调，因此不需要在下行链路控制信令中指示预编码信息。还应指示用于秩 1 传输的 DMRS 端口和所使用的 DMRS 加扰序列索引。在 LTE – A Rel – 10 中引入了传输模式 9 以支持使用 CSI – RS 的多流波束成形。到目前为止所有支持的传输模式及其相应的 CQI 报告模式在表 4-23 中列出。

通常，当我们可以基于信道互易性从 SRS 获得足够且准确的信道状态信息时，

则不需要 TDD 中的反馈。然而，在 FDD 中，应该考虑 CSI 反馈，因为信道互易性的相关性要小得多。CQI 估计可以基于 SRS 和所有可用的 CRS。具有交叉极化的 UE 天线和具有四列交叉极化天线的天线，用于天线设置的这两种不同的 CQI 报告方案可以在郊区宏环境中使用。首先，UE 可以根据 Rel-8 的传输模式 7 确定 CQI 并且 eNB 根据 8×8 协方差矩阵的特征值分解来确定波束成形向量，并假设两层之间在没有干扰的情况下来补偿 CQI。第二，eNB 执行宽带本征波束成形，并从单个 4×4 协方差矩阵确定用于两组共极化天线的一组波束成形权重。然后，eNB 将特征波束成形权重与由 UE 报告的 PMI 进行组合以确定预编码向量。eNB 可以根据加权向量调节两层之间的干扰。因此，eNB 可以进一步修改并补偿 CQI。SU 双层 BF 的 CQI 反馈模式可以与 Rel-8 中的闭环空间复用的 CQI 反馈模式相同。对于秩 1MU 双层 BF，CQI 反馈模式与 Rel-8 中的传输模式 7 的 CQI 反馈模式相同。

因为 UE 不知道将使用什么波束成形权重，所以除了基于信道的相关调度之外，基于非码本的波束成形的主要挑战是链路和秩自适应。同时，利用基于码本的预编码，不存在层之间的正交化的问题，并且 UE 会引起所选择的预编码矩阵的两个层之间的干扰。

表 4-23   Rel-8，9 和 10 中支持的 DL 传输模式

DL 传输模式	PDSCH 的传输方案	CQI 模式		DCI 格式	Rel
模式 1	单天线端口；端口 0。无预编码	仅 CQI	非周期：2-0，3-0 周期：1-0，2-0	格式 0/1A，1	R8
模式 2	有两个或四个天线端口使用空间频率块码的发射分集	仅 CQI	非周期：2-0，3-0 周期：1-0，2-0	格式 0/1A，1	R8
模式 3	有秩指示反馈的开环空间多路复用	仅 CQI	非周期：2-0，3-0 周期：1-0，2-0	格式 0/1A，2A	R8
模式 4	有预编码反馈的闭环空间多路复用	CQI, RI, PMI	非周期：1-2，2-2，3-1 周期：1-1，2-1	格式 0/1A，2	R8
模式 5	多用户 MIMO	CQI, PMI	非周期：3-1 周期：1-1，2-1	格式 0/1A，1D	R8
模式 6	无空间多路复用的闭环秩 1	CQI, PMI	非周期：1-2，2-2，3-1 周期：1-1，2-1	格式 0/1A，1B	R8
模式 7	有专用参考信号的单天线波束成形	仅 CQI	非周期：2-0，3-0 周期：1-0，2-0	格式 0/1A，1	R8
模式 8	有专用参考信号的双流波束成形	CQI, RI, PMI	非周期：1-2，2-0，2-2，3-0，3-1 周期：1-0，1-1，2-0，2-1	格式 0/1A，2B	R9
模式 9	多层 SU/MU；有 CSI-RS 的多流波束成形	CQI, RI, PMI	非周期：1-2，2-0，2-2，3-0，3-1 周期：1-0，1-1，2-0，2-1	格式 0/1A，2C	R10

在 Rel – 9 中定义了新的 DCI 格式 2B，用于基于 DCI 格式 2A 的双层波束成形：

■ 为加扰序列初始化添加 1bit

■ 移除交换标记

■ 秩 1 传输：禁用传输块（TB）的 NDI 比特被重新使用，用来指示端口信息；0 – 使能传输块与端口 7 相关联；1 – 使能传输块与端口 8 相关联

■ 秩 2 传输：TB1 与端口 7 相关联；TB2 与端口 8 相关联

DCI 格式 2B 的结构在表 4-24 中列出。

表 4-24　Rel – 9 中双层 BF 的 DCI 格式 2B

PDCCH 作用域	比特数	备注
随机访问（RA）标头	1/0（用于 1.4 MHz）	
RB 分配	$\lvert N_{RB}^{DL}/P \rvert$	
TPC	2	
DAI	2（仅 TDD）	
HARQ 进程 ID	3（FDD），4（TDD）	
加扰 ID	1	为 DRS 序列选择加扰 ID 的新条目用于替换 TB – CW 开关
传输块 1		
MCS	5	
NDI	1	
RV	2	
传输块 2		通过 TB 禁用机制的秩信号（MCS = 0，RV = 1）
MCS	5	
NDI	1	当 TB2 被禁用时，NDI 用于选择端口 7 或 8
RV	2	
预编码信息	0（天线端口数是 2）	
	2（天线端口数是 4）	
循环冗余校验（CRC）	16	

4.7.2.5　性能分析

　　双流波束成形的目标是提高单用户吞吐量。在 LTE Rel – 9 中已经支持多用户波束成形，因为传输模式 8 中的两个 UE 可以被调度到相同的 PRB。大多数用户的主要干扰源来自小区间干扰。除了干扰，以下描述的其他原因也会影响性能：

　　双流波束成形的性能可能受到的不同缺陷的影响如下：

■ 信道估计误差：对来自 UL 探测传输的无线电信道参数进行估计，在存在噪

声和干扰的情况下不能完美地完成。信道估计误差将取决于信噪比和干扰比，并且该参数要被估计。

■ **校准误差**：这些误差模拟 DL 和 UL 收发器链之间可能发生不匹配的情况。当考虑 TDD 中的互易性时需要考虑这些误差，TDD 使用 UL 信道状态测量来表示 DL 的信道状态。如果以某种形式的校准来处理 DL 和 UL 收发器链的不匹配的话，那么这个误差可以减少。否则，此误差非常大。UE 校准误差对信道互易性的短波的波束成形的影响不大，并且在这种情况下，基站处的校准误差是由于一些缺陷而被考虑进来的。

■ **SRS 传输速率**：对于所有天线的所有 UEs 而言，探测符号在整个频带的每个传输时间间隔（TTI）上都不传输。如果想达到对全信道状态的估计，则只能根据探测传输来更新。在一般情况下，难以达到小于 10ms 的更新周期。

为了准确估计波束成形的性能，重要的是考虑到以上这三种类型的缺陷。

用于 MU – MIMO 的准正交参考信号的性能仿真如图 4-63 所示。在仿真中，涉及具有 8Tx + 2Rx/UE 的两个 UE，秩 2 TX；共仿真了四层。

从图 4-63 中可以看出，MU – MIMO 的准正交参考信号工作良好。

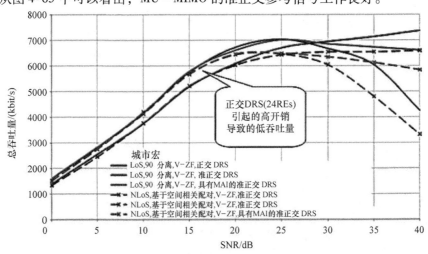

图 4-63   准正交参考信号

4.7.3   波束成形的演进

LTE 到 LTE – A 波束成形演进路径是从 Rel – 8 中的单小区单层波束成形到 Rel – 9 中的单小区双层波束成形，然后是 LTE – A 未来版本中的多小区多层多用户波束成形。因此，从标准的角度来看，重要的是要有一个适当的特征路线图确保 3GPP 中波束成形技术的顺畅而向后兼容的演进。

Rel – 9 DL 双层波束成形和基于用户特定参考信号的 LTE – A 多小区多层多用

户波束成形的规范工作将并行进行。确保基于 LTE – A DMRS 的顺畅的而向前兼容的波束成形的设计变得非常重要。将 FDM/TDM 复用与 CDM 维度相结合的精确 RS 模式为具有波束成形操作的所有 MIMO 模式（例如，两层或更多层，单个或多个小区，单个或多个用户）提供了合理开销的良好折中，并允许在一定程度上的透明操作。

在 LTE – A 之前和之后，可以总结用于波束成形的演进路径如图 4-64 所示。

协调多小区波束成形通过协调调度来减少干扰。它可以增强特别是小区边缘 UE 的信号质量并减少对其他 UE 造成的干扰。根据所涉及的 UE 的 DoA 来实现协调。协调多小区波束成形的实现将不会对无线电标准化产生影响，只会在 X2 接口上有微小变化。

图 4-64 波束成形演化路径

组合多小区波束成形旨在通过联合传输来加强信号。eNBs 使用不同的权重来联合向 UEs 调度数据，所以必须使用 UE 特定的参考信号。将在 eNBs 之间报告联合信道状态，并且 UE 实际上可能不知道网络协作。

第5章

中 继 利 用

高级长期演进技术（LTE‐A）利用中继来实现成本有效的吞吐量增强和覆盖范围扩展。LTE‐A使用中继技术来提高数据速率、群组移动性、临时网络部署和小区边缘吞吐量的覆盖，和/或在新区域提供网络覆盖。

中继节点（RN）是通过宏小区无线连接到无线接入网络。中继传输技术可以被视为是一种协作通信技术，其中RN有助于将用户信息从相邻用户设备（UE）转发到本地演进节点B（eNB）。在这个过程中，RN可以有效地增强信号强度、提高eNB信号覆盖范围，并提高无线通信系统的整体吞吐量性能。通过协作策略，可以大大影响中继传输的性能，其中包括中继类型的选择和中继合作伙伴的选择（即，决定什么时候、使用什么方式、与谁合作）。

如果通过增加中继来扩大网络范围，就是一个从一个纯粹的宏小区过渡到混合宏小区/微微小区部署的过程。中继的部署是提高Rel‐8系统的吞吐量和覆盖范围并增强Rel‐8用户体验的一个具有成本效益的方式。中继节点可以应用于不同的目的。在农村地区，中继的目的是通过两跳或多跳的方法来改善小区覆盖率；在城市热点地区，中继的目的是实现更高的频谱效率；而在一个固定节点，中继的目的是解决UE覆盖存在的漏洞问题。典型的中继部署场景如图5-1所示。中继系统可

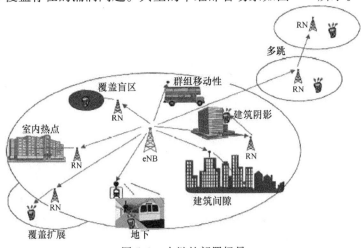

图 5-1　中继的部署场景

以分为与具有不同功能的 L1、L2 和 L3 中继相关联的三种类型，需要控制信道、数据处理和高层接口的各种复杂度。

在 LTE – A，服务于 RN 的 eNB 称为宏 eNB（DeNB）。术语回程链路和接入链路通常分别用来指 DeNB – RN 连接和 RN – UE 连接，除了可以连接一个或多个 RNs，宏小区同样可以为不通过 RN 连接的 UE 提供服务。回程链路和接入链路如图 5-2 所示。

DeNB 和 RN 之间的无线接口称为 Un 接口，这是一个修改版的 LTE 无线接口。通过添加中继节点使用 Un 接口作为回程，我们需要将宏容量分配给中继节点和由宏 eNB 服务的小区中的 UE。在网络中添加中继节

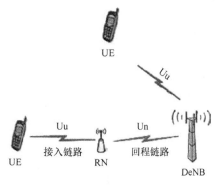

图 5-2　空中中继链路

点只会提升吞吐量最差的用户的服务质量。然而，由于回程链路的限制，这种网络演进不会增加网络容量。

5.1　中继技术

5.1.1　中继分类

中继技术存在许多不同的分类。从传输方面来讲，有放大转发（AF）中继和译码转发（DF）中继。根据一个 RN 实现的协议层的数量，分为一层 0/1 中继、一层 2 中继或一层 3 中继。关于 RN 频谱的使用，其操作可分为带内中继或带外中继。根据 UE 来看，中继可分为透明中继和非透明中继。此外，第三代合作伙伴计划（3GPP）规范中引入了 1 型和 2 型中继。本节将解释不同的中继的分类。

5.1.1.1　放大转发（AF）中继和译码转发（DF）中继

通常，AF 和 DF 中继是按照它们接收和发射的信号分类，放大转发中继节点，通常被称为中继器，仅仅只是增强了接收到的信号强度，如图 5-3 所示。

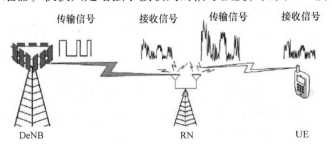

图 5-3　放大和转发

AF 的功能主要是作为一个简单的中继器，通过放大和转发接收到的信号，包

括噪声和干扰。由于放大一个已经失真的带噪声的信号，所以 AF 中继节点放大从第一跳传向第二跳的广播频道的负面影响。虽然它们是简单和廉价的，但是由于其简单性，所以其潜在的使用范围是相当有限的。不过，AF 中继依然足以用于对覆盖范围进行简单的扩展。它们的速度也很快，因为没有引入译码延迟。

译码转发中继节点更复杂，并且不盲目重复整个信号。相反，它们首先译码，然后重新生成原始信号，如图 5-4 所示。由于这种能力，它们可以使用链路自适应和干扰控制。然而，这会增加复杂性和通信协议开销。

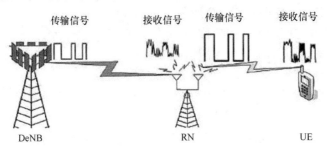

图 5-4　译码和转发

在 AF 中继中，UE 接收的功率从 DeNB 发送并由 RN 放大。RN 接收到的噪声和干扰也会被 RN 放大。因此，连接到 RN 的 UE 处的信噪比（SNR）问题可以表示为

$$\mathrm{SNR}_{\mathrm{AF-eNB-RN-UE}} = \frac{P_{\mathrm{eNB-RN}}^{\mathrm{RX}} \cdot \beta \cdot PL_{\mathrm{RN-UE}}}{N + N\beta \cdot PL_{\mathrm{RN-UE}}} = \frac{\mathrm{SNR}_{\mathrm{eNB-RN}} \cdot \beta \cdot PL_{\mathrm{RN-UE}}}{1 + \beta \cdot PL_{\mathrm{RN-UE}}}$$

式中，$P_{\mathrm{eNB-RN}}^{\mathrm{RX}}$ 是从 eNB 传输在 RN 处接收的功率；N 是噪声功率；$PL_{\mathrm{RN-UE}}$ 是 RN-UE 链路的路径损耗（我们认为该因子中包括天线增益），以及 β 是 RN 的放大系数。

DF 中继节点是一个更智能的中继器，基于中继目标的用户仅译码转发和放大与接收到的信号相关的部分。因此，DF 中继方案中没有噪声或干扰增强。密集的中继部署不仅会提高边缘 UE 的信号与干扰加噪声比（SINR），还可以增强信号能量。在 DF 中继中，UE 侧的 SNR 是回程链路的 SNR 和接入链路的 SNR 中的最小值。

$$\mathrm{SNR}_{\mathrm{DF-eNB-RN-UE}} = \min\left(\mathrm{SNR}_{\mathrm{eNB-RN}}, \ \mathrm{SNR}_{\mathrm{RN-UE}}\right)$$

DF 中继节点有能力做出只向接收者发送数据包的有用部分的决定。DF 中继节点还可以采用不同的信道编码参数来利用不同的信道环境，并且在调度分组时进行更高级别的决策，例如服务质量。

5.1.1.2　中继分层

基于 RN 处可用的用户数据包的协议层，它可以分为 L0、L1、L2 和 L3 中继。

L0 中继节点是分布在现有的系统中的传统的中继，进行接收信号的放大和模

拟前端转发。L0 中继节点甚至不涉及物理层（PHY）。

虽然 L1 中继是另一种 AF 中继，但是 L1 中继节点可以被视为智能的或先进的中继器，其接收信号的处理在 PHY 层。L1 中继节点的一个模范 PHY 过程是频域滤波，仅转发唯一有用的信号。L1 中继可能导致额外的处理延迟，这超过了循环前缀长度或甚至一个正交频分多路复用（OFDM）符号长度。

L1 中继节点已广泛用于全球移动通信系统（GSM）和码分多址（CDMA），以及宽带码分多址（WCDMA）网络中的覆盖强化，并且非常适合 LTE。L1 中继节点在其最简单的形式（见图 5-5）有两个背靠背射频（RF）放大器，通过双工器连接，一个连接到发送天线，另一个连接到印刷天线。传输路径相对通畅，可以减少衰落并增强效果，并且应控制总上行增益以避免提高宏 eNB 接收机的噪声以及收缩其覆盖范围。L1 中继节点在整个系统带宽上重新发送接收到的信号。

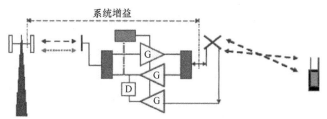

图 5-5　L1 中继节点（D——延迟；G——增益）

需要最小化宏和覆盖天线之间的耦合以避免不稳定和振荡。这有利于定向传输天线与接入天线的物理隔离。更高级的 L1 中继包括自动相位校正以控制较高增益设置的稳定性。

L1 中继可以在前面提到的约束条件下非常有效地工作，但通常需要仔细的集成到根据增益与天线设置的领域优化的网络中。在具有宏天线和覆盖区域中的多个服务器的复杂城市环境中，这变得更加苛刻。具有自我配置以控制稳定性和基站噪声上升的中继器现在已经广泛使用。通过带内信号对射频中继器进行网络监督和控制将进一步提高协调并减少它们在大规模部署时的风险。

在 L2 和 L3 中继技术中，中继节点在重传之前对接收信号进行解码。它能够准确地选择要重新发送的信号，也可以在传输之前重新调度 UE。

作为一种 DF 中继，L2 中继涉及 PHY 层之上的协议层，这使得 RN 可以使用高级功能来提高系统性能。L2 中继节点将至少具有介质访问控制（MAC）层功能，也就是说，为了在中继小区区域中实现更高的链路质量，可能要进行接收信号的解码和发送信号的重新编码。调度和混合自动重传请求（HARQ）处理是 L2 中继中可用的两个重要功能。L2 中继也接收和转发无线链路控制（RLC）服务数据单元（SDU）。L2 中继的性能增益是以更高的中继复杂性为代价（成本）的中继节点，并且将增加通信链路的延迟。L2 中继处理如图 5-6 所示。

在 L2 的中继技术中，通过协调来自 RN 和 DeNB 之间的通信以最小化对移动

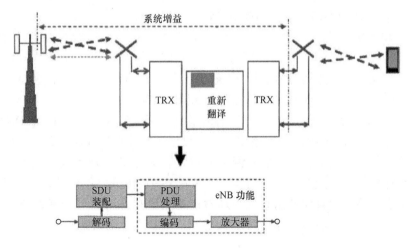

图 5-6　L2 中继（PDU——数据单元协议；TRX——收发器）

业务的干扰；利用高架天线、多输入多输出（MIMO）和高调制来最大化频谱密度，并且最小化宏 RF 容量的消耗。

由于 L2 中继被设计于在中继节点与宏 eNB 覆盖区域有重叠的情况下提高吞吐量，它在物理下行共享通道（PDSCH）和物理上行共享通道（PUSCH）传输中协助宏 eNB，这依赖于宏 eNB 调度器的下行（DL）和上行（UL）调度。L2 中继节点不传输宏 eNB 的物理 DL 控制信道（PDCCH）和小区特定参考信号（CRS）以确保宏 eNB 的小区覆盖范围保持相同。在 L2 中继节点缺乏 PDCCH 的情况下，中继节点和宏 eNB 之间没有控制信道的交叉干扰。L2 中继节点可以被认为是类似于一个射频转发器或 L1 中继。然而，通过在基带处重新生成和修改信号来改善性能，避免被放大的噪声、带内干扰和限制 RF 重复增益导致的不稳定性的问题，代价是更高的复杂性。

L2 中继节点可以利用诸如波束成形和自适应调制以及编码之类的机制。然而，L2 中继不能针对不同 UE 提供业务会话级的服务质量（QoS），因为数据无线承载（DRB）和相关的 QoS 要求是由 MAC 层之上的无线资源控制（RRC）协议维护的。切换增强和高级的干扰管理技术也不适用于 L2 中继。

L3 中继也是 DF 中继的一种形式，DF 中继对从 eNB 接收的 RF 信号进行解调和解码。但 L3 中继节点会对用户数据进行进一步处理，如加密和用户数据串接，分段和重组。类似于 L2 中继，L3 中继可以通过消除小区间干扰和噪声来提高吞吐量。另外，通过结合与 eNB 相同的功能，会对无线电中继技术的标准规范和实现造成轻微的影响。然而，其缺点是除了由调制/解调、编码/解码处理引起的延迟之外，还有对用户和数据的处理引起的延迟。

因为 L3 中继节点接收和转发 IP 分组（分组数据汇聚协议［PDCP］ SDU），IP 层的用户分组可在 L3 中继节点上查看。一般来说，一个 L3 中继节点具有 eNB 的所有功能，并且它通过类似 X2 的接口与原有的宏 eNB 进行通信。

L3 中继节点将包括如移动性管理和会话设置，以及交接的功能，并作为一个全方位服务 eNB 等。这更增加了实现的复杂度，这样一个中继节点的预算会进一步增加。

各种中继类型根据协议层转发信号/数据，如图 5-7 所示。

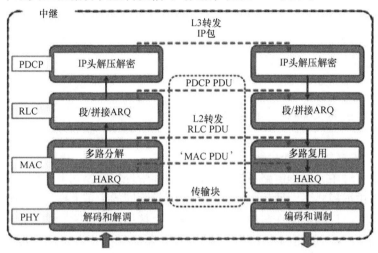

图 5-7　无线电中继技术

总之，L1、L2 和 L3 中继与不同的功能相关联，需要各种复杂控制信道、数据处理和高层接口。表 5-1 显示了三种类型的无线电中继技术的技术特点，以及各自的优缺点。

表 5-1　中继技术的比较

中继类型	技术特点
L1 中继	1. 仅 PHY 层 2. 用于覆盖范围扩展或覆盖被隔离的区域 3. 基于模拟信号的放大和转发设备的期望的信号不能被分离；干扰和噪声同时被放大完成立刻转发（在 CP 长度内），延迟可被忽视；看起来像多路径需要强 RF 隔离以尽量减少泄漏；中继器增益至少受到 RF 隔离的限制 4. 智能中继器使用功率控制或自我消除 5. 或者，可以以其他频率转发信号
L2 中继	1. 功能性达到 MAC 和简化的上层 2. 在小区边缘引入 RN 3. RX 和 TX 时间需要多路复用（TDD/FDD，所需节点之间的协调/协作） 4. 解码、调度和重新编码 5. 干扰协调的需要 6. 几个子帧的中继 7. 相对于 L1 中继有明显优势

(续)

中继类型	技术特点
L3 中继	1. 直到 PDCP 的全部功能 2. 没有新的节点被定义，但创建了新的小区 3. 通过 LTE 技术回程；X2 协议重用或 S1 4. 可使用相同或不同的频谱 5. 回程所需的高频谱效率 6. 可能与波束有空间协调 7. 来自封装的信号开销 8. 不需要更改规范 9. 像 Home NB 一样复杂的中继 10. 群组移动场景的唯一解决方案

5.1.1.3 带内中继和带外中继

在中继传输中，回程链路可以在带内中继和带外中继模式下操作，如图5-8所示。在带外中继模式下，回程链路在与接入链路不同的频带上操作。相比之下，在带内中继模式，回程链路在与中继接入链路和直接接入链路相同的频带中操作。带内中继期间，RN 可能会因此干扰到自己的接收器，因为中继发射机可以在与自己的中继 UE 相同的频带上进行发送。这意味着回程链路传输、接入链路接收，或回程链路接收和接入链路传输不能同时进行。因此，应该在带内中继采用半双工模式，除非有足够的离散的输出和输入信号，例如，通过分隔的很好的天线结构。

很明显，带内中继操作更复杂，因为在时域中的隔离需要 Un 接口的复杂配置。相反，带外中继操作简单，因为它只需要足够的频率范围。通常，回程链路被分配到较低的载波频率，导致其受到距离依赖性的影响较小，并且可以靠近宏小区的边缘。在带外中继模式下，不需要超出 Rel-8 的额外的功能（即，Un 接口的工作方式与传统的 Uu 链路相同）。

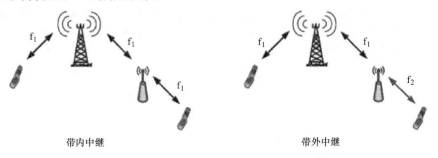

图5-8　带内中继和带外中继

5.1.1.4 1型和2型中继节点

如前所述，相对于 UE 中的知识，一个 RN 可以是透明或非透明的。在透明的中继模式中，UE 不知道是否通过中继与网络通信。在非透明的中继模式中，UE 知道它是否通过中继与网络通信。因此，已经在 3 GPP LTE – A 标准中定义两种类型的 RN，分别为 1 型和 2 型，为非透明的和透明的。

1 型中继节点用自身的物理小区 ID 来控制它们的小区，并发送自身的同步信道和参考信号。1 型中继节点表现类似于一个无线回程的 eNB，因为它有自己的小区 ID，它不同于邻近的宏小区。换句话说，一个 1 型中继节点创建一个新的小区（如图 5-9 所示），因此，从 UE 的角度来看，它与真实的 eNB 无法区分。因此，一个 LTE – A 的 1 型中继节点可看成是 Rel – 8/9 UE 服务的 Rel – 8/9 eNB。这样可以确保向后兼容性。然而，对于 LTE – A UE，1 型中继节点与 Rel – 8/9 eNB 不同以允许进一步的性能增强是可能的。

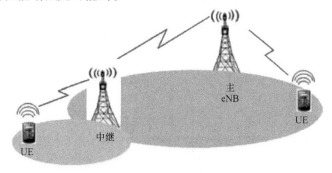

图 5-9 1 型中继

1 型 RN 本质上是一种低功耗 eNB。通过中继控制信号和数据流量，1 型中继适用于远程 UE 的覆盖范围扩展。

在功能上，1 型 RN 作为 eNB 出现在 UE 上。但是，它与宏小区 eNB 有明显的差异。首先，1 型 RN 具有低得多的传输功率和天线增益，并且由于中继站点的大小，天线的数量可能是非常有限的（如，≤2）。此外，RN 回程链路是无线的，其信道容量通常不如有线回程，特别是在两跳的过程中。

由于 1 型 RN 通过回程链路（Un 接口）与 DeNB 通信，并同时通过接入链路（Uu 接口）与 UE 通信，所以必须在一个链路上的发送器部分和另一个链路上的接收器部分之间实现充分的隔离。否则，RN 将产生大量这样的自干扰，可能会严重损害来自所连接的 UE 和 DeNB 的信号接收。RN 的隔离可以在时间、频率、天线配置中实现。因此，3 GPP 进一步区分了三种不同类型的 1 型中继。

• 1 型中继：这个中继是一种带内中继，其回程链路和接入链路共享相同的载波频率。隔离是在时间域进行的，这意味着一些子帧被保留用于回程链路，并且不能用于到中继附加 UE 的接入链路。

• 1a 型中继：这中继是一个带外中继，其中单独的载波频率用于回程链路和接入链路。已经在频域中实现了隔离。

● 1 b 型中继：这个中继也是一个带内中继。然而，隔离并不是在时域完成，而是通过适当的天线配置。

1 型、1 a 型和 1 b 型中继的特点如图 5-10 所示。

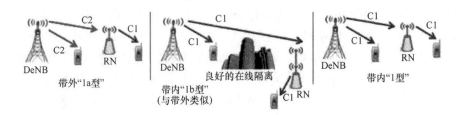

图 5-10　1 型、1a 型和 1b 型中继的特点

2 型中继节点没有它们自己的小区 ID，看起来就像一个主小区一样。范围内的 UE 无法区分中继与一个小区内的主 eNB。

没有自己的小区 ID 的 2 型 RN 不会创建新的小区。因此，UE 将无法从宏 eNB 和中继之间区分信号传输。因此，一个 2 型 RN 对 Rel-8/9 UE 是透明的（即，Rel-8/9 UE 不知道 2 型 RN 的存在）。控制信息可以从 eNB 发送，用户数据可以从中继发送（见图 5-11）。2 型 RN 可以传输 PDSCH，但不传输 CRS 和 PDCCH。

2 型中继被归类为 L2 中继。2 型中继的主要目的是提高系统容量，它主要用于提高本地 UE 的数据吞吐量。2 型中继可以消除传播到下一跳的干扰和噪声，所以它们可以增强信号质量并获得更好的链路性能。

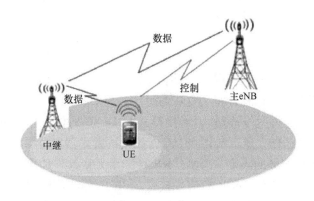

图 5-11　2 型中继

由于 UE 也无法为 2 型中继的中继信号提供信道质量指示（CQI）反馈，因此有效链路自适应是不可能的。此外，由于 UE 不知道中继的存在，因此无法提供测量报告来帮助 eNB 选择最佳中继节点。

表 5-2 显示了 1 型中继和 2 型中继的比较。

表 5-2　1 型中继和 2 型中继的比较

项目	1 型	2 型
PHY 小区 ID	自己的小区 ID；创建新的小区（其他 eNB）	无小区 ID；不创建新的小区
透明度	对于 UE 非透明的中继节点	对 UE 透明的中继节点
层	层 3	层 2
RF 参数	优化参数	N/A
切换（HO）	小区间 HO（通用 HO）	对 UE 透明的 HO
控制信道生成	生成同步信道；干扰信号（RS），HARQ 信道和调度信息等	不生成自己的信道，而是将宏 eNB 信号解码/转发给 UE
协作	小区间协作	小区内协作
使用模型	覆盖范围扩展	吞吐量增强和覆盖范围扩展
开销和切换	和宏一样的正常交接	更少的控制信号开销；对 UE 的透明的小区内切换

5.1.2　LTE-A 中继

LTE-A 网络至少将支持 1 型和 1a 型中继节点。1a 型中继节点具有与 1 型中继节点相同的特性集。所不同的是，1 型中继是带内的而 1a 型中继是带外的。预计一个带外 1a 型中继节点对 LTE 规范有影响很小或没有影响，而为了允许带内 1 型中继，必须在 LTE-A 中定义 RN 操作特定的一些功能。

LTE-A 采用不透明的 L3 中继节点。对于 UE，LTE-A 中继节点看上去就像一个普通的 eNB，也就是说，它有自己的小区 ID、自己的同步信道、广播信道和控制信道。无线接入链路符合 3GPP 标准的 Uu 接口，其确保小区中的 Rel-8/9 UE 的后向兼容性。

DeNB 是支持 RN 操作的增强型 eNB。RN 通过 Un 接口与 DeNB 连接。这个连接只能用半双工方式，如图 5-12 所示，这意味着中继接入链路和回程链路不能同时操作。RN 既充当 eNB 又充当 UE，DeNB 既充当 eNB 又充当 RN 的移动性管理实体（MME），服务网关（SGW）和分组数据网络网关（PGW）。RN 由自己的操作和维护（O&M）服务管理，这是不同于 DeNB 的 O&M。RN 支持 UE 切换到 DeNB，就像从相邻 eNB 的角度切换到正常 eNB 一样。定义两步 RN 启动过程以确保 RN 连接到需要由 MME 升级的合格 DeNB。RN 将 Uu 上的 UE 承载映射到 Un 承载。Uu 承载到 Un 承载的映射满足每个承载的 QoS 要求。

对于连接 RN 和 UE 的接入链路，所有协议层（MAC、RLC、PDCP 和 RRC）在 RN 处终止。用户面协议栈类似于 eNB，但控制面协议栈存在差异。在单小区操作的上下文中，UE 应该直接从 RN 接收调度信息和 HARQ 反馈，并且将其控制信道（调度请求 [SR]、CQI、确认 [ACK]）发送到 RN。

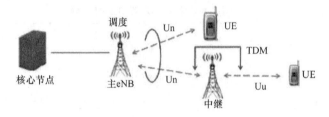

图 5-12 RN TDM（时分多路复用）操作

目前，LTE - A 只支持固定中继，这意味着不支持 DeNB 之间的 RN 移动性。此外，单跳中继是 LTE - A 中唯一支持的场景。因此，eNB 和 UE 之间的无线电链路由一个 RN 作为中继。随着开销和干扰的增加，超过两跳将使系统中的容量改进减少，并且将关注端到端延迟的增加，这不适合于实时应用。具体来说，当回程链路和接入链路的信道质量具有可比性并且使用相同数量的资源时，总体率在两跳之后就只有任何一个的链路的一半。

5.2 中继架构

中继的部署影响所有无线接入网络（RAN）协议，包括 RRC、S1 应用协议（S1AP）和 X2 应用协议（X2AP）。一个常规的宏 eNB 需要升级以支持中继节点，并且核心网络（CN）也需要升级。

在中继架构设计中将考虑许多要求，如提供与 LTE 演进分组核心（EPC）和 LTE Rel - 8 UE 的兼容性；使标准化、开发和操作复杂性最小化；提供足够的 QoS 分化；减少空中下载开销，并提供安全保障。

5.2.1 总体架构

LTE - A 在研究过程中，研究了许多用于中继的架构替代方案。最终为 Rel - 10 选择了支持 RN 的总体架构（如图 5-13 所示）。在此体系结构中，RN 终止 S1、X2 和 Un 的接口。DeNB 在 RN 和其他网络节点（其他 eNB、MME 和 SGW）之间提供 S1 和 X2 的代理功能。S1 和 X2 的代理功能包括与 RN 相关联的 S1 和 X2 接口和与其他网络节点相关联的 S1 和 X2 接口之间传递 UE 专用的 S1 和 X2 信令消息，以及通用分组无线服务（GPRS）隧道协议（GTP）数据分组。由于代理功能，DeNB 可看成是为 RN 服务的 MME（用于 S1 - MME）、eNB（用于 X2）和 SGW（用于 S1 - U）。

LTE - A 中继架构使用的相应用户面协议栈如图 5-14 所示。可以看到，在 UE 的 SGW/ - GW（网关）与 DeNB 之间存在每 UE 承载的 GTP 隧道，这是切换到 DeNB 中的另一个 GTP 隧道，从 DeNB 到 RN（一对一的映射）。

此外，可以观察到在 DeNB 内部部署了 RN 的 SGW/PGW 和 RN 家庭 eNB（HeNB）GW。嵌入式 RN 的 SGW/PGW 消除了 DeNB 与 RN 的 SGW/PGW 之间的

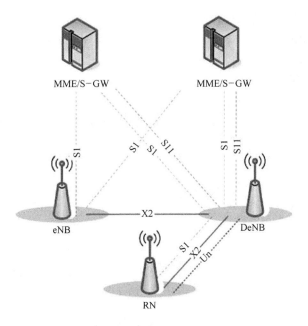

图 5-13 支持 RN 的演进的通用陆地无线接入网（E–UTRAN）架构

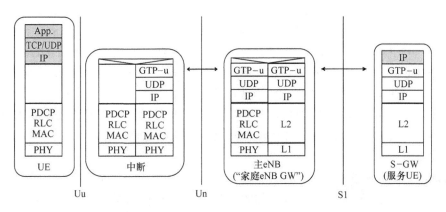

图 5-14 用户面协议栈（RLC——无线链路控制；TCP——传输控制协议；
UDP——用户数据报协议；GTP–u——用户层面的 GPRS 隧道协议）

分组延迟，以及 GTP 隧道中涉及的操作复杂性。DeNB 内的嵌入式 SGW/PGW 的功能包括为 RN 创建会话和 RN 管理的演进分组系统（EPS）承载，以及向服务于 RN 的 MME 终止 S11 接口。

嵌入式 RN GW 具有 HeNB GW 的功能。来自核心网的 S1 和 X2 接口终止并在 DeNB 内的 RN GW 处解析其信息，同时来自 RN 的 S1 和 X2 也终止并在 DeNB 处解析其信息。随后，DeNB 将具有每 UE 流可见性。

对于 RN 小区中的 UE，RN 将充当普通 eNB，其终止演进通用陆地无线接入

（E - UTRA）无线接口的无线协议，以及 S1 和 X2 接口。为了无线连接到 DeNB，RN 还支持 UE 功能的子集，包括物理层、层 2、RRC 和非接入层（NAS）功能。RN 和 DeNB 还基于为 UE 和 PGW 定义的现有 QoS 机制，将信令和数据分组映射到为 RN 建立的 EPS 承载上。

用户面中的分组传送过程如图 5-15 所示。每个 UE 承载有一个 GTP 隧道，从 UE 的 SGW/PGW 跨越到宏 eNB，宏 eNB 切换到 DeNB 的另一个 GTP 隧道，从 DeNB 到 RN（一对一的映射）。

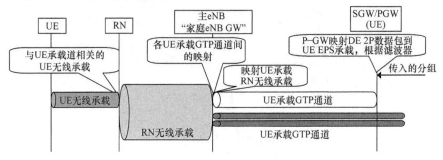

图 5-15 用户面分组传送过程

作为 PGW 服务 UE 的第一步，下行链路 UE 分组被映射到 UE 承载，并且分组在相应的 UE 承载 GTP 隧道中被发送到宏 eNB。然后宏 eNB 基于 UE 承载的 QoS 等级标识（QCI）将传入的分组归类为 RN 无线承载，并将 UE 承载 GTP 隧道从 SGW/PGM 切换到 RN 的另一个 UE 承载 GTP 隧道（一对一的映射）。连接到具有类似 QoS 的 RN 的不同 UE 的 EPS 承载被映射到 Un 接口上的一个无线承载中。最后，RN 基于每个 UE 承载 GTP 隧道将所接收的分组与对应的 UE 无线承载相关联。

在上行链路中，RN 执行 UE 承载到 RN 承载的映射，这可以基于 UE 承载的 QCI 来完成。

5.2.2 S1 接口协议栈

支持 RNs 的 S1 用户面协议栈如图 5-16 所示。存在与每个 UE EPS 承载相关联的 GTP 隧道，其跨越从与 UE 相关联的 SGW 到 DeNB。在 DeNB 中，GTP 隧道切换到另一个 GTP 隧道，从 DeNB 到 RN（一对一映射）。S1 用户面分组在 Un 接口上映射到无线承载。映射可以基于与 UE EPS 承载相关联的 QCI。Un 链路实施常规的 LTE L2 协议，如 PDCP、RLC、HARQ、RRC，只需轻微增加即可支持 Un 操作。

对于 S1 信令，S1AP 消息在 MME 和 DeNB 之间，以及 DeNB 和 RN 之间发送。DeNB 处理用于 UE 专用过程的 RN 和 MME 之间的 S1 消息。当 DeNB 接收到 S1AP 消息时，它通过修改消息中的 S1AP UE ID 来转换两个接口之间的 UE ID，但保持消息的其他部分不变。该操作对应于 S1AP 代理机制，并且类似于 HeNB GW 功能。S1AP 代理操作对于 MME 和 RN 是透明的。也就是说，从 MME 来看，它看起来好像 UE 连接到 DeNB，而从 RN 的角度看，它看起来好像 RN 正在直接与 MME 对话。

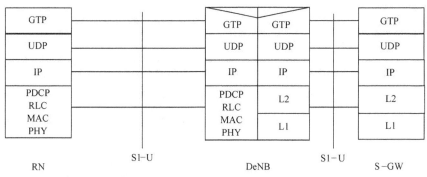

图 5-16 支持 RNs 的 S1 用户面协议栈

由流控制传输协议（SCTP）/IP 封装的 S1AP 消息在 RN 的 EPS 数据承载上传输，其中 RN 的 EPS 承载的 PGW 功能被并入 DeNB（作为 HeNB 的漫游接入功能）。S1 的控制面协议栈如图 5-17 所示。

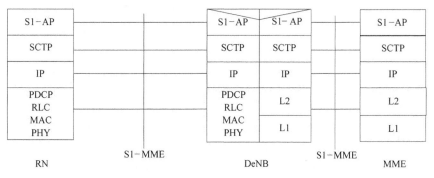

图 5-17 S1 支持 RN 的控制面协议栈

S1 接口关系和信令连接如图 5-18 所示。在 RN 与 DeNB 之间，以及 DeNB 与 MME（为 UE 服务）之间存在一个 S1 接口关系，其中 S1 信令连接由 DeNB 处理。RN 必须仅维护一个 S1 接口（连接到 DeNB），而 DeNB 维持一个 S1 接口到相应 MME 池中的每个 MME。还以 UE 形式存在对应于 RN 的 S1 接口关系和 S1 信令连接，从 DeNB 到 MME 的为 RN 提供服务。

5.2.3 X2 接口协议栈

支持 RNs 的 X2 用户面协议栈如图 5-19 所示。DeNB 还充当 X2 代理。存在与要转发的每个 UE EPS 承载相关联的 GTP 转发隧道，从其他 eNB 跨越到 DeNB，其被切换到 DeNB 中的另一个 GTP 隧道，从 DeNB 到 RN（一对一的映射）。

支持 RNs 的 X2 控制面协议栈如图 5-20 所示。对于 X2 信令，DeNB 处理用于 UE 专用过程的 RN 与其他 eNB 之间的 X2 消息。X2AP 消息的处理包括修改 X2AP 消息中的 X2AP UE ID 和 GTP 隧道端点 ID（TEID）。对于 X2 控制面信令，RN 和 DeNB 之间存在一个 X2 接口关系。当 RN 下面的 UE 执行切换（HO）时，DeNB 从

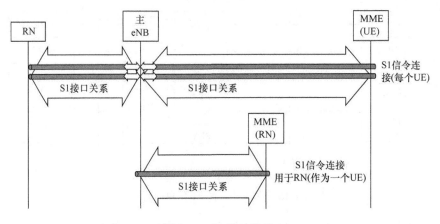

图 5-18　S1 接口关系

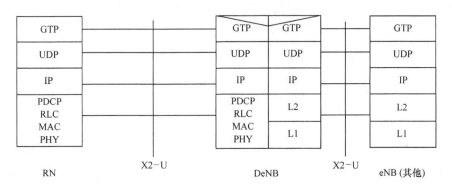

图 5-19　支持 RNs 的 X2 用户面协议栈

RN 接收 HO 请求，其从该消息中读取目标小区 ID 并将其转发到适当的目标 eNB。RN 和目标 eNB 之间的转发隧道也通过宏 eNB 建立。

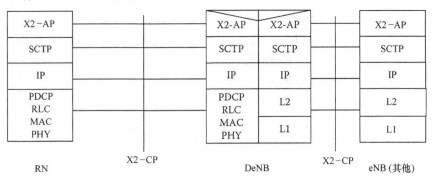

图 5-20　支持 RNs 的 X2 控制面协议栈

5.2.4　无线电协议栈

RN 经由 Un 接口，使用相同的无线协议和与 UE 连接到 eNB 同样的过程连接到 DeNB。无线控制面协议栈如图 5-21 所示。

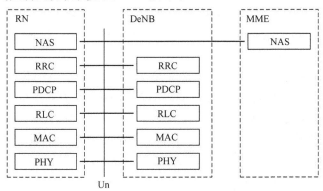

图 5-21   支持 RN 的无线控制面协议栈

在控制面，Un 接口的 RRC 层具有激活 RN 和 DeNB 之间传输的特定的子帧配置的功能，用于在所有子帧中不能从它们的 DeNB 发送/接收的 RNs。DeNB 知道哪些 RNs 需要特定的子帧配置。Un 接口的 RRC 层还具有在专用消息中将更新的系统信息发送到 RNs 的功能，所述 RNs 不能在所有子帧中从其 DeNB 接收信令。

对于用户面，DeNB 充当 RN 和 SGW 之间的代理（即，S1 上的 GTP 隧道被移动到 Un 上的另一个 GTP 隧道）。Un 接口的 PDCP 层具有为用户面提供完整性保护的功能。每个 DRB 具备完整性保护的能力。无线用户面协议栈如图 5-22 所示。

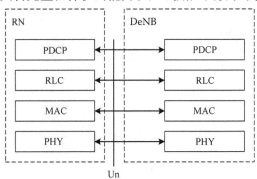

图 5-22   支持 RNs 的无线用户面协议栈

5.3   中继无线电协议栈

由于若干因素，LTE - A 中继中的回程链路和接入链路的设计与传统的无线链路不同。主要原因是 RN 可以使用比 UE 更多数量的天线，具有比 UE 更强的处理能力，因此 RN 可以使用更高级的发射机和接收机。此外，由于实施限制，RN 难以同时在相同频带上发送和接收。

根据前面的观察，可以考虑一些新的设计来提高 RN 和 DeNB 之间的中继回程链路的上行和下行吞吐量，同时减少回程链路对接入链路的干扰。此后，讨论了 LTE - A 中继的一些无线设计方面，其包括 RN 子帧配置，用于中继的控制信道和上行链路中的信道复用。

5.3.1　回程链路子帧配置

对于 LTE - A 中采用的 1 型带内中继，eNB 到 RN 回程链路在与 RN 到 UE 接入链路相同的频谱中操作。由于 RN 的发射机对其自身的接收机造成干扰，所以无法在同一频率资源上同时进行 eNB 到 RN 和 RN 到 UE 的传输，除非通过特定的、良好分离的、良好分隔的天线结构的方式提供输出和输入信号的充分隔离。类似地，RN 无法在接收 UE 传输的同时将 RN 发送到 eNB。

5.3.1.1　Un 接口和 Uu 接口间的时分复用

LTE - A 处理干扰问题的方案是在同一频谱内实现回程链路和接入链路之间的时分复用（TDM），如图 5-23 所示。该方案涉及操作 RN，使得当 RN 应该从主 eNB 接收数据时，RN 不向 UEs 发送（即，在 RN 到 UE 传输中创建保护间隔）。在保护间隔期间，UEs 不应该期待可以接收来自 RN 的任何下行链路传输；另一方面，通过不允许在某些子帧中的任何 UE 到 RN 的传输，可以促进 RN 到 eNB 的上行链路传输，这可以在 RN 上行链路调度器中轻松实现，而无需更改规范。

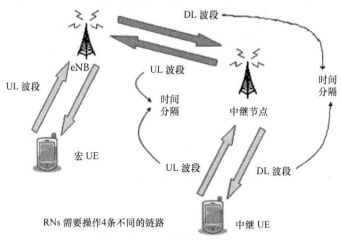

图 5-23　回程链路和接入链路之间的 TDM

但是，必须采取措施以自然地在 RN 到 UE 传输中创建保护间隔，否则 Rel - 8/9 UE 在没有任何 LTE - A 中继知识的情况下，在未能检测到小区特定参考信号之后将丢失与 RN 的连接，并且在某些下行链路子帧中的物理控制格式指示符信道（PCFICH）和物理广播信道 PBCH 将被用作保护间隔。因此，为了保持向后兼容性，回程链路上的 Un 接口的设计必须基于接入链路可以仅与具有 Rel - 8 功能的传统 UE 一起操作的设定。

为了实现 RN 到 UE 的下行链路传输间隙而不失去向后兼容性，LTE Rel - 8 规范中已经提供了支持多媒体广播多播服务（MBMS）协议的多播广播单频网络（MBSFN）类型的子帧的机制，该机制在 LTE - A 中重用于接入链路上的下行链路传输，以避免与回程链路传输冲突（见图5-24）。这意味着当 eNB 要向 RN 发送消息时，RN 支持的 UE 应该根据经由 RRC 信令的配置，将 MBSFN 类型的子帧假设为当前子帧，并且除了接收第一个或第二个 OFDM 符号作为控制信道之外什么都不做。在 MBMS 协议中，每个 MBSFN 子帧被划分为非 MBSFN 区域和 MBSFN 区域。可以被配置为具有一个或两个 OFDM 符号的非 MBSFN 区域，可以被 RN 用于向 RN 小区中的 Rel - 8/9 UEs 发送控制信道，而 MBSFN 区域将被 RN 小区中的 Rel - 8/9 UE 忽略。这允许主 eNB 使用 MBSFN 子帧的 MBSFN 区域来进行回程下行链路传输。

如图 5-24 所示，从 eNB 的角度看，在正常的下行链路子帧中，eNB 可以进行到宏 UE 的下行链路传输，但是不允许从 eNB 到 RN 的下行链路传输。这可以由 eNB 下行链路调度器实现。在 eNB 半静态定义的 Un 子帧中，其被配置为 RN 中的 MBSFN 并被通知给中继 UE，eNB 可以在 RN 的 MBSFN 区域中进行下行链路传输，在此期间不允许 RN 到中继的 UE 传输。更具体地，在 MBSFN 子帧的非 MBSFN 区域中，RN 可以向中继 UE 发送控制信息，但是 eNB 不应该同时向 RN 发送任何控制信息。

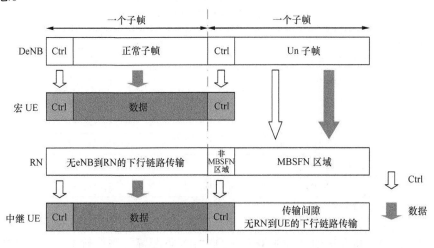

图 5-24　通过 MBSFN 在 Un 和 Uu 链路之间的 TDM

因此，RN 无法在 MBSFN 帧中侦听来自 DeNB 的 PDCCH。为了向 RN 发送信号以通知 DL 资源分配和 UL 授权，已经在 LTE - A 中定义了新的控制信道 R - PD-CCH。

总之，在 LTE - A 中，RRC 层配置了 eNB 到 RN 传输期间可能发生的子帧。配置用于 eNB 到 RN 传输的下行链路子帧（也称为 Un 下行链路子帧）将被 RN 配置为 MBSFN 子帧以中继 UEs。在 LTE Rel - 8 已经定义的 MBMS 协议中，MBSFN 子帧可以配置有 10ms 周期或 40ms 周期。

Un 子帧配置方案的频分双工（FDD）和时分双工（TDD）框架结构是不同的。

5.3.1.2 FDD 子帧配置

对于 FDD 的框架结构，Un 子帧配置表示为 8 种不同模式的组合，并且每个模式可以用 8 比特位图表示：{00000001}，{00000010}，{00000100}，{00001000}，{00010000}，{00100000}，{01000000} 或 {10000000}。每个模式的"1"表示在 40ms 配置周期的第一帧中第一 Un 下行子帧的位置。每个模式的组合可以通过表示 8 比特位图的二进制数的十进制来等效识别。例如，十进制数 85 代表 4 种模式 {01010101} 的组合的配置。Un 子帧配置的开始与 eNB 小区的 40ms 窗口（SFN mod 4 = 0）的开始对齐。它还与 MBSFN 配置的 40ms 周期对齐。

应该注意的是，一些下行子帧不能被配置为已经在 MBMS 协议中声明的 MBSFN。具体的限制还取决于帧框架结构的类型。

对于 FDD 帧结构，子帧 0 和 5 用于 Rel - 8 中的同步信道（SCH）和广播信道（BCH），并且子帧 4 和 9 用于 Rel - 8 中的寻呼。应该保证每个无线电帧内的这 4 个子帧中的接入链路上的下行链路传输，因此 RN 不能将它们配置为 MBSFN。

表 5-3 列出了每个模式与 40ms 周期内配置的下行链路子帧之间的关系。

表 5-3 Un 子帧配置的模式

Un 子帧配置模式	40ms 周期内的 DL 子帧
0 (10000000)	8, 16, 32
1 (01000000)	1, 17, 33
2 (00100000)	2, 18, 26
3 (00010000)	3, 11, 27
4 (00001000)	12, 28, 36
5 (00000100)	13, 21, 37
6 (00000010)	6, 22, 38
7 (00000001)	7, 23, 31

通过从 DeNB 发送到 RN 的 RRC 消息"RN 重配置"来执行 Un 子帧配置。RN 重配置包含一个 8 比特宽的"FDD 子帧配置模式"，其含义是前面提到的 8 种模式的组合。

在获得 RN 重配置中的 Un 子帧配置之后，RN 应该通过 RRC 消息"MBSFN 区域配置"通知其 UE 相应的 Un 下行链路子帧被配置为 MBSFN，其中 40ms 周期的 MBSFN 的配置被表示为 24 比特宽度位图，指示 4 个连续的无线电帧中的 MBSFN 子帧分配。"1"表示为 MBSFN 分配的相应的子帧。对于 FDD，位图解释如下：从第一个无线电帧开始，从位图中的第一个或最左边的比特开始，该分配适用于 4 个无线电帧的序列中的子帧 1、2、3、6、7 和 8。

以十进制数 85 "FDD 子帧配置模式"为例。它代表 4 种模式的组合：{01000000} + {00010000} + {00000100} + {00000001} = {01010101}。如图 5-25 所示，该 8 比特子帧配置模式循环应用于 40ms 周期内的所有子帧中。除了不能配置为 MBSFN 的子帧之外，在 40ms 周期内的模式中对应于 "1"的所有子帧被配置为 Un 下行链路子帧。因此，与表 5-3 一致，由模式 85 配置的 Un 子帧是 {1，3，7，11，13，17，21，23，27，31，33，37}。

图 5-25　FDD Un 子帧配置

因此，将 MBFSN 配置为中继 UE 的 "MBSFN 区域配置"中的 24 比特位图应该由 RN 设置为 {101010101010101010101010}。

理论上，对于 FDD，UL 回程传输可以在任何子帧中发生，条件是 RN 可以通过在这些子帧期间不分配 UL 授权或取消任何 UE 到 RN 的 UL 传输来配置 "空白"的 UL 子帧。显然希望 UL 回程子帧通过例如半静态高层信令预先配置，使得 RN 可以避免在这样的子帧中调度其中继 UE。

在 FDD 中，从下行链路回程子帧和 HARQ 定时隐式地导出该组上行链路回程子帧。具体地，如果子帧 k 被配置为 Un 下行链路子帧，则子帧 $k+4$ 被隐式地配置为 Un 上行链路子帧。eNB 可以在这组半静态配置的上行链路回程子帧上动态地调度中继上行链路。

5.3.1.3　TDD 子帧配置

对于 TDD 帧结构，由于受到与 FDD 中相同的限制，每个无线帧内的子帧 0、1、5 和 6 不能被配置为 MBSFN。此外，由于 TDD 配置 0 只有子帧 0 和 5 作为下行子帧，所以它不能用于 RN 小区，因为它不支持任何 MBSFN 子帧。此外，在 TDD 配置 5 中，只有一个单一的上行子帧，即子帧 2，这意味着无法实现回程链路和接入链路之间的 TDM。最终，只有 TDD 配置 1、2、3、4 和 6 可以用于构建中继网络。表 5-4（来自 3 GPP36.216）总结了用于回程链路传输的支持的 TDD 配置。对于无线电帧中的每个子帧，"D"表明子帧被配置用于 Un 下行传输，"U"表明子帧被配置用于 Un 上行传输。

RRC 消息 "RN 重配置模式"中的 "TDD 子帧配置模式"表示为有效值 0 到

18 的整数。

　　"MBSFN 区域配置"中用于 TDD 的 MBSFN 子帧配置仍表示为指示 4 个连续无线电帧中的 MBSFN 子帧分配的 24 比特位图，但是位图的解释与 FDD 的解释不同。考虑到上行链路子帧将不被分配为 MBSFN 并且在所有 TDD 配置中子帧 2 总是被配置为上行链路子帧，所以用于 TDD 帧结构的 24 比特位图被解释如下：从第一个无线电帧开始和从位图中的第一个或最左边的比特开始，该分配以 4 个无线电帧的序列应用于子帧 3、4、7、8 和 9。不使用最后 4 比特。

表 5-4　支持回程链路传输的配置（TDD）

TDD 子帧配置模式	TDD 配置	子帧编号 n									
		0	1	2	3	4	5	6	7	8	9
0	1					D				U	
1					U						D
2						D				U	D
3					U	D					D
4					U	D				U	D
5	2			U					D		
6					D				U		
7				U		D				D	
8					D				U		D
9				U	D	D			D		
10					D				U	D	D
11	3				U				D		D
12					U				D		D
13					U						D
14	4				U				D		
15					U				D		D
16					U			D	D		
17					U	D		D	D		D
18	6					U					D

　　以子帧配置模式 TDD = 0 为例，这表明每个无线电帧中的子帧 4 配置为 Un 下行传输，如图 5-26 所示。

　　因此，RN 应将 MBFSN 配置为中继 UE 的"MBSFN 区域配置"中的 24 比特位图设置为 {01000010000100001000xxxx}。

　　对于 TDD，支持非对称和对称 DL/UL Un 子帧分配。明确配置该组 Un UL 子帧。

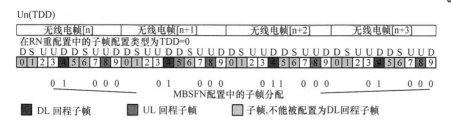

图 5-26 TDD Un 子帧配置

5.3.2 中继定时

对于具有 1 型半双工中继模式的 RN，将在回程子帧中保留 TX/RX 和 RX/TX 切换时间。同时，如在 LTE – A 中所规定的，除了可能的调整以允许 RN 发送/接收切换之外，RN 应该确保接入链路下行链路子帧边界与回程链路下行链路子帧边界对齐。eNB 与 RN 之间的同步要求可能影响用于子帧中的回程传输的可用 OFDM 符号的数量。因此，RN DL/UL 帧定时的设计将考虑将用于回程传输的可用 OFDM 符号的数量最大化。

对于回程传输，RN 对于宏 eNB 充当一个 UE。在常规 RN DL 帧定时中，RN DL 帧滞后于 eNB DL 帧是由于 eNB 与 RN 之间的相应传播延迟所造成的，如图 5-27 所示。

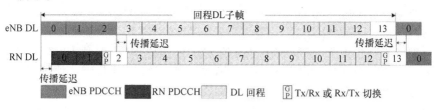

图 5-27 常规 RN DL 帧定时

当 RN 必须保留 TX/RX 和 RX/TX 切换时间时，两个 OFDM 符号 2 和 13 不能用于 Un 下行链路传输。由于这种无效性，在 LTE – A 中引入了延迟的 RN DL 帧定时，使得 TX/RX 和 RX/TX 切换仅需要一个 OFDM 符号，如图 5-28 所示。

在图 5-28 中，基于 DeNB 信号的接收来延迟 RN 小区的 DL 定时，使得在子帧结束时 RN 仍然有空间在下一子帧中传输符号 0 之前进行 RX/TX 切换。延迟的时间应至少等于 RN 切换时间。由于 TX/RX 切换，符号 2 仍然不可用，但由于该符号在 DeNB 中用于 PDCCH，因此可用于回程传输的 OFDM 符号总数为 11，并且不受 DeNB 小区 PDCCH 符号数量的影响。

在固定延迟的情况下，固定延迟量对于 RX/TX 切换来说足够大。此外，总 TX/RX 和 RX/TX 切换时间不得超过一个 OFDM 符号的持续时间。

与固定延迟 RN DL 帧定时相比而言，更多的 OFDM 符号用于回程使用，这显

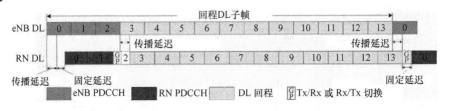

图 5-28　伴随一个固定延迟的 RN DL 定时

然是有益的。然而，这可能只是适合于 FDD 操作。在 TDD 网络中，所有 eNBs 和 RNs 的子帧边界的比较一致对于适当的 TDD 操作可能是必需的，这意味着固定延迟不能用于 RN DL 帧定时。TDD RN DL 定时如图 5-29 所示。

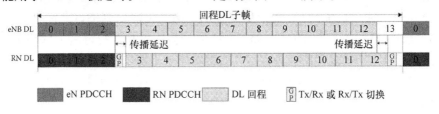

图 5-29　TDD 的 RN DL 定时

　　LTE – A 规范提供了根据 eNB 与 RN 之间的回程链路定时关系来配置回程下行链路定时的灵活性。第一个时隙有三种不同的帧结构配置，第二个时隙有两种不同的帧结构配置，分别如表 5-5 和表 5-6 所示。

　　根据宏小区和中继小区控制区域大小的不同，DeNB 可以在 Un 下行链路子帧中的第二、第三或第四 OFDM 符号上开始到 RN 的 PDSCH 传输。通过 RN 重配置消息将起始点半静态地配置到 RN。

　　对于 FDD，Un PDSCH 传输在 Un 下行链路子帧的最后 OFDM 符号处结束。而对于 TDD，Un PDSCH 传输在 Un 下行链路子帧的倒数第二个 OFDM 符号处结束。

表 5-5　Un DL 帧配置（第一个时隙）

配置	DL 开始符号	结束符号索引	有用符号
0	1	6	6
1	2	6	5
2	3	6	4

表 5-6　Un DL 帧配置（第二个时隙）

配置	开始符号索引	结束符号索引	有用符号
0	0	6	7
1	0	5	7

　　用于中继的 R – PDCCH 传输总是从符号 3 开始，因为固定的起始位置可以简

化规范结构。

对于 RN UL 回程传输，在 UL 回程子帧中可能需要 RX/TX 和 TX/RX 的切换时间。到目前为止，回程/接入链路 UL 定时方案，如图 5-30 所示，已经同意在没有附加规范要求的 LTE - A 中得到支持。

如图 5-30 所示，Uu UL 和 Un UL 子帧边界由固定保护间隙来实现相互交错，并且 RN TX/RX 的切换时间通过禁止在 Un UL 子帧的符号 13 上的传输来实现。因此，从中继 UE 到 RN 的 Uu 上行链路传输被延迟。这种方法是有益的，因为它可以在回程子帧中利用所有的单载波频分多址（SC - FDMA）符号，这有助于解决回程的某些缺点。

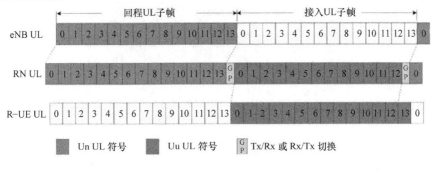

图 5-30 RN UL 定时

为了将中继 UE 配置为不在 Uu 链路上的回程子帧之前发送最后的 SC - FDMA 符号，RN 可以将接入链路子帧配置为小区特定的 SRS 子帧，但是没有为中继 UE 配置任何 UE 特定的 SRS 参数。

5.3.3 回程链路物理下行控制信道

因为不能由 RN 监视 Un 下行链路子帧中的 PDCCH，所以 LTE - A 引入了 R - PDCCH，其由主 eNB 用于动态地或半持久地向 RN 分配用于 DL 的资源以及 UL 数据传输。应该在主 eNB 和中继节点中都支持 R - PDCCH。简单来说，此后使用 R - PDSCH 来表示从 eNB 发送到 RN 的 PDSCH。

5.3.3.1 中继物理下行控制信道（R - PDCCH）资源分配

R - PDCCH 被放置在 MBSFN 子帧的 2 维 OFDM 资源网格中的固定位置处。固定位置通过 RRC 信令进行半静态配置。在 RRC 消息 RN 重配置中，可以通过 4 种不同的资源分配格式来分配 R - PDCCH 区域：类型 0、类型 1、本地类型 2 和分布式类型 2，它们与对宏 UE 的 PDSCH 的资源分配完全相同。

始终在 R - PDCCH 区域内的 Un 子帧的第一个时隙中发送对 RN 的 DL 授权。如果在 R - PDCCH 区域内的给定 PRB 对的第一物理资源块（PRB）中发送 DL 授权，则可以在 PRB 对的第二 PRB 中发送 UL 授权，如图 5-31 所示。

由于用于 DL 授权的 R - PDCCH 位于第一个时隙内，因此允许低解码延迟，并

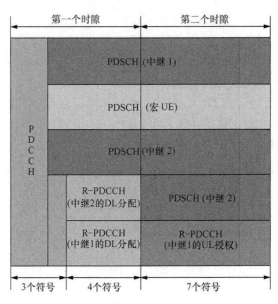

图 5-31　R - PDCCH 多路复用

且可以减少 R - PDSCH 所需的缓冲区大小，因为 R - PDSCH（在图 5-31 中示为
PDSCH）解码可以从第二个时隙的开头开始。将 UL 授权放在第二个时隙中是合理
的，因为实际的 UL 传输将在几毫秒后发生。

对于 DL 回程，用于 R - PDCCH 传输的实际资源可以在子帧之间动态变化。可
能发生的是，并非所有半静态分配的 PRBs 都用于某些子帧中的 R - PDCCH。用于
R - PDCCH 传输的 PRB 取决于被调度的 RNs 的数量，用于宏 UE 的 PDSCH 传输的
优选 PRBs 等。是否配置连续的 PRBs 或离散的 PRBs 或离散的连续 PRBs 组可以由
宏 eNB 决定。而且，考虑到频率和干扰分集，R - PDCCH 使用的 TDM/FDM（频分
复用）混合结构可以实现更高的分集增益，因为更多的 PRBs 用于发送 R - PD-
CCH。

R - PDCCH 上的格式与用于宏 UE 的传统 Rel - 8 PDCCH 相同，其包括资源块
（RB）分配，调制和编码方案（MCS）分配，HARQ 属性和 MIMO 相关属性。为了
识别其 R - PDCCH 发送预配置资源中的哪些 PRBs，每个 RN 应该执行盲解码，因
为宏小区中的每个 Rel - 8 UE 都进行盲解码。

由于 Rel - 8 下行链路控制信息（DCI）格式被重用于 RN DL 和 UL 调度，同
时不改变 DCI 有效载荷大小，因此 R - PDCCH 重用 Rel - 8 控制信道元素（CCE）
大小（CCE 中的资源元素的数量［RE］）是合理的。基于从第一个时隙中的第 4
符号到最后一个符号的 DL 授权的 R - PDCCH 区域，当 CRS 用于 R - PDCCH 解调
时，每个 PRB 可以使用 44 个 REs。为了具有与由 9 个资源元素组（REG）或 36 个
REs 组成的 Rel - 8 PDCCH 类似的 CCE 大小，每个 PRB 定义 1 个中继 CCE（R -

CCE）是合理的。

5.3.3.2　中继物理下行控制信道（R - PDCCH）映射

可以在一个或多个 PRBs 上发送 R - PDCCH。Rel - 8 PDCCH 的相同聚合级别（一、二、四或八）也应用于 RNs 的 R - PDCCH。然而，R - PDCCH 到时频资源的映射是不同的。LTE - A 定义了两种不同的映射方案：非交叉交错的 R - PDCCH 和交叉交错的 R - PDCCH。

在非交叉交错的情况下，根据聚合级别将一个 R - PDCCH 映射到一组虚拟资源块。使用相同的资源块集不传输其他 R - PDCCH。如果资源块在频域中的间隔足够大，至少对于较高的聚合级别，可以获得频率分集。

在 LTE Rel - 8 中，用于 UE 的 PDCCH 在带宽上广泛地交织以对抗干扰以及频域中的深度衰落。Rel - 8 PDCCH 交织中的基本粒度是 REG。交叉交错的 R - PD-CCH 尽可能地重用 Rel - 8 PDCCH 处理功能。可以选择与 Rel - 8 类似的方式对若干 RNs 的 R - PDCCH 进行交叉交错，但是交叉交错不是在整个带宽上进行，而是仅在分配的 R - PDCCH PRBs 上进行。

交叉交错的 R - PDCCH 应该仅与小区特定的参考信号结合使用，而非交叉交错的 R - PDCCH 也可以使用专用的参考信号进行解调。因此，非交叉交错映射对于回程传输的波束成形是有用的。交叉交错的 R - PDCCH 映射方法也可以针对最低聚合级别以获得频率分集。然而，非交叉交错的 R - PDCCH 能够从将频率选择性调度应用于 R - PDCCH 中获益。

5.3.3.3　中继物理下行控制信道（R - PDCCH）搜索空间

在 LTE Rel - 8 中，UE 需要在公共搜索空间和 UE 特定搜索空间中执行用于 PDCCH 检测的盲解码。由于不需要 RNs 来接收广播信息，因此没有用于 R - PD-CCH 检测的公共搜索空间。

RN 监视的候选 R - PDCCH 的数量与宏 UE 的数量是一样的，也就是说，聚合级别 1、2、4、8，分别对应 6、6、2、2。对于非交叉交错的 R - PDCCH，RN 特定搜索空间的起始 CCE 位置是所配置的 RN 特定 R - PDCCH 区域的第一 PRB。对于交叉交错的 R - PDCCH，重用 Rel - 8 PDCCH 搜索空间设计，其中对应于授权搜索空间的 DL/UL 授权候选 m 的 CCE 集通过下式给出：

$$L \cdot \left\{ (Y_k + m) \bmod \left[N_{CCE,j}^{R-PDCCH} / L \right] \right\} + i$$

式中，$N_{CCE,j}^{R-PDCCH}$ 是 CCE 的总数目，$j = 0$（DL）或 1（UL），导出基于 RN 特定的半静态 R - PDCCH 配置。

5.3.3.4　中继节点 PDSCH 资源分配

与下行链路接入链路类似，用于 RN 的 R - PDSCH 应以与从 eNB 到宏 UE 的 Rel - 8 PDSCH 相同的方式被处理并映射到资源元素。R - PDSCH 支持所有三种资源分配类型 0、1 和 2。然而，与位于专用控制区域的 PDCCH 不同，该 PDCCH 与 PDSCH 使用的数据区域分离，R - PDCCH 位于传统数据区域中的 PRBs 内。因此，必须进一步阐明可以根据 R – PDCCH 指示用于 R – PDSCH 传输的 PRBs 或部分 PRBs。当检测到在 Un DL 子帧中针对其的 R – PDCCH 时，RN 将根据以下假设对相同的子帧中的对应 PDSCH 进行解码。

如果 RN 接收到与在第一个时隙中检测到 DL 授权的 PRB 对的重叠的资源分配，则 RN 假定在该 PRB 对的第二个时隙中存在 PDSCH 数据传输。

如果在 PRB 对的第二个时隙中分配 UL 授权，则 PRB 对不能用于 PDSCH 传输以避免 PDSCH 与 UL 授权之间的冲突。

当解调参考信号（DMRS）用于 R – PDCCH 解调时，PRB 对中的 DL 授权和 UL 授权将用于相同的 RN。也就是说，这种 PRB 对中的 RE 不能用于不同的 RN。

当 CRS 用于 R – PDCCH 解调时，PRB 对中的 DL 授权和 UL 授权可以用于相同或不同的 RN。

当仅在第二个时隙中发送 UL 授权时，在第一个时隙中不应该有数据传输。

5.3.4　回程链路参考信号

回程下行链路传输使用和为 LTE – A 宏小区定义的相同的参考信号，包括 CRS、DMRS 和信道状态信息参考信号（CSI – RS）。不同参考信号类型可以用于 R – PDCCH 和 R – PDSCH 进行解码。如果使用 DMRS 接收 R – PDCCH，这通常是在波束成形的情况下，那么 R – PDSCH 解码也应该使用 DMRS。然而，如果 CRS 用于交叉交错的 R – PDCCH，则 R – PDSCH 使用 DMRS 仍然是合理的。

在 TDD 的 Un 下行链路传输中使用 DMRS 存在额外的限制，其中，Un 子帧最后的 OFDM 符号对于 RX/TX 切换被静默。因此，用于较低层的天线端口 7、8、9 和 10 的参考信号序列将仅被映射到分配用于 Un 下行链路传输的 PRB 对的第一个时隙中的资源元素。用于较低层的天线端口 11 至 14 将不用于 Un 下行链路传输。

5.3.5　中继的 HARQ 进程

5.3.5.1　回程下行链路 HARQ

在 LTE Rel – 8 和 Rel – 9 中，异步 HARQ 应用于下行链路。同样，异步 HARQ 可以应用于 Un 下行链路。对于 FDD 中的回程下行链路 HARQ，如果在下行链路回程子帧 n 中发送 R – PDSCH，则隐含地确定子帧 n + 4 是上行链路回程子帧，其中 RN 可以发送 UL ACK/NACK。因此，定时序列使得上行链路回程子帧在下行链路回程子帧的 4ms 之后，其与 LTE Rel – 8 对准，并且它不影响接入链路上的 HARQ 过程。

利用异步 HARQ，考虑用于 RN 的 R – PDCCH 和 R – PDSDCH 传输的可以利用 PRB 资源，可以在任何 Un DL 子帧中调度 HARQ 重传。异步 HARQ 还在配置 Un 子帧时提供了良好的灵活性。

图 5-32 中示出了采用"FDD 子帧配置模式" = 85 的 FDD 回程下行链路 HARQ 过程的示例。以 HARQ 进程 P1 为例，在无线电帧 n 的子帧 1 中发送 R – PD-SCH 之后，在无线电帧 n 的子帧 5 中肯定会接收到相应的反馈，因为它隐含地作为

回程 UL 子帧工作。然而,不允许无线电帧 n 的子帧 9 被配置为 FDD 中的 Un DL 子帧。下一个可用的 Un DL 子帧,无线电帧 n + 1 的子帧 1 被调度用于 HARQ 过程 P1 以实现异步 HARQ 处理。同样的过程也适用于 HARQ 进程 P2 和 P3 。

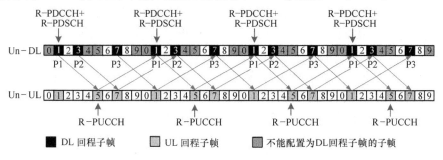

图 5-32   回程下行链路 HARQ

可以看到,在中继回程下行链路 HARQ 处理中可能不遵循 Rel – 8 中的 DL HARQ 的 8ms 往返时间 (RTT)。由于缺少 Un 子帧,可能在初始传输 8ms 之后不能发生 DL HARQ 重传,但这对于 DL 中的异步 HARQ 操作不是问题。实际上回程 DL HARQ RTT 取决于在 40ms 周期中哪些子帧被配置为 Un DL 子帧。

对于 TDD 而言,考虑到每个被支持的回程 DL/UL 子帧配置是一个 TDD 配置的子集,DL HARQ 过程与常规 10 ms Rel – 8 RTT 是相似的。

Un 中的下行链路 HARQ 反馈过程几乎与 Rel – 8 中的相同。主要的例外是用于 ACK/NACK 传输的 PUCCH 资源索引通过 RRC 信令进行半静态配置,并且不会随着子帧数量的改变而改变,而不是基于 RN 的不同子帧中的小区无线网络临时标识 (C – RNTI) 来计算的。

5.3.5.2   回程上行链路 HARQ

在 LTE 的 Rel – 8、Rel – 9 中,同步 HARQ 应用于上行链路 FDD 和 TDD。如果 Un 上行链路也可以采用同步 HARQ,则对于给定的 HARQ 初始传输而言,相应的 Un UL HARQ 重传和 Un DL ACK /NACK 传输的定时是预定的,因此,Un 上行链路 HARQ 过程可以被简化。然而,由于对 MBSFN 子帧位置的限制以及由于 TDD 系统中的 DL 和 UL 子帧的数量有限,在 Un 链路中同步 HARQ 时间序列似乎难以得到满足。幸运的是,Un 上行链路中的同步 HARQ 进程对于 FDD 和 TDD 仍然是可能的,如下文所述。

在 Rel – 8 中静态地定义 UL HARQ 进程的数量。对于 FDD,在每个 UL 子帧中重复使用 8 个 UL HARQ 进程。对于 TDD,针对每个 TDD 配置预定义 UL HARQ 进程的数量。在包含 UL 授权的 PDCCH 中,不指定 HARQ 进程 ID。因为在 Un 上行链路中可能无法总是满足 8ms 的 RTT,所以必须进行一些额外的工作来映射 HARQ 进程 ID 和 Un 上行链路子帧。

对于 FDD, 由于隐式 Un 上行链路子帧配置, 如果在子帧 k 中发送 UL 授权, 则相应的 UL 数据传输必须能够发生在子帧 k+4 中。然而, UL HARQ 重传可能不会发生在子帧 k+8 中, 因为它不是像 Un 上行子帧那样配置的。

正如 5.3.1.2 节所讨论的, 用于 FDD 的 Un 子帧分配被表示为在 8ms 周期内重复的配置模式, 因此存在 256 个不同的 Un HARQ 时间线, 每个时间线对应于 256 个 Un 子帧模式中的一个。在 256 种 Un 子帧配置中, 一些配置是类似的, 比如一个配置只不过是另一个配置的循环移位版本。例如, 配置 170 只是由配置 85 变化一个比特而来的。从本质上讲, 同一组中的所有配置引起相等的 Un 资源分配, 并且 UL HARQ 进程的数量和 Un HARQ 时间线也变得相同。

一般来说, 每个 Un 子帧配置的 Un 上行 HARQ 进程的数量可以通过下式计算:

$$N_{\mathrm{HARQ}} = \max_{i=0\cdots N} \sum_{j=i}^{i+8} \begin{cases} 1 & \text{Un 子帧} \\ 0 & \text{Uu 子帧} \end{cases}$$

其中 N 是 40ms 的 Un 子帧配置周期。

此外, 如果这会导致恒定的 RTT, 则改变组中的一些 Un 子帧配置的 UL HARQ 进程数量将会是有益的。综上所述, 表 5-7 (来自 3GPP 36.216) 列出了每个 Un 子帧配置 Un UL HARQ 进程的数量。

表 5-7　FDD 的 Un UL HARQ 进程的数量

配置	HARQ 进程的数量
1, 2, 4, 8, 16, 32, 64, 128	1
3, 5, 6, 9, 10, 12, 17, 18, 20, 24, 33, 34, 36, 40, 48, 65, 66, 68, 72, 80, 96, 129, 130, 132, 136, 144, 160, 192	2
7, 11, 13, 14, 19, 21, 22, 25, 26, 28, 35, 37, 38, 41, 42, 44, 49, 50, 52, 56, 67, 69, 70, 73, 74, 76, 81, 82, 84, 85, 88, 97, 98, 100, 104, 112, 131, 133, 134, 137, 138, 140, 145, 146, 148, 152, 161, 162, 164, 168, 170, 176, 193, 194, 196, 200, 208, 224	3
15, 23, 27, 29, 30, 39, 43, 45, 46, 51, 53, 54, 57, 58, 60, 71, 75, 77, 78, 83, 86, 87, 89, 90, 91, 92, 93, 99, 101, 102, 105, 106, 107, 108, 109, 113, 114, 116, 117, 120, 135, 139, 141, 142, 147, 149, 150, 153, 154, 156, 163, 165, 166, 169, 171, 172, 173, 174, 177, 178, 180, 181, 182, 184, 186, 195, 197, 198, 201, 202, 204, 209, 210, 212, 213, 214, 216, 218, 225, 226, 228, 232, 234, 240	4
31, 47, 55, 59, 61, 62, 79, 94, 95, 103, 110, 111, 115, 118, 119, 121, 122, 123, 124, 125, 143, 151, 155, 157, 158, 167, 175, 179, 183, 185, 187, 188, 189, 190, 199, 203, 205, 206, 211, 215, 217, 219, 220, 221, 222, 227, 229, 230, 233, 235, 236, 237, 238, 241, 242, 244, 245, 246, 248, 250	5
63, 126, 127, 159, 191, 207, 223, 231, 239, 243, 247, 249, 251, 252, 253, 254, 255	6

我们可以看到，Un UL HARQ 进程的最大数量是 6。HARQ 进程被按照一定顺序地分配到可用的子帧。图 5-33 显示了一个 Un 子帧配置 85 模式的 UL HARQ 序列的例子，它有三个 Un UL HARQ 进程。

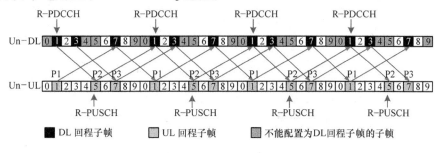

图 5-33　回程下行 HARQ

在 FDD 的 Un 链路上，UL HARQ 重传与关于 HARQ 的进程是同步的。UL 重传在与初始传输相同的 UL HARQ 进程对应的子帧中被发送。HARQ RTT 不是固定的，而是取决于 RN 子帧配置。因为主 eNB 和 RN 都将依次使用所有 Un UL HARQ 进程，这保证了主 eNB 和 RN 对 Un UL HARQ 进程的使用不会出错。因此，UL HARQ 进程 ID 不需要由 R – PDCCH 表示，也没有固定的关系式可以用来表达子帧数量和 Un UL HARQ 进程 ID 之间的关系。

对于 TDD 帧结构，由于只有一个或两个 Un UL 子帧配置，因此可以很容易地将 Un UL HARQ 进程的数量确定为一个进程或两个进程。只要适用，Un UL HARQ 重传将在具有与原始传输相同的子帧号的子帧中发生。

最后，由于 RN 不能在每个 MBSFN 的非 MBSFN 区域中接收 eNB 下行链路控制信息，因此不期望在 Un 下行链路子帧中的物理 HARQ 指示符信道（PHICH）上的 HARQ 反馈。对于在 R – PUSCH 上发送的每个传输块，RN 将向其更高层递送 ACK。因此，每一个 Un UL HARQ 都需要 R – PDCCH 触发。

5.3.5.3　接入链路下行链路 HARQ

从 UE 的角度来看，考虑到没有区别中继 UEs 和宏 UEs 的情况，接入链路上的下行链路 HARQ 进程将尽可能多的兼容 LTE – Rel – 8。

对于 FDD，如 Rel – 8 中所定义的，若 RN 在 Uu 下行子帧 k 中发送 PDSCH，则其相应的反馈将由中继 UE 在 Uu 上行子帧 k + 4 中发送。由于 4ms 间隔和 Un 下行子帧与其相应的反馈 Un 上行子帧之间的间隔完全相同，因此保证每当 RN 在子帧 k 中发送的 PDSCH 不用于回程下行传输时，子帧 k + 4 必须可用于 Uu 上行传输。因此，Uu 下行 HARQ 处理很容易按照与 Rel – 8 中相同的方式来进行。而且，尽管子帧 k + 8 可能不可用于 HARQ 重传，但是它可以通过下行 HARQ 进程的异步性质来被处理。

对于 TDD 而言，当一个上行子帧配置为 Un 上行子帧时，中继 UE 不再可用于传输 Uu 下行 HARQ 反馈。这将会导致失去一些 Uu 下行传输的反馈，如图 5-34 所示。在这个例子中，TDD 子帧配置模式设为 6，这意味着使用 TDD 配置 2；同时，子帧 3 被配置为 Un 下行子帧，子帧 7 被配置为 Un 上行子帧。可以看出，因为在子帧 7 中不允许在接入链路上的上行传输，所以接入链路上的每个无线电帧的三个子帧中的下行传输不能接收任何下行 HARQ 的 ACK。

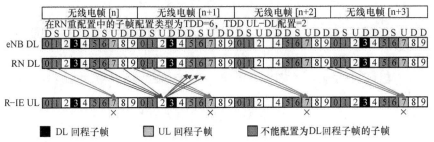

图 5-34　在上行接入链路不可用的 ACK/NACK

虽然 RN 下行调度程序可以将下行传输限制在这样的子帧（s）中，但会导致可用有效资源更少。处理这种情况的另一种方法是假设所有用于这种下行传输的反馈都是 ACK，并且必要时执行 RLC 重传。

5.3.5.4　接入链路上行链路 HARQ

在 Uu 链路上，由于期望向后兼容性，上行链路 HARQ 定时应该与 Rel - 8 中的相同。中继 UE 的同步上行链路 HARQ 进程可以通过用于非自适应重传的物理混合 ARQ 指示符信道（PHICH）或者通过用于自适应重传的 PDCCH 来调度。即使在 MBSFN 子帧中，也可以由 RN 发送 PHICH 和 PDCCH。

然而，对于 FDD 帧结构，尽管 HARQ 的 ACK 可以收到，但是应该发生重传的子帧可以由回程链路使用并且不可用于接入链路。在这种条件下，相应的上行 HARQ 重传过程需要被暂停，否则上行 HARQ 进程的同步性将被破坏。无论 PUSCH 解码结果如何，都可以通过在 PHICH 上发送肯定 ACK 来实现上行链路 HARQ 过程的暂停。可以通过显式 PDCCH 在可用于接入链路上行链路传输的稍后子帧中针对相同 HARQ 过程来调度重传。

对于 TDD 帧结构，10ms RTT 可以确保上行 HARQ 过程的初始传输发生在接入链路的上行子帧（不是 Un 上行子帧）中，它的传输总是能够在 10ms 后在下一个无线电帧的同一子帧内发生，所以不需要额外的工作。

5.3.6　中继流程

因为 RN 从中继 UE 的角度来看就像 eNB 一样，而从 DeNB 的角度来看，就像 UE 一样，所以在中继操作中存在一些中继特定的流程。

5.3.6.1　中继节点启动流程

由于是在 LTE Rel－8 之后引入中继，因此已经被建立了的 LTE 网络中的一些 MME 可能不支持中继功能。为了帮助 DeNB 在 RN 附着过程期间找到具有中继功能的 MME，MME 在 S1 建立时向 DeNB 提供"RN 支持指示"。

RN 启动流程基于正常的 UE 附着过程，由两个阶段组成。

在第一阶段，RN 在上电时作为 UE 连接到演进通用陆地无线接入网络（E－UTRAN）的演进分组核心（EPC）并检索初始配置参数（例如，来自 RN 操作和维护［O&M］的 DeNB 小区列表）。该操作完成后，中继节点作为 UE 从网络中分离并触发阶段 II，如图 5-35 所示。

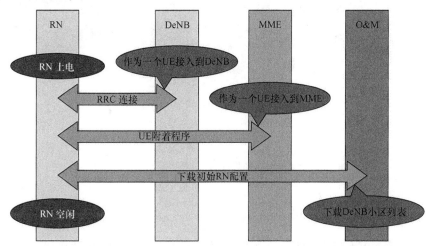

图 5-35　阶段 I：RN 预配置的连接

在第二个阶段，如图 5-36 所示，RN 连接到从阶段 I 期间获得的列表中选择的 DeNB，以开始中继操作。为此，应用正常的 RN 附着过程。除了 SGW/PGW 功能由 DeNB 执行并在 RRC 连接建立期间，RN 向 DeNB 发信号通知 RN 指示符之外，该过程与普通 UE 附着过程相同。从 RN 发送到 DeNB 的"RRC 连接设置完成"消息包括"rn－子帧配置请求"信息元素（IE），这表明为 RN 建立连接以及是否需要 RN 子帧配置。MME 向 DeNB 指示 RN 被授权作为中继节点连接。在 DeNB 发起针对 S1/X2 的承载的建立之后，RN 发起与 DeNB 的 S1 和 X2 关联的建立。

在所有 Un 配置到位后，RN 将开始通过 Uu 操作其 eNB 功能广播。通常，RN 设置有三个步骤：RRC 设置、NAS 设置和承载设置，如图 5-37 所示。RN 还将为 S1/X2 消息交换添加和配置 DRB。S1/X2 承载的 QCI/QoS 可以由网络运营商通过 O&M 进行分配。在 DRB 建立后，RN 将启动 SCTP 设置。

DeNB 知道到哪些 RN 需要特定的子帧配置并且启动用于这种配置的 RRC 信令。在 RN 意识到自己对这种特定子帧配置的需求之后，在阶段 II 期间的最后一

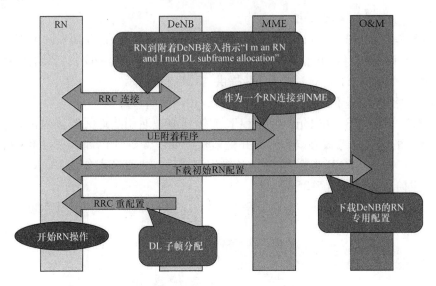

图 5-36　阶段 Ⅱ：为 RN 操作的连接

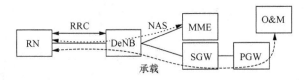

图 5-37　和 DeNB 一样的 RN 操作

步，RN 向 DeNB 表明这种需求，如果需要，DeNB 可以针对这样的配置启动 RN 重配置过程。RN 在接收时立即应用配置。

　　RN 重配置消息包括来自 DeNB 的 RN 子帧配置和/或系统信息更新。RN 重配置过程仅适用于处于 RRC_ CONNECTED 状态的半双工 RN。通过 RN 重配置消息，DeNB 配置子帧可以发生在 Un UL 和 DL 传输期间。RN 将 Un DL 子帧配置为 Uu 上的 MBSFN 子帧。可以基于业务负载来重新配置 Un 子帧。

　　在 RN 开始像 eNB 一样操作之后，UE 可以通过 Uu 连接到 RN。此时，RN 将运行 S1 - MME（到 MME），S1 - U（到 SGW），以及用于与通过 Uu 连接到 RN 的 UE 相关的信令和承载业务的 X2。DeNB 本身充当 S1 代理和用于该信令和承载业务的 X2 代理。DeNB 主管 MME 代理功能，该功能终结来自 RN 的 SCTP（对应于连接到 RN 的 UE 的 S1 信令业务），并且主管 SGW 代理功能，该功能从 RN 终结 GTP - u（对应于连接到 RN 的 UE 的 S1 - U 承载业务）。

5.3.6.2　系统信息更新

　　配置有 RN 子帧配置的 RN 不需要应用系统信息获取和改变监视过程。在改变与 RN 相关的任何系统信息（SI）时，DeNB 使用 RN 重新配置消息经由专用信令将包含相关 SI 的 SI 块发送到配置有 RN 子帧配置的 RN。对于配置有 RN 子帧配置的 RN，该专用信令中包含的 SI 替换任何对应的存储 SI，并且优先于通过系统信息获取过程获取的任何对应 SI。专用 SI 在被覆盖之前保持有效。

在中继 Uu 链路上，SI 只能在修改周期边界处进行改变。必须在周期 n 中向 UE 提供修改周期 n+1 中的 SI 改变的通知。因此，Un 接口和 Uu 接口上的子帧配置可能暂时未对齐，如图 5-38 所示，其中 RN 可以在 Uu 之前在 Un 上应用新的子帧配置，因为在 Un 上 Un 子帧重新配置由 RN 立即激活。

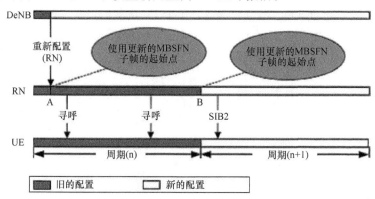

图 5-38　在 RN 的系统信息更新

5.3.6.3　Un 接口无线链路失败

假设回程链路非常稳定，但无线链路失败（RLF）完全无法避免。RN 的 RLF 检测过程与普通 UE 的 RLF 检测过程相同。

当发生 Un 链路失败时，RN 将退回到 UE 模式（不进入 RN 的 RN 模式）。RN 将释放 RN 子帧配置并且释放所有连接到 RN 的 UE，同时试图通过使用物理随机接入信道（PRACH）恢复到 eNB 的回程链路，并且作为一个普通 UE 开始接入过程。在 Un 链路完全恢复之前，RN 将不接受任何 UE 的连接请求。

RRC 连接重建成功之后的 RRC 连接重新配置过程和 Un 子帧重新配置过程应该与在初始 RN 启动期间使用的过程相同。如果重建失败，RN 会转到 IDLE 并尝试恢复。

5.3.6.4　Un 接口的 QCI 映射

在 LTE-A 中，RN 和 DeNB（Un 接口）之间的回程链路上将支持总共八个不同的承载，以支撑不同类型的业务，包括 S1/X2AP 控制信令、O&M 控制信令、不同 QoS 级别（即 QCI）的用户数据业务。

由于在 Un 上的 DRB 数量有限，特别是对于用户数据业务，必须能够将不同 QCI 的多个 Uu 承载映射到单个 Un 承载（QCI 映射）。QCI 映射可以由操作员（O&M）控制。

一般来说，具有相同 QCI 的 Uu 承载在具有适当 QoS 级别的单个 RN 承载上被复用。通过 GTP 报头中的差分服务代码点（DSCP）字段实现解复用器的承载区分。QCI 到 DSCP 映射通过 O&M 提供给 RN。

RN 的 eNB 部分基于传送分组的 Uu 承载的 QCI 将 DSCP 值分配给上行链路分组。随后，RN 的 UE 部分将业务流模板（TFT）滤波应用于上行链路分组并将它们映射到 Un 承载。

RN 和 DeNB 应该对 QCI 映射和 QCI 映射到的 Uu 达成共识。Un QCI 可以协助 DeNB 进行 UL 调度。O&M 在中继节点处配置 QCI 到 DSCP 的映射表，其用于控制上行链路中的不同 QCI 的多个 Uu 承载到单个 Un 承载的映射。图 5-39 显示了三种不同类别的用户数据业务映射到两类 Un 业务的的映射示例。

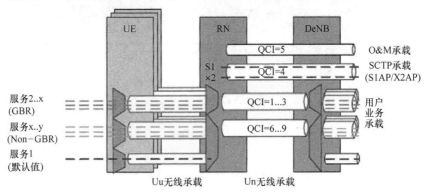

图 5-39   在回程链路的承载映射（GBR—被保证的比特速率）

5.4   中继性能分析

如我们已经讨论过的，中继节点可以用来扩展覆盖范围或增强小区宏 eNB 的吞吐量。1 型中继节点时有自己的小区 ID 带内中继，并且部署 1 型中继节点除了无线回程外，类似于宏和微覆盖系统的部署。中继部署的带内无线回程在中继节点处设置了 TDM TX/RX 的附加约束。2 型中继没有自己的小区 ID，因此可以用于提高宏 eNB 覆盖范围内的吞吐量。

1 型中继节点也可以部署为移动节点，如在火车和飞机上，这将把服务扩展到高速环境和没有有线回程连接的偏远地区的 LTE－A 用户。然而，部署 1 型中继节点在系统设计领域的干扰管理、下行控制信道和在网络操作回程的资源管理方面将面临挑战。在本节中，我们专注于 1 型中继的性能分析。

一般来说，在 LTE－A 网络中，中继是提供潜在容量和增强覆盖的关键。通过适当的干扰管理，高中继密度可以大幅提高网络容量；另一方面，将 RN 添加到网络将减少来自 DeNB Uu 接口的容量。因此需要对这种减少进行量化。Un 上的额外负载由来自 RN 的性能管理数据、额外 NAS 和 RRC 信令，以及由于额外 RN 引起的小区容量的增加而产生。

一个计算中继增益的最佳方法如图 5-40 所示。首先我们增加小区半径，直到指定覆盖范围内的多跳网络的 SINR 为所需值。中继增益是 SINR 在指定覆盖范围内有和没有中继的累积密度曲线之间的差值。

一个中继节点的无线性能、物理参数和基本特征会根据室外或室内覆盖改善的部署场景而可能存在不同。中继节点的无线性能受到部署场景和其他共存系统，以及同一宏小区内的其他 RN 的显著影响。

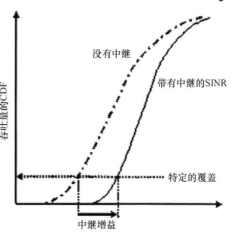

图 5-40 中继增益的计算
（CDF——累计密度函数）

5.4.1 固定中继增益

假定接入链路（eNB – UE 和 RN – UE）和回程链路（eNB – RN）在同一个频带内操作，（3GPP 案例 1）模拟站间距是 500m 的情况。对于 RN 部署方案，对固定 RN 部署进行评估，其中 RN 部署接近宏小区边缘。图 5-41 显示了固定部署方案的用户平均吞吐量，在该场景中，我们可以看到与没有中继的系统相比，中继系统存在小区吞吐量的增益。当回程子帧的数量超过 2 时，一个 RN 大约有 8% 的增益，数量超过 2 个或者 4 个 RN 时，增益达到 14%～17%。当回程子帧的数量增加时，聚合小区吞吐量略微增加。

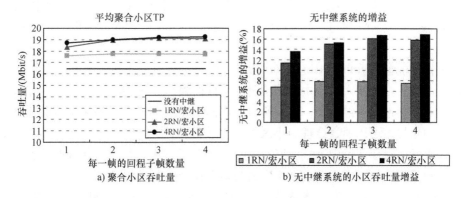

a) 聚合小区吞吐量   b) 无中继系统的小区吞吐量增益

图 5-41 在固定 RN 部署场景中的小区吞吐量

5.4.2 回程链路性能

为了意识到对中继进行有意义的性能改善，并且避免不良回程链路成为瓶颈，有一个高质量的带内回程链路是重中之重。值得一提的是，即使接入链路中的资源重用极大地增加了接入链路的总吞吐量，总吞吐量也是回程和接入链路的最小值。

所以有必要通过不同的技术改善回程链路和小区边缘的性能，如干扰协调和干扰减轻技术。

要达到好的中继性能，回程链路的频谱效率应该至少达到 5(bit/s)/Hz。空分多址（SDMA）是一种很有潜力的技术，可以提高中继系统的回程链路频谱效率。分配给不同 RN 的多个波束，也增加了回程链路中的干扰级别，但可以保障多路复用的增益。图 5-42 是一个 eNB 和多个 RNs 之间的 SDMA 的图示。

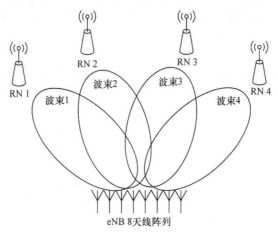

图 5-42   在 eNB 和多个 RNs 之间的 SDMA

5.4.3   中继的干扰

1 型中继可以用来扩展覆盖范围，并且提高带内回程的容量，但这些好处会伴随着额外的一些干扰。存在的干扰可以分为由 eNB 服务的 RNs 与 UEs 之间的干扰，由 RNs 服务的从 eNB 到 UEs 的干扰，以及由其他 RNs 服务的 RNs 和 UEs 之间的干扰。

干扰可能会显著影响中继网络的性能。这将导致性能下降，尤其是关于 MIMO 的性能，并且由于接入信道中链路质量的降低而缩小了 RN 覆盖范围。

对于 1 型带内中继而言，可以通过协调 eNB 和 RN 的调度器来减少数据干扰。对于控制信号，可以通过合理的小区规划或采用诸如协作功率分配的干扰协调技术来减轻干扰。对于 2 型中继，可以通过在 eNB 处的调度（例如协作或非协作模式）更灵活地工作。可以在不同的场景中适当地选择操作模式来减轻干扰。

RN 可以放置在 eNB 的覆盖范围深处来支持覆盖的漏洞、热点，或是临时需求。RN 的覆盖范围内的大部分 UE 具有比 eNB 更好的对 RN 的可视性，这是得益于 RN 的存在。但是，在 RN 或 eNB 的控制下，有些 UE 对 eNB 和 RN 都有良好的可视性，并且经历来自 RN 或 eNB 的强干扰，如图 5-43 所示。

由于回程和接入链路的并发传输，在 RNs 之间也可能存在干扰，如图 5-44 所示。在上行链路中，干扰 RN 在回程链路上传输，而在附近 RN 小区的受损 UE 在

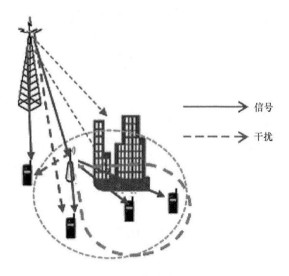

图 5-43　由 RNs 支持的从 eNB 到 UE 的干扰

其接入链路上传输。同时在下行链路中，干扰 RN 通过接入链路传输到 UE，而受损 RN 从 DeNB 回程链路传输上接收。这种干扰可能远高于接收信号，因此，需要协调回程链路和接入链路上的传输。除了网络几何相关参数，如路径损耗、传输功率和 RN 间距离之外，下行链路的 RN 到 RN 的干扰主要取决于两个因素：子帧分配和子帧定时。后者在 FDD 和 TDD 系统是不同的。例如，TDD 在相邻小区之间需要更严格的定时。FDD 的网络可以在准同步或异步模式下操作。在异步 FDD 中，相邻 eNBs 之间的定时偏移是任意的（即，随着时间均匀分布）。对于准同步的 FDD，同步容差可以是一个 OFDM 符号。这里提到的子帧定时是 DL 定时方案和干扰 RNs 的传播延迟差的组合。

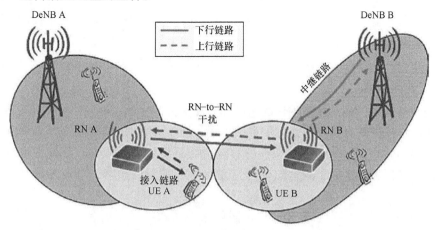

图 5-44　回程：接入（RN 到 RN）干扰

物理信号和物理信道也存在干扰。来自 eNB 的数据信道将被来自 RN 的 RS 干扰，反之亦然。这种效应在 UEs 端会被放大，可以清楚地感受到来自 eNB 的干扰。SCH、物理广播信道（PBCH）和 PDCCH 也相互干扰。

干扰管理可以在确保中继部署的增益最大化的情况下发挥重要作用。通常情况下，如果 RN 到 RN 的传输环境是非视距（NLOS），那么 RN 到 RN 的干扰对回程链路容量的影响会很小。当前的解决方案是通过 eNB 和 RNs 之间的资源的静态（或半静态）分区来正交化干扰。传输的调度应保证不干扰的 eNB – UE 和 RN – UE 链路使用相同的资源，而干扰的 eNB – UE 和 RN – UE 链路使用正交资源。

■ 5.5 中继的演进

为了使中继的优点最大化，在中继技术的发展方面付出了很多努力，包括载波聚合（CA）中继、移动中继、多跳中继、协作中继、中继配对技术，以及利用 MIMO 技术的中继增强技术。

5.5.1 载波聚合中继

目前对中继的研究主要集中在单载波带内场景，LTE – A 的规范工作、性能评估主要集中在带内操作。一般来说，中继性能的瓶颈是回程链路的容量，载波聚合是一种可用来改善回程链路容量的好方法。例如，运营商可用于回程有 20MHz 以上的单频段频谱或多频段频谱，因此 Un 接口上的载波聚合研究可通过带内和带外中继配置进行。

图 5-45 中的配置是 Un 上的 CA 研究的主要方面。

  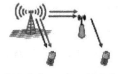

带内中继：两个CCs 上都为带内　　带外中继：一个CC 上为带外　　混合中继：一个CC上为带内，另一个CC上为带外

图 5-45　Un 上的 CA

5.5.2 移动中继

全球范围内正在以越来越快的速度部署高速公共交通。因此，在高速行驶的车辆上向用户提供具有良好质量的服务很重要，由于强大的多普勒效应，降低了切换的成功率和吞吐量，使得这比典型的移动无线环境更具挑战性。移动中继（安装在无线连接到宏小区的车辆上的中继）是一个有前景的技术，可以用来解决这些问题。

移动中继可以实现不同 DeNB 之间频繁地切换。当车辆穿过 DeNB 覆盖区域时，到移动 RN 的回程链路上的无线条件会发生显著变化。回程链路是不稳定的，而接入链路是稳定的并且质量很好。安装在高速列车上的移动中继最近受到关注，需要考虑以下问题：

- 多普勒频移
- 火车车厢导致的 20 ~ 30dB 的穿透损失
- 切换成功率较低

移动中继（见图 5-46）可以通过为每个 UE 执行组移动性过程而不是单独的移动性过程来提高切换成功率，并且还可以通过利用比普通 UE 更高级的天线阵列和信号处理算法来提高频谱效率。此外，可以使用用于回程和接入链路上的通信的单独天线来有效地消除通过车辆的穿透损耗。

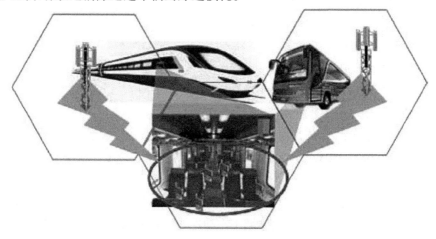

图 5-46　组移动性的移动中继

5.5.3　多跳中继

与单跳链路相比，通过使用多跳链路可以增加系统容量。与长单跳链路相比，多跳链路的目的是减少发射机到接收机的距离以实现更高的数据速率。此外，多跳中继可以提高在盲点和阴影区域的性能，并支持空间重用，从而增加了整个系统的容量。

用于 LTE – A 网络的多跳中继架构是由 eNB 与 UE 之间的一个或多个中继组成。单个 eNB 在其小区中服务于一个或多个多跳链，其形成以 eNB 作为父节点的树状结构。预计多跳中继将影响中继的体系结构和协议。

5.5.4　协作中继

从系统级的角度来看，中继可以以传统或协作/合作方式进行。在传统中继中，UE 从 RN 或服务 eNB 接收数据；另一方面，在协作中继中，eNB 可以将数据多播到协作 RNs，协作 RNs 又将它们转发到目标 UE，在那里它们被组合（可能与数据一起直接从 eNB 被接收）。放大和转发（AF）以及解码和转发（DF）RNs 都可用于传统和协作系统。传统的中继方案因其简单性而是首选的方案。

当采用两跳中继传输时，可以根据某个小区的当前用户密度采用一种自适应协作中继方案。协作操作可以通过 eNB 和一个 RN 之间的并行传输，或通过采用两个 RNs 之间的并行传输来实现（如图 5-47 所示）。通过充分利用协作通信，可以有效地增加用户容量并提高系统性能。

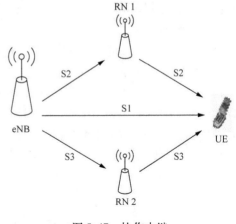

图 5-47　协作中继

5.5.5　中继配对

在每个小区中具有多个 RNs 和多个 UEs 的网络中，协同 RNs 和 eNBs 之间的数据传输，对改善多跳中继网络的覆盖范围和吞吐量是很重要的。因此，在中继传输中开发有效的配对方案来选择合适的 RNs 和 UEs 协作非常重要。

一些配对方案已经被开发出来了。最简单的配对方案是 RN 将在其服务覆盖范围内随机选择 UEs，不考虑 UE 位置、增益，或在其决策中可实现的数据速率。

另一个所谓的更灵巧的配对方案适用于 DF 和 AF 中继在总功率受限的情况下。方案表明，中继是有用的，即使中继不主动发送，只要其坚持机会协作规则并优先考虑"最佳"的可用中继，自然地选择该中继来最大化瞬时信道强度，它们也是有用的。

其他两个配对方案是集中式配对方案和分布式配对方案，这意味着配对过程可以执行集中式或分布式的方式。在集中式的配对方案中，eNB 将作为控制节点，从 RN 收集所需的包括 RN－UE 和 RN－eNeB 链路的 CSI 的定期报告。eNB 将基于链路质量信息构建一个配对，并且将其广播到其覆盖范围内的所有 RN 和 UE 上，这样可以使服务 UEs 的数量最大化。然而，所有链接到 eNB 的 RNs 反馈 CSI，会引起网络中的巨大开销并导致延迟问题。

但是，在分布式配对方案中，每个 RN 通过使用本地信道信息和基于竞争 MAC 机制来选择一个适当的 UE。由于 RN 不需要报告 RN－UE 链路的 CSI，所以反馈开销减少。尽管如此，由于不存在中心节点来有效地控制和协调网络中所有链路之间的资源使用，因此无法实现资源分配的优化。

一般来说，集中式方案需要更多的信令开销，但是相比于分布式方案而言可以实现更好的性能增益。

5.5.6　中继增强

用于中继链路的下行链路数据传输可以具有静态或缓慢移动的中继节点的闭环

空间复用，诸如火车等高机动性对象上的中继节点的开环空间复用，或者采用单层或多层传输的固定或自适应波束成形，这可以通过高层信令进行半静态配置。对于静止的或相对移动缓慢的中继节点，可以考虑在中继链路上进行诸如基于码本的预编码优化，时间和频率上的 CQI 和 PMI 反馈粒度，采用更大的码本，或非基于码本的预编码的数据传输优化。中继链路传输可以考虑使用一些如超过 4×4 MIMO 的高阶 MIMO、CoMP 和多层波束成形的高级技术。

第6章

自组织网络

如今，为了建立和维护高度可靠的高性能网络，我们必须面对移动无线网络和复杂操作任务的挑战。随着长期演进（LTE）技术的推出，运营商有机会优化网络管理运营并降低运营成本。自组织网络（SON）是实现网络复杂性管理的技术解决方案，从而实现运营费用（OPEX）的降低和利润保护。SON是不同领域的几种功能的组合（配置、优化、复位）。

为了尽可能减少LTE部署期间的预设，需要配置自动化网络参数。基于功能位置，正在考虑三种方法：集中式、分布式和混合式（如表6-1和图6-1所示）。对于集中式的实现，演进节点B（eNB）将参数分配给由操作和维护（O&M）系统分配的每个小区。对于分散式（或分布式）实施，eNB可以从O&M系统分配参数，然后自动配置每个支持单元 对于混合实现，在O&M系统中执行优化算法的一部分，其余的在eNB中执行。这汇集了集中式和分布式架构的最佳功能，灵活地支持各种优化方案。

表6-1 SON框架结构目录

集中式	分布式	混合式
• SON系统在网络管理层集中执行；所有数据必须在中央层转发 • 涉及多个小区 • 所有数据流进出网络管理级别；更长的更新 • 更简单的多供应商解决方案 • 稳定，易于实施和升级 • 寻址多个单元格	• SON系统分布在每个节点上；然而，小区相互通信 • 可扩展；快速灵活的更新 • 短期统计 • 降低回程影响 • 低延迟，高可用性 • 仅寻址一个小区	• SON部分在网络操作层执行，部分在小区执行 • 以前的解决方案的优点和缺点 • 低延迟，高可用性 • 需要额外的接口定义 • 更复杂的处理

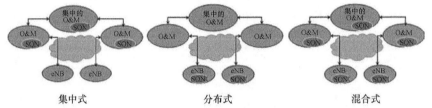

集中式   分布式   混合式

图6-1 SON框架结构

涵盖网络优化的方面包括自动化基站部署，物理小区 ID（PCI）分配，通过天线倾斜的自优化，业务负载平衡，网络规划的动态重新配置和自动修复功能。SON 的主要功能包括自配置、自组织和自优化机制，统称为 SON 功能，并且有望提高运营效率并增强网络性能。SON 功能的详细描述如图 6-2 所示。

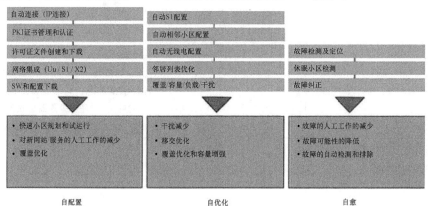

图 6-2　主要的 SON 功能

- ■ 自配置：自配置包括通过自动连接和自动配置，核心连接（S1）和自动邻区站点配置（X2）以自动的网络集成新的基站。
- ■ 自优化：自优化涉及在用户设备（UE）和本地 eNB 级别和/或网络管理级别的 eNB 测量的帮助下自动调整网络。
- ■ 自愈：自我修复涉及自动检测和定位，以及故障排除。

　　LTE 为 SON 的发展提供了催化剂，其工作由下一代移动网络（NGMN）联盟发起。SON 的标准化仍然在第三代合作伙伴计划（3GPP）中进行。许多 SON 特性在 3GPP Rel - 8 中得到支持，并在随后的版本中进行扩展。LTE Rel - 10 还将增强对 Rel - 8 和 Rel - 9 中引入的技术。SON 的需求在 Rel - 9 和 Rel - 10 中被更全面地定义，并列在表 6-2 中。

表 6-2　3GPP Rel - 8、Rel - 9 和 Rel - 10 中的 SON 标准化

Rel - 8		Rel - 9，Rel - 10
自配置	自优化	自优化
S1（eNB - 核心 NW）接口的动态配置	基本的移动性负载平衡	覆盖/容量优化： 优化系统参数以最大化（调整到期望的平衡）系统覆盖和容量
X2（eNB 间）接口的动态配置	通过 X2 接口的 eNBs 之间的负载信息交换的干扰，用于干扰减轻	移动性负载平衡： 优化小区重选/切换参数以分配网络上的业务负载
PCI（物理小区 ID）选择框架	多供应商 SON 的标准化 eNB 测量	移动性鲁棒性优化： 优化小区重选/切换参数，以最大限度地减少移动性造成的无线链路故障

（续）

Rel-8		Rel-9，Rel-10
自配置	自优化	自优化
自动相邻小区探索		公共信道配置优化： 公共信道配置的优化，如基于 eNB 测量的随机接入信道配置
eNB 的自配置；自动软件管理		驱动测试最小化： 由 UE 记录和报告各种测量数据（例如，位置信息、无线电链路故障事件和吞吐量），并在服务器中收集数据以最小化运营商运行的驱动器测试次数

6.1 自配置

自配置是一个广泛的概念，涉及通过特定 SON 功能涵盖的几个不同的功能，例如自动软件管理，自适应和自动邻区关系配置。在上电期间，eNB 发现所有已安装的硬件，并运行相应的硬件测试以验证硬件是否正常工作。警报将被触发，用来指示与任何失败的测试相关联的每个故障的性质。eNB 将支持所有配备硬件的即插即用库存管理。在安装和上电时，eNB 能够识别配备的电路板和库存，并且相应地更新配置信息，而不需要手动重新配置或安装操作。在移除或插入新电路板（例如，基带）时，还可以自动更新 eNB 清单和配置数据，而无需人工干预。对硬件配置的所有更改将在初始连接时自动报告给操作和维护中心（OMC），然后由基站上的硬件更改或 OMC 的请求持续驱动。

自配置算法在第一次调试和上电后，应该关心 eNB 的所有软配置的方方面面。

应检测传输链路，建立与核心网元的连接，下载并升级相应的软件版本，建立包括邻区关系在内的初始配置参数，执行自测，最后设置为运行模式。为了实现这些目标，eNB 应该能够与几个不同的实体进行通信，如图 6-3 所示。

为了能够成功地实现所有功能，在安装新节点之前应该满足以下先决条件：

1. 应该完成该小区的网络规划练习，从而产生一组射频（RF）参数，包括位置、小区标识、天线配置（高度、方位角和类型）、发射功率、最大配置容量和初始邻区配置。应在配置服务器中提供此信息。

2. 应该预先计划 eNB 的传输参数，包括带宽、虚拟局域网（VLAN）分区、IP 地址等。应该在配置服务器中提供与节点对应的 IP 地址范围和服务网关地址。

3. 应从操作支持系统（OSS）中提供更新的软件包下载。

6.1.1 自动邻区关系（ANR）

自动邻区关系的主要目的是自动学习关于邻区小区和 eNB 的所需信息，而不需要网络运营商的任何交互或规划。基本的方法是，在 LTE 中，不同于以前的技术，UE 不具有邻区列表，但是始终在寻找作为切换候选的其他小区。每当找到一

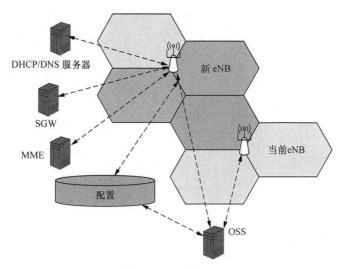

图 6-3 eNB 自配置

个时，它向 eNB 报告候选的物理小区 ID。如果 eNB 知道所报告的小区，则正常的切换决定将继续进行。否则，UE 发起无线资源控制（RRC）过程（系统信息获取），以获得所报告小区的全局小区 ID。

邻区关系表（NRT）为每个小区提供可用于其所服务的移动终端切换（HOs）的适当邻区的列表。目前，这些 NRT 必须手动设置，仅由网络规划工具和昂贵的驱动器测试支持。在 LTE 中，系统将通过触发选择的 UE 进行相邻小区测量，为其所服务的小区生成 NRT，并且将解释所报告的结果。此功能称为自动邻区关系（ANR）检测。ANR 基于来自真实 UE 的测量并管理 LTE 内的相邻小区关系，该特征可以添加和删除邻区关系（NRs），如图 6-4 所示。

ANR 的自动邻区发现机制允许 eNB 学习其邻区的信息。相邻小区检测优化可以通过邻区信元强度阈值来控制。发现机制可以利用 UE 的帮助并通过网络接口交换信息。

eNB 还将建立到目标 eNB 的 X2 连接，以便直接执行后续的切换。为此，eNB 需要通过向移动性管理实体（MME）发送 eNB 交互消息来返回其用于 X2 接口的 IP 地址，来学习目标 eNB 的 X2 地址。

自动整合和 ANR 是所有供应商目前拥有的最早被公认的功能。具体的要求，多供应商多技术方案，以及毫微微小区将成为长期的挑战。

ANR 功能驻留在 eNB 中，并管理概念邻区关系表（NRT⊖）。对于每个小区，

⊖ 这个表集合了一个给定小区的所有 NR，或者一个给定 eNB 的小区的所有 NR。由于 ANR 的功能，它会不断地更新（关系可以被添加或删除），邻区关系包含 NR 白列表和黑列表。NR 白列表包含不能从 NRT 中被删除的 NRs，这个列表由运营商制定并来源于 O&M。NR 黑列表包含用于移动性（HO）目的。这个列表也是由运营商制定并来源于 O&M。

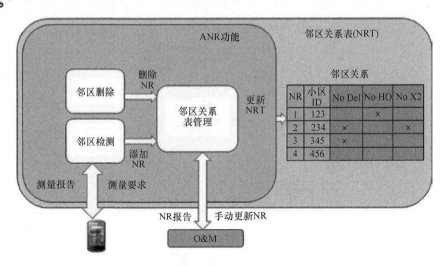

图 6-4　eNB 与 O&M 的自动相邻关系的相互作用

eNB 持有 NRT。对于每个 NR，NRT 包含标识目标小区的目标小区标识符（TCI）。对于演进的通用陆地无线接入网络（E – UTRAN），TCI 对应于目标小区的 E – UT-RAN 小区全局标识符（ECGI）和物理小区标识符（PCI）。物理层使用 PCI 来识别和分离来自不同发射机的数据。ECGI 是识别小区的系统级参数。此外，每个 NR 具有三个属性：NoRemove、NoHO 和 NoX2，如下所述：

■ No Remove = 相邻小区的白名单，ANR 不会删除此关系；

■ No HO = 相邻小区的黑名单，ANR 不会添加此关系；

■ No X2 = NoX2 link；通过 S1 链路进行切换。

ANR 还将支持并允许灵活的预先规划和相邻小区信息的自动配置和更新，这将带来关键的运营优势，如减少维护和改进性能，不需要为新站点规划邻区关系，减少掉话等。

6.1.1.1　物理小区标识

物理小区 ID 的自动配置是以实现自组织和自优化为目标的首要功能之一。这对于减少运营商为 LTE 网络所必须做的预先规划和配置的量，以及在部署其他 eNB 时减少重新配置方面非常重要。在 LTE 网络中使用 PCI 作为移动设备是区分不同小区的一种方式。有 504 个可用的 PCI 号码，但 LTE 网络最多可能包含 3 万个电池。PCIs 被分组成 168 个唯一的物理层小区标识组，每个组包含三个唯一身份。所以 PCI 可以表示为 $PCI = 3j + k$，其中组号 $j = 0\cdots167$；$k = 0\cdots2$（如图 6-5 所示）。因此，几个单元必须使用相同的 PCI。但如果移动设备都具有相同的 PCI，则移动设备不能区分两个小区。当具有相同小区 ID 的 eNB 存在于 UE 的检测范围内时，会发生物理层小区 ID 冲突。当发生 PCI 冲突时，UE 从多个 eNBs 的同步信道接收叠加的主同步信号（PSS）和次同步信号（SSS）。UE 从多个 eNBs 解码叠加的

PSS/SSS，如同它们是来自单个 eNB 的多径信道。UE 将进一步收听物理广播信道（PBCH），以解码该小区所需的系统信息。UE 具有很高的 PBCH 解码失败概率，并且不能进一步访问该系统。PCI 在移动过程中被广泛使用。PCI 分配/优化是 SON 的用例和服务。

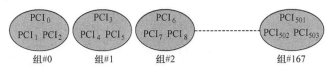

图 6-5 物理层小区识别组

LTE 小区在无线接口上以两种方式识别自身。LTE 小区首先利用 PCI（见图 6-6）来识别自己，这可以从 PSS 和 SSS 解码中获取。此 ID 的有限范围为 504 个不同的值，因此不是

图 6-6 PCI 获取

唯一的。由于 PCI 是在小区中驻留的 UE 的主要定位点，所以该值必须在小区本身的覆盖区域内，以及 UE 可以接收的所有相邻小区内是唯一的。无线电网络规划必须保证相同 PCI 的正确重用，而不会有任何冲突。

LTE 小区还与作为系统信息块的一部分被广播的全局小区 ID（GID）相一致。系统信息块是系统信息块 1 的一部分，其以 80ms 的较长重复周期被发送，并且每 20ms 重复一次。该 ID 在网络中对于公共陆地移动网络（PLMN）、eNB 和小区标识应该是唯一的。

LTE SON 系统应该为每个支持小区自动分配物理小区 ID，以确保每个 ID 与邻区⊖小区和邻区的邻区小区相比是唯一的。同时，PCI 分配规则应避免在最小重用距离和信号强度阈值内分配相同的 PCI。在物理小区 ID 的分配期间，必须确保所分配的物理小区 ID 是无冲突和混淆的，也就是说，它与即时相邻小区以及邻区的邻区小区不相同（参见图 6-7）。

SON 的 PCI 选择机制允许 eNB 选择其 PCI。该选择可以基于集中式或分布式的 PCI 分配算法。eNB 可以用 UE 小区搜索能力来检测邻域中的小区 ID。一旦检测到给定数量的物理层小区 ID，eNB 将随机或系统地从池的其余部分中选择物理层小区 ID。eNB 也可以通过 X2 或 MME 通过 S1 发送请求到邻区 eNB，用于 PCI 分配。eNB 或 MME 可以基于邻域中现有 PCI 的情况来分配 PCI。

在实时网络 PCI 计划中，我们可以为每个部门分配一个颜色组，并为每个站点分配一个代码组。通常，10～15 个三部门站点位于群集中，并使用每个群集中的代码组的子集。如果有大约 70 个代码组可用，则可以在第五或第六个群集中重复

⊖ 什么是邻区？一个邻区是一个拓扑无线电邻区小区或移动邻区小区。邻区小区的移动类型可以用作带有像移动中继节点这样的移动目标的目标小区。当移动中继节点通过时，与存在的宏小区 ID 发生冲突。移动邻区小区不能是拓扑邻区。

PCI，如图 6-8 所示。像这样的结构化规划可以消除相邻站点、相邻小区中相互冲突的 k 或频移，以及相互指向的风险。虽然这可能会出现在群集边界，但在相邻小区中存在冲突的 SSS 序列的风险也降低了。

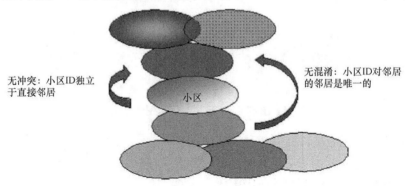

图 6-7 PCI 分配规则

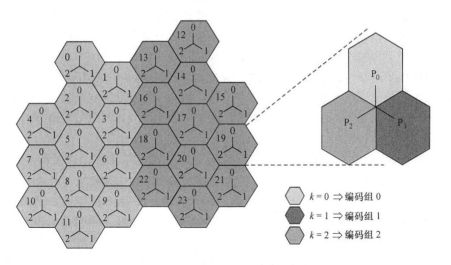

图 6-8 PCI 计划的例子

相邻小区之间的关系需要仔细被规划。不正确的配置可能导致切换失败和掉话。正常切换过程描述如下（参见图 6-9）：

1. UE 检查服务小区 NRT 并向小区 3 发送测量报告；当小区 3 被检测为良好的小区信号时，UE 向服务小区发送报告。

2. 服务 eNB 检查 NRT 并找到小区 3 的相邻小区列表（ECGI = 103）。如果存在 X2 接口，则 eNB 向目标 eNB 发送包括目标小区 ID 中的 ECGI 的切换请求消息以进行切换资源准备。如果没有 X2 而是 S1 接口，则 eNB 向 MME 发送包括目标 ID 中的 ECGI 的请求切换消息，以请求准备该目标的资源。

3. 如果步骤 2 成功，则服务 eNB 以载波频率、PCI 和目标小区 3 的其他信息向

UE 发起 RRC 连接重配置消息。

对于冲突小区，这样的重配置将不会成功，因为没有资源准备。因此 PCI 冲突将导致切换失败。PCI 冲突问题的一个例子如图 6-9 所示。

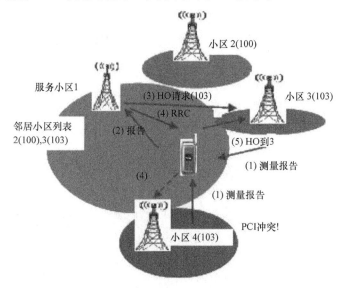

图 6-9 PCI 冲突问题的一个例子

6.1.1.2 基于 UE 的自动邻区关系

该功能是 3GPP 所兼容的，并支持多厂商无线电网络使用 UE 的能力通过适当的测量来识别相邻小区。未知 LTE 小区的自动检测和配置的 3GPP 变型支持邻区小区信息的自配置，而无需运营商的规划工作，并且需要来自 UE 的适当的测量支持。

关系的自我配置避免了人工规划和维护，以及随后的规划错误。eNB 按照 3GPP 中定义的每一个 ANR 功能，使用邻区的 UE 测量来检测 LTE 网络内部和 RAT （无线接入技术）网间相邻小区的新邻区。在识别潜在的相邻小区时，eNB 将更新其 NRT。每个 NRT 将与首选和非首选的邻区进行比较。如果运营商确定了偏好，那么将向潜在的邻区 eNB 发送包含所有识别的邻区关系的 X2 设置消息，用于 LTE 网内的情况。一般来说，LTE 网内和 RAT 网间 ANR 程序分三步完成：

1. 相邻小区搜索的无线电；
2. 相邻站点搜索 X2 传输配置；
3. 相邻小区设置更新 X2 连接配置。

6.1.1.2.1 第一步：相邻小区的无线电部分探寻

当 UE 从空闲状态变为连接状态时，它接收测量配置并报告所有检测到的/最强小区高于给定阈值的指令。因此，它可以报告不属于 eNB 的 PCI 的强大的小区。如果发生这种情况，则 eNB 向 UE 发送测量请求以发现并报告用于未知 PCI 的小区

GID。LTE 网内和 RAT 网间 ANR 的相邻小区发现步骤可以在图 6-10 和 6-11 中找到。

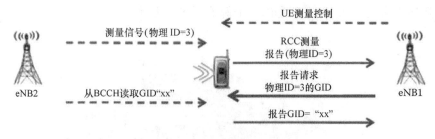

图 6-10　LTE 间 ANR 的邻区小区检测

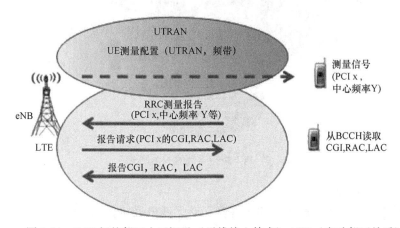

图 6-11　RAT 间的邻区小区探寻（无线接入技术）ANR（自动邻区关系）
（RAC——路由区域代码；CGI——CSG［封闭用户组］标识符；
LAC——位置区域码；BCCH——广播控制信道）

LTE 内频率自动检测和优化过程描述如下，如图 6-12 所示。

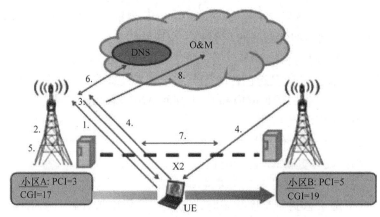

图 6-12　LTE 内部 NR 自动检测和优化过程
（PCI =第 2 层小区标识；CGI =第 3 层小区标识）

1. UE 向小区 A 报告邻区测量；PCI = 5 为最好；

2. 小区 A 得出结论：PCI = 5 是未知的；

3. 小区 A 命令 UE 读取小区 B 的 CGI；

4. UE 读取由小区 B 广播的 CGI，并将小区 B 的 CGI 报告给小区 A。相邻小区被添加到小区 A 中；

5. 小区 A 检查是否允许与小区 B 有 X2 连接；

6. 小区 A 从域名系统（DNS）获取小区 B（CGI）的 IP 地址；

7. 建立 X2 连接；

8. 小区 A 更新 OSS 参数和观测数据。O&M 被通知 NRT 的更新。

RAT 网间和内频 NR 的自动检测和优化过程描述如下：

1. 每个小区包含一个频率间搜索列表。此列表包含将被搜索的所有频率。

2. 服务 eNB 指示 UE 寻找目标中的相邻小区的 RAT /频率。

3. UE 通过以下方式报告目标 RAT /频率中检测到的小区的 PCI：

——在 UTRAN 频分双工（FDD）小区通过载波频率和主扰码（PSC）

——在 UTRAN 时分双工（TDD）小区通过载波频率和小区参数 ID

——在全球移动通信系统（GSM）/数据速率增强型演进 GSM（EDGE）小区［SM/EDGE 无线电接入网络］，通过频带指示符 + 基站收发台身份码（BSIC）+ 广播控制信道（BCCH）绝对射频信道号（ARFCN）

——在码分多址（CDMA）2000 的小区，通过伪随机噪声（PN）偏移

4. 服务 eNB 使用新发现的 PCI 来指示 UE 读取以下信息：

——在 GERAN 检测到小区的情况下，读取相邻小区的 CGI 和路由区域代码（RAC）

——在 UTRAN 检测到小区的请况下，读取 CGI、位置区域代码（LAC）和 RAC

——在 CDMA 2000 的情况下，读取 CGI

——对于频率间的情况，读取 ECGI，跟踪区域代码（TAC），并且从所检测的RAT 网间/接口相邻小区的广播信道中读取所有可用的公共陆地移动网络（PLMN）ID

5. 服务 eNB 将目标小区添加到邻区小区列表，以及服务小区与目标小区之间的关系。O&M 被通知 NRT 的更新。

如果 UE 能够传递 GID，则下一步是导出寻址相邻 eNB 所需的 IP 连接性信息。

6.1.1.2.2 第二步：相邻站点的 X2 传输配置探寻

本节描述了邻区站点的 X2 传输配置探寻的基础知识，如图 6-13 所示。

派生的 GID 不能直接用于处理 IP 传输层的邻区站点，因为它没有作为完全限定域名的结构。因此，需要将 GID 解析为与新发现的邻区站点建立与流控制传输协议（SCTP）的 IP-IP 安全（IPsec）连接所需的传输网络层（TNL）配置。

3GPP 规范定义了在 MME 的帮助下交换两个邻区站点之间的 TNL 配置和 IP 地

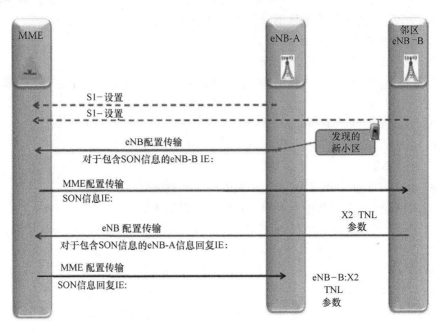

图 6-13　IP 地址解析器流（IE——信息元素）

址的信息传输过程[⊖]。通过 eNB 配置传输和 MME 配置传输过程的组合，两个邻区交换其传输网络层配置，MME 充当中继（MME 是透明的）。由于连接到 MME 的每个 eNB 先前在 S1 的建立过程中已经向 MME 注册过，所以 MME 能够找到邻区 eNB 的正确的 SCTP 路由。

6.1.1.2.3　第三步：具有相邻小区配置更新的 X2 连接设置

具有相邻小区配置更新的 X2 连接设置如下所述，并如图 6-14 所示。

当接收到 TNL 配置时，X2 连接建立，eNB 与其新邻区[⊜]交换服务小区的列表。所交换的小区信息覆盖所有站点的服务小区并存储在配置中。

当 UE 离开服务小区的覆盖区域（基于事件的报告；例如事件 A3 或 A4，在 LTE 内，频率内 ANR 或具有 LTE 网内的周期性报告，接口间或者频率内时，UE 可以开始报告未知相邻小区 RAT 间 UTRAN/GERAN ANR）。然而，这种方法提出了首次切换到这个新检测到的小区可能不成功的风险，因为报告未知小区的 UE 已经处于服务小区的边缘，并且可以在检测到小区之后立即切换。如果发生这种情况，即使 X2 接口设置不完整，UE 也可以切换到新检测到的相邻小区。在这种情况下，切换很有可能失败。为了解决这个问题，供应商实现了尽可能早地检测任何未知相邻小区的 ANR 机制，而不是当 UE 已经被切换了再检测。

⊖　指 3GPP 标准 TS 43.413。

⊜　指 3GPP 标准 TS 36.423。

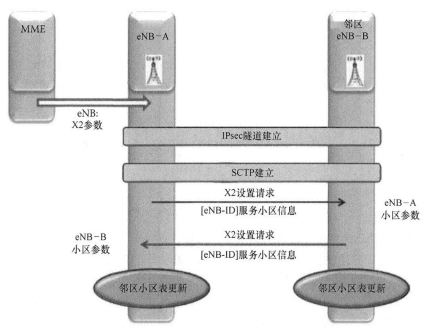

图 6-14 X2 设置和配置交换

6.1.1.3 UE 测量需求

基于 UE 的 ANR 的特征将利用 UE 的能力通过适当的测量来识别相邻小区。实际上，这与非 SON 实现没有什么区别。

基于 UE 的 ANR 的这个特征将影响进行测量的 UE 的电池功率消耗，并会发送报告。为了减小对电池寿命的影响，我们必须最小化所需的测量量，并将要发送到网络的测量报告减至最少。当新添加 eNB 或在初始网络部署期间，最有可能需要更频繁地进行测量。ANR 中的 UE 动作描述如下：

- UE 报告所有检测到的小区的 PCI。
- 如果服务小区未知，请求 UE 读取由未知小区广播的 GCI 并将其报告给服务小区。
- 然后可以建立 eNBs 之间的 X2 接口并进行数据交换。
- 服务小区可以将未知单元添加到邻区列表。

切换和 ANR PCI 报告的 UE 测量过程，以及切换和 ANR 特定阈值可以在图 6-15中找到。

考虑到 CGI 测量和报告，相邻小区将满足以下条件：

- $RSRP_{Neighbor} > RSRP_{Serving} + $ 偏移
- $RSRP_{Neighbor} > $ 小区增加 RSRP 阈值
- $RSRQ_{Neighbor} > $ 小区增加 RSRQ 阈值

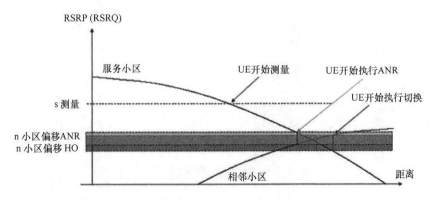

图 6-15   用于切换和 ANR 的 UE 测量

其中，RSRP 为参考信号接收功率，RSRQ 为参考信号接收质量。

6.1.2   S1 接口移动性管理实体（MME）和 X2 接口动态配置

该功能旨在简化用于建立邻区小区关系的早期技术试验中的工作，同时该机制允许 eNB 建立面向 MME 的 S1 接口和/或面向另一 eNB 的 X2 接口。eNB 启动期间，X2 连接被建立到所有计划的邻近基站。所有附加的所需小区配置信息在请求 eNB 和所有响应的相邻 eNBs 之间交换。

6.1.3   成员载波自动选择

成员载波自动选择是另一个 SON 特征。一旦新的 LTE - A eNB 被接通，它首先通过选择一个分量载波作为其主要分量载波。在主载波被选择之前，UEs 不能连接到 eNB，而且不能发送信号。因此，可用于选择主要分量载波的信息主要是本地 eNB 测量和来自周围活动 eNBs 的潜在信息。主分量载波的初始选择基于以下信息：新 eNB 测量每个分量载波上的上行链路中的平均接收干扰功率，并直接从周围的 eNB 接收信息，其表示它们选择的哪些分量载波作为它们的主载波和辅载波（也可以包括关于用于主载波和辅载波的发射功率的信息）。然后，新的 eNB 测量到紧邻的周围 eNBs 用的平均路径损耗。这可以通过使用新的 eNB 从周围的 eNBs 测量参考信号接收功率（RSRP），同时假设小区的参考信号的发射功率是新的 eNBs 已知的。给定这个信息，新的 eNB 能够自主选择其主要分量载波。基本上它将尝试避免选择与周围 eNBs 相同的主分量载波。如果这不能满足（即，如果存在比分量载波更多的相邻 eNBs），则将通过 eNB 间路径损耗测量来进行小区之间的最小干扰耦合的选择，如图 6-16 所示。

一旦 eNB 选择了其主要分量载波，它就可以开始携带业务。eNB 使用的主要分量载波的质量由 eNB 进行监控，如果检测到质量问题，则可以触发重选，选择另一分量载波作为主要载波。随着小区提供流量的增加，如果不会使周围小区的性能严重降低，则允许 eNB 开始分配附加的次要分量载波。

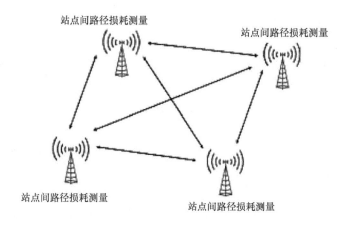

图 6-16 eNBs 测量站点间路径损耗

6.2 自优化

恒定变化是移动通信网络的特征。用户的网络架构、无线环境、分布和行为总是在变化的，这需要连续的网络调整来适应变化。网络优化的目的是通过数据采集和分析来识别影响网络质量的因素，达到最佳网络运行状态，通过技术手段或网络参数调整获得网络资源的最佳效益，掌握网络的增长趋势为网络扩张奠定基础。传统网络优化通过手动数据收集和分析实现最佳决策，由于技术的复杂性，无法做出快速准确的反应。SON 提供的自优化程序使得网络可以跟踪和感知其状态变化，根据专家系统并行处理的大量数据进行准确判断，并以更小的粒度和更短的时间调整到最佳状态。

自优化过程被定义为 UE 和 eNB 测量和用于进行覆盖和容量优化的自动调谐网络的性能测量的过程，当 RF 接口接通时，在操作状态中的这个过程开始工作。

在 LTE – A 中，有效、无缝的边缘到边缘的容量优化变得至关重要。必须优化 LTE 网络以最大化覆盖和容量，并提供足够的服务质量（例如覆盖孔检测、容量瓶颈识别）。

6.2.1 综述

在部署新的空中接口技术时，运营商通常会在最初的部署过程中使覆盖范围最大化。随着时间的推移，以及网络容量需求的增加，运营商将重点加强功能建设。传统方法是通过规划工具同时对覆盖率和容量进行最大限度地推广。对于 LTE，基础设施将通过采用多种不同的技术来优化网络。这些功能包括以下内容：

- **SON 自动邻区关系**：在网络中添加 eNBs 时，该功能用于连续添加和优化邻区关系。
- **SON 小区间干扰协调**：此功能用于提高密集网络中的小区边缘性能。
- **移动鲁棒性优化**：此功能用于自动调整移动性参数并解决移动性问题，例如，识别不合适的小区，识别小区选择/重选参数的有问题的设置，以及当 UE 从空闲转换到主动模式时最小化切换。

■ SON 负载均衡：该功能用于确保流量在 eNBs 间分散，避免拥塞。SON 载波平衡也存在于 LTE 运营商和其他无线接入技术（2G/3G）之中。

■ 节能：该功能用于通过关闭小区、调整发射功率和多天线方案来节省运营费用，包括：

- 当不需要提供容量或覆盖时关闭小区（特别是在网络中部署较大数量的家庭基站时尤其如此）。
- 在正常运行情况下，降低 eNBs 的能耗。
- 适应发射功率，同时确保对覆盖、切换和负载均衡的影响。
- 适应多天线方案；一些天线可以被关闭以节省电力。适应单输入多输出（SIMO）、多输入多输出（MIMO）和波束成形方案，以最小的传输功率实现最大的容量。

6.2.2 邻区自优化

在传统无线网络中，邻区关系规划和优化是运行维护的主要工作，占整个运行维护工作量的 30% 左右。传统方法基于集中分析和规划，并不准确或完全实时。一些运营商可能会采用第三方优化服务，但仍然依赖于人为的互动，其反应慢、容易出错并且成本高昂。ANR 是解决传统问题并具有相关成熟标准的解决方案。ANR 可以基于 UE 测量报告动态地更新邻区关系列表。ANR 有在于初始邻区关系检测和配置的自建过程中，并存在于连续邻区关系优化的自优化过程中（见图 6-17）。一些运营商提出了包括控制邻区关系添加/删除，以及无线接入技术（IRAT）/接口间 ANR 等特殊要求。

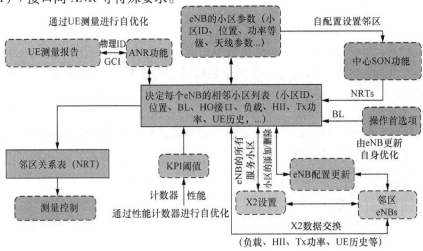

图 6-17 邻居关系的自配置和自优化（BL——黑名单；HII——高干扰指标）

6.2.3　移动鲁棒性

移动鲁棒性（MRO）是 3GPP SON 使用例案⊖的一部分。3GPP 建议消除不必要的切换（HO）并提供适当的切换定时，MRO 自动调整与小区重选和切换相关的阈值。调整由相关的关键绩效指标（KPI）降级触发，并在识别退化的根本原因的情况下进行处理，例如过早或过晚的切换或乒乓球效应。移动鲁棒性优化功能的目标如下：

■ 减少与切换有关的无线链路故障的数量。

■ 检测过早或过晚的切换。

■ 检测到错误的小区切换，并检测到由于不必要的切换导致的网络资源无效使用。

■ 避免检测切换问题所需的驱动器测试。

该特征的目的是通过优化 LTE（频率内）无线电网络切换配置以预先减少注意事件来提高系统性能。减少这种事件限制了呼叫丢弃和无线电链路故障的数量，以及交换信号的数量。

在初始网络推出期间，运营商为不同的 LTE 基站部署（如农村、城市和热点 LTE 基站）定义不同的移动性相关参数集（通常为默认配置）。这种初始的移动性参数（默认参数化）可能并不总是不同的基站收发器（BTS）部署的最佳配置，移动性程序可能根本不起作用，或仅导致性能下降。在这种情况下，移动鲁棒性将检测表现不佳的移动性程序并计算改进的参数值来调整移动性配置并改善全部的移动性能。

较差移动性能的检测是基于某些绩效管理（PM）计数器和 KPIs 的长期评估，如下所示：

1. 用于移动鲁棒性的输入功能：性能计数器/KPIs

 – Intra/inter_handover_fail

 – Intra/inter_handover_success

 – 每个无线电链路故障（RLF）导致每个相邻小区 Intra/inter_handover_drops

 – 附加的 PM 计数器/KPIs

2. 移动鲁棒性特征的输出：移动鲁棒性可以提出新的值来优化以下参数：

 – 滞后（事件 A1、A2、A3、A4、A5、B1、B2）

 – 阈值（事件 A1、A2、A4、A5、B1、B2）

 – 偏移（事件 A3、A4、A5、B1、B2）

 – 触发时间（A1、A2、A3、A4、A5、B1、B2）

 – 滤波系数（A1、A2、A3、A4、A5、B1、B2）

 –触发时间速度比例因子（A1、A2、A3、A4、A5、B1、B2）

⊖　参考 3GPP TR 36.902V9.0.0。

运营商可以指定控制移动鲁棒性行为的策略。例如，运营商可以指定激活移动鲁棒性的触发和退出阈值，并为运行并行 SON 用例设置优先级。

6.2.3.1 自动切换参数优化

切换是移动和负载管理的关键机制之一。为了减少对手动设置切换参数的耗时任务的需求，将启动初始部署之后的切换参数的持续优化。切换算法基于事件驱动或周期性 UE 测量，并考虑切换阈值、滞后值、单元个体偏移（CIO）和触发时间。通过协调 ANR 的小区之间的切换余量和/或小区重选参数变化，可以通过支持识别和避免不合适的邻区来最小化乒乓效应。

移动鲁棒性优化功能可以驻留在 O&M 中，LTE 和通用移动电信系统（UMTS）切换参数的同步可以经由 O&M 来处理。该功能的主要任务是检测移动性问题，并调整相应参数以提高性能。图 6-18 说明了移动鲁棒性优化功能的工作原理。

- eNB 为早期、晚期和快速切换等切换问题保留计数器，并保留由于切换失败而导致访问失败和丢失的计数器。
- 该信息被发送到 O&M 中的集中式移动鲁棒性优化功能实体。
- 此功能基于计数器信息和其他可用的内部信息自动调整移动性参数（阈值、滞后、触发时间等），以提高网络中的移动性能。

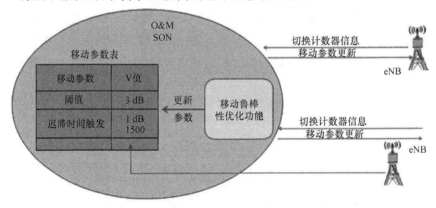

图 6-18　移动鲁棒性优化功能

6.2.4　移动负载平衡优化

移动负载平衡（如图 6-19 所示）是 eNB 控制下无线资源管理功能中的子功能。移动负载平衡（MLB）的目的是为了提供优质的终端用户体验和性能，同时优化系统容量，智能地将用户流量扩展到系统的无线电资源。该功能可以通过智能地将小区边缘用户移交给具有剩余容量的小区来提供小区过载的实时优化。该优化调整与小区重选/切换参数相关的阈值，以处理不平衡的业务负载，并引导拥塞小区边缘的一些 UEs 重选或切换到较不拥塞的相邻小区。应通过使用最小数量的单元重选或切换来实现负载平衡，而不会导致移动性问题。考虑到无线电负载、传输网络负载和硬件处理负载等不同种类的负载，还要最大限度地减少总体投资。

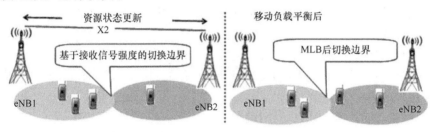

图 6-19 移动负载平衡

在尝试平衡各种无线电接入网络（RANs）之间的流量之前，LTE 网络将试图平衡处于空闲模式和连接模式的 LTE eNBs 之间的流量。基本策略是将流量从超载行业转移到负载较少的行业。通过调整空闲模式参数和切换参数，空闲模式和连接模式的流量将从过载的 LTE 小区卸载到附近的 LTE 小区。将采用小区间干扰协调（ICIC）技术来最小化当 UE 从最近的 eNB 移动到远离（从路径损耗的角度）应用这种方法所产生的干扰。

用于负载平衡的算法可以基于无线电负载与传输网络负载或两者之一。如果考虑无线电负载和传输网络负载，则必须确定具有较高优先级的负载。该算法还将考虑服务质量标识符（QCIs）的差异化。

移动负载平衡优化功能驻留在 eNB 中。图 6-20 说明了该功能的工作原理。

图 6-20 负载平衡功能

1. 每个 eNB 监视受控单元中的负载。

2. 负载信息通过 X2 接口与周围的 eNBs 进行交换。

3. 每个 eNB 中的负载均衡功能决定分配 UE 驻留和/或延迟，或提前在小区之间切换 UE，以平衡小区之间的业务负载。为此，该算法需要比较小区之间的当前负载、正在进行的业务类型及其服务质量（QoS）要求、小区配置等。基于所有这些细节，相邻 eNBs 之间的切换余量和/或小区重选参数以协调的方式被修改。这导致在相邻单元之间分配负载。

4. 当决定将 UE 切换到另一个小区/载波频率时，考虑以下因素：其服务和相邻小区信号强度的 UE 测量报告，UE 的当前信号对干扰比，UE 的服务小区和相邻小区负载条件，UE 的 QoS /应用简档，以及 UE 的移动性等级。

从异构网络的角度来看，平衡这些异构小区之间的负载有望提高整体性能。通过提高参考信号功率同时降低 eNB 发射功率，获得小区选择和切换决策中的偏移。

负载管理中的另一个负载平衡功能在 LTE 和其他无线接入技术之间进行，如通用陆地无线电接入（UTRA）和 GSM，流量在 LTE 内部得到平衡并且利用率仍然很高。根据实际的无线电网络拓扑结构，UE 群体以及所使用的典型服务中的负载平衡是一种工具，可用于实现对网络资源更有效的利用，从而有利于整体网络容量和终端用户的满意度。

6.2.5 随机访问信道（RACH）优化

随机访问信道（RACH）是用于初始访问或上行链路同步的上行链路不同步信道。随机访问过程允许多个 UEs 通过使用不同的随机访问前导码序列码来同时获得对小区的接入。RACH 优化被设计成对系统中所有 UEs 的访问延迟最小化，从而使由于 RACH 和物理上行链路共享信道（PUSCH）引起的上行链路干扰最小化，并且使 RACH 之间的干扰最小化。自动根序列重分配的 RACH 优化设计用于将根序列索引与 PCI 相关联。通过随机访问自身优化，可以控制接入延迟、提高覆盖范围、提高呼叫建立成功率和切换成功率。自优化可以进一步使物理随机访问信道（PRACH）和 PUSCH 之间上行链路资源得到更好的利用，减小由 RACH 引起的小区间干扰，降低由于在两个相邻小区中使用相同的前导码引起的前导码错误检测。根据不同的小区大小调整 RACH 参数，每个小区需要配置随机访问信道，其目标是减少接入延迟和小区间干扰。

表 6-3 提供了 RACH 优化所需的数据。

表 6-3 RACH 优化的统计信息

统计资料	收集单位	间隔（最低）	注意（最低）
在完成随机访问过程时随机访问前导码和随机访问过程种类的数量	UE	—	每次随机访问过程的完成
每个子帧的平均干扰功率	子帧	5min	几分钟
随机访问前导码的估计发射功率；利用 UE 报告的统计量来估计随机访问成功的概率，并与给定的目标阈值进行比较，并根据该比较结果调整初始 RA 前导码的功率	UE	—	每次随机访问过程的完成
邻区列表	小区	——	每次邻区列表的更新
当切换是从相邻 eNB 到该 eNB 时，用于非访问的 CAZAC 码不分布于非访问随机访问过程执行的次数	小区	5min	5min
当切换是从相邻 eNB 到该 eNB 时（不关心其是否成功或失败），非访问随机访问过程的尝试次数	小区	5min	5min

RACH 优化的目标是将 RACH 访问时隙的数量调整到 RACH 业务负载，以减少呼叫建立和切换延迟，并实现呼叫建立和切换的较高的成功率。RACH 负载测量用作优化 RACH 配置的基础。表 6-4 提供了 RACH 优化所需的控制参数。

表 6-4 RACH 优化的控制参数

可设置参数	通知间隔
后退参数	几十分钟
随机访问前导码发射功率参数	同上
功率增加范围	同上

根据来自 UEs 的报告，通过动态 RACH 功率控制参数调整初始随机访问前导码功率，UE 通过使用 RRC UE 信息传输过程来完成随机访问过程。

RACH 优化功能驻留在 eNB 中。图 6-21 说明了这个功能如何工作。

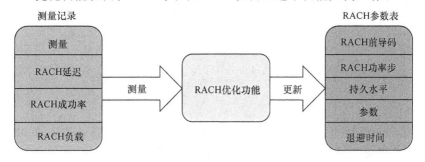

图 6-21 RACH 优化例子

1. eNB 记录每个前导码范围的测量结果，如 RACH 延迟、RACH 成功率和 RACH 负载（接收的 RACH 前导码的数量）。

2. 这些测量结果被发送给 RACH 优化功能，它可以为这些记录设置一些阈值。

3. 如果这些记录中的任何一个超过阈值，该功能将执行相应的分析并调整 RACH 配置参数。

6.2.6 最小化路测

路测（DT）收集网络覆盖和吞吐量测量结果，其将用于网络规划、优化和尺寸标注。DT 通常因新的基站、小区部署、热点的构造，以及诸如大型建筑物、用户投诉或操作者的定期维护而起。

实施变革、更新、现代化和优化项目时运营商总会投入大量资金用于路测的设备和路测的执行，此时会因为执行路测需要使用资源产生巨大的成本。

最小化路测（MDT）的功能旨在取代当前在网络部署、优化和操作期间使用的昂贵的驱动测试。通过指挥某些地区的用户端收集测量结果，可以减少严格的驱动测试和相关运营的成本。此外，这种方法可以大大减少响应时间，并提供快速优化，以确保优质的终端用户体验。以中国为例，MDT 将在复杂的地理区域或车辆难以接近的高人口地区帮助很大。

由 MDT 收集的两个级别的测量结果用于优化：无线电环境测量和 eNB 测量。无线电环境测量，例如 RSRP、载波与干扰加噪声比（CINR）、下行链路（DL）物理吞吐量、DL 应用吞吐量和上行链路（UL）应用吞吐量，这些将被用于覆盖优化和网络尺寸标注。eNB 测量，诸如呼叫丢弃率、切换失败率和连接延迟等被间接地用于覆盖，移动性、容量、公共信道状态评估和优化。与在 SON 上下文中定义的自优化功能不同，其中网络节点可以触发自动操作更改，最小化网络性能分析的驱动器测试主要是通过支持网络管理级别收集测量结果来实现的。

MDT 旨在以预配置的用例方式自动收集来自 eNB 的跟踪信息，包括快速进行后处理和分析的 UE 测量。MDT 功能如下：

- 使用系统中的当前用户收集 RF 信息。RF 信息将被后处理以确定是否需要 RF 优化，如果是这样，则将指示 eNB 优化其 RF。
- 消除指定的驱动测试。
- 在空闲模式下通过 RRC 过程配置记录的 MDT（空闲模式下的周期测量）。
- 通过测量报告程序配置的即时 MDT（主动模式下基于事件周期的测量）。
- 无线链路故障数据收集（收集 RF 数据、UE 位置和无线链路故障时的其他信息）。
- 使用跟踪功能为单个 UE 或 O&M 启动 MDT，以启动某个区域的 MDT。
- UE 重新连接时获取的数据用于记录的 MDT。
- O&M 服务器处理的数据，生成 RF 更改说明。

MDT 可以提供运营费用（OPEX）和资本支出（CAPEX），因为不需要很多资源来评估服务和网络的性能，从而无需执行昂贵的路测。在实时网络中，我们还应该考虑 MDT 的关键成功因素，例如，如何选择 MDT 用户（如何选择提供系统综合射频图像的用户），收集各种 MDT 参数设置，包括综合射频信息，以及选择哪些服务器 RF 调整算法。

6.3 自愈

6.3.1 eNB 自愈

据统计，一个无线网络每天最多可报告 10000 个报警。操作维护人员难以应对如此庞大数量的报警，也就无法解决报警反映的大量故障。为了提高网络的效率和质量，降低运行维护人员的负担至关重要。网络本身应在启动自愈机制时感知、识别、定位和关联报警，以消除相应的故障并将网络恢复到正常工作状态。

SON 的目标之一是以最低的操作员监控和维护成本来保障网络性能和质量。自我修复是一种 SON 功能，可以检测问题并解决这些问题，而无需用户影响。其通过减少计划外现场访问来显著降低维护成本。自我修复功能执行自动内置测试和系统功能测试。对于每个检测到的测试故障，故障网络实体将产生适当的报警。自我修复功能监控报警，并使用相关信息（测试结果、测量等）进行分析，根据结果采取适当的恢复操作来自动解决问题。

在 3GPP 中，自愈已经集中在组件的恢复，如返回先前的软件版本，在温度故障的情况下降低输出功率，或者在板单元故障的情况下切换到备份单元，通过分析报警和故障报告。自愈功能旨在自动检测和定位大多数故障，并应用自愈机制来解决多个故障级别。

BTS 提供确保和恢复系统及其服务可用性的设施。

- 硬件和软件监控：系统的软件和硬件的功能被永久性地监督，以确保系统的任何部分在没有被检测到的情况下也不会停止服务。一些错误由中央软件组件主动监督；其他类型的错误在正常操作期间由受影响的分布式组件之一进行检测。对于后一种错误，内部报警报告系统会提醒给中央组件。
- 恢复：如果硬件组件发生故障或检测到软件错误，系统将采取行动选择恢复操作以恢复其功能，以最小化对其他系统功能的影响。如果系统无法自行恢复服务，则会发出报警，清楚地指出问题，以便操作员进行适当的维修操作。
- 诊断：在线和离线测试可用于当操作员和/或服务人员在报警报告中给出的症状不足时确定问题。

6.3.2　小区中断检测

目前，有问题的小区到小区关系会发生在典型的微小区城市部署中。有问题的小区由性能计数器来监督其网络性能。监视每个单独小区的计数值（一周特定的时间在该小区中正在进行的流量）并提取小区的标准流量情况。将小区的实际计数器值与其标准流量方案进行比较。如果该有流量的时候没有流量，那么这个小区被认为可能存在问题。如果在设定的时间段内没有变化，则会提示服务质量报警，并指示该小区可能运行的不正确。

网络性能将由性能计数器进行监督。指示小区性能的计数器将用于监视小区功能。如果小区无法正常执行将指示发出报警。

此功能将提示可能存在问题，但是操作员仍然需要检查该小区的情况，并采取所需操作。该功能可以在全网范围内打开或关闭。

以下故障情况可能会导致小区休眠，并将被小区中断检测所覆盖：

1. 物理信道故障，包括 RACH 故障、同步信道（SCH）和参考信号故障、广播信息传输失败、寻呼故障、用户平面传输故障等。

2. 小区/LTE 基站故障，包括停电、塔式天线（TMA）故障、TX 天线故障（例如，由风暴引起的位置、倾斜或方向错误）、MIMO 中断或降级（例如，一个MIMO 停止服务）等。

3. 传输信道故障，包括 S1 或 X2 连接失败导致的用户数据传输中断，尽管无

线电连接不变。

6.4 SON 展望

如今正在使用的 SON 是一种非常重要而被赋予厚望的方法，其可显著降低网络安装和运营成本，并可改善用户体验。未来的 SON 可能需要许多自动化改进，如下所述：

■ LTE 层管理，包括毫微微、移动性、负载、速度和干扰优化。
■ 服务优化的 IRAT 层管理，包括 Wi-Fi。
■ 多技术和多厂商无线电硬件和传输管理。
■ LTE 中继配置和稳定性。
■ 使 SON 比手动优化更好、更快、更动态和更有效率。
■ LTE 传输网络 SON。

以下的是未来 SON 的用例和场景：

■ 移动鲁棒性优化（MRO）将需要进一步的增强。应考虑用于跨 RAT 场景的 MRO 的扩展解决方案，特别是 UMTS、LTE 和 UMTS 内的场景。需要检测和纠正移动性问题，且不会导致网络端连接故障，引起不必要的信令，且不会在宏和异构网络（HetNet）部署中的终端处有不必要的电池消耗。
■ SON 将支持基于不同 RAT 的 RAN 之间交换的 QoS 相关信息来选择适当的 RAT。
■ 现有 ANR 机制的扩展能够交换属于不同 RAT，特别是在 GSM/UTRAN 与 LTE 之间的不同 RAT 的小区的邻区小区关系，允许封闭用户组小区的 ANR，以及 UMTS 中 ANR 的其他改进。
■ MRO 与其他流量控制机制（MLB 或流量转向）之间的进一步的协调应提供整个 SON 解决方案的鲁棒性。SON 将提供必要的信息，使 MRO 获知到可能服从于 MRO 程序的移动性决策的原因。此外，纠正措施实施时，MRO 应该获知到可能的移动负载平衡或流量指导策略。

以下是作为 LTE 传输网络的 SON 的特征预测：

■ 动态带宽分配；带宽分配应自动跟随流量负载变化。
■ 自动调整 QoS 参数，例如差分服务模型参数、调度器参数、每个 QoS 类的缓冲区管理参数。
■ 与多 S1 场景的服务网关（SGW）（即与多个 GWs 相连的一个 eNB）连接的 eNB 的最佳配置/重新配置；如果一个 SGW 发生故障，如何配置。
■ 优化负载平衡，例如应用多协议标签交换（MPLS）流量的工程方法。
■ 传输接入和拥塞控制优化。

第7章

异 构 网 络

目前，各种无线通信系统已经形成了许多相对独立的网络，包括各种标准蜂窝移动网络、无线局域网（LAN）、无线数字家庭网络和车载无线通信系统。这些网络模式是纵向独立的，每个网络都有自己的特定资源组合，并且基于网络源提供具体的功能和应用。此网络模式逐渐暴露出其固有问题：各种复杂的协议，复杂的无线共存，以及非常高的无线网络管理和维护成本。迄今为止，第三代合作伙伴计划（3GPP）长期演进（LTE）无线电接入网络的系统设计和性能评估通常基于均匀的小区部署。图7-1示出了基本的均匀部署，其中每个热点由具有相等传输功率的许多大功率节点（即宏小区）覆盖。

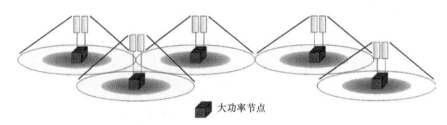

大功率节点

图7-1　均匀部署

由于流量呈持续指数化增长趋势，宏观网络的某一层将在未来十年的某个时候到达容量的限制值。将宏观层网络扩展到更密集的多层网络将是以成本有效的方式进一步改善网络容量的选择。随着对数据业务日益增长的需求，通过传统的小区分裂技术满足所需的数据容量越来越困难，这些技术需要部署更广泛的演进节点 B（eNBs）。通过在局域范围内部署网络节点，例如低功率微微 eNBs、家庭 eNBs（HeNBs）和闭合用户组（CSG）小区和中继节点，可以以成本有效的方式实现小区分配增益和显著的容量改进。我们参考将这些局域范围节点类别中的一个或多个组合的网络部署作为异构网络部署。那些节点类别可能不受广域 eNBs 的部署规划水平的限制（有时候根本就没有规划，如 HeNBs 的情况）。此外，由于其发射功率低，每个单独节点通常占用空间小，业务负载高度可变。新的低功耗节点的引入会由于小区分裂增益而有利于系统的平均吞吐量，并且大多数人认为通过部署 LTE异构网络（HetNet）可以以成本有效的方式显著改进容量。

异构网络是一种经典的分层小区技术，它代表了具有不同大小和重叠覆盖区域的小区混合的蜂窝部署，例如，由宏小区覆盖的多个微小区和微微小区，由宏观层提供广域覆盖，而较低微微层通过在每个宏小区内引入多个相对孤立的小区来提供容量。数十年来，全球移动通信（GSM）系统把 HetNet 作为原理部署分层小区结构。HetNets 特别重视补充宏小区布局来处理不均匀的业务分布，例如对某些区域中的宏小区的业务热点处的高容量需求，这样的部署对于从宏小区卸载容量是有用的，运营商可以在此区域提供高速上网。与均匀网络相比，异构网络中的信元分布可能不一致。

虽然异构网络部署可以显著提高系统容量，但从系统性能的角度来看，它们也带来了一些问题。特别是与广域网络部署相比，可能有不同程度的显著干扰。因此，必须确保网络操作稳健性。干扰条件将随位置（由于这些部署的网络规划可能比较底层）和时间（由于每个节点的可变的业务负载）而变化。

在异构网络中，低功率节点分布在整个宏小区网络中。低功率节点可以是微 eNBs、微微 eNBs，HeNBs（用于毫微微小区）以及中继和分布式天线系统（DASs），DAS 可以用于远程无线电头（RRH）小区。这些类型的电池在低几何环境中工作，并产生高干扰情境。低功率节点和用户设备（UE）分配的部署显著影响 HetNet 场景的性能和所需干扰协调机制的类型。各种类型的异构部署总结在图7-2 中，各种低功率节点的定义总结在表 7-1 中。除了协同多点（CoMP）之外，小区间干扰协调（ICIC）技术可以在异构部署方面发挥促进性能的关键作用。

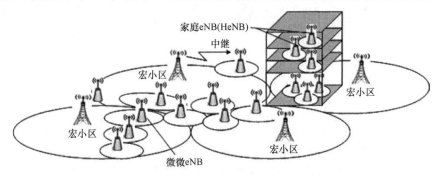

图 7-2　异质网络

表 7-1　低功率节点的特性

节点类型	LPA 功率	TX/RX 天线数量	回程特点	注释
微 eNB	30dBm，10MHz 载波	2/2 或 4/4	X2	开放给所有的 UEs；放在户外
RRH 节点	30dBm，10MHz 载波	2/2 或 4/4	到宏延迟几 μs	开放给所有的 UEs；放在户外或室内
微微 eNB	30dBm，10MHz 载波	2/2 或 4/4	X2	开放给所有的 UEs；放在户外或室内
家庭 eNB	20dBm，10MHz 载波	2/2 或 4/4	家庭宽带	封闭用户组，放置在室内
中继	30dBm，10MHz 载波	2/2 或 4/4	无线带外或带内	开放给所有的 UEs；放在户外

LTE Advanced（LTE - A）技术为高效的宏小区资源共享和干扰协调提供了工具。由于新的流量模式和更高的数据速率，以及可能在同一频谱中混合开放和封闭

用户组的问题，现在正是分层小区结构（HCS）和 HetNet 部署登场的机会。异构
网络使用 LTE 和 LTE – A 技术组件的部署，如图 7-3 所示。

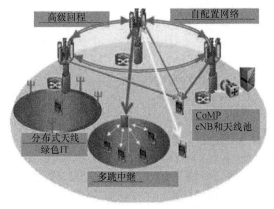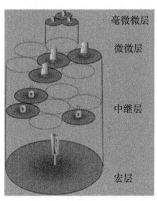

图 7-3 LTE – A 实现

如前所述，自组织网络（SON）的重要性在异构网络中显著增加。目前第四代
（4G）产品的坚实基础将在异构解决方案中得到高度利用，包括自主权、自我发
现、自配置、动态干扰管理等所有要素。

在宏基站的小区中，数据速率从小区中心向边缘呈指数下降。通过引入多层节
点，可以在需要时转移容量和性能。假设需要容量均匀分布，数据速率在整个小区
中相等。

异构网络中低功耗节点的定义如下：

- 宏：使用专用回程并可公开访问的常规基站。
- 中继：基站通过宏小区无线连接到无线电接入网络。
- 微微：使用专用回程连接的低功率基站，可以公开访问。
- 家庭基站：用户可部署的基站，利用用户的宽带连接作为回程。家庭基站
可能受到访问限制。

HetNet 只需要部署微微远程无线电单元（RRUs）和光纤，将是未来解决较高
吞吐量的主要部署解决方案。在这种情况下，基带将由室内和室外小区共享。通过
集中式处理可以减轻干扰，可以通过联合处理来管理切换。微微 RRUs 还可以提供
多输入多输出（MIMO）以提供较高吞吐量。

微型蜂窝用于开放用户组（OSG）[⊖]，任何 UE 都有资格接入微微 eNB。如果
UE 与从其接收最高下行链路（DL）信号的 eNB 相关联，则在下行链路中没有差

⊖ 开放用户组（OSG）：所有用户可以访问小区。支持混合访问模式。封闭访问模式：只有属于 CSG
的 UEs 被授权可以访问小区。混合访问模式：所有的 UEs 被允许访问小区，但属于 CSG 的 VEs 被授
权享有访问的优先权。

异。但是从上行链路（UL）的观点来看，UE 与非最佳小区相关联。网络可以将小区选择偏差分配给具有改善 UE 的吞吐量性能的可能性的微微小区，但是这将会导致在微微小区的扩展区域中的 UE 的恶劣干扰情境。

OSG 小区是可以由所有用户访问的正常小区。CSG 小区是作为公共陆地移动网络（PLMN）的一部分的小区；它广播一个 CSG 指示，其设置为"真"和特定 CSG 标识。一个 CSG 小区可由该 CSG 标识的封闭用户组的成员访问。

7.1 异构网络的特征

在异构网络中，异构网络部署相关吞吐量增益取决于小区分裂。当越来越多的用户附着到微微小区中，这些小区的负载就会增加，而宏小区 eNB 的负载会减小。同时，由于引入了低功率节点（与宏小区重叠），会使干扰问题变得严重，从而使小区覆盖性能下降，在通信到部署场景中更加严重。在异构网络部署中的低覆盖率的问题使得高鲁棒行性的干扰协调运维体系成为必须。另外，由于不同小区层面不均衡的传输功耗，使得比同构网络有更严重的控制信道干扰问题。

异构网络包括以下特点：

● 强干扰场景。

● 对于巨大的微小区间负载的变化，在密集异构网络中小区间公平性更加重要，需要均衡具有相似服务质量（QoS）用户需求的性能。

● 智能 UE 关联，需要更多的干扰防护，会有更好的频谱效率与网络容量。在 LTE Rel – 8 中，与 eNB 关联的 UE 具有最好的下行信号质量；有时候在某些环境下，需要具有较弱的信噪比（SINR）的与 eNB 关联的 UE。

● 频率复用 1/1 模式，下行 SINR 值在小区边缘约为 – 10dB，并且需要高级干扰管理技术保证鲁棒性，提高小区间公平性，且使能提高频谱效率技术。

7.1.1 基于异构网络的未来网络部署

异构 LTE 网络包含网络节点，例如仅用于初始覆盖的宏 eNBs，以及具有不同特征的微微小区，如传输功率和射频（RF）覆盖区域。具有不同发射功率的 eNBs 用于支持不同大小的 RF 覆盖区域。具有较大射频覆盖面积的宏基站部署在城市、郊区或农村的覆盖范围内。小射频覆盖区域的本地节点旨在补充宏 eNB 以扩展覆盖或增强吞吐量，以及赋予更丰富的用户体验。异构网络节点的 RF 覆盖区域可以重叠或不连接，如图 7-4 所示。不同大小的小区的重叠 RF 覆盖设计旨在提高吞吐量、可访问性、隐私和服务中的系统性能。异构网络或中继站中不相连的射频覆盖区域的设计旨在将 RF 覆盖区域扩展到较小的本地区域，并具有较大的数据负载，并填充覆盖孔，而无需增加回程成本。异构网络将需要使用宏、微微、中继、RRH 和家庭 eNB 的组合来进行灵活和低成本的网络部署，并且可以通过非均匀的小区拆分来实现微小区与宏小区的同时部署。异构网络应用包括运营商的非均匀小区部署，以及公共和私有或半私有的混合网络部署。

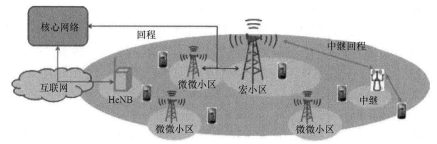

图 7-4 网络节点的通用异构网络和射频覆盖区域

异构情况不同：宏 + 毫微微，宏 + 室外微微，宏 + 室内微微，宏 + 室外中继，宏 + 室内中继——不同类型小区的发射功率为热区小区 30dBm，毫微微小区 20dBm，中继节点 30dBm 以上。任何小区类型都可以使用 2Tx/2Rx 或 4Tx/4Rx 的天线配置。这些不同的小区类型的另一个重要特征是回程连接的类型，通常，热区小区具有回程 X2 连接，而毫微微小区的 X2 连接的存在取决于部署。中继节点则是空中回程连接。低功率节点的特性见表 7-1。

我们认为，未来只能通过一个宏观层面满足流量需求，但是使用异构网络，会拥有以可承受的成本达到远远超出宏网络容量限制的能力。不同的运营商可能会有不同的部署策略，具体取决于他们自己的频谱和回程资源情况。我们必须解决实现异构网络的诸多挑战，诸如：

- 无线回程（带内，带外）是关键的推动力
- 避免和消除网络层之间的干扰，以及减轻毫微微小区之间的干扰
- 不同技术、频谱带和网络层之间的无缝移动性
- 单一、简单（用于用户）的认证方案
- 低成本、即插即用（SON）基站
- 需要高效的资源分配以平衡宏小区及毫微微小区来适应负载动态，以获得更好的频谱效率

7.1.2 家庭基站

宏 eNB 覆盖区域内 HeNB 的共存是异构网络部署的一种情境。HeNB 是在异构网络部署中与运营商许可频谱一起运行的私有设备以及宏 eNB，并且运营商的控制相对较少。

Rel – 8 中定义的 HeNB 具有多种访问控制机制：

1. 封闭访问（住宅部署）：只允许订阅的用户使用访问。HeNB 被定义为封闭的用户组小区，并且访问控制位于网关（GW）中。

2. 开放式访问（企业部署）：允许所有用户访问 HeNB 并接收服务。

访问控制基于被称为 CSG⊖标识符（CGI）的 HeNB 小区 ID。Rel – 8 定义了基

⊖ 闭合用户组（CSG）：只有一部分用户可以访问毫微微小区。

本的 CSG 配置和访问控制。UE 需要支持空闲模式下的自动 CSG 选择以及手动 CSG 选择。执行自主搜索以查找 CSG 成员小区，而将算法完全留给 UE 实现。可以通过使用物理小区 ID（PCI）来识别 CSG 小区，以此来解决通过过多小区搜索来增加 UE 功耗的问题。在混合部署（其他 HeNB 使用相同频率）的情况下，保留多个 PCI 以识别相同载波频率内的 CSG 小区。选择留给 UE 实现的非标准化自主小区搜索以最小化对非 CSG UE 和正常基站的影响。闭合接入的移动性 HeNB 仅支持通过正常切换过程从 HeNB 到宏小区的出站切换，但不支持从宏小区到 HeNB 的入站移动。

　　HeNB 可以且仅能广播一个 CSG。HeNB 可以是开放、封闭或混合模式，允许所有用户，仅 CSG 用户或所有用户的受控组合进行注册。多个 HeNB 可以属于同一个 CSG。每个用户的 CSG 列表保存在归属订户服务器（HSS）中。这些被下载到移动性管理实体（MME），当移动性管理实体（MME）在 CSG 小区上注册时进行 CSG 检查。CSG 列表也保存在用户身份模块（SIM）中，以便 UE 知道其所属的 CSG。HeNB 不在宏邻区单元列表中列出。宏 eNB 广播其覆盖范围内 HeNB 的 PCI。然后，UE 用这些 PCI 来搜索它们可能能够访问的 HeNB。对于 HeNB 组（即，多个 HeNB 可以共享相同的 PCI），PCI 不是唯一的。在进入 HeNB 期间，UE 必须发送 PCI 和 CGI 以唯一地标识 HeNB。由于没有连接到 HeNB 或 HeNB GW 的 X2 接口，源小区向 MME 发送切换请求，MME 将其转发给 HeNB/HeNB GW。LTE HeNB 架构如图 7-5 所示。

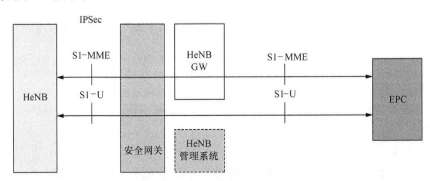

图 7-5　LTE HeNB 架构（EPC——演进的分组核心）

　　LTE Rel－9 提供了进一步的功能来支持更高效的 HeNB 操作，并提供更好的用户体验。在 Rel－9 中为 HeNB 的无线电接入网络添加的关键功能包括混合信元，入境行动支援，访问控制，HeNB 运营、管理和维护，以及时分双工（TDD）和频分双工（FDD）HeNB 的 RF 要求。此重大工作已提供有效和可靠部署的 LTE HeNB 的更紧凑的框架，并提供更加令人满意的用户体验。

　　混合访问是除了封闭访问和开放访问以外，Rel－9 引入的新的访问概念。基本上，小区对所有用户开放访问，但仍然像 CSG 小区一样运作。与未订阅的用户相比，订阅的用户可以被优先排列，并且以不同的方式收费。根据规格，混合小区被定义为将 CSG 指示设置为假，并广播 CGI 的小区。

在 LTE – A 中，HeNB 为移动性增强提供了进一步的功能、增强的 ICIC（eICIC）特性，以及 HeNB 的 SON 用例。表 7-2 给出了 HeNB 演进的简单总结。

表 7-2　3GPP RAN 中的 HeNB 概念

HeNB	概念进展
Rel – 8	架构（核心网［CN］的功能分割，HeNB GW） 封闭用户组（CSG）和空闲模式移动性 主动切换模式移动性
Rel – 9	移动性（HeNB、开放和混合接入模式之间的切换） 运营商 CSG 列表 HeNB RF 要求的简介
Rel – 10	HeNB 移动性增强，用于为 HeNBs 和 TDM 的 HeNBs 增强的 ICIC X2 型直接接口 使用静音模式的 eICICI 概念（近空白子帧［ABS］或多媒体广播/组播服务单频网［MBSFN］子帧） SON 用于带有 HeNB 的用例

尽管只有少数注册的 UEs 可访问 CSG，但是对于位于 HeNB 覆盖范围内的宏 UEs 也存在苛刻的干扰场景。特别地，在 HeNB /微微覆盖范围内的宏 UE 的控制信道性能可能由于 HeNB /微微小的干扰而严重恶化，如图 7-6 和图 7-7 所示。

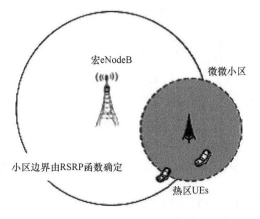

图 7-6　微微小区的干扰
（RSRP——反射信号接收功率）

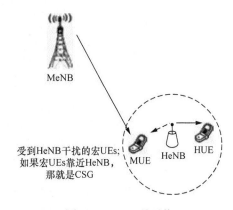

图 7-7　HeNB 的干扰
（MeNB——宏 eNB；MUE——宏 UE）

在主小区上叠加时，微小区部署中发生的访问控制、切换、资源分配和干扰管理的问题也适用于 HeNBs 的部署。由于 HeNB 和宏 eNB 之间的协调很少甚至没有，HeNBs 将由于最终用户私有化而在异构网络部署中引入高度不确定性。

7.1.3　异构网络的服务质量

由于无线电承载的特点会因无线电传播环境而有所不同，因此宏小区和微微小区中的无线承载也彼此不同。应充分利用这些承载差异来提供不同的 QoS 数据流。例如，高数据速率传输需要较高的传输和接收功率协调，因此传播距离和小区半径应该很短，如微微小区中的无线电承载。相反，在宏小区中发送和接收自然是低数据速率的。因此，可以通过分配 QoS 相关参数 [QoS 类别标识符（QCI），分配保留优先级（ARP）等] 的不同值来为宏小区和微微小区利用不同的无线承载信道。

例如，假设 UE 同时通过移动视频电话进行通信并浏览网络。在这种情况下，视频电话和网页浏览数据所需的 QoS 是不同的，因此必须为每个无线承载分配不同的 QoS 参数值。以相同的方式，H. 264（ITU – T H. 264：普通视听业务的高级视频编码）数据流可以被分成不同的 QoS 数据流，并假定了两种类型的数据流层。一个是由低速但高度可靠的数据流组成的基本层；另一个是由高速但不太可靠的数据流组成的增强层。这些层被分配给具有不同 QoS 参数值的不同无线承载。也就是说，从宏小区的无线承载发送基本层，从微微小区的无线承载发送增强层。在图 7-8 中示出了在宏小区和微微小区环境中接收具有 CoMP 或 Un 处理（JP）的多个无线承载数据流的 UE 的示例。通过将每个层的特征与来自每个无线承载的特征进行匹配，可以使无线频谱的利用效率最大化。

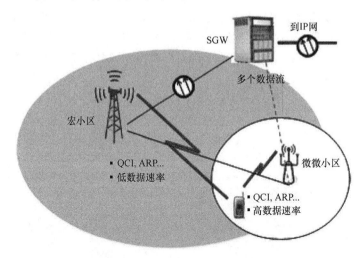

图 7-8　UE 在宏小区和微微小区环境中用 CoMP/JP 接收多个
无线承载数据流的示例（SGW——服务网关）

另一个例子是由位于有线网络中的视频服务器和 LTE 网络中的视频用户终端（UE）组成的流式视频系统。该系统可以被视为统一的有线和无线网络中的服务系统。以与上述相同的方式，通过对于每个层映射具有不同 QoS 的 H. 264 的多个流层，可以容易地控制总 QoS。首先，在 IP 网络中，通过映射互联网协议版本 6（IPv6）消息格式的优先级流表，可以将每个可伸缩视频编码（SVC）层流与每个 QoS 相匹配。然后，在 LTE 网络中，可为每个层流定义和映射相应的 QCI 和 ARP。

7.2 异构网络与云计算无线接入网（Cloud – RAN）结合

2020 年以后，即使在具有挑战性的时变无线信道中，通信链路吞吐量也可能接近香农限制（通信信道对于特定噪声电平的理论最大信息传输速率）。为了提高吞吐量并促进绿色通信，有必要将接入点与用户接近。提高系统容量的最有希望的潜在方法是网络 MIMO 和 CoMP。同时，波分复用（WDM）无源光网络（PON）将推进下一代光纤宽带接入，每波长 400Gbit/s 的光传输速度即将到来。多核处理器的能力越来越强，基于 IT 平台的云计算将大受欢迎。

一些无线网络运营商，例如中国移动认为，集中式处理、合作无线电和云基础设施无线电接入网络（C – RAN）是所有这些要求的答案。C – RAN 由三部分组成（参见图 7-9）：配备有远程无线电头（RRHs）和天线的分布式无线电网络，连接 RRHs 和 BBU 池的高带宽和低延迟光传输网络，以及集中式 BBU 池由高性能通用处理器和实时虚拟化技术组成。在将处理单元放入集中式 BBU 池中之后，必须设计虚拟化技术以将处理单元分配到虚拟基站实体中。虚拟化的主要挑战包括需要高效率和灵活虚拟化环境来保证实时调度，严格控制处理延迟和抖动，以及基带池中的物理处理资源之间的互连拓扑。这包括在处理板上的芯片之间，物理机架和多个机架之间的相互连接。

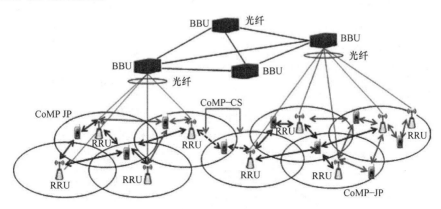

图 7-9　BBU 池 + RRU 的网络技术（RRU——远程无线电单元；BBU——基带单元）

下面讨论了 BBU 池 + 基于 RRU 的 C – RAN 系统在 LTE – A 中的优点。

BBU 池 + RRU 的架构可以降低机房的成本。因为它很小，BBU 可以安装在住宅和商业建筑中。这种方式可以以经济、灵活和快速的方式实现网络建设。

由于 C – RAN 系统具有非常高的 RRU 密度，因此可以有效部署具有较低发射功率的小型小区。因此，用于信号传输的能量将会减少，这对延长 UE 的电池寿命特别有帮助，并使电磁辐射大幅降低。

作为中央处理部分的 BBU 应具有数据信息和信道状态信息（CSI），所以可以进行联合传输、调度和检测。因此，降低小区边缘吞吐量的小区间干扰（ICI）将被削弱，甚至会作为有用信号而受益，而不是作为干扰。

BBU + 基于 RRU 的 C – RAN 也适用于不均匀分布的业务，只需调整 RRU 的密度即可。

虽然服务 RRU 随着 UE 的移动而改变，但 BBU 池内没有切换。由于一个 BBU 的覆盖范围大于传统的 eNB，所以频繁切换的问题将会被克服。然而，在 BBU + 基于 RRU 的 CoMP 系统中，不存在 X2 接口的延迟和开销限制。

另一个运营商有一个类似的概念，使用中国移动通信公司（CMCC）C – RAN 云计算中心。在这个概念中，无线电单元和数字单元是分开的，并通过光纤连接。数字单元位于云计算中心。实施云计算中心的目标是降低资本支出（CAPEX）和运营费用（OPEX），增加网络容量，提高管理效率，增加可扩展性和灵活性。

7.2.1 云计算无线接入网关键技术

移动云计算是云计算与移动设备相结合的使用。当任务和数据保存在互联网上而不是单个节点上时，就会存在云计算，从而提供按需访问。移动云计算是移动网络和云计算的组合，从而为移动用户提供最佳服务。

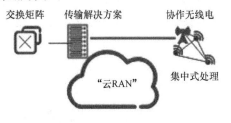

云 RAN 的关键技术（见图 7-10）包括集中式处理、协作无线电、传输解决方案、交换矩阵和实时云。

图 7-10　云 RAN 的关键技术

7.2.1.1　集中式处理

集中式处理（见图 7-11）意味着如果运营商拥有丰富的光纤，基带资源将集中在基带位置，站点只有室外 RRU。除了 CMCC、包括韩国电信、中国联通、中国电信、NTT DoCoMo 和 Orange 等在内的许多重要运营商都认为基带业务收益明显，集中式基带处理使得协调处理更容易实现，尽管将会要求传输带宽大幅提升。通过干扰减轻，云基带可以显著提高 HetNet

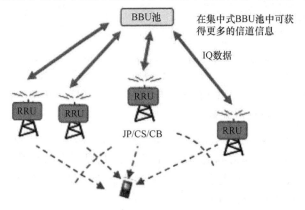

图 7-11　集中式处理（CB——协调波束成形）

容量。基带池中物理处理资源之间的互联拓扑结构包括处理板上的芯片、物理机架中的各个单板之间，以及多个机架之间的互连。

7.2.1.2 协作式射频

云 RAN 系统的一个关键目标是显著提高平均频谱效率和小区边缘用户吞吐量效率。联合处理是实现更高系统频谱效率的关键。为了减轻小区系统的干扰并增加容量，应开发先进的多小区的联合无线电资源管理（RRM）和协作多点传输方案，利用特殊信道信息实现不同物理位置的多个天线之间的协作。CoMP 联合处理算法中，终端用户数据和 UL/DL 信道信息都需要在虚拟 eNB 之间共享。虚拟 eNB 携带此信息之间的接口应支持较高带宽和较低延迟，以确保实时协作处理。在该接口中交换的信息包括以下类型中的一种或多种：终端用户数据包、UE 信道反馈信息和虚拟 eNB 调度信息。因此，该接口的设计必须满足低回程传输延迟和开销的实时联合处理要求。

在下面的步骤中应该调查的要点包括：

- 考虑多少 BBU /小区聚集在一起，调查其 CoMP 的性能提升
- 研究有关延迟要求的 CoMP 性能，以评估其是否与 BBU 池情况下的光传输相一致
- 通过 CoMP 的具体特征和传输要求，在 BBU 池中实现 CoMP
- RRU 之间的天线校准

7.2.1.3 传输方案

随着基带池的推出，BBU 位于聚合接入网络的边缘。接入网络必须支持 BBU 和 RRU 之间的传输。BBU 和 RRU 之间的光纤必须实时携带大量的基带采样数据。例如，在 GSM 系统中，对于 40 个载波（每个载波具有 200kHz BW）需要 1Gbit/s 的带宽（BW），在时分同步码分多址（TD-SCDMA）中，这样的带宽只能容纳 NACK4 个载波（每个载波具有 1.6 MHz BW）。具有 8Tx/8Rx 天线的 20 MHz LTE 系统的带宽高达 9.8304Gbit/s。在 LTE-A 的演进过程中，这种带宽要求将大幅扩大到 49.152Gbit/s。因此，解决传输问题并满足要求需考虑是否存在有效的数据压缩方案，重点需调查云 RAN 的可行性。当前普遍认为传输往返的延迟低于 5μs。通过与当前仅使用千兆位 PON（GPON）中的一个波长的 WDM 共享相同的光纤，可以实现用另一种方法部署云 RAN。GPON 方案需要研究的问题包括：如何配置和分配波长，在光路中添加 WDM 组件对 GPON 的影响等。从公共无线接口（CPRI）⊖ 的要求出发，频率精度应小于 0.002×10^{-6}，延时变化应小于 8 ns。

7.2.1.4 交换结构

需要较高带宽互连来交换 BBU（交换结构）中的同相/正交（I/Q）数据（或

⊖ CPRI（公共无线接口）是一个产业合作，它是以定义一个公开的、可用的规格为目标，这个规格用于无线电设备控制（REC）和使用一个固定的同相/正交（I/Q）流的映射的无线电设备之间的无线电基站的主要内部干扰。

其他形式的业务数据），并且其容量应该能够根据 BBU 池的增加而扩大规模。需要交换控制信息进行协同处理，交换基带数据进行负载分担。通常情况下，300 个单元的 BBU 池将需要 1000 多个 10Gbit/s 光纤端口。

7.2.2　云计算无线接入网架构

云 RAN 架构如图 7-12 所示。在图中，小区群和中继站的节点被引入接入网。每个小区集群可以覆盖市区、商业区或体育场的一部分。通过光传输网络（OTN）采用 WDM – PON 和 CPRI。云 RAN 架构受到云计算概念的启发，将建立广域资源池。因此，更容易扩展网络容量，降低功耗，使得诸如 eNB 天线之类的设备设立距离可以更近，降低了传输功率。

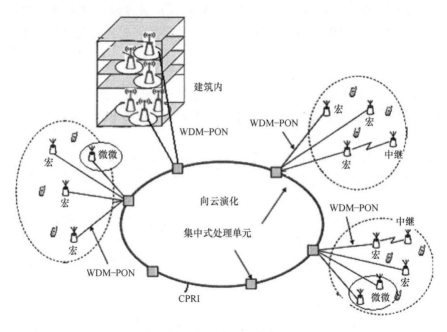

图 7-12　云 RAN 架构

WDM – PON 使用波长（频率复用）代替专用光纤，并将成为一个能实现每波长接近 400Gbit/s 的光纤传输下一代光纤传输宽带的候选者。

随着基带处理移动至几个中心点，处理器通过高容量光纤骨干网上的 CPRI，并通过单个光纤通信到每个远距离的无线电。云计算平台的关键技术（如图 7-13 所示）包括基于软件无线电的多协议基带处理平台、虚拟化、计算和存储资源调度、负载平衡和 CPRI 信令路由。云 RAN 的云计算平台的需求包括小于 1ms 的"硬"实时来完成 DL 或 UL1 层处理，MIMO 的 RRU 同步，小于 8ns 左右的延迟变化，以及可以在虚拟化的硬实时要求内将 1 层处理分为多个不同处理器上的多个同步任务。

无线网络云的所有信号处理（包括对物理天线的信号的调制和编码）都是使

用软件无线电技术进行的。多核和多线程技术可以使用通用数据中心来完成软件中的信号处理。通过远程射频,原始信号通过距离 40 公里的光纤从多天线传输到多天线。

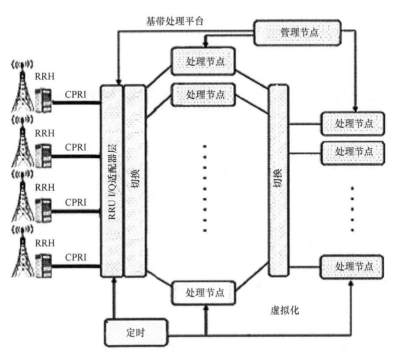

图 7-13 无线网络云平台

7.3 无线电战略

7.3.1 关键无线电技术的瓶颈和软件定义无线电

在 LTE – A 中,较大的工作带宽和复杂的 RAN 架构对诸如处理能力、天线和功率放大器之类的射频组件提出了额外的需求。这些组件应该能够在较宽范围的工作频率下工作。此外,需要高速处理单元(数字信号处理器[DSP]或现场可编程门阵列[FPGA])来执行具有较低延迟的计算的高要求的信号处理任务。载波聚合(CA)对 eNB RF 要求有重大影响,我们在第 2 章中讨论过 CA 对基站(BS)TX 要求比 RX 要求影响更大,并对功率放大器、模数转换器(ADC)、数模转换器(DAC)等提出了更高的要求,以支持高达 40 ~ 50MHz 的工作带宽。

大多数现有的 ADC 带宽不超过 100MHz,这已成为软件无线电的瓶颈。ADC 和 DAC 决定了软件无线电的可行性。ADC 和 DAC 需要非常高的采样率,较宽的信号带宽,高有效数量的量化位,以支持宽动态工作频率范围,以及较大的无杂散动态范围。ADC 和 DAC 必须可以在强干扰环境中恢复具有非常小失真的小振幅信

号，且必须具有较小的低功率和较低的价格。

需要一个更高速的中央处理器（CPU）和更多的数字信号处理存储器。这可以在专用集成电路（ASIC）、FPGA、DSP 或软件无线电中的算法中实现。有三种逻辑处理器：ASIC、FPGA 和 DSP。ASIC 具有最快的处理速度和最差的灵活性。DSP 具有最佳的灵活性和最低的处理速度。FPGA 的处理速度低于 ASIC，其灵活性优于 ASIC。实际设计要求决定选择的设备。目前，DSP 的速度可以满足软件无线电的要求，但速度越快，功耗越大，成本越高。图 7-14 显示了在具有 FPGA 辅助功能的 DSP 中实现的 LTE 接收机，它可以提供实现不断发展的标准的灵活性。

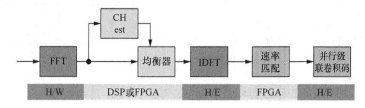

图 7-14 LTE 接收机设计的一个例子（FFT——快速傅里叶变换；
H/W——硬件；IDFT——离散傅里叶逆变换；CH——信道估计）

以下几点会影响 LTE – A 中的 eNB 实现：

■ eNB 支持的频率将高达 100 MHz。峰均功率比（PAPR）将固定在 8.4dB 左右，与白噪声相同。

■ 对于中频/射频（IF/RF）发射机，如果 ADC 采样速度对于数字预失真（DPD）足够快，每个载波的多个功率放大器可以减少到一个功率放大器（PA）。eNB 需要低插入损耗组合器来共享一个天线，并且如果存在多个 RF 链，则可能需要 RRUs 之间的同步。

■ 对于 IF/RF 接收机，需要多个射频/模拟滤波器（滤波器组）将信号分割成与 ADC 功能匹配的窄带信号，且高级数字处理需要从滤波器组中去除减损。如果经济高效的 ADC 足够快，则 RX RF 链的数量可以减少到一个。

■ 有效的算法和体系结构有希望改进 MIMO 的性能，并且要降低 UE 和 eNB 的功耗同时降低成本。由于更复杂的数字处理和较高的数据速率服务，DSP 可能需要多个 CPU。

eNB 的 RF 组件如图 7-15 所示。

在 LTE – A 中有几个影响 UE 实现的要点：

■ UE 与 eNB 一样，将支持频率高达 100 MHz。然而，如果汇总更多的运营商，PAPR 将增加。

■ 对于 IF/RF 发射机，UE 优先选择一个发射链，如果有多个发射链，则需要较低的插入损耗组合器。基于当前 ADC 的 UE 功能实现是一项挑战。LTE 和 LTE – A UE 需要更多功耗的 PA 线性化技术。如果聚合更多的运营商，

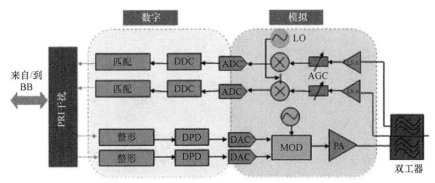

图 7-15　RF 组件（LO——本地振荡器；BB——基带；AGC——自动增益控制；
DDC——数字下变频器；ADC——模 - 数转换器；DAC——数 - 模转换器）

DPD 是必需的。

■ 对于接收机（IF/RF 和基带），UE 与 eNB 相同。

根据以前的讨论，行业普遍认为，软件无线电正在成为解决多频带、多模式个人通信系统 LTE - A 问题的方法。

软件定义无线电（SDR）的标准化架构可以支持当前和未来的应用。SDR 是包括发射机在内的无线电装置，其中可以通过改变软件来改变诸如频率范围、调制类型、最大输出功率这样的运行参数，或发射机根据规则操作的情况，而不对硬件组件进行任何会影响无线电频率辐射的更改。SDR 通过软件实现无线电。它可以是支持不同频段的多频段和多标准系统，具有显著的空气干扰。SDR 支持多通道系统，同时提供更多独立的发送和接收通道。

为了降低成本，SDR 有必要将 ADC 尽可能地靠近天线，并将通用微处理器代替 ASIC 进行数字信号处理。理想的天线应具有以下特点：宽频带、体积小、效率高、价格低廉。理想的前置放大器应具有以下特点：宽频带、低噪声、线性性能提高、价格低廉。理想的 ADC 应具有以下特点：较高工作频率、较高采样速度和较高分辨率级别，以及较低功耗和低廉价格。

图 7-16 显示了理想的软件无线电的方框图。由天线接收的 RF 载波信号在被低噪声放大器放大之后立即被模拟（A/D）转换。转换后，信号由软件进行数字处理。所有功能、模式和应用都可以通过软件进行配置和重新配置。

图 7-17 示出了全模拟的常规无线通信系统的框图。发射频率、调制类型和其他射频参数由硬件决定，在没有硬件更改的情况下是不可以进行更改的。

7.3.2　多标准无线电

当我们部署绿地[⊖]LTE 站点时，需要支持现有 GSM 站点和现有 CDMA 站点的

⊖　在无线通信工程中，绿地是一个缺乏由先前网络提出限制的项目，任何一个新的网络，从 Scratch
（简易编程工具）到成为新的无线访问网络技术（例如，3G、4G），被认为是作为绿地项目。

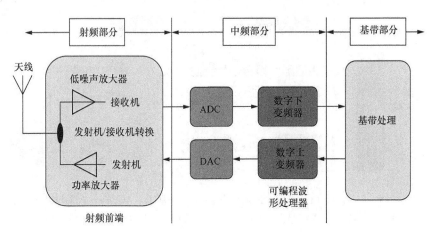

图 7-16　理想的软件无线电收发机

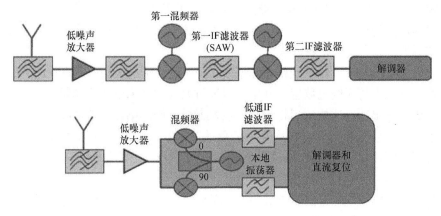

图 7-17　常规收发机（SAW——声表面波，常用于射频应用中作为机电装置的滤波器）

LTE 迁移。所有部署类型都将使用相同的基带解决方案。无线电解决方案需要支持 LTE，具有软件升级到 LTE 能力的多载波 GSM、CDMA 1x、演进数据优化（EV-DO），同时与不同技术基带解决方案接口的 LTE。软件定义的无线电系统可以很容易地产生基于所使用软件的可以收发不同无线电协议（有时称为波形）的无线电。

在 LTE Rel-8 和 Rel-9 中，应当认识到，UE 可以同时在多个频带上发送和接收，但是要使用不同的无线电技术，例如，高速率分组数据（HRPD）/ 1x 往返时间（RTT）或通用移动电信系统（UMTS）。LTE-A 中的带间载波聚合的引入表明，至少一些 UE 将能够在不同频带上同时接收和发送数据，且通常使用多个独立的无线电收发机来实现。典型的 UE 可能具有固定数量的多频带收发机，以及同时支持其他无线电技术的定义的基带处理能力。

多标准无线电（MSR）规范建立了 LTE、通用陆地无线电接入（UTRA）和用于 GSM 演进（EDGE）MSR 基站的 GSM /增强数据速率的最小 RF 特性。目前需满足多标准无线电接入技术（RAT）和多标准无线基站的单 RAT 的操作要求（见图 7-18）。

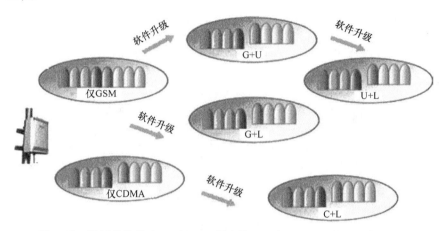

图 7-18　通过软件将 GSM/CDMA 升级到 LTE（C + L——CDMA 和 LTE；
U + L——UMTS 和 LTE；G + U——GSM 和 UMTS；G + L——GSM 和 LTE）

7.3.3　LTE – A 中的协作无线电战略

软件无线电的未来是认知无线电，软件无线电为认知无线电的实现提供了理想的平台。认知无线电收发机的主要组成部分是无线电前端和基带处理单元，其最初是为软件定义无线电提出的。认知网络是由元素组成的网络，通过测量、感测、学习和推理，动态适应不同的网络条件，以优化端到端的性能。认知网络如图 7-19 所示。

无线网络的趋势是越来越复杂、异构和动态的环境。我们已经

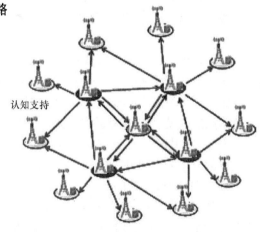

图 7-19　认知网络定义

使用适应性无线电技术来自我调整以适应 2G 和 3G 的实时网络中的预期事件。除自适应无线电之外，认知无线电的软件定义无线电平台可以进一步处理意外的通道和事件。认知无线电需要感知、适应和学习。认知无线电可以感知它们的环境，并学习如何适应。传统软件无线电概念的增强是让无线电知道其环境及其能力，能够独立地改变其物理层行为，并且能够遵循复杂的适应策略。认知无线电可以提高链路性能和频谱利用率，我们相信它将被广泛应用于 LTE – A 等增强型移动网络中。

认知无线电是指不在固定分配频带中操作通信系统的无线架构，其搜索并找到要操作的适当频带。初始认知功能的基本思想如图 7-20 所示。接收机通过观察获

取周边无线电环境的信道质量信息和干扰信息。

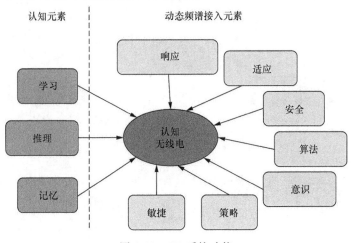

图 7-20 CR 系统功能

在发射机从其相应的接收机接收到必要的反馈信息之后，它们确定策略对无线电环境做出反应。更智能的功能是采用学习来估计对提高系统性能可能有效的策略。

认知无线电广泛应用于无线通信的几个领域，许多研究人员正在尝试将认知无线电的思想放在 LTE 网络中。分量载波自动选择功能是 LTE - A 的一种潜在的简单认知方法。每个节点选择适合的载波，但只能是不产生对相邻节点过度干扰的程度。这些决定是基于本地测量的收集，并且每个节点通过感测"学习"当地的环境。在 LTE - A 中，我们应该朝着认知无线电光方式的方向迈进。

提出的分量载波自动选择方案在图 7-21 中用一个简单的例子来进一步说明。有 4 个现有的 eNBs，新的 eNB 5 正在接通，因此准备首先选择其主要分量载波（PCC）。分别对于具有"P"和"S"的每个 eNB 示出了当前对 PCC 和次要分量载波（SCC）的选择。未分配给 PCC 或 SCC 的分量载波完全静默，不用于承载任何流量。

当新的 eNB 被初始化时，应该采用基于参考信号的新的基站间测量，以便估计相邻 eNBs 之间的路径损耗。在 FDD 系统中，这意味着 eNBs 也能够监听下行链路频带。提出新的 eNB 对周围小区的主要分量载波进行测量，并且可以获知对应的参考信号发射功率（在 eNBs 之间发信号），从而可以估计 eNB 间的路径损耗。因此，新的 eNB 主要能选择最佳分量载波（CC）。在新的 eNB 选择了其主要分量载波并准备传输和携带业务之后，eNB 将不断监控 PCC 的质量，以确保其保持所需的质量和覆盖。如果检测到质量差，将触发恢复操作以改善情况。

在这种情况下，不允许新的 eNBs 引起太多的干扰，这可能会中断 4 个现有 eNBs 的通信或降低服务质量。因此，当 eNBs 不被现有 eNBs 占用时，新的 eNB 有机会利用频谱。这些方案需要平衡新 eNB 的效用与其对现有 eNBs 的影响。

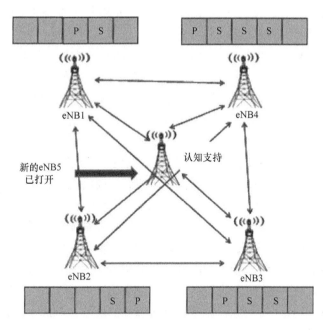

图 7-21   自主分量载波概念

在 LTE – A 实现方案中，在宏小区中可能存在许多 HeNBs（微微小区）。这些 HeNBs（微小）以 ad hoc 方式设置，HeNBs（微小）的拓扑结构甚至可以被动态化，因为它们被客户放置和打开。因此，认知方法应该在具有宏小区和毫微微小区的部署中使用，如图 7-22 所示。HeNBs（微小）应该负责调整其传输策略，以最大限度地减少对宏 UE（MUE）的影响。首先，HeNB 应该能够了解其在宏小区中

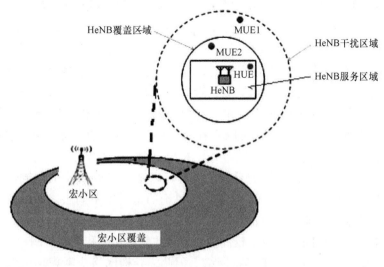

图 7-22   HeNB 被用于宏小区的中心

的位置和干扰附近的宏 UE，然后根据基于其位置和干扰的局部检测来调整子载波或发射功率。

因此，动态频谱管理是避免 eNBs 之间干扰的有效方法。当频谱空闲时，认知无线电系统选择具有较低干扰的频谱。如果宏小区重新使用 HeNBs 占用的频谱，认知无线电系统应及时获取消息。基于该消息，如果没有其他候选频谱，则 HeNBs 可能降低发射功率以避免对宏小区的太多干扰。在这种情况下，通过考虑业务负载和引起彼此干扰的可能性，可部署动态资源块（RB）（按时间和频率资源单元）分配和宏 eNB 的功率控制方案（MeNB），以及用于干扰管理的 HeNB（微小）。

总而言之，认知无线电是无线通信领域的研究前沿之一，认知无线电网络将通过异构网络和 LTE - A 中的协作频谱共享技术为移动用户提供高带宽。通过这种能力，噪声、干扰估计和回避变得更容易，可以选择和重新配置最佳频谱带和最合适的运行参数。MIMO 可以通过调整与认知无线电网络中现有用户的干扰信道正交的信号来减少干扰，从而增加新用户的吞吐量并减少现有用户的干扰。然而，LTE - A 异构网络仍然存在一些研究难题，例如，需要进一步研究分布式合作频谱检测，以更好地权衡精度和间接费用。考虑到频谱感知的误差，资源分配方案应限制新用户中断现有用户通信的几率。

7.4　异构网络的干扰分析

7.4.1　综述

我们已经谈到的新节点（微微小区、HeNB、毫微微小区或中继）将系统的拓扑改变为一个带有全新的干扰环境的更加异构的网络，其中多个类的节点竞争相同的无线资源。在异构网络中，同信道干扰将是宏 eNB 与本地 eNB 之间、本地 eNBs 之间或 UEs 之间的干扰。在微小区、微微小区、HeNB 或中继节点覆盖宏小区时，同频干扰管理特别重要。图 7-23 显示了仅用于宏小区和同频道部署的 UE 吞吐量累积密度函数（CDF）。通过在同频道部署下使用基于参考信号接收功率（RSRP）的服务小区选择来获得性能增益。可以看出，尽管在一小部分 UE 中存在显著的吞吐量改进，但尾部和中等 UE 吞吐量只有微小的改善。但图 7-24 显示了通过增强的服务小区选择和协调干扰管理的 UE 吞吐量 CDF。这可以在尾部和中值 UE 吞吐量方面提供更大的增益。

通过在不同层上使用不同的载波，通常可以避免 HetNet 中的不同部署层之间的干扰问题，但现在正在为 LTE 所进行的讨论是利用不同层之间的载波聚合和跨载波调度技术的可能性。我们知道，Rel - 8 系统中定义的干扰协调方法旨在解决均匀网络中的干扰问题。由于较低功率节点的传输功率和覆盖范围较小，目前的干扰协调方法不能直接应用于异构网络。因此，异构网络应考虑增强的干扰协调方法。

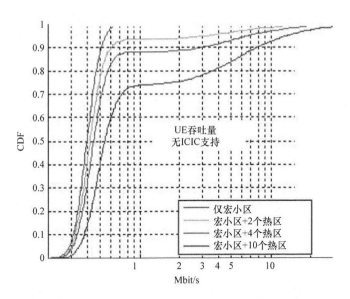

图 7-23　仅用于宏小区的 UE 吞吐量 CDF 和同频道部署

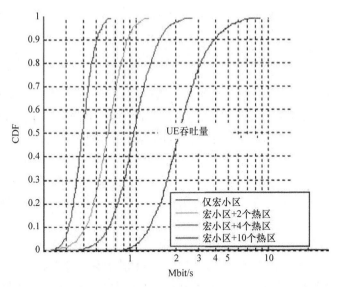

图 7-24　用于范围扩展和协调干扰管理的 UE 吞吐量 CDF

7.4.1.1　干扰分析

因为来自不平衡功率分布和共同信道部署的强干扰条件,异构网络中的干扰管理是非常关键的。特别地,宏的发射功率远远高于低功率节点。在宏 eNBs 和户外微微节点的共同信道部署的情况下,微微 UEs 将遭受宏观干扰,并且微微节点将遭受宏 UEs 干扰,而如果宏 UEs 接近 CSG HeNB,则宏 UEs 将遭受 HeNB 干扰。当宏小区干扰本地小区时，DL 控制信道可听性是异构网络部署中的一个关键问题。因此，LTE – A 干扰避免机制对于有效支持高可变业务负载以及越来越复杂的网络部署场景非常重要，其中不平衡发射功率节点通过 X2 接口自主地在宏小区和本地小区之间共享相同的频率和协调。

DL 控制信道位于子帧的第一个到三个符号中。为提高控制信道的可听性，减轻干扰的原则是协调的静音或软化。协调的静音或软化可以通过在宏小区和本地小区之间交织控制信道符号或干扰协调来实现。干扰协调可以通过分数频率重用，协调的分量载波选择，或几乎空白的子帧来实现。

干扰数据流量应与 DL 控制信道干扰协调一起被管理。数据流量的干扰管理方案也取决于异构网络中的部署情况。宏小区和微微小区中的数据业务可以通过协调来调度，协调波束成形或联合处理，减轻干扰，轻松实现协调。HeNB 部署的干扰管理将依赖于频率复用或分量载波的选择，这是由于宏 eNBs 不能以与微微小区相同的方式参与和控制 HeNB。

操作 HetNet 的最基本的手段是在不同层之间应用完全的频率分离，但是在不同载波频率上操作层的缺点在于它可能导致资源利用效率低下。组合载波与载波调度结合的载波聚合在 LTE – A 中得到支持，且 HetNet 中的多载波操作似乎是与传统 UE 兼容的关键，尽管这些 UE 不能访问多个分量载波。

在异构系统中，对于频谱可用性很高的情况，以及具有 CA 能力的 UE，基于 CA 的解决方案具有吸引力。对于具有较小带宽可用性的高效异构网络部署和不具有 CA 能力的 UE，非基于 CA（即，共通道）的解决方案很重要。多载波系统可以配置，使得某个功率等级的小区仅分配 DL 载波的子集，且不允许在剩余的 DL 载波上进行传输。结果，高功率宏小区附近的低功率微微小区可以使用高功率小区未使用的载波来服务于它们自己的 UEs，而不受来自高功率小区的 DL 传输的干扰。类似地，CSG 小区（例如，闭合的 HeNB）附近的开放访问的小区可以使用 CSG 小区未使用的载波来服务于其自己的用户，而不受 CSG 小区的干扰的影响，从而允许 CSG 小区的 RF 覆盖范围内的非法用户。

在异构网络中使用 UL 传输，应区分两种情况。在宏单元的边缘，存在非常高的干扰电平（图 7-25 中的 HeNB #2），因为宏 UEs 利用高发射功率来克服向其服务基站的高路径损耗。在这种情况下的主要受害者为本地小区用户（femto UEs）；另一方面，靠近宏基站的地方，毫微微→宏干扰可能成为严重的威胁（图 7-25 中的 HeNB#1）。

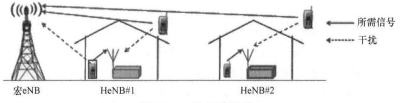

图 7-25　UL 干扰路径

7.4.1.2 干扰场景

异构部署包括在整个宏小区布局中放置低功耗节点的部署。异构部署中的干扰特征可能与均匀部署中的干扰特征有显著的差异。干扰场景可以分为以下几类：HeNBs 造成的干扰，由于发射功率不同造成的干扰（即高功率 [例如，宏 eNB] 和低功率 [例如，微微 eNB] 之间）的基站，干扰多跳部署（即中继）。这里的例子如图 7-26 所示。在情况（a）下，没有访问 CSG 小区的宏用户将受到 HeNB 的干扰；在情况（b）下，宏用户对 HeNB 造成严重干扰；在情况（c）下，CSG 用户被另一个 CSG HeNB 干扰。在右侧，情况（d）下，基于路径损耗的小区关联（例如，通过使用偏置的 RSRP 报告）可以改善上行链路，但是以增加小区边缘非宏用户在下行链路干扰（高达图 7-26 中的 Δ）为代价。

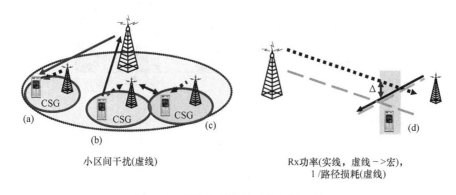

小区间干扰(虚线)

Rx功率(实线，虚线 ->宏)，
1/路径损耗(虚线)

图 7-26　异构部署中的干扰场景示例

情况（a）和情况（d）是 LTE – A 中最重要的场景。在这些场景中，初步结果表明，对上行链路和下行链路对数据干扰的处理方法同于第 1 层和第 2 层控制信令，同步信号和参考信号的干扰的方法很重要。此方法可以在时域、频域和/或空间域中操作。

目前，为了提高网络容量，且无需额外的光纤（单载波）和昂贵的网络规划（部署下层单元，而不是分层覆盖单元），将采用干扰避免和控制的方法，并将其分为完全频率分离方案、基于 CA 的方案，以及非基于 CA 的方案。

完全频率分离方案是操作 HetNet 实现在不同层之间应用不同的频率，从而避免层之间的任何干扰。这是自 GSM 移动通信早期以来使用 HetNets 的常规方法。对于没有宏单元干扰的底层单元，当所有资源可以由底层单元同时使用时，可实现小区分裂增益。不同载波频率上操作层的缺点是它可能会导致资源利用效率低下。

7.4.1.3 控制信道干扰

来自相关小区的物理 DL 共享信道（PDSCH）之间的干扰可以通过调度来避免或减轻，例如，选择不同的频域资源。通常可以通过小区 ID 规划给出合适的频移，避免来自相邻小区的 CRS 之间的干扰。剩下的问题是控制信道之间的干扰。

良好的上行链路和下行链路数据信道性能的前提条件是良好的控制信道性能。对于 LTE-A HetNet 系统，为了提供适当的网络功能，假定被需要的控制信道的块错误率（BLER）小于 1%。在图 7-27 中，列出了不同控制信道的最小 SINR 的近似值。

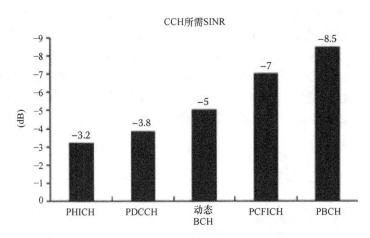

图 7-27　不同控制信道上 1%BLER 的 SINR 阈值（BCH——广播信道；
PCFICH——物理控制格式指示信道；PBCH——物理广播信道）

具有较差性能的两个控制信道是物理 HARQ 指示信道（PHICH）和物理 DL 控制信道（PDCCH）。例如，在 LTE Rel-8 中，用于减轻 PDCCH 干扰的主要机制是在系统带宽上随机化频域的 REs，并在时域上为了控制信道保留该正交频分复用符号。在 PDCCH 的情况下，可以使用功率提升（降低某些控制信道单元［CCE］上的功率以允许增加其他 CCE 上的发射功率），但是要以降低控制信道区域的容量为代价。另一方面，CCE 被占用的越少时，在 PDCCH 中产生的小区间干扰越少，PDCCH 中的 SINR 可以被建模如下：

$$\mathrm{SINR_{PDCCH}} = S/(\sum_{i=1}^{M} 负载 * I_i + N)$$

式中，S 是 PDCCH 的每个子载波的平均接收功率；负载是 PDCCH 的负载因子，其等于扇区 i 占用的 CCE 的百分比；I_i 是来自扇区 i 的控制区域中每个子载波的平均接收干扰功率；N 为噪声功率。从等式可以看出，PDCCH 负载控制是减轻 PDCCH 中小区间干扰的有效方法。

如果我们采用宏小区和微微/HeNBs 的简单同信道部署，假如位于接近微微/HeNBs 的话，宏小区 UEs 将产生通用下行链路控制信道接收问题。虽然微微/HeNBs 功率控制启用，但并不完全绕过问题，因为相对较小的宏单元，覆盖漏洞仍然存在。

在基于 CA 的情况下，两个不同的小区（例如，宏小区和微微小区）将在两个不同的分量载波上发送控制信道，并且以同信道传输的方式发送数据信道。这意味着靠近微微/HeNB 的宏小区可以在没有微微/HeNB 的运营商上始终有良好的质量服务。也可以提供距离微微/ HeNB 更远的宏 UEs，且同信道部署载波没有问题。小区也可以使用两个不同分量载波上的控制信道上的不同传输功率。

在基于非 CA 的情况下，ICIC 穿越诸如 PDCCH、物理广播信道（PBCH）、主同步信号（PSS）和辅同步信号（SSS）的信道/信号的小区层通过时域/频域 ICIC 方案来完成，以避免跨小区层的冲突。这可能意味着这些信道/信号的新位置，或空白子帧的引入，以及对 UE 中的干扰消除的要求。

7.4.2 异构网络中基于载波聚合的小区间干扰协调（ICIC）技术

载波聚合在异构网络部署中可能会受益颇多。多个载波可以实现不同功率级小区之间以及开放访问和 CSG 小区之间的干扰管理。长时间或频域资源划分可以通过将载波专用于某个功率级小区（宏/微微/ CSG）来进行。

基于载波聚合的 HetNets 意味着可用带宽将被分为多个载波。其中一个载波被配置为连接到宏网络的 UEs 的主服务小区（PCell），而连接到微微网络的 UEs 的 PCell 被配置在另一载波上。每个小区域中的另一个载波配置有辅助服务小区（SCells）。如图 7-28 所示。

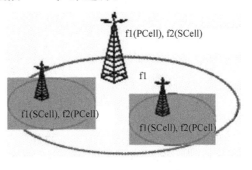

图 7-28 用于基于载波聚合的 HetNets 的 PCell 和 SCell 配置

为了提高小区边缘用户吞吐量、覆盖和部署灵活性，LTE – A 将采用增强的小区间干扰协调（eICIC）。CA 可用于频域协调、时域协调、功率控制和分数频率重用（FFR）。同时还将介绍使用不同 TX 功率方案（见图 7-29）的小区重叠部署。

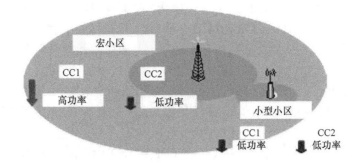

图 7-29 异构网络部署的小区部署示例

基于 CA 的解决方案中，通过跨载波调度（具有一个载波指示符字段［CIF］

的跨载波调度的 CA) 的小区层的频分复用 (FDM) 可以被用于异构部署。通过将每个小区层中的分量载波划分成两组,可以处理控制信令的下行链路干扰,一组用于数据和控制;另一组主要用于数据和可能的控制信令,以降低传输功率。如图 7-30 为一个例子。对于数据部分,可以使用下行链路干扰协调技术。Rel – 8 和 Rel – 9 终端可以在一个分量载波上进行调度,LTE – A 终端载波聚合可以调度到多个分量载波上。本例中假定小区层之间的时间同步。

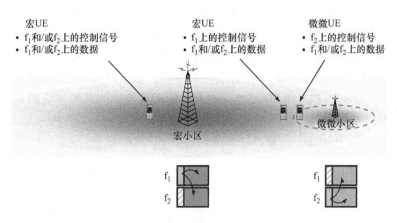

图 7-30   载波聚合用于异构部署的一个例子

在这种情况下,用于 PDCCH 的分量载波级干扰协调对于具有异构网络的操作场景中的可靠 PDCCH 传输是有用的,因为 UE 需要正确地接收 PHICH 和 PDCCH,以便获知所分配的 PDSCH 资源和随后的执行 PDSCH 解码。另一个例子是对于受到来自宏小区的强干扰的小型小区 (毫微微或中继) 中的控制信道,具有无 PDCCH 操作的分量载波被添加到异构网络的情况。

在宏小区中的一个分量载波的发射功率减小,可减小与毫微微/中继小区的小区间的干扰。为了允许可靠的 PDCCH 传输,在具有较少的小区间干扰的分量载波上传输所有 PDCCHs 是有益的。在这种操作中,PDCCH 不被传输的分量载波是 PDCCH – less。图 7-31 显示了异构网络中无 PDCCH 操作的示例。在宏小区中,在 DL CC1 上使用较高的发射功率,而在 DL CC2 上使用较低的发射功率。由于毫微微/中继小区中的 DL CC1 上的 PDCCH 在宏小区受到很强的干扰,所以对毫微微/中继小区中的 DL CC1 配置无 PDCCH 操作。根据宏和毫微微/中继的传输负载,可以通过宏和毫微微/中继之间的 RB 级干扰协调来有效利用 PDSCH 资源。

在该示例中,对于宏小区:CC2 中的无 PDCCH 操作被配置用于小型小区中的可靠控制信道接收;CC1 中的 PDCCH 在 CC1 和 CC2 中调度 PDSCH。对于小型小区:在 CC1 中配置无 PDCCH 操作;在 CC2 中从 PDCCH 调度所有 PDSCH,并且执行用于 PDSCH (FFR) 的物理资源块 (PRB) 级 ICIC。

载波重用的另一个例子如图 7-32 所示。载波 1 和 3 是具有无限制的功率的开

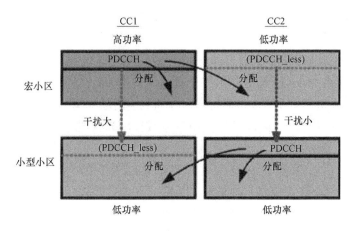

图 7-31 异构网络部署中无 PDCCH 操作的示例

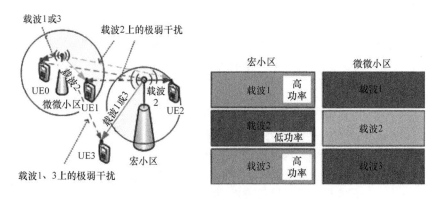

图 7-32 小区可以在不同的分量载波上使用不同的发射功率

放访问共享载波，由最大功率的宏小区和微微小区使用。载波 2 是具有低功率的开放访问共享载波，由宏小区使用，具有降低的功率（相对于其最大功率）和具有其全功率（由配置为低）的微微小区。

微微小区服务的 UEs0 和 1 可以在载波 2 上进行调度，UE 0 也可以由载波 1 和 3 上的微微小区进行调度，因为通过在该载波上由该 UE 看到的来自宏小区的干扰与从微微蜂小区（高 SINR）接收的功率相比非常弱。UE 1 在载波 1 和 3 上经历来自宏小区的强烈干扰，所以可以由载波 2 上的微微小区进行调度，但是只是在宏小区和微微小区之间没有其他干扰协调的情况下。UE 2 可以由载波 2 上的宏小区进行调度，因为它足够靠近宏小区并落在低功率载波 2 的覆盖范围内。UE 3 在载波 2 的覆盖范围之外（由于较低的发射功率），所以不能被调度到那里。

在这些示例中，仅向宏小区分配载波的子集使得其附近的多个微微小区能够显著地扩展其在宏小区未使用的载波上的覆盖。载波上不会安排在某个载波上的用于报告来自其他宏站点的重大干扰的 UEs。

除了载波划分之外，载波中的频分复用方案也可以用于异构网络，并且这可以比载波划分更加动态。将频分复用应用于异构网络中的小区，通过更精细的频率资源分配来有效地使用共享载波。

7.4.3 异构网络中非基于载波聚合的干扰协调技术

对于异构网络的非基于 CA 的部署，干扰协调的主要动机是避免相同时间/频率资源的传输冲突，因此可以通过使用时域或频域来实现数据和控制的 ICIC。另一方面，当非 CSG 和 CSG 用户非常接近毫微微小区时，主要的干扰条件便显现出来。在这种情况下，Rel - 8 和 Rel - 9 ICIC 技术在减轻控制信道干扰方面不是完全有效的。因此，需要与 Rel - 8 和 Rel - 9 UE 具有向后兼容性的增强型干扰管理。

由于对所有 UEs 开放对微微小区的访问，宏 eNBs 将在下行链路中对由微微 eNB 所服务的 UEs 造成干扰。时域和频域划分方案被认为是等效的，因为时间和频率都可以被视为数据信道的资源。因此，建议根据拓扑和用户分布自适应地实现时域分区。此外，宏小区可以在带宽的一部分中静默，而微微小区可以在完整带宽中工作。时域和频域划分方案的优缺点如表 7-3 所示。

表 7-3 时域和频域分区方案

	TDM	FDM
优点	由于微微小区和宏小区的传输彼此正交，所以不存在从宏小区到微微小区的干扰	可用于异步网络
缺点	这种方法在异步网络中是不可行的。微微小区不能位于非常接近小区边缘的地方。否则，网络中的所有宏小区和微微小区需要决定固定分区。固定分区会降低性能。微微小区之间不可能重叠。资源利用效率低下导致吞吐量下降	微微小区不能互相重叠。如果在总带宽的前半部分有计划的话，一些微微小区将一直受到宏小区的干扰。在小区边缘，分配在带宽的前半部分的微微小区也将面临来自相邻宏小区的干扰

对于运营商只有一个载波可用于 LTE 部署的 HetNet 案例，LTE - A 为 HetNet 案例引入了一组新的下行链路时间和频域增强型小区间干扰协调概念。在非 CA 的增强 ICIC 功能（假设小区层之间的时间同步）中，通过专用无线电资源控制（RRC）信令，UE 配置有测量量（无线链路监控［RLM］，RRM 和 CSI）限制模式，所配置的 UE 仅被允许在某些子帧子集中测量。基于不同子帧之间的小区特定参考信号（CRS）的测量波动将发生在受害 UEs 处。受害小区的 CRS 仍然会受到侵略者小区中非 ABS（几乎空白的子帧）的严重干扰，但在 ABS 中可以减轻这种干扰。RLM、RRM 和 CSI 测量精度将受到这种波动的影响。

7.4.3.1 时域处理方案

7.4.3.1.1 下行链路

通过在部分时间内限制 DL 控制信号的传输，可能与时移相结合，至少一个小区层可以减少干扰以控制其他小区层上的信令。时分复用（TDM）解决方案（如图 7-33 所示）的基本思想是将攻击者小区的一些子帧配置为 ABS，以避免与受害者小区服务的 UE 相互干扰。几乎空白的子帧是在一些物理信道上具有降低的发射功率（包括没有传输）和/或减少的活动的子帧。eNB 通过发送必要的控制信道和物理信号以及系统信息来确保向 UE 的向后兼容性。ABS 是减少传输的完全向后兼容的子帧，并且仍然发送诸如 CRS、PSS、SSS、PBCH、SIB1、寻呼和 PRS 的控制信令。组播广播单频网络（MBSFN）子帧也可以在 ABS 模式中使用。MBSFN 子帧引起比 ABS 更少的干扰，因为它们的 PDSCH 区域是无 CRS 的。然而，MBSFN 子帧可以仅配置在不太灵活的 1、2、3、7、8 号子帧上。对于具有建立的 X2 接口的诸如宏、微和微微的 eNB，可以更动态地协商和优化 ABS 静默模式的配置。攻击者 eNB 向受害者 eNB 通知其几乎为空白的子帧模式。然后，受害者 eNB 使用 ABS 模式来服务于其 UE（减小干扰）。请注意，需要跨网络的相关 eNB 之间的时间同步才能实现此功能。ABS 模式通过 X2 信号（宏微配置）或 O&M（操作和维护）配置（宏毫微微配置）来设置。

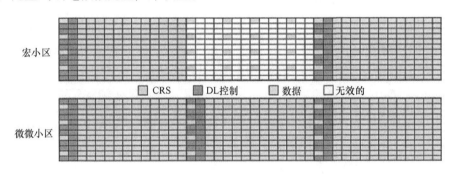

图 7-33　时域规划

应用基于 ABS 的 eICIC 和 eNB 之间的详细 X2 信令的典型 X2 协调如图 7-34 所示。

微微首先通过发送负载信息来请求宏中的一个 ABS 设置，这个信息具有一个调用指示只有一种情况下，意味着"我想要 ABS"。宏和微微来自同一供应商，微微可以交换更多的信息，如通过供应商的私有信号传递 ABS 给宏。宏可以根据自己的容量要求和负载设置 ABS 模式。该宏还可以触发微微的 ABS 状态报告，以了解 ABS 资源在微微中的使用百分比，并进一步更新其 ABS 设置。

在 LTE Rel-8 中，想要减轻干扰对 PDCCH 的影响，主要机制是随机化系统带宽的频域上的，以及以 OFDM 为控制信道保留的符号时域上的资源元素。Rel-8 或 Rel-9 不支持 PDCCH 的干扰管理。看来为了显著地减轻干扰，对 PDCCH 区域的使用率的极端限制是必要的。例如，通过限制使用率来增加 PDCCH 区域的稀疏性或几乎空白子帧或符号偏移，可以实现没有任何规范改变或约束地减轻干扰。但

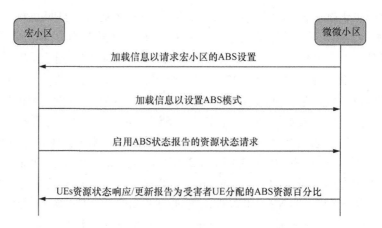

图 7-34　X2 接口动态交换 ABS 信息（宏微微配置）

是这减少了共同调度的 UE 的数量并且可能降低系统性能。图 7-35 提供了一些增加 PDCCH 区域稀疏性的方法。

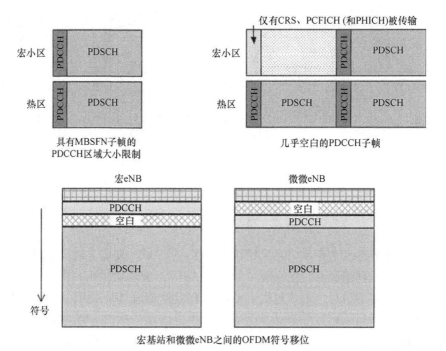

图 7-35　增加 PDCCH 区域稀疏性的例子

实际上，基于 TDM 的方法是静默某些为微微 UE 保留的 RE 资源。例如，如果宏 UE 位于 CSG HeNB 附近，则接收 PBCH 可能有问题。如我们所知，在 40ms 内将执行四次重复的 PBCH 传输，以确保 UE 的正确接收。如果家庭 UE 由于覆盖范围有限而能够接收良好，HeNB 可能不必像 MeNB 一样频繁地进行 PBCH 传输。顺便说一下，某些帧上的静默 PBCH 传输是可能的，这将减轻 HeNB 与 MeNB 之间的 PBCH 干扰。当该区域静默时，HeNB 可以使用基于 RB 的推理缓解方案在该区域上分配数据，或者将其清空以完全避免干扰（见图 7-36）。实际上，静默方法选项取决于其 PBCH 接收质量的影响。

简而言之，为了使微微 UE 工作，时域/频率资源的某些部分仅为微微 UE 预留的时域处理方案是相当合理的。在没有来自 MeNB 的干扰的情况下，微微 UE 可以在保留的资源中工作良好，并且可以改善小区边缘 UE 的性能。

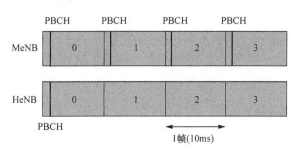

图 7-36　疏通 HeNB 的 PBCH

7.4.3.1.2　上行链路

类似于下行链路，可以通过协调传输来避免异构网络中的诸如 PUCCH、PUSCH 和物理随机接入信道（PRACH）的上行链路信道之间的干扰问题。在 LTE Rel-8 物理层设计中，通过用于恒幅零自相关（CAZAC）基序列和 RB 索引（频域中的位置）的循环移位来识别 PUCCH 资源。因此，来自不同 RB 中的 UE 的上行链路控制信息（UCI）在频域中自然是正交的，而来自相同 RB 中的 UE 的 UCI 在码域中是正交的。在低功率节点部署远离 MeNB 的情况下，由 MeNB 服务的 UE 发送的 PUCCH/PUSCH 可能对来自低功率节点所服务的 UE 的 PUCCH/PUSCH 产生较大的干扰，并且影响由低功率节点服务的 UE 的 PRACH 检测性能，因此会导致吞吐量差，低功耗节点内的随机存取也可能会持续发生故障。

对于 PUCCH，由于用于 MeNB 和低功率节点的 PUCCH 的基本序列和导出的参考信号序列通常不是正交的，所以 MeNB UE 与低功率节点 UE 之间的 UCI 干扰是不可忽略的。在这种情况下，现有的小区间干扰随机化机制不具备充分的鲁棒性。

由于 PRACH 用于初始网络访问、无线链路重建、切换、上行链路同步和调度请求，PRACH 的检测失败将影响 UE 访问和上行链路同步的性能。

例如，由于 PRACH 的时域结构与 PUCCH 和 PUSCH 的时域结构非常不同，所以如果两者都分配在同一子帧中，则正交性难以维持。对于同质网络，这个问题并不重要，因为这两种上行信道的功率电平是相同的，即使从一个信道泄漏到另一个信道，泄漏功率仍然相对较小。然而，对于异构网络，特别是当这两种上行链路信道用于具有不同所需传输功率级别的 eNBs 时，小区间干扰问题可能会变得显著。

为了减轻低功率节点中的 PRACH 与覆盖的宏小区中的 PUCCH/PUSCH 之间的小区间干扰，需要协调低功率节点与宏小区之间的 PRACH 分配。低功率节点的 PRACH 仅在宏小区中没有 PUCCH/PUSCH 的子帧中分配，如图 7-37 所示。

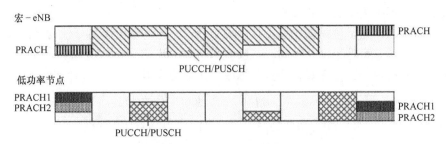

图 7-37　基于 TDM 的 PUCCH、PUSCH，以及 PRACH 方案

7.4.3.2　频域处理方案

频域处理方案是指在部署期间要分配给每个热区域和宏节点的带宽。通常我们有三个简单的静态频率分配方案，如图 7-38 所示。第一个是对宏节点和低功率节点的相同带宽分配，干扰减轻将依赖于频率选择性调度和波束成形。第二个是非重叠计划，这种情况允许通过将不重叠带宽分配给不同节点来实现一些干扰减轻。最后一个是重叠方案，这种情况假设宏节点将被分配给频带的一部分，但是热区域 eNB 仍然可以使用整个频带。虽然分配非重叠频带是避免宏和热区之间干扰的自然方式，重叠方案的优势可能并不直观可见。使用部分带宽的宏的特定示例和采用整个频带的热区反映了以下概念：热区 UE 将具有专用频带，由于去除了宏干扰，可获得显著的吞吐量增益。同时，宏 UE 可能看不到来自热区 eNB 的太多干扰。因此，即使像非重叠方案那样去除来自热区 eNB 的干扰，它们也可能看不出明显改进。这种重叠策略的有效性取决于附加到热区和宏 eNB 的 UE 的相对数量。

图 7-38　频域方案

LTE - A 中考虑的另一种解决方案，是使用载波带宽的不同部分在不同的小区层中发送 DL 控制信号。其涉及减少用于控制信道（PDCCH、PHICH、PCFICH 等）和物理信号（同步、CRS）的带宽，使得控制信道和物理信号可以与另一层中的控制信道和物理信号完全正交。图 7-39 显示了 Rel - 8 和 Rel - 9 无需改变 UE 而在较小的带宽上进行访问和操作，而 LTE - A UE 作为 Rel - 8/Rel - 9 UE 访问降低的带宽，可以在整个带宽上进行调度。攻击者和受害者小区的带宽降低向后兼容于

Rel－8和 Rel－9 UE。图7-39 是显示 PSS/SSS/PBCH 的频率位置的图示，并不意味着它们总是存在于每个子帧中。

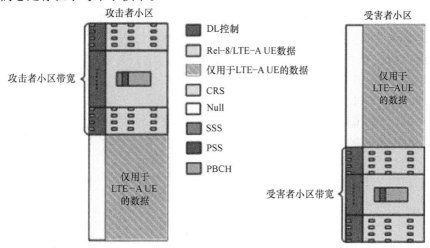

图7-39　控制信道缩小

　　DL 控制信道不跨越载波的整个带宽。用这种方式，具有高功率的 DL 控制信道可以在 eNBs 之间的非重叠频率区域上进行传输。显然，非基于 CA 的 FDM 解决方案是完全正交的，这将有益于保护受害者小区的检测性能。与基于 CA 的解决方案相比，UE 不需要 CA 功能。

　　对于上行链路，可以通过基于 FDM 的协调传输来避免对异构网络中的 PUCCH 的干扰。例如，宏系统和低功率节点系统将使用不同的上行链路资源来发送 PUCCH 以避免干扰。该方法是使可能对其他 eNB 造成上行干扰的 UE 中发送 PUCCH 正交资源，如图7-40 所示。

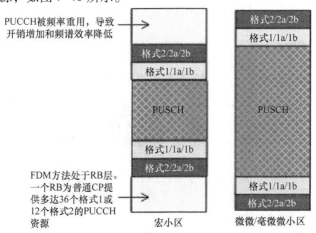

图7-40　通过 PUCCH 的协调传输资源（RB——资源块；CP——循环前缀）

7.4.3.3 时域移动方案

包括 OFDM 符号移位和/或子帧移位的时移解决方案可以消除控制信道干扰，和对诸如 PBCH、主和次同步信道（P/S-SCH）的其他公共控制信道的干扰，但是微微小区的控制信道和 CRS 仍然会受到宏小区 PDSCH 的干扰。因此需要进行控制信道和数据信道之间的干扰管理。例如，可以通过降低宏小区功率或静默与微微小区的控制区域重叠的符号部分来减小从宏小区数据信道到微微小区控制信道的干扰（参见图 7-41）。

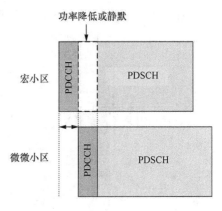

图 7-41　符号层降低功率的时移

另一个例子是 PBCH 干扰。由于 PBCH 与 PDCCH 的传输特性不同，所以在 40ms 内将执行四次重复传输，以确保 UE 的正确接收，并且针对 PDCCH 设计的上述干扰减轻机制可能无法正常工作。通常，在无线电帧中在第一子帧处发送 PBCH；微微或 HeNB 可以在不同的 DL 子帧发送其 PBCH。在这种情况下（参见图 7-42），微微/HeNB 仍然与 MeNB 具有同步的帧结构，并且只有 PBCH 被转移到不同的子帧（在该示例中为第六子帧；注意，第六子帧将始终是 DL 子帧）。

为了支持这种情况，UE 将获知该小区是否是微微/HeNB，然后在确定的子帧进行 PBCH 接收。可以将同步信号分为两组，一组用于 MeNB；另一组用于微微/HeNB 的使用。这将增加小区选择的复杂性，并限制小区 ID 配置。

除了 TDM 和 FDM 方案之外，还可以通过功率控制技术来减轻下行链路干扰，以通过限制毫微微 UE 的预期接收功率来改善宏 UE 性能。实际上，HetNet 中对 PUCCH 的干扰也可以通过控制上行链路功率来减轻。

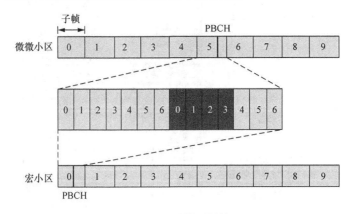

图 7-42　子帧层转换

7.4.3.4 宏小区和微微小区之间的干扰

在宏微微协同部署中，引入新的低功率节点，通过小区分裂增益使其有利于系统平均吞吐量，而 UEs 可能遭受由另一层引起的干扰并且遭受较差的边缘覆盖性能。

7.4.3.4.1 干扰避免的 TDM 方案

当采用资源元素时，典型的干扰限制情况是小区边缘微微 UEs（PUEs）的明显分区将受到宏小区干扰的影响。为了保证这些 PUEs 好好工作，恰当的做法是，时间/频率资源的某些部分仅为 PUEs 保留，并且 MeNBs 在一小部分子帧中被静音或功率控制。没有来自 MeNBs 的干扰，PUEs 可以在预留资源中工作得很好，性能得以提高。

在宏静音子帧中，微微小区能够调度另外的从宏层出现过多干扰的用户。通常，中心 UEs 可以在任何子帧中被调度。在 MeNB 上更多的子帧的静音使得更多的用户能够被 pico 服务，从而实现更高的负载潜力（参见图 7-43）。在这种情况下，需要测量限制，以确保受害者 UE 仅在干扰小区被静音（ABS 或 MBSFN）的子帧中进行测量。然而，这对于 Rel – 8 和 Rel – 9 UE 是不可能的。此外，MeNB 上的静音子帧也意味着较低的宏小区容量，因此宏小区的静音模式需要仔细优化，以实现基于 TDM 的 eICIC 在宏 + 微微情景下的实际增益。对于宏 + 微微小区案例，静音模式可以通过回程进行协调，如 X2。

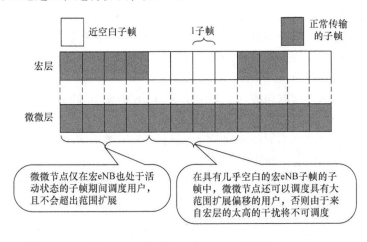

图 7-43　静默一些宏 eNB 上的子帧

7.4.3.4.2 干扰避免功率控制方案

优化的目标是通过增加接收到的信号或减少来自不同层的干扰，获得增强边缘 UE 的 SINR。该系统将为其负责的区域中的不同层级的每个小区计算适当的目标上行链路功率 Po（Po_pusch 或 Po_pucch）。也可以通过 X2 接口发送覆盖信息、功率控制参数和邻域测量，以协助本地小区实现功率控制参数优化。这种功率控制方案

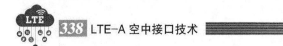

的主要动机是通过上行链路传输功率级协作调整，提高 HetNet 系统边缘用户的性能，同时对其他层次功率降低很小。

7.4.3.4.3 针对快速移动宏 UEs 的微微小区干扰

当快速移动的 UE 短时快速通过一个小型的微微小区时，不希望在这么短的时间内对该 UE 进行切换，因为会浪费系统资源。然而，来自同信道微微小区的干扰是很重要的，当通过微微小区时，UE 可能失去连接。基本上，我们可以将路过 UE 作为微微小区的 CSG 用户，将快速移动的 UE 作为非 CSG 用户。为了避免传递宏 UE 的干扰，微微小区弱化了使用由 PBCH、PSS 和 SSS 的覆盖宏小区来使用的资源元素的传输。

在接收到高速 UE 将要进入小尺寸的微微小区的测量指示时，宏小区至少采用以下动作之一：使用下行链路控制信息（DCI）1C，以及 UE 的持续或半持续调度，或命令微微小区将 PCFICH 设置为 3，但限制它对 PDCCH 的使用，以减少对宏小区 PDCCH 的干扰。

宏小区可以命令微微小区限制某些 PRB 的使用，这些 PRB 可以由宏小区使用来调度经过的 UE，或者利用微微小区 FFR 模式调度 RB 上的 UE，并且微微小区使用更少的功率。

微微小区通常比宏小区小得多，因此，其信号强度在小区边界周围减小/增加得更快。特别是在协同信道微微小区部署中，在 UE 经过服务小区与目标小区之间的边界之后，UE SINR 急剧下降。如果无法在很短的时间内触发和完成切换，RLF 就可能发生。因此，切换参数的配置变得更加复杂。当微微小区部署变得普遍时，在标准规范中定义的切换参数（偏移量，时间到触发等）的静态配置是不合适的。有必要为特定的部署场景提供动态配置方案：

- 情景 1：从不同方向移动到微微小区的 UE 需要不同的配置参数，因为小区边界处 SINR 变化的速率不同。
- 情景 2：移动到不同位置的微微小区的 UE 需要不同的配置参数，因为小区边界处 SINR 变化的速率不同。
- 场景 3：移动到集群内的微微小区的 UE 需要比移动到独立微微小区的 UE 更快地触发并完成切换，因为边界处 SINR 变化的速率将更大。
- 情况 4：移动到具有较低传输功率的微微小区的 UE 需要比移动到具有更多传输功率的微微小区的 UE 更快地触发并完成切换，因为边界处 SINR 变化的速率将更大。
- 情景 5：朝着重负载微微小区移动的 UE 需要比移动到轻载微微小区的 UE 更快地触发并完成切换，因为 RLF 的概率将更高。

7.4.3.5 毫微微小区之间以及毫微微小区和宏小区之间的干扰

在具有重叠带宽部署的宏小区和 HeNB/CSG 小区的异构网络中，可能会出现某些干扰问题。本节将讨论为了减轻干扰，而在 HeNB 部署中需要对宏小区和

HeNB 之间进行的时频资源分配和协调。毫微微小区之间、毫微微小区与宏小区之间的干扰情境如表 7-4 所示。

表 7-4 干扰情境

编号	攻击者	受害者
1	连接到 HeNB 的 UE	宏 eNB 上行链路
2	HeNB	宏 eNB 下行链路
3	连接到 eNB 的 UE	HeNB 上行链路
4	宏 HeNB	HeNB 下行链路
5	连接到 HeNB 的 UE	其他 HeNB 上行链路
6	HeNB	其他 HeNB 下行链路

当 MeNB 和 HeNB 分离得很大时，这个问题的严重性更大，因为宏 UE（MUE）基于 MeNB 接收机的 SINR 要求设置其 UL 发射功率。例如，系统评估中使用的典型 2GHz 载波频率宏小区环境（从 TR 25.814）的路径损耗方程式为 PL（dBm） = 128.1 + 37.6log10（R）。我们知道，UL 功率控制方程可以近似为

$$P_{\text{Tx, MUE}} = \max\{P_{\text{CMAX}}, I_{\text{MeNB}} + \text{SNR}_{\text{req}} + \text{PL}\}$$

其中，P_{CMAX} 是每个功率等级（23dBm）允许的最大 MUE 发射功率。I_{MeNB} 是 MeNB 接收机的同信道干扰，可以计算如下：

$$I_{\text{MeNB}} = 10\log_{10}\left(10^{I_{\text{Femto}}/10} + 10^{N_{\text{background\_noise}}/10}\right)$$

SNR$_{\text{req}}$（信噪比）是 MUE UL 传输支持所需 MCS 级别所需的 SINR，PL 是从 MeNB 到 MUE 的路径损耗。

图 7-44 给出了对路径损耗（PL）和 MUE 发射功率距离的依赖性的总结。

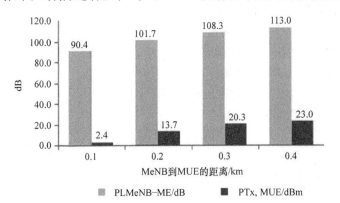

图 7-44 总结对 PL 和 MUE 发射功率的距离的依赖性（I_{MeNB} = −98dBm 和 SNR$_{\text{req}}$ = 10dB）。

（PLMeNB − ME——MeNB 和 MUE 之间的路径损耗）

7.4.3.5.1 干扰分析

HeNB 可以使用与 eNB 相同的频谱。有助于干扰问题的两个因素有：（1）较小

的小区半径，使 HeNB 的传输功率更低；（2）隔离室内 HeNB 对外部的墙壁穿透损耗。

现在我们假设所有宏小区在相同的功率水平下传输，其传输半径为 R_m 的六边形，并覆盖整个平面；宏 UE 以相同的功率级发射，并且统一分布在宏小区中，但不在 HeNB 中。所有 HeNB 均为半径为 R_f 的圆形，均匀分布在平面上，无重叠。毫微微 UE 均匀地分布在 HeNB 中，而不是在宏小区中。所有 HeNB 以相同的功率电平发射，并且所有 HeNB UE 以相同的功率电平发射。所有宏小区同步，HeNB 独立运行并且彼此准同步到宏小区。干扰分析参数如图 7-45 所示。

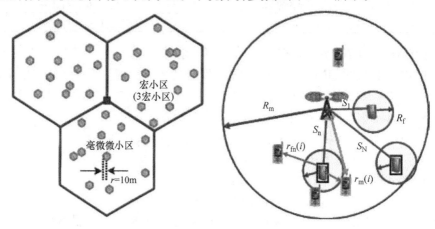

图 7-45　干扰分析参数

假设在宏小区内存在 $n = 1$ 到总共 N 个 HeNBs。

R_m：宏小区半径（0.5~2km）

R_f：HeNB 的半径（10~50μm）

S_n：从宏单元到第 n 个 HeNB 的范围，对于 $n = 1$ 到 N HeNB

$r_m(i)$：从宏单元到移动 I 的范围

$r_{fn}(i)$：从第 n 个 HeNB 到移动 i 的范围

为简化分析假设，请参见表 7-5。

表 7-5　分析参数

参数	值
宏小区发送功率	-43dBm
HeNB 发送功率	10~20dBm
UE 发送功率	23dBm
传输模式	指数路径损耗指数 α：2~6
宏小区覆盖	3 扇区蜂窝
HeNB 覆盖	Omni
室内渗透损失 β	1~30dB
噪声层（带宽 1.25MHz）	-113dBm

7.4.3.5.2 对 HeNB UE 的 DL 干扰

由 HeNB 服务的 UE 看到的干扰将是来自宏小区的 DL Tx 和来自所有其他 HeNB 的接收到的 DL 信号的组合。宏小区的干扰可能占主导地位，其他干扰可以通过 HeNB 的建筑内 HeNB 覆盖和动态信道配置的穿透损耗来减轻。

$$SIR_{DL}(mobile(i)) \propto \frac{Tx(femtocell(n)) - 10\alpha\log_{10}(r_{f_n}(i))}{Tx(macrocell) - 10\alpha\log_{10}(r_m(i)) - \beta + \sum_{\substack{p=1 \\ p \neq n}}^{N}\{Tx(femto(p)) - 10\alpha\log_{10}(r_{f_p}(i)) - 2\beta[dB]\}}$$

7.4.3.5.3 对宏 UE 的 DL 干扰

由宏小区服务的 UEs 的 DL 传输可以被宏扇区内的 HeNB DL 传输干扰。干扰被通过来自 HeNBs 的热（IoT）提升的干扰主导，其他干扰可以通过 HeNB 的建筑内 HeNB 覆盖和动态信道配置的穿透损耗来减轻。

$$SIR_{DL}(mobile(i)) \propto \frac{Tx(macro-cell(n)) - 10\alpha\log_{10}(r_m(i))}{\sum_{p=1}^{N}[Tx(fermto(p)) - 10\alpha\log_{10}(r_{f_p}(i)) - \beta[dB]]}$$

7.4.3.5.4 对宏小区的 UL 干扰

对宏小区的 UL 干扰在服务宏扇区内的 UL HeNB 传输之和的干扰。干扰将被视为热 IoT 提升，可以通过宏小区天线模式、HeNB 的建筑内 HeNB 覆盖和动态信道配置的穿透损耗来缓解。

$$SIR_{UL}(macroBTS) \propto \frac{Tx(mobile(i)) - 10\alpha\log_{10}(r_m(i))}{\frac{1}{3}\sum_{p=1}^{N}k[Tx(femto(p)) - 10\alpha\log_{10}(S_p(femto)) - \beta[dB]]}$$

7.4.3.5.5 对 HeNB 的 UL 干扰

HeNB 所看到的干扰将是来自宏小区上的 UEs 的 UL TX 和所有其他的 HeNBs 上 UEs 接收信号的组合。干扰可以由 UL MUE 传输（近距离问题）支配，可以通过 HeNB 的建筑内 HeNB 覆盖的穿透损耗和动态信道配置来减轻 HeNB 上所有其他 UE 的干扰。

$$\propto \frac{Tx(mobile(i)) - 10\alpha\log_{10}(r_{f_n}(i))}{\sum_{\text{Sum order macro modules}}^{N}\{Tx(macrocell) - 10\alpha\log_{10}(r_m(i)) - \beta\} + \sum_{\substack{p=1 \\ p \neq n}}^{N}k[Tx(femto(p)) - 10\alpha\log_{10}(S_p(i)) - 2\beta[dB]]}$$

通过上述讨论，我们得出了减轻干扰的解决方案。

7.4.3.5.6 干扰：HeNB - 宏小区解决方案

HeNB 在下行链路和上行链路传输中产生的干扰水平取决于 HeNB 的位置，更准确地说就是 MeNB 与 HeNB 之间的路径损耗。路径损耗越大，HeNB 对 MUE 性能的影响越大。在上行链路中，该路径损耗越大，HeNB UE 对 MeNB 性能的影响越小。为了保护下行链路控制和数据信道，HeNB 的运行可能受到限制。目前为止，HetNet 已有的几种约束类型，包括频率分离、DL 功率的限制、RB 使用的限制、

PDCCH 的使用和聚合的限制，以及 MBSFN 和 ABS 的某些子集的传输。

- 频率分离有三种类型（见图 7-46）：（1）宏和毫微微频率的总分离，（2）宏和毫微微之间频率的部分分离，（3）频率的动态分离。（这些是通过配置管理下载到毫微微小区的频率的初始选项，毫微微感知干扰并通过毫微微小区和宏小区之间的协调选择最佳选项，需要 X2 通信）。
- 如果 HeNB 和 eNB 之间没有适当的 X2 接口进行瞬时信息交换，HeNB 将能够测量 DL 中接收到的干扰功率的数量。如果该数量超过一定值，则 HeNB 假设 PRB 被宏单元占用，并且可以对是否占用 PRB 做出进一步的决定。如果 HeNB 决定占用 PRB，则 HeNB 将选择一种传输方案。在 UL 中的接收干扰功率也用于识别宏小区的 UL PRB 分配，反之亦然。
- 电源控制需要 X2 通信。大多数运营商并不喜欢实现 X2 的昂贵费用。
- 当 UE 移动到 CSG 小区的内部覆盖范围时，非许可 UE 将对 CSG 小区产生更高的上行链路干扰，同时还受到来自 CSG 小区的更高的下行链路干扰的影响。可以通过时域中的分离来避免控制信号覆盖孔问题（见图 7-47）。毫微微小区将其数据部分与 MeNB 控制部分对齐，且不调度重叠资源块中的任何实际数据传输；需要 X2 通信。

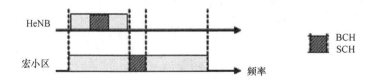

图 7-46　共享 HeNB/MeNB 频率部署（SCH：同步信道）

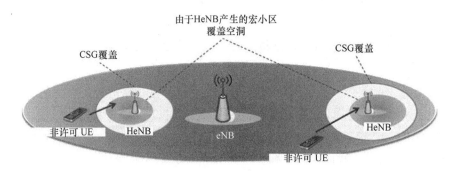

图 7-47　由于 HeNB 产生的宏小区覆盖空洞

7.4.3.5.7　HeNB + 宏情况干扰：TDM 方案

在来自 HeNBs 的几乎空白子帧的时间段内，将接收靠近 HeNB 的宏用户（即，当没有过多的 HeNB 干扰时）。没有对时域静音模式进行回程协调，因此图 7-48 所示的 HeNB 静音模式的配置假设来自集中式实体（如运行和维护［O&M］）。假设

MeNB 知道 HeNB 在其覆盖区域内使用的静音模式。

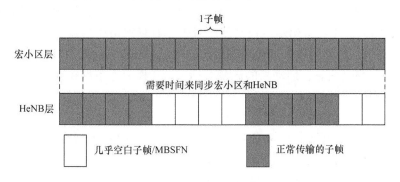

图 7-48　静默 HeNB 的一些子帧

7.4.3.5.8　毫微微小区控制信道传输功率的动态适应

与宏小区不同，毫微微小区不需要在特定地理区域提供连续覆盖。它们只需要覆盖家庭用户。为了最小化毫微微小区控制信号污染，我们需要设置足以满足各自用户控制需求的毫微微小区信道功率级别。因此，取代固定设置的是毫微微小区控制信道功率需要相对于相应的毫微微小区用户的位置、状态和配置而变化。

更倾向于在毫微微小区信号强度的曲线相对平坦的室外区域中进行切换（毫微微—宏和宏—毫微微）。不需要即将出现临时切换时，毫微微小区基站需要降低其传输功率，只需维护其室内用户的服务。当没有用户在家时，毫微微小区需要关闭其发射机。

UE 存储全局小区 ID（GCI）、跟踪区域 ID（TAI）、毫微微 GW ID 以及其授权的毫微微小区的位置。当 UE 注意到基于宏指纹，全球定位系统（GPS）或实际测量接近毫微微小区基站时，将发送消息（用于空闲模式的跟踪区域更新［TAU］消息和用于连接模式的 RRC 消息），包括毫微微小区 GCI 和连网 GW ID。基于接收到的毫微微小区 GCI 和毫微微 GW ID，网络识别相关联的毫微微小区，基于 UE 的位置和状态来调整其功率级别，并且向 UE 通知毫微微小区 PCI 和其他相关信息以促进小区重选和切换。

毫微微小区应获知或配置空闲和睡眠模式 UE 的唤醒场合，且仅当它们处于活动状态时才使用较高功率级别。毫微微小区将使用高功率电平时，向即将进入的 UE 通知其时间间隔。相邻的毫微微小区基站将使用非重叠时间间隔进行高功率传输，以减轻相互干扰并减少控制信号污染。

7.4.3.5.9　毫微微 – 毫微微干扰

与 MeNB 部署不同，毫微微小区部署是随机的、计划外的。在宏网络中，UE 可以切换到具有更强的信号的相邻宏小区。然而，在家庭部署的毫微微小区通常具有闭合接入，不允许切换到相邻毫微微小区。注意，因为毫微微小区的数量非常少，其控制信道功率的百分比远大于宏小区。控制信道干扰是比数据信道干扰要严

重得多的问题。

每个 HeNB 根据其 UE 的业务负载和信道状况估计需要传输的时间分量，并通过 S1 信令将此比率报告给集中控制器。对于具有延迟敏感的流量和允许的延迟流量的混合流量，将同时报告这两种流量的比率。当至少发生以下事件之一时，每个 HeNB 需要更新其报告，启动新的流量会话或者 UE 信道条件在预定义阈值方面的变化。

集中协调器确定每个被允许发送的 HeNB 的子带、载波频率和子帧，并通过 S1 信令通知每个 HeNB 其传输模式。HeNB 需要根据中心协调器通知其传输模式，正确配置 UE 的不连续接收（DRX）参数。

7.4.3.5.10 封闭式 HeNB 的仿真结果

标准化的小区吞吐量非常接近于 1（具有无 HeNB 的宏小区吞吐量用作基准参考），HeNB 少，HeNB 传输功率低。区域内的小区吞吐量变化相当小，具有不同数量的 HeNB 及其功率水平。然而，在这个区域之外，当添加更多 HeNB 时，小区吞吐量下降非常快，如图 7-49 所示。即使应用功率控制，也可以观察到类似的现象。希望设置 HeNB（封闭访问）密度的上限，使得宏小区的吞吐量不会受到严重影响。

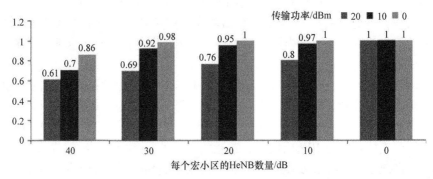

图 7-49　规格化的宏小区 DL 吞吐量

7.4.3.6 中继之间的干扰

在本节中，我们将讨论在宏网络中引入中继节点而引起的一些干扰情况。

7.4.3.6.1 从中继节点到由 MeNB 服务的 UE 的干扰

连接到中继节点的 UE 在接入链路以及回程链路上都使用带宽。在这种情况下，适当的服务小区选择策略必须考虑中继的回程链路，也就是说，具有最高接收功率的小区并不总是最佳连接。例如，考虑 UE 被放置在 MeNB 与中继之间的情况（即，宏到 UE 链路比宏到中继链路更强）。在这种情况下，即使来自中继站的接收功率比来自 MeNB 的接收功率更强，UE 优选不连接到中继。在这种情况下，UE 将受到 MeNB 服务时来自中继节点的强烈干扰，如图 7-50 所示。

7.4.3.6.2 中继节点提供的 MeNB 对 UE 的干扰

由于与 MeNB 相比，中继节点的发射功率通常低得多，所以即使中继节点的接收功率低于 MeNB 的接收功率，UE 也可能需要连接到中继器，例如，如果中继节点具有非常好的回程链路，并且 UE 和中继节点之间的路径损耗优于 UE 与 MeNB 之间的路径损耗。在这种没有来自 MeNB 的干扰的情况下，与 UE 由 MeNB 服务的情况相比，中继节点服务于 UE 的同时对网络的干扰显著降低。此外，多个中继节点可以同时使用 MeNB 腾出的带宽，从而在中继 UE 链路上创建小区分离增益。因此，在这种配置中的中继节点的部署可以为网络提供显著的容量益处。然而，该配置还导致 UE 受到来自 MeNB 的强烈干扰，如图 7-51 所示。

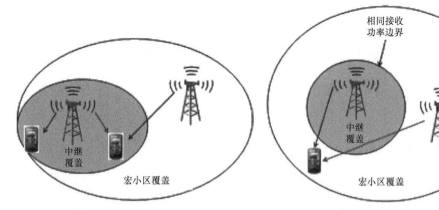

图 7-50 从中继节点到由宏 　　　　图 7-51 从宏 eNB 到中继节点
　　　eNB 服务的 UE 的干扰 　　　　　　　服务的 UE 的干扰

7.4.3.6.3 两个中继节点之间的干扰

上述两种情况描述了来自 MeNB 或中继节点的 UE 受到的强干扰。其他干扰条件是由多个彼此接近的中继的存在产生的。在这种情况下，一个中继器可以在 DL 频带（到 UE）上发送，而另一个中继 eNB 可以在相同的频带（来自 MeNB）上接收。发射中继器可以具有比接收中继处的 MeNB 更强的信号。类似情况可能发生在一个中继器（来自 UE）上接收，而另一个正在发射（到 MeNB）的 UL 频带上，如图 7-52 所示。

上述情况下的操作为网络带来了显著的容量优势。然而，这些情况也意味着在 UE 或中继节点处受到的干扰功率显著大于其服务基站的操作。换句话说，UE 或中继节点将从其服务基站呈高度负几何形状。这可能需要引入采集信号

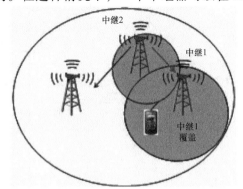

图 7-52 来自中继节点 2 到中继节点 1 的干扰

和控制信道技术，以在这种条件下进行稳健操作。在这种情况下，还需要增强 ICIC 技术来提供可靠的数据接收。

7.5 异构网络的移动性管理

微微小区和中继器的部署将创建更加小型的小区，其干扰特性比仅由宏小区组成的网络的情况变化得更快。LTE - A 将支持无缝移动性，这意味着用户在切换时不会有数据包丢失。因此，切换频率将增加，无线电链路故障的实例潜在地增加，甚至在异构网络中不被期望地转换为 RRC_ IDLE 状态。

由于 TDM/FDM 干扰避免方案已经应用于异构网络，所以 RB 资源应在宏小区和低功率节点之间进行协调，并应在切换过程中完成切换参数的动态配置。在下文中描述了两步切换和动态配置切换参数的示例。

第一个测量报告包含相同频率的每个相邻小区的以下信息元素，以帮助宏小区配置适当的切换参数：

■ 上次测量中的 RSRP 样品

■ 负载

■ 传输功率

■ FFR 图案

■ 微微小区位置（室内或室外，边缘或中心）

最后四个参数可以从 X2 获得。

在接收到第一个测量报告时，源小区需要准备目标小区，并通过 X2 转发缓存的用户数据。宏单元确定切换目标并命令它限制某些 RB 的使用（阻塞或降低功率）。然后，宏小区将仅在某些 RB 上调度 UE 并向 UE 发送 RRC 重配置消息，以提供从第一测量报告导出的正的传输功率偏移和切换参数。此过程如图 7-53 所示。

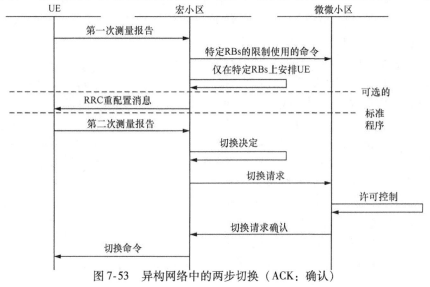

图 7-53　异构网络中的两步切换（ACK：确认）

7.6 网络同步

异构网络时间同步是 TDD 系统的实际需求，也需要获得 MBSFN 操作的单频网（SFN）增益。在 LTE-A 系统中，我们非常同意即使对于 FDD 网络，某些高级技术也需要时间同步，包括定位、CoMP、中继、小区搜索和测量、小区间干扰消除、干扰管理等。如果 eNB 不同步，则可能严重影响附近的 LTE-A eNB 的性能。

异构网络需要低功率节点和 MeNB 的符号级同步，以保护控制信道并增强数据信道干扰协调。其中一个待解决问题是 HeNB 和 MeNB 之间的同步。为达成有效的小区间协调，具有 DL 嗅探能力的 FDD HeNB 似乎是可取的，因此它很容易通过来自 MeNB 到 HeNB 的无线信道与 MeNB 保持同步。此外，与使用同步回程的方法相比，通过直接空中信道可以实现更快的协调。

应该注意的是，支持 CoMP、中继和其他高级功能的同步要求不是非常严格。一般来说，如果到达时间差（TDOA）加上相邻小区之间的延迟扩展差异在循环前缀以内的，则可得到满足。注意，对于小规模小区（例如，500m）和较低的延迟扩展，TDOA 加上延迟扩展差异转换为传输定时差。对不同技术所需的时间同步精度需求的更多细节如图 7-54 所示，并在下面进行说明。

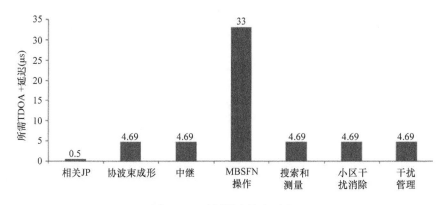

图 7-54 时间同步精度要求

1. 相干联合处理需要子带一致性来实现子带级信道质量指示（CQI）反馈；有必要实现非常好的时序精度。

2. 协同波束成形将导致适当的性能下降，且延迟较大（例如，最小为 10μs 延迟的降级）。

3. 中继要求同步到 eNB，因为它们不能同时在相同的频带中发送和接收。

4. MBSFN 操作需要在 3GPP 标准中定义的长循环前缀。

5. 使用小于循环前缀（CP）定时的搜索和测量可以获取具有一个快速傅里叶变换（FFT）的所有小区。

6. 小于 CP 定时的小区间干扰消除和干扰管理可以使用相同的 FFT 来解调相邻小区的信号。在完全异步系统中需要显著更高的复杂性。

通过使用诸如 GPS 或其他等效定位系统的外部时间源，可轻易达到几微秒内的精度。当小区超出 GPS 覆盖范围时，应采用自同步技术实现同步。由于不同小区之间的 TDOA 通常在 CP 内，异步小区（例如，HeNB）可以将其定时设置为来自同步小区的最早到达路径。例如，如果 HeNB 使用接近宏 eNB 来实现其同步，则定时误差仅为 $1 \sim 2\mu s$。此外，如果 UE 和 HeNB 非常接近，它们之间的同步 eNB 信号间的实际 TDOA 将变得更小。

第8章

干扰抑制和eICIC技术

众所周知，由于存在小区间干扰，蜂窝系统的性能受到限制。小区间干扰问题自然会导致在小区边缘的用户可实现的数据速率的降低，特别是在宏演进节点 B（MeNB）和低功率节点之间的重叠的同信道部署中。具有低信噪比加噪声比（SINR）的用户的传输需要信息冗余，因此需要低码率来实现所需的解码质量，导致数据速率的相应降低。在实时长期演进（LTE）网络中，实施小区间干扰协调（ICIC），以改善在通用重用中部署的系统中的干扰限制，并改善了小区边缘的用户设备（UE）吞吐量。因此，减轻干扰可能包括干扰避免、干扰抑制和小区间干扰协调。

干扰避免（发射机处理）包括空间处理（例如波束形成）和干扰协调（调度）。这种方法复杂度低，但具有较大的反馈开销或有限的资源重用。

干扰抑制（接收机处理）包括线性均衡、空间域中的干扰抑制（干扰抑制组合［IRC］）和干扰消除。这种方法更复杂，但需要较小的反馈开销和全部的资源重用。

小区干扰协调是通过无线电资源管理（RRM）调度的隐式干扰管理方法。对于上行链路，可以部署软频分复用和频分复用方案；对于下行链路，可以使用频率块上的功率限制方案。在重用 1 部署中，管理上行链路（UL）和下行链路（DL）干扰电平至关重要。eNB 可以基于频率和功率资源分配，通过 X2 接口向邻区 eNB 发送 UL 过载指示。功率控制参数也可以根据过载指示进行调整。

对于物理下行链路共享信道（PDSCH）和物理上行链路共享信道（PUSCH）或物理上行链路控制信道（PUCCH），ICIC 可以在上行链路和下行链路两者中都完成，如第 7 章所讨论的。在 LTE Rel – 8 中，ICIC 在物理下行链路控制信道（PD-CCH）是不可能的，因为控制信道单元在全频段和几个正交频分复用（OFDM）符号之间扩展。LTE 和 LTE Advanced（LTE – A）的理想干扰消除需要满足以下条件：

1. 关于基站的干扰参数知识

 – 多输入多输出（MIMO）：所有的流参数应该是已知的

 – 小区间：所有干扰源的参数应该是已知的；可以进行联合多用户检测

– 小区内：所有干扰参数应该是未知的；需要干扰参数的盲检测或 eNBs 之间的信令

2. 关于终端的干扰参数知识

– MIMO：所有流参数应该是已知的

– 小区间和小区内：所有干扰用户参数应该是未知的；需要盲检测或额外的信令

8.1 LTE-A 的干扰消除技术

显然，Rel-8 和 Rel-9 中的 ICIC 技术有一些缺点，并不总能有效地减轻主导干扰。RRM 测量和信道反馈可能不准确，并且在不协调使用的资源上的主要干扰情况可能导致无线电链路故障声明，即使在协调使用的资源上的无线电情况可能非常好。

在 LTE-A 中，增强型 ICIC 是异构网络的内部干扰管理技术，可以应用许多方案。

干扰消除一定会在不久的将来实现。Turbo 串行干扰消除（SIC）接收机作为已经被第三代合作项目（3GPP）LTE-A 作为多输入多输出（MIMO）单载波频分多址（SC-FDMA）性能评估的基准。预计基站处理能力将在 LTE-A 商业部署时允许这种类型的接收机。已经针对传统的最小均方误差（MMSE）接收机报告了 2×2 MIMO 的 2 和 4dB 之间的增益。

通过相邻小区的小区特定参考信号（CRSs）或信道状态信息（CSI）-RS，UE 可以粗略地估计干扰水平。有两个问题：（1）由于 UE 是特定的，UE 难以知道邻区中是否存在被干扰的 PDSCH。（2）如果干扰估计是基于小区特定的 RS，则估计结果将存在偏差，因为在 LTE-A 网络中可以使用非基于码本的预编码来发送 PD-SCH。对于这些问题中，小区间正交解调参考信号（DMRS）有益于 UE 侧小区间干扰（ICI）消除。因此，LTE-A 中的小区间正交 DMRSs 可以考虑使用通过小区之间协调的 ICI 抑制的异构网络（HetNet）。

在第 3 章中，我们提到了 eNBs 之间的预编码矩阵指标（PMI）和秩指标（RI）协调，以便将波束作为另一种 ICIC 方法；在存在小区间正交 DMRSs 的情况下，ICI 抑制取决于 UE 侧处理。

在第 7 章中，我们提到了增强异构网络部署的小区间干扰协调解决方案。由于多个低功率节点被宏小区覆盖，并且在不同小区层之间提供了不平衡的发射功率，所以与均匀网络相比，控制和数据信道的干扰更严重。虽然基于载波聚合（CA）的解决方案是有希望的方法，但也应指定非基于 CA 的解决方案，以支持没有 CA 能力的 UE 的增强型 ICIC。控制信道收缩的方法（频域正交）和时分复用（TDM）的控制/数据信道传输（在时域正交，包括多播广播单频网 [MBSFN] 子帧和几乎空白子帧）。

此外，自组织网络（SON）可以提供更快识别运营 LTE 网络中的干扰位置和根本原因的方式，并通过参考基于流量、容量、覆盖要求、干扰测量（例如，夜间、白天、周末、工作日、无流量）的配置来减少干扰并节能。

8.2　多用户检测

对容量和数据速率的不断增长的需求激发了无线通信中新的多用户检测（MUD）技术和多种接入方案的发展。多用户检测是将所需信号从干扰和噪声中分离出来的接收机设计技术之一。虽然传统的单用户检测方案假设所有其他用户的信号都是白噪声，但 MUD 利用其他用户的一些已知信息对所需用户执行符号检测。理论上，多径干扰或多址干扰不是纯粹无用的白噪声，而是具有强结构特征的伪随机序列信号，并且不同用户和路径的相关函数是已知的。完全有可能进一步消除由干扰引起的负面影响，达到提高系统性能与已知结构信息和伪随机序列统计的目的。MUD 通过从所需用户的信号中消除或抑制干扰用户和多路径效应来解决干扰问题。单用户检测（SUD）和 MUD 技术如图 8-1 所示。

MUD 的基本思想是将所有用户的信号视为有用而不是干扰。这可以充分利用用户信号的用户代码、幅度、定时和延迟信息，以显著降低多径多址干扰。将多用户干扰抑制算法的复杂度降低到可接受的水平对于将 MUD 技术付诸实践至关重要。近来，基于 MIMO 和 OFDM 的 LTE 通信调用 MUD 技术吸引了众多的研究兴趣。在 MIMO 系统中，每个配备单个发射天线的同步上行链路移动用户的发射信号，由 eNB 的不同接收机天线接收。在 eNB 处，各个用户的信号借助于由它们的信道传递函数或信道脉冲响应（CIR）组成的独特的用户特定的空间特征来分离。

MUD 需要所有用户的无线电设备（RE）资源信道脉冲响应信息。MUD 将取决于数据检测方案、传输数据的协方差矩阵和噪声向量的协方差矩阵，如图 8-2 所示。图 8-3 给出了详细的 SUD 过程，因此我们可以看到两种检测算法的区别。

多用户检测算法可以分为线性和非线性检测。线性检测方法组包括最小二乘法（LS）和 MMSE 检测，不需要用于检测特定用户的剩余用户发送符号的先验知识。在非线性方法中，SIC、并行干扰消除（PIC）和最大似然检测（MLD）必须由解调过程中涉及的非线性操作提供先验知识。

多用户检测的主要缺点是它增加了系统设备的复杂性和系统处理延迟，特别是对于自适应算法和使用较长扩展码的系统。在使用多用户检测算法之前，必须收集许多附加信息，其中包括所有用户的扩展码和衰落信道的主要统计参数，如幅度、相位和延迟。对于时变频道，这是通过不断估计每个用户频道来实现的。一般情况下，参数估计的精度将直接影响 MUD 的性能。可以调用诸如 LS 和 MMSE 检测器或 SIC、PIC 和 MLD 方案的各种 MUD 方案，以便在每个子载波的基础上分离基站处的不同用户。

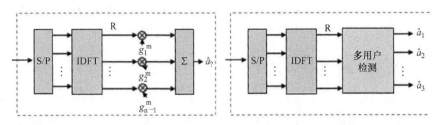

图 8-1　SUD 和 MUD（S/P——串行/并行；IDFT——离散傅里叶逆变换）

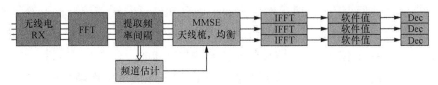

图 8-2　多用户检测（FFT——快速傅里叶变换；RX——
接收天线；IFFT——快速傅里叶变换；Dec——解码）

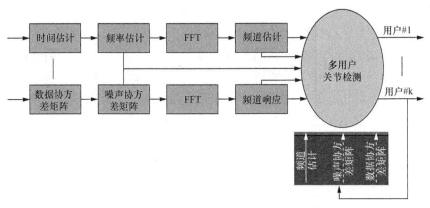

图 8-3　单用户检测

8.3　接收机技术和干扰抑制

8.3.1　干扰消除接收机

　　UE 和 eNB 侧干扰消除包括高级检测结构，例如，如果干扰协方差矩阵对于 UE 是可用的，例如，通过接收机波束成形的干扰抑制复合载波。这些技术除了能够使接收机获得 ICI 信息，通常还有实现问题。尽管盲检是可能的，但主要的问题是由于缺乏干扰信息而导致的性能损失和复杂算法的复杂性增加。接收机侧 ICI 对干扰信道的良好估计是必要的。干扰消除接收机的基本原理如图 8-4 所示。

　　MMSE 是一种具有最低复杂度的广为人知的实用信道估计，它描述了一种使均方误差（MSE）最小化并可在 LTE – A 中有效实现的方法；它同时是估计质量的常用度量。MMSE 接收机是最佳的线性接收机，被设计为接收机输出和训练信号之间的 MSE 最小化（参见图 8-5）。线性检测器使得匹配滤波器输出的线性变换的软输出与实际数据之间的均方误差最小化。MMSE 是生成接收机检测算法的常用标准。当通过将估计的接收信号协方差矩阵的逆并入 MMSE 均衡器来考虑相邻小区干扰相关矩阵时，MMSE 演进为干扰消除接收机。接收的信号协变矩阵通常包含实际期望信号、小区和小区间干扰，以及背景噪声的分量。干扰消除机制包括必要的参数估值、信号再生和无用的信号反作用，这需要高精度的通道相位、幅度、延迟参数和干扰信号的估值。

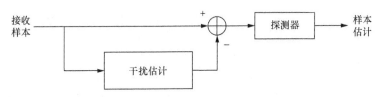

图 8-4 干扰消除接收机的基本原理

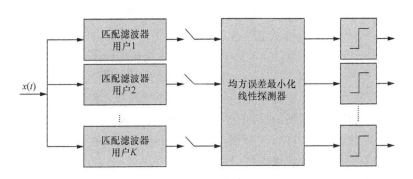

图 8-5 MMSE 探测器

MMSE 是最小均方误差估计，这意味着接收数据的均方误差来自 CIR 和实际最小数据。信道估计的 MSE 定义为

$$\Omega_{MSE} \frac{1}{N_c} \sum_{m=0}^{N_c-1} |\hat{H}(m) - H(m)|^2, 可以被近似表示为 \Omega_{MSE} \approx \frac{L}{N_c} \hat{\sigma}_r^2$$

高级接收机可以使用递归解码（例如，turbo 均衡和干扰消除）部署收集方法。干扰消除是多用户检测算法的更一般类中的非线性检测方法。与线性 MMSE 接收机相比，这些技术在某些情况下会提高高达 2dB 的性能，因为它们可以消除串流间串扰。这些算法的复杂性和延迟问题以及可能的简化问题需要在未来实施之前进行研究。

线性多用户检测算法在处理能力方面与选择的非线性干扰统计算法相比要求更

高。因为它们需要作为检测算法的一部分，反转矩阵的大小与单元格中的用户数成正比。

基本的非线性干扰消除算法包括干扰抑制组合（IRC）、SIC、PIC，以及决策反馈干扰消除算法。干扰消除检测器通常由多级操作形成（因为高级接收机是通过递归解码实现的，因此需要进行多级操作）。基本思想是为接收机的每个用户估计多址干扰，然后从接收到的信号中消除部分或全部的多址干扰。这种消除器类似于反码间干扰（ISI）反馈均衡器和所谓的判决反馈检测器。软或硬判决可用于估计多址干扰。硬判决需要信号幅度的可靠估计。

消除小区间干扰的 LTE 接收机的无线性能的改善方法是干扰消除（IC）。IC 接收机在干扰有限的情况下提高了小区边缘性能。在 UL 基带接收机中考虑这种情况。简而言之，通过消除由其他用户（称为消除者）引起的干扰，来改善一些用户的接收（称为接收方）。为了做到这一点，干扰用户（消除者）需要被解码并且其无线电信道被估计。然后，在对其他用户（消除者）进行解码之前，重建与该用户相对应的伽玛数据，并从用户所在的小区中的总伽玛数据中减去。通常，IC 接收机是供应商特定的，而不是标准的。干扰消除接收机的替代方案描述如下：

- IRC：干扰抑制的中心思想是从收到的信号中使用噪声增白以尽可能消除彩色噪声。IRC 可以利用空间域（天线之间）的相关性来抑制小区间干扰。IRC 比干扰消除简单得多，因为在 IC 中必须检测到来自相邻小区的信号。
- SIC：在 SIC 中（见图 8-6），用户只能解码一次。最强的信号被估计，并且其对接收到的信号的贡献是在估计第二强的信号之前被移除。此过程继续进行，直到估计出所有所需的用户。SIC 将引入 2 - 3 重加工负载。这里，一个小区中的用户被分为两组：强用户和弱用户。在处理弱用户之前，最强的用户被解码并从伽玛流中移除。
- PIC：在 PIC 中，所有用户都在第一步进行解码，并在第二步对所有用户进行解码之前以适当的方式从伽玛数据中删除。该过程可以迭代多次，并且需要相对较高的复杂度。当所有用户以相同的强度被接收到时，PIC 会超出 SIC。当它们具有不同的优势时，SIC 的性能更优越。

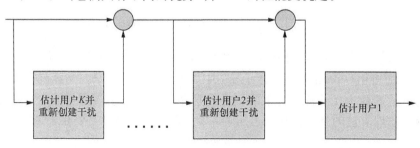

图 8-6　连续干扰消除方案

8.3.2 干扰抑制合并 (IRC)

在 LTE 中, LTE PUSCH 接收机采用最大比组合 (MRC) 算法, 将线性均衡解码前的接收天线信号合并为一个信号。MRC 意味着与干扰和噪声功率相比, 以所需信号的功率最大化的方式组合多个接收信号, 并且增强 SINR。使用 MRC 接收机时, 接收机只知道用户自己发送层的层间干扰。然而, 干扰抑制不是用于用户内的干扰。实际上, 使用 MRC 的 LTE UL PUSCH/PUCCH /物理随机接入信道 (PRACH) 接收机可以在天线组合之后使信噪比 (SNR) 最大化, 但接收机的空间维度没有被充分利用为仅利用空间干扰加噪声协方差矩阵的对角元素。在理想情况下, MRC 的输出使 SNR 最大化, 因此如果没有强小区干扰 (即, 没有空间有色噪声), 将是合格的工作。MRC 用于组合从服务链路和所选宏链路接收的信号。MRC 的模型如下:

$$SINR_{MRC} = SINR_{ServeLink} + \sum_{n=0}^{N} SINR_{MacroLink\_n}$$

式中, $SINR$ 是信号与干扰加噪声的比; N 是给定 UE 的宏分集链路的数量。服务链路和宏链路中的 $SINR$ 值使用以下公式计算:

$$SINR = \sum_{Ant=1}^{N_{rx}} \frac{\sum_{PRB=1}^{K_{PRB}} S_{N_{rx}}, K_{PRB}}{\sum_{PRB=1}^{K_{PRB}} (\sum_{Interf=1}^{N_I} I_{N_{rx}, K_{PRB}, N_I+n}^{InterCell})}$$

式中, S 是每个天线的每个物理资源块 (PRB) 的信号强度; $I^{InterCell}$ 是每个天线每个 PRB 的干扰强度, 假设小区干扰理想为零; N_{rx} 是每个单元的 RX 天线的数量; K_{PRB} 是分配给某个 UE 的传输 PRB 的数量; N_I 是小区间干扰的数量; n 是噪声谱密度。

然而, 在典型的 LTE 网络中, 对于 FDD 和 TDD 系统都将存在强小区干扰的情况, 这可能显著降低 UL 传输容量。IRC 是通过减轻不期望的小区间干扰来增强传输容量的方法。

IRC 独立于 UE 和 eNB 工作, 所以它未被 3GPP 标准化。使用具有 N 个接收机 ($N=1, 2$) 的天线配置的 IRC 最多可以消除 X - 1 个干扰源。这意味着对于单输入多输出 (SIMO) 1×2, 只能完全消除一个干扰器的干扰。如果存在更多干扰源, IRC 算法则寻求尽力而为的解决方案。

从技术角度来看, IRC 基于各种分集分支噪声的协方差矩阵估计。矩阵反转后用于计算所需矩阵。IRC 消除了从不同天线接收的相干噪声。由于此技术特点, IRC 技术可以合并和消除相关干扰。如果与噪声无关, 则 IRC 的性能与普通 MRC 相似。

对于每个用户执行信道估计和扰动协方差矩阵计算, 包括来自所有其他用户的信号。通过在平均多个子载波上对干扰的自相关 d·dH 来估计扰动协方差矩阵。

扰动协方差矩阵的估计是基于时隙（例如，在多个传输时间间隔［TTI］非平均）。

　　IRC 通过在线性均衡器中并入空间小区间干扰协方差矩阵估计来实现。当考虑相邻小区干扰相关矩阵时，MMSE 演进为 IRC。

　　具有 8 元 x 极性天线阵列的理想 IRC 可以提供高达 10dB 的 UE SINR 增益，从而将 MCS 从 16QAM（正交幅度调制）增强到 64QAM，如图 8-7 所示。

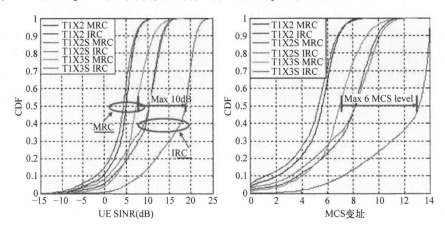

图 8-7　理想 IRC 增益与 MRC 的比较

　　值得一提的是，在某些情况下，例如，16QAM 或无干扰，MRC 的性能可能略好于 IRC。因此，实现了内部 IRC - MRC 切换（每个时隙）。

　　IRC 利用受干扰接收机的多个接收天线元件之间的干扰信号在空间域中的相关性，来抑制小区间干扰。在接收机均衡和解码之前，通过空间白化来抑制接收到的干扰。因此，在较高的小区间干扰的情况下，可以提高 UL 容量。IRC 接收机计算并应用一组天线权重，以在组合之后使信号的 SINR 最大化，同时考虑到所需的和干扰信号的到达方向。估计干扰信道用于构建 MMSE - IRC 接收机的干扰协方差。IRC 处理如图 8-8 所示。

　　对于 IRC，eNB 可以执行干扰估计，基本上构建 IRC 中所需的干扰协方差矩阵。最简单的方式是 eNB 可以估计其自己的期望信号，从接收信号中减去其自身的小区贡献，并计算一个 PRB 上的采样平均值，以估计剩余信号的协方差矩阵。接收机的干扰抑制能力也取决于接收天线数量和消息流，性能增益随着接收天线数量的增加而增加。例如，在 eNB 存在两个接收天线的情况下，如果一个天线接收到期望的流，则仅剩下一个天线自由用于有效的干扰抑制。

　　通常，MMSE/MRC 类型的接收机不对其他小区的干扰做任何假设或使用。IRC 更先进的技术将承担更大程度的干扰信息，如图 8-9 所示。IRC 将协助网络信息，以现实的方式估计干扰。因此，这种类型的接收机对于 UE 的未来实现更具吸引力。

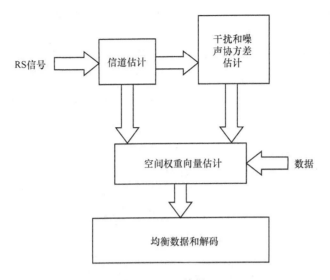

图 8-8　IRC 处理

与 MRC 相比，IRC 增益在很大程度上取决于无线电信道条件、空间相关性、干扰器数量和接收机天线数量。在有利条件下，IRC 的增益预计可达 10～20dB 以上；典型情况下，增益预计为 0～5dB。

干扰抑制是基于来自分集分支的噪声的协方差矩阵的估计。然后将该协方差矩阵反转并用于计算所需度量。

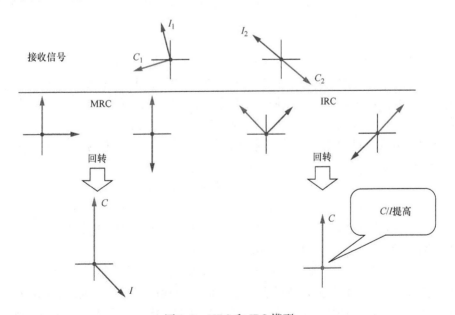

图 8-9　MRC 和 IRC 模型

干扰抑制是基于来自分集分支的噪声的协方差矩阵的估计。然后将该协方差矩阵反转并用于计算所需度量。

我们定义频率 k 上的用户的接收频域空间矢量大小 $N_r x1$，$\overline{Y}(k) = [Y_1(k)Y_2(k)\cdots Y_{N_r}(k)]^T$，如图 8-10 所示。此外，假设相应的空间信道向量为 $\overline{H}(k) = [H_1(k)H_2(k)\cdots H_{N_r}(k)]^T$。使用这种符号，接收的频域空间矢量可以表示为 $\overline{Y}(k) = \overline{H}(k)X(k) + \overline{D}(k)$。其中 $X(k)$ 表示副载波 k 的发送信号分量，$\overline{D}(k) = [D_1(k)D_2(k)\cdots D_{N_r}(k)]^T$ 是包含干扰加所有 N_r 接收天线的加性白高斯噪声（AWGN）。图 8-10 还显示了子载波 k 的 IRC 系数向量，由下式表示：$\overline{C}(k) = [C_1(k)C_2(k)\cdots C_{N_r}(k)]^T$，假定根据最佳组合方法。尽管，IRC 处理后的总接收信号可以写为 $Z(k) = \overline{C}^H(k)\overline{Y}(k) = \overline{C}^H(k)\overline{H}(k)X(k) + \overline{C}^H(k)\overline{D}(k)$。

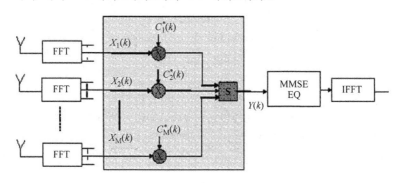

图 8-10　PUSCH/PUCCH 建议 IRC 解决方案

8.3.2.1　IRC 增益

IRC 是干扰限制场景中高负载 LTE 网络的优化功能。IRC 的主要缺点是随着接收机天线的数量的增加，基带计算复杂性增加。IRC 处理可以抑制的干扰数量取决于接收机天线的数量。基本规则是通过复杂的解调算法，可以抑制干扰源的最大数目为接收机天线数量减 1，即使干扰信号数量更多，也可以实现干扰抑制，但是在无线电网络情景项目中抑制增益下降得非常快。引入一个新模型，以便计算使用 IRC 得到的增益：

$$\text{IRC 增益} = \text{标称增益} + \text{快速衰落增益}\ [\text{dB}]$$

这里的额定增益表示为：标称增益 $= 10 \cdot \log(N_{Rx} - N_{stream} + 1) - 10 \cdot \log(N_{stream})$，其中，$N_{Rx}$ 是接收机的数量；N_{stream} 是 UE – eNB 连接的 MIMO 流数量。对于 SIMO 1×2，$N_{Rx} = 2$，$N_{stream} = 1$；因此标称增益 $= 3dB$。

如果干扰源数量多，则干扰开始看起来像高斯白噪声。IRC 在白噪声限制的情况下无法改善性能。IRC 处理实际上略微降低了白噪声的性能。因此，IRC 在链路层面的增益与干扰源特性直接相关。同频干扰越多，IRC 增益越高。在高负载情况下，UL IRC 可以更好地提高小区边缘性能。在低负载情况下，UL IRC 在平均小区吞吐量方面几乎没有增益。

最后，应该指出的是，IRC 可以被看作是实现更加鲁棒的增益的一种方式，并且用比传输中心方案潜在的更好的方式利用网络信息，通常是多点协作（CoMP）研究方案。实际上，干扰感知接收机主要依靠下行链路信令和资源的网络协调。相反，以传输为中心的 CoMP 依赖于重型 UE 反馈，UL 资源利用率和传输点之间的低延迟信息交换。

8.3.3　串行干扰消除（SIC）

SIC 是消除多址干扰的最简单直观的方法之一。

SIC 的第一步是根据接收功率对用户信号进行排序。每次仅选择一个用户时，首先对单元中最强的用户进行解码，然后在第二强用户被解码和删除之前从伽玛流中移除。取消的顺序通常与接收功率的顺序一致，并且从具有最高接收功率的用户开始消除。从接收到的信号中逐个检测并减少用户（串行/顺序），分多个阶段。其工作原理如图 8-11 所示。当用户数量增加时，SIC 将产生很大的延时。如果每个阶段延迟 1 位，K 个用户有 K - 1 位延迟。由于不精确的评估，SIC 可能产生像差传播效应。操作顺序由信号功率决定，功率越高，操作越早。因此，最弱的信号最有利。串行干扰消除器的性能在很大程度上由接收到的用户信号功率分配决定。如果分布差异很大，性能的提高是显而易见的。SIC 的性能是传统探测器的一大进步。硬件几乎没有变化，易于实现。接收机使用来自 turbo 解码器的软输出来重新生成时域信号，转换为频域的，并且在 Turbo 均衡且其他用户在 SIC 或 PIC 使用的情况下，用于分配符号间干扰。在实时网络中，我们可以使用上行链路中的 SIC 技术来减少接收端的 ICI。有 SIC 能力的 eNB 解码来自 UE 的干扰数据。如果数据被解码而没有错误，则从接收到的信号中减去重新编码的干扰数据，以便 eNB 解码期望的数据而不受到来自宏 UE 的干扰。

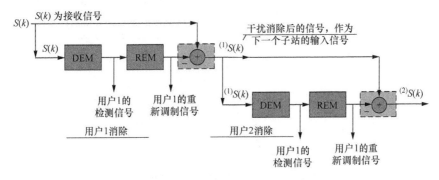

图 8-11　串行干扰消除（DEM——解调；REM——再调制）

SIC 检测有一项重大缺陷。其性能取决于初始数据估计的可靠性。不可靠的初始数据检测在第二阶段将产生很大的干扰。在 SIC 中，每个用户的解调引入一定程度的处理延迟。当用户数量很多时，延迟将累积到系统不能接受的水平。此外，当任何用户的信号功率强度改变时，用户处理顺序必须重新定位。因此，在 SIC 方案中，提出了一种分组连续干扰消除（GSIC）。该方案将用户分组并执行 SIC。每组的用户数量不应该太大，一般 4 个用户是合适的。

基于迭代软干扰消除接收机（例如，turbo SIC）的高级接收机是非线性接收机，其干扰重构的可靠性这样的性能提升，伴随着迭代次数的增加。Turbo 均衡器/SIC 通过利用解码和均衡之间的迭代循环消除多用户干扰。turbo SIC 接收机的复杂度取决于 IC 阶段的迭代次数以及 turbo 解码的迭代次数。接收机的复杂性的不同成因中，turbo 解码是主要部分。通常，turbo 解码比均衡复杂多了一倍。通过减少每个 turbo 均衡器迭代的 turbo 解码的迭代次数，可以保持接收机总体上复杂度增加很低。

8.3.3.1 SIC 接收机建模

用于多用户 MIMO（MU – MIMO）或单用户 MIMO（SU – MIMO）的高级接收机可以减少多用户或串流间干扰。多用户 turbo SIC 检测策略由用户的连续干扰消除的迭代线性滤波组成，如图 8-12 所示。这里的示例用于多用户干扰消除（与 MIMO 相同），其他功能可以从迭代过程（信道估计、解映射、同步）中受益。通过分离干扰消除迭代中的 turbo 码迭代次数可以保持合理的计算复杂度。随着迭代次数的增加，非线性接收机性能随干扰重构的可靠性而提高。

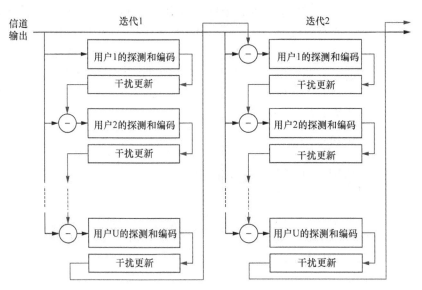

图 8-12 假设用户自然排序的 SIC 过程

对于协作小区中的 SIC 接收机，可以从宏分集 UE 的宏链路中的总干扰中扣除正确接收的服务信号。因此，可以增强 $SINR_{MacroLink}$（在下面的等式中），并且可以进一步提高总组合增益。如果采用理想的干扰消除方案，则 $S^{MacroLink}$ 可以始终成功地消除，并且可以通过使用 IC 来研究上限。

SIC SINR 计算可以根据以下公式计算：

$$SINR_{MacroLink} = \sum_{Ant=1}^{N_{rx}} \frac{\sum_{PRB=1}^{K_{PRB}} S_{N_{rx}, K_{PRB}}}{\sum_{PRB=1}^{K_{PRB}} \left(\sum_{Interf=1}^{N_I} I^{InterCell}_{N_{rx}, K_{PRB}, N_I} - S^{MacroLink}_{N_{rx}, K_{PRB}} + n \right)}$$

式中，$S^{MacroLink}$ 是协调小区服务的 UE 的信号；S 是每个天线每个 PRB 的信号强度；$I^{InterCell}$ 是每个天线每个 PRB 的干扰强度；N_{rx} 是每个小区的 Rx 天线的数量；K_{PRB} 是分配给某个 UE 的传输 PRB 数量；N_I 是小区间干扰的数量；n 是噪声频谱密度。

8.4　小区间干扰协调技术

多小区无线电系统一直暴露给来自相邻小区中相同无线电资源空间重用的小区间干扰。小区间干扰是 LTE Rel‑8 实现的性能的重要限制因素，特别是对于小区边缘 UE。因此，包括全球移动通信系统（GSM），通用陆地无线电接入（UTRA）和 LTE 在内的许多这些系统已经采用了一些典型的静态、准静态或干扰随机化的 ICIC 技术。在 GSM 中使用的常规静态协调解决方案之一是使用同一频率 n，其中每个小区从可用的 n 个频带（例如，$n=12$）中分配一个，使得不会有两个直接相邻小区获得相同频率。重用 n 解决方案的一个明显的缺点是，只有一小部分带宽在同一个小区中可用，这可能成为实现高数据速率的瓶颈。主要是由于带宽浪费和与重用 n 解决方案相关的规划工作，LTE Rel‑8 系统的设计假设重用 1 为主要部署情况。当相邻小区的调度器将相同的资源块（RB）分配给彼此干扰的并发传输时，LTE 中的小区间干扰以"冲突"的形式出现。

通常情况下，小区边缘数据速率仅为峰值速率的 10% 左右，需要进一步提高。小区边缘数据速率受到 LTE 系统中重用 1 系统中的小区间干扰的限制。重用 1 对于整体效率最有效，但对小区边缘是不利的。ICIC 的目标是通过小区之间的协作和协调来推动小区边缘数据速率的上升。小区边缘数据速率和峰值速率的比较如图 8‑13 所示。

由于调度器在 RB（TTI = 1ms）的基础上选择用户进行传输，所以一组冲突传输将从一个 TTI 快速变化到另一个，这使得跟随干扰协调中的这种快速波动特别具有挑战性。在标准化过程中，3GPP 广泛研究了一系列直观有吸引力和可行的 ICIC 技术，其中大部分集中于具有或不具有小区间通信的较低复杂度试探法。

8.4.1　小区间干扰协调技术及演进

在 LTE 中的常规单小区发送/接收中，会通过相邻小区之间的协调来避免或减轻来自相邻小区的干扰。Rel‑8 干扰管理方案依赖于干扰测量平均值，一般通过

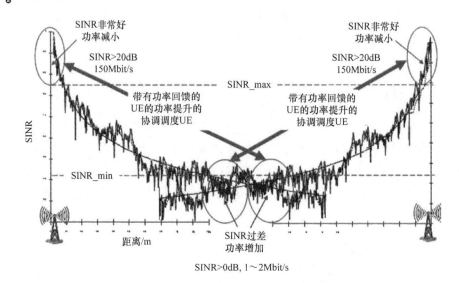

图 8-13　小区边缘数据速率和峰值速率

估计来自探测参考信号（SRS）的信号功率并从总接收功率中减去它来实现。这难以估计干扰来自哪个小区，继而分离小区、噪声和干扰，以及小区间干扰。LTE 中使用的各种干扰管理技术可以分为以下几种：

1. 干扰随机化包括频率选择调度（FSS）、跳频、软频率重用、同步信道序列的小区规划、随机接入信道（RACH）和导频信道。

2. 干扰控制包括功率控制（分路径损耗——依赖功率控制）和干扰热（IoT）控制。

3. 消除和减少干扰。为了协助小区间协调，LTE Rel-8 定义了基站之间交换的两个指标：高干扰指标（HI）和过载指示符（OI）。HI 向相邻小区提供关于小区调度其边缘用户的小区带宽的部分信息。OI 提供关于小区带宽的每个部分中经历的上行链路干扰水平的信息。对于下行链路，可以使用相对窄带发射功率（RNTP）指示符来实现小区间干扰协调。在从相邻 eNB 接收到这些参数时，eNB 分析小区间干扰模式，确定其自身的 ICIC 参数值，最后将这些参数值发送给邻近的 eNB。在发射机或接收机（例如，IRC 接收机、波束成形）处进行编码和信号处理来抑制干扰。

然而，这些技术都在单个小区上实现，而不需要物理层上的小区间协作。多站点 CoMP 是 LTE-A 中的候选干扰消除技术，用于进一步协调智能物理资源分配，以减少干扰并提高系统性能。

另一方面，上行干扰控制可以通过功率控制和 IoT 控制的组合来实现。对于 LTE 上行链路，标准化功率控制执行分路径损耗补偿（FPC），其允许在近端小区用户吞吐量与小区边缘用户吞吐量之间进行权衡。用于上行链路的 IoT 控制基于来自相邻小区的干扰报告来调整上行链路 SINR 目标。这些报告是关于 OIs 和 HIs，它们是通过为 X2 接口定义的标准来进行 eNBs 相互交换的指标。在实时网络中，如果 X2 接口不可用，也可以在广播信道上发送关于发射功率的信息。例如，可以一起广播诸如业务负载信息的其他类型的信息。邻区家庭 eNB（HeNB）DL 接收机能够定期捕获信息。UE 中继也可用于协调信息共享。HeNB 可以请求其 UE 中继的协调信息或收集相邻的 HeNB 协调信息。共享信息使相邻 HeNB 能够协调每个 RB 中的干扰。因此，HeNB 可以在相邻的 HeNB 不分配高功率的 RB 上分配高发射功率。通过交换协调信息，可以在 HeNB 之间建立均衡分配。

8.4.2　LTE - A 的小区间干扰协调

在 LTE - A 中应考虑增强小区间干扰协调（eICIC）。eICIC 机制对于充分利用异构网络的潜在优势非常重要，因此我们断定，应当有一些新的 eICIC 技术用于 LTE - A 的异构方案。UL CoMP、功率控制、时间/频率资源划分，甚至协调波束成形是利用干扰测量的 ICIC 增强的方法（见表 8-1）。

表 8-1　ICIC 技术演进

	ICIC	eICIC	CoMP
控制域	频域控制	时域控制	空间域
规则	使用分组调度器（或X2）的信道质量指示（CQI）反馈	时域资源分享	来自多个小区的协调
基站收发台（BTS）需要同步	否	是	是
传输需求	否	仅需要控制面	全增益（滤波器）的高容量传输
3GPP 标准版本	Rel - 8	LET - A 与 Rel - 8 UEs 一起使用	Rel - 10 和 11 版

我们已经知道，CoMP 是减少小区之间干扰的另一种方法，通过在 eNB 之间和 eNB 间的动态协调提高系统性能，在多个小区站点之间进行调度/传输和/或联合传输。通过 CoMP 的干扰消除是协调调度（CS）和协调波束成形（CB）以及联合处理（JP）协调方式来处理站间干扰的一种机制。作为 CoMP 的基本设计原则，除了服务小区 CSI 之外，UE 还将信道状态信息反馈给 eNB 以用于选择的干扰小区。在小区之间交换 CSI，且 eNB 在每个时间频率资源上协调调度决策和对应的预编码器，以减少 UE 受到的小区间干扰。根据协调程度，CoMP 可以分为调度级协调、波束级协调和预编码级协调。

在第 7 章中，我们给出了许多控制信道数据信道和时域和频域 eICIC 方案的 RB 级 eICIC 方法。例如，我们之前提到的 MBSFN 子帧和几乎空白的子帧可以用于减小对另一小区层中的同信道 PDCCH 的干扰，如图 8-14 所示。宏小区和微微小区可以在时域中以协作方式配置其 MBSFN 和几乎空白的子帧。对于 MBSFN，宏小区将子帧 N 配置为仅具有用于控制区域的一个 OFDM 符号的 MBSFN 子帧，而微微小区将该子帧配置为正常子帧。因此，在微微小区的控制区域中只有一个 OFDM 符号将受到来自宏的干扰，并且与三个 OFDM 符号全部为受害者的情况相比，可以提高微微小区的 PDCCH 性能。几乎空白子帧（ABS）是指在整个子帧区域中仅携带 CRS 的子帧。与先前的 MBSFN 类似，可以减轻控制信道的干扰。

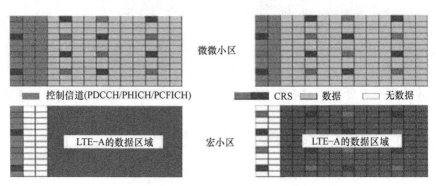

图 8-14 MBSFN 子帧和 eICIC 的几乎空白子帧（PHICH——物理混合 ARQ 指示信道；PCFICH——物理控制格式指示信道）

例如，我们假设 eNB1 向 eNB2 发送 ABS 模式和 RNTP，UL HII（高干扰指示符）和 UL OI（过载指示符）。我们还假设 DL 子帧 n 被配置为 ABS。除 CRS 之外，没有其他信号在 ABS 中传输。如果主要同步信号（PSS）、辅同步信号（SSS）、物理广播信道（PBCH）、系统信息块（SIB）1、寻呼和定位参考信号（PRS）与 ABS 一致，它们将在 ABS 中传输。在 CoMP 场景中，侵略者小区以时域方式向受害者小区通知某些 ABS，并且基于该信息，受害者小区可以通过 RRC 信令向 UE 执行适当的用户调度以进行相关的 RRM 和 CSI 测量（参见图 8-15）。

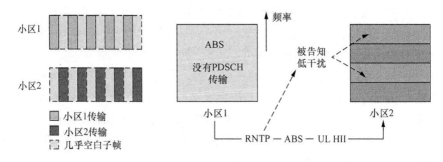

图 8-15 ABS（HII——高干扰指示符）

在被 eNB1 配置为 ABS 的 DL 子帧中，eNB2 可以进行 PDSCH 调度，而不用担心来自 eNB1 的干扰，也不用管 RNTP 消息。

值得一提的是，如果 UE 能够检测和消除相邻小区的 CRS，则可以进一步提高受害者 PDCCH 和 PDSCH 的性能。

减少干扰的另一种方法是通过降低功率，或通过调度和功率控制来静默重叠微微小区的控制区域的宏小区的符号。

从前面的讨论可以看出，Rel‑8 和 Rel‑9 频域 ICIC 和 LTE‑A 时域 ICIC 可以共存。每个 eNB 可以向其相邻小区发送 Rel‑8 和 Rel‑9 以及 LTE‑A ICIC 消息。此外，可能的 LTE‑A eICIC 方法包括空域协调、网络功率控制、网络干扰消除、网络编码、网络 MIMO 和网络波束成形，这意味着侵略者小区向受害者小区通知某些空间、时间、代码或频域方式的网络信息，以便受害者小区利用它们进行适当的回避方案。

8.4.3　小区间干扰协调的多点协作

基于 eNBs 之间资源管理协作控制小区间干扰的简单 CoMP 传输方案是提高小区边缘频谱效率的有效途径。分布在 eNBs 上的调度器可以用于确定一个 eNB 和一个 UE 之间的无线电信道的信道质量，然后调整用于与 UE 通信的数据流的数量。目前正在研究的 LTE‑A 的 ICIC 增强可以被分为动态干扰协调和静态干扰协调。在动态干扰协调中，频率资源、空间资源（波束模式）或功率资源的利用在 eNBs 间被动态地交换。该方案灵活并且适合于在不平等负载情况下实现资源平衡。对于静态干扰协调，考虑 eNBs 之间的静态和半静态空间资源协调。下文中讨论了在多个方面进行协调的可能方法。

可以通过调整相互干扰点的传输参数来实现多个点之间的干扰控制，使得目标 UE 的发射功率和干扰可以被减少，从而优化整个系统。调整每个点的功率包括将不重叠的 RBs 分配给不同的 UEs 的特殊情况。基本上，这是一个多个点之间协调的部分复用方案。在这种情况下，每个单独的点不需要具有发送符号的任何信息。在 UE 处，支持 ICIC 的典型需求是对应于每个点的参考信号接收功率（RSRP）的测量和报告。

多个点之间的干扰控制也可以通过基于 TDM 的协作方法（静默、打孔、符号级时间偏移等）来实现，其中对其他节点造成严重干扰的节点停止其在协调子帧中的传输，作为 Rel‑8/9 ICIC 技术的时域扩展。在这种合作中，受害者节点的显著干扰的受害者节点会从受保护的子帧中获益。

多点之间的干扰控制也可以通过多点之间的跳跃干扰随机化来实现。实现非聚合资源分配的另一种方法是使得向每个 UE 发送的信息分组可用于所有点。因此，每个点传输完全或部分冗余的子分组，以允许在 UE 处的增量冗余（IR）或追逐合并。潜在增益似乎来自干扰随机化。干扰控制只能减轻 UE 看到的交叉干扰，但不能将破坏性干扰转化为有用的干扰。因此，如果在多点之间的符号级别的内容的同步是可能的（即，所有多点通过在同步网络中交换内容而配备相同的符号内容），则可以发生多点同时传输以为每个 UE 提供更多的总发射功率。同时，也可以实现分集增益。除了符号级内容同步之外，还可以根据传输信号的幅度和相位是否与多点之间的所有天线相干，进一步对构建性传输进行分类。

在跨多点的相干传输的情况下，从所有天线发送的信号波形可以相干地进行幅度/相位调整，以允许更好地向 UE 提供信号功率，并且通常同时减轻以多用户方式产生的其他 UE 的干扰。基于从信道信息到所有天线的单个优化问题，所有多点天线的复值权重以集中方式导出。在单个点导出全局权重之后，属于其他点的天线的权重就从该点传输。显然，这种协调对于通过回程交换信息有严格的要求。或者，可以基于相同的全局信息集合，根据相同的规则在单个点处进行权重推导，使得以分布式计算的权重基本上与在单个点计算的权重相同。

在跨多点的非相干传输的情况下，单个点之间的天线之间的相干传输仍然是可能的，但是通常基于通道上的非全局信息，仅通过分布式导出局部权重。在目标 UE 的参与点没有信道信息的情况下，开环空分复用 1 或 2 天线传输仍然是有帮助的，因为每个参与点仍发送构建性非干扰信号。单频率网络（SFN）类型的多点协作是非相干典型示例，但仍然是构建性传输。

8.4.4 小区间干扰协调的自组织网络

如前所述，自动干扰控制是 eNB 自优化中的一个关键功能。例如，图 8-16 所示的使得 UE 调谐/连接到除了 RF 信号最好的小区（最强）之外的小区，次负载均衡将有助于降低干扰。减少通过 eNB 或小区关闭的干扰将利用 SON 功能作为另一 ICIC 功能。再次将重点放在关闭那些在一段时间内不走流量的小区。通过能量减少，功能将主要用于分层小区结构，以减少家庭或企业中使用的毫微微小区或微微小区系统的干扰。其好处是，由于毫微微/微微网络的性质，它们往往会更加密集地部署，也因此更容易受到干扰。

在本节中，我们将重点介绍管理干扰、小区间干扰协调和 UL 干扰控制的方法，以及如何将它们与 SON 原理相结合，从而产生通过自动化和鲁棒技术来管理 LTE 网络中的小区间干扰。

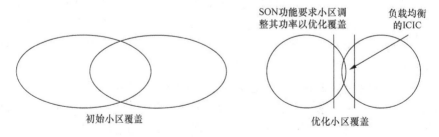

图 8-16　负载均衡的 ICIC

8.4.4.1　小区间干扰协调作为 SON 的功能

在重用 1 部署中，管理上行链路和下行链路干扰水平至关重要。eNBs 可以基于频率和功率资源分配，经由 X2 接口向邻区 eNBs 发送上行链路过载指示。功率控制参数可以根据过载指示进行调整，从而可以控制干扰电平以确保覆盖范围和系统稳定性。

老实说，ICIC 对上行链路和下行链路影响不大。在小区边界处的 UE 的上行链路传输影响在相同资源块上调度的相邻小区的所有 UE。小区中的任何 UE 的下行链路传输会影响来自站在小区边界并使用相同频率资源的相邻小区的 UE。

然而，由于频率选择性调度，这些（少数）小区边缘 UE 可以避免干扰。如果小区未加载，则小区边缘 UE 可以找到无干扰的频率块并在其上进行调度。因此，上行链路被认为具有较高的优先级。由 SON 特性进行智能管理的 eNBs 之间的上行链路和下行链路干扰如图 8-17 所示。

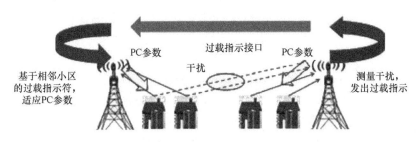

图 8-17　由 SON 特性进行智能管理的 eNBs 之间的上行链路和下行链路干扰（PC：功率控制）

8.4.4.2　SON 对增强小区间干扰协调的影响

基于 SON 的干扰控制功能将基于半静态和动态干扰协调，如图 8-18 所示。Rel－8 中采用了半静态方案，通过自动调整其功率并调度物理资源块设置来避免小区间干扰。增强功能包括调整网络参数的附加功能，以小区之间协调的方式实现下行链路和上行链路资源的自配置和自优化。通过以小区之间协调的方式将这些限制或优先权应用于下行链路和上行链路资源，提高了相邻小区中对应的时间/频率资源的信号干扰比，以及小区边缘数据速率/覆盖。

例如，对于在多小区区域中具有强邻域关系的小区，每个 PRB 功率设置的自配置以优化的方式获得不同的限制或优先频率。这基于 SON 的邻区小区列表功能的分析。也就是说，关于哪些相邻小区将为下行链路业务产生干扰的信息或哪些小区被上行链路业务交织。另一方面，上行链路的干扰在宏小区或微微小区使用的不同资源可能会有很大差异。因此，电力控制操作需要具有资源特性，以便在合理的水平上保持热上升（RoT）。

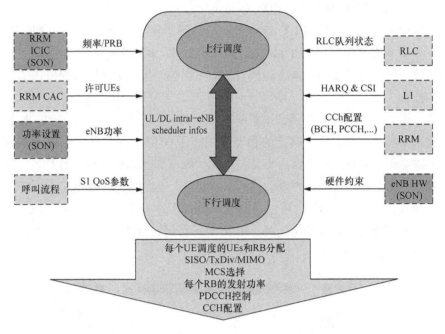

图 8-18 SON 对 eICIC 的影响（CAC——呼叫准入控制；QoS——服务质量；

RLC——无线电链路控制；HARQ——混合自动重传请求；CCH——控制信道；

BCH——广播频道；PCCH——寻呼控制信道；HW——硬件；

SISO——单输入单输出；TxDiv——发射分集）

参 考 文 献

第三代合作伙伴计划（3GPP）

3rd Generation Partnership Project (3GPP). TR 21.905 v11.0.1 (2011–12): "Vocabulary for 3GPP Specifications."

3rd Generation Partnership Project (3GPP). TS 36.211 v10.4.0 (2011–12): "Evolved Universal Terrestrial Radio Access (E-UTRA); Physical Channels and Modulation."

3rd Generation Partnership Project (3GPP). TS 36.212 v10.4.0 (2011–12): "Evolved Universal Terrestrial Radio Access (E-UTRA); Multiplexing and Channel Coding."

3rd Generation Partnership Project (3GPP). TS 36.213 v10.4.0 (2011–12): "Evolved Universal Terrestrial Radio Access (E-UTRA); Physical Layer Procedures."

3rd Generation Partnership Project (3GPP). TS 36.214 v10.1.0 (2011–03): "Evolved Universal Terrestrial Radio Access (E-UTRA); Physical Layer—Measurements."

3rd Generation Partnership Project (3GPP). TS 36.216 v10.3.1 (2011–09): "Evolved Universal Terrestrial Radio Access (E-UTRA); Physical Layer for Relaying Operation."

3rd Generation Partnership Project (3GPP). TR 36.814 v. 9.0.0 (2010–03): "Further Advancements for E-UTRA Physical Layer Aspects (Release 9)."

3rd Generation Partnership Project (3GPP). TS 36.300 v11.0.0 (2011–12): "E-UTRAN Overall Description: Stage 2."

3rd Generation Partnership Project (3GPP). TR 36.913 v10.0.0 (2011–03): "Requirements for Evolved UTRA (E-UTRA) and Evolved UTRAN (E-UTRAN)."

3rd Generation Partnership Project (3GPP). TR 36.912 v10.0.0 (2011–03): "Feasibility Study for Further Advancements for E-UTRA (LTE-Advanced)."

3rd Generation Partnership Project (3GPP). TR 36.819 v11.1.0 (2011–12): "Coordinated Multi-Point Operation for LTE Physical Layer Aspects (Release 11)."

3rd Generation Partnership Project (3GPP). R1-091660 (2009–03): "ITU-R Submission Template."

3rd Generation Partnership Project (3GPP). TS 36.413 v10.4.0 (2011–12): "Evolved Universal Terrestrial Radio Access Network (E-UTRAN); S1 Application Protocol (S1AP)."

3rd Generation Partnership Project (3GPP). TS 36.423 v10.4.0 (2011–12): "Evolved Universal Terrestrial Radio Access Network (E-UTRAN); X2 Application Protocol (X2AP)."

3rd Generation Partnership Project (3GPP). TR 25 996 v10.0.0 (2011–03): "Spatial Channel Model for Multiple Input Multiple Output (MIMO) Simulations."

载波聚合（CA）

3rd Generation Partnership Project (3GPP). TR 36.808 v. 0.3.0: "Carrier Aggregation: BS Radio Transmission and Reception (Release 10)."

IST-1999-11571 EMBRACE D8, 2001, "TDD versus FDD Access Schemes [R]."

Next Generation Mobile Networks. "Next Generation Mobile Networks Spectrum Requirements Update [R]." A White Paper Update by the NGMN, 2009.

3rd Generation Partnership Project (3GPP). TR 36.913 v. 8.0.0: "Requirements for Further Advancements for E-UTRA," 2008.

REV-080030: "Technology Components," Ericsson, April 2008.

R1-082569: "Consideration on Technologies for LTE-A," CATT, June 2008.

R1-082448: "Carrier Aggregation in Advanced E-UTRA," Huawei, June 2008.

R1-082468: "Carrier Aggregation in LTE-A," Ericsson, June 2008.

RP-100661: "Revised Carrier Aggregation for LTE WID—Core Part."

R1-084319: "Considerations on SC-FDMA and OFDMA for LTE-Advanced Uplink," Nokia Siemens Networks, Nokia.

R1-094415: "Concept of Carrier Segment for LTE-A." 3GPP TSG-WG1 #58 bis

R1-084403: "Multi-Antenna Uplink Transmission for LTE-A," Motorola.

R1-082945: "Uplink Multiple Access Schemes for LTE-A," LG Electronics.

R1-082609: "Uplink Multiple Access for LTE-Advanced," Nokia Siemens Networks, Nokia.

R1-091878: "Concurrent PUSCH and PUCCH Transmissions," Samsung.

R1-083232: "Carrier Aggregation for LTE-A: E-NodeB Issues," Motorola.

R1-083820: "Uplink Access for LTE-A: Non-aggregated and Aggregated Scenarios," Motorola.

R1-092173: "PDCCH Beamforming for LTE-A," Motorola.

R1-093206: "Designing Issues for Carrier Aggregation," ZTE.

R1-110857: "Remaining Issue Regarding Resource Allocation for Channel Selection," NTT DOCOMO.

R1-100849: "Discussion on DM-RS Power Boosting," Ericsson, ST-Ericsson.

R1-102946: "Power Headroom Reporting for Uplink Carrier Aggregation," Nokia Siemens Networks, Nokia Corporation.

R1-090266: "Non-Contiguous Resource Allocation in Uplink LTE-A," Motorola.

多点协作 （CoMP）

3rd Generation Partnership Project (3GPP). TR 36.814 v1.0.1: "Further Advancements for E-UTRA Physical Layer Aspects (Release 9)[S]," 2009.

R1-094279: "Extended ICIC-A Rel-10 CoMP Scheme," Ericsson, ST-Ericsson, October 2009.

R1-092147: "A Progressive Multi-Cell MIMO Transmission with Sequential Linear Precoding Design in DL TDD Systems," Alcatel-Lucent Shanghai Bell, Alcatel-Lucent, May 2009.

R1-082886: "Inter-cell Interference Mitigation through Limited Coordination," Samsung, August 2008.

R1-091936: "Spatial Correlation Feedback to Support LTE-A MU-MIMO and CoMP: System Operation and Performance Results," Motorola, May 2009.

R1-100331: "Coordinated Beamforming/Scheduling Performance Evaluation," Nokia Siemens Networks, Nokia, January 2010.

R1-101431: "CoMP Performance Evaluation," Nokia Siemens Networks, Nokia, February 2010.

R1-092691: "Preliminary CoMP Gains for ITU Micro Scenario," Qualcomm Europe, July 2009.

R1-101354: "System Level Performance with CoMP CB," LG Electronics Inc., February 2010.

R1-101355: "System Level Performance with CoMP JT," LG Electronics Inc., February 2010.

R1-093016: "Consideration on Performance of Coordinated Beamforming with PMI Feedback," Alcatel-Lucent, August 2009.

R1-101173: "Performance Evaluation of CoMP CS/CB," Samsung, February 2010.

3rd Generation Partnership Project (3GPP). R1-090821: "Solutions for DL CoMP Transmission: For Issues on Control Zone, CRS and DRS," Huawei, Qualcomm Europe, RITT, and CMCC.

3rd Generation Partnership Project (3GPP). R1-092822: "Views on the Relationship among CoMP Sets," CMCC.

R1-100820: "Evaluation Scenarios and Assumptions for Intra-Site CoMP," NTT DOCOMO.

R1-090100: "SRS Transmission Issues for LTE-A," Samsung.

R1-084336: "Analysis on Uplink/Downlink Time Delay Issue for Distributed Antenna System." Huawei, CMCC, RITT, CATT.

R1-091618: "System Performance Evaluation for Uplink CoMP," Huawei.

R1-091664: "CoMP TP for TR," Qualcomm Europe.

R1-092363: "LTE-A Downlink DM-RS Pattern Design," Huawei.

R1-093030: "DMRS Design Considerations for LTE-A," Huawei.

R1-093833: "System Performance Comparisons of Several DL CoMP Schemes," Huawei.

R1-093846: "Common Feedback Design for CoMP and Single Cell MIMO," Huawei.

R1-084115: "Downlink CoMP Transmitting Scheme Based on Beamforming," ZTE.

R1-082886: "Inter-Cell Interference Mitigation through Limited Coordination," Samsung.

R1-091688: "Potential Gain of DL CoMP with Joint Transmission," NEC Group.

R1-090193: "Aspects of Joint Processing in Downlink CoMP," CATT.

R1-091835: "Consideration on UE Feedback in Support of CoMP," Texas Instruments.

R1-091520: "Analysis of Feedback Signalling for Downlink CoMP," CATT.

R1-090745: "Cell Clustering for CoMP Transmission/Reception," Nortel.

R1-083569: "Further Discussion on Inter-Cell Interference Mitigation through Limited Coordination," Samsung.

R1-090325: "Coordinated Beamforming/Precoding and Some Performance Results," Motorola.

R1-091969: "Considerations on the Selection Method for CoMP Cells," Potevio.

R1-091976: "Multi-Cell PMI Coordination for Downlink CoMP," ETRI.

R1-084444: "Aspects of Coordinated Multi-Point Transmission for Advanced E-UTRA," Texas Instruments.

R1-093036: "Practical Analysis of CoMP Coordinated Beamforming," Huawei.

R1-093152: "CSI-RS Design for Virtualized LTE Antenna in LTE-A System," Fujitsu.

R1-094234: "Remaining Issues for Rel. 9 Downlink DM-RS Design," NTT DOCOMO.

R1-094467: "DM RS Sequence Design for Dual Layer Beamforming," LG Electronics.

R1-093841: "Further Design and Evaluation on CSI-RS for CoMP," Huawei.

R1-093865: "Mapping of UL RS Sequence for Clustered DFT-S-OFDM," NEC Group, NTT DOCOMO.

R1-093506: "UL RS Enhancement for LTE-Advanced," NTT DOCOMO.

R1-094784: "DM-RS Design for Rank 5–8," LG Electronics.

R1-092651: "Discussions on CSI-RS for LTE-Advanced," Samsung.

R1-094867: "Details of CSI-RS," Qualcomm Europe.

R1-094869: "UE-RS Patterns for Ranks 5 to 8," Qualcomm Europe.

R1-093862: "Rel-8 Cell-Specific RS as CSI-RS for LTE-A," NEC Group, NTT DOCOMO.

R1-094909: "Views on CSI-RS Design Issues for LTE-Advanced," NTT DOCOMO.

R1-100884: "Discussion on PRB Bundling for Rank 1–8," CATT.

R1-100745: "Increasing Sounding Capacity for LTE-A," Texas Instruments.

R1-101175: "Interference Mitigation Based on Rank Restriction and Recommendation," Samsung.

3rd Generation Partnership Project (3GPP). R1-100616, Potevio, "Proposal for an Enhanced SRS Scheme for CoMP," January 2010.

R1-101224: "Views on SRS Enhancement for LTE-Advanced," NTT DOCOMO.

R1-100451: "Required CSI-RS Density for Rel-10 SU-MIMO Transmission," Texas Instruments.

R1-103016: "PRB Bundling for Rel-10," Samsung.

Cover, T.M. and A. A. El Gamal. 1979. "Capacity Theorems for the Relay Channel," *IEEE Trans. Inform. Theory*, vol. 25, no. 5, pp. 572–584, Sept.

Zheng, Naizheng; Malek Boussif; Claudio Rosa; Istvan Z. Kovacs; Klaus I. Pedersen; Jeroen

Wigard; and Preben E. Mogensen. "Uplink Coordinated Multi-Point for LTE-A in the Form of Macro-Scopic Combining."

中继

3rd Generation Partnership Project (3GPP). TR 36.806 v0.1.1: "Relay Architectures for E-UTRA (LTE-A) (Release 9)."

TS 36.216: "Physical Layer for Relaying Operation."

R1-100940: "Timing Synchronisation for TDD Type 1 Relay," Alcatel-Lucent Shanghai Bell, Alcatel-Lucent.

R1-101384: "Considerations on Backhaul Interference and Synchronization for Relay," CMCC.

R1-100976: "Synchronization in Backhaul Link," ZTE.

R1-100752: Support of Synchronization between eNB-UE and RN-UE Link," LG Electronics.

R1-100435: "Type 1 Relay Timing and Node Synchronization," Alcatel-Lucent Shanghai Bell, Alcatel-Lucent.

R1-100558: "Relay Node Synchronization and DL/UL Subframe Timing," CMCC.

R1-094040: "Considerations on the Synchronization of Relay Nodes," CMCC.

R1-091389: "Synchronization Channel for LTE-A System with Relay," Nortel.

R1-090593: "On the Design of Relay Node for LTE-Advanced," Texas Instruments.

R1-091762: "Cell Edge Performance for Amplify and Forward vs. Decode and Forward Relays," Nokia Siemens Networks, Nokia.

R1-091384: "Discussion Paper on the Control Channel and Data Channel Optimization for Relay Link," Nortel.

R1-090753: "Control Channel and Data Channel Design for Relay Link in LTE-Advanced," Nortel.

R1-093145: "DL Carrier Aggregation Performance in Heterogeneous Networks," Qualcomm Europe.

R1-093169: "Design of the UL Backhaul for a Type I Relay," Texas Instruments.

RP-110398: "New Study Item Proposal: Mobile Relay for EUTRA," CATT, CMCC, CATR.

R1-094824: "Relay Performance Evaluation," CMCC.

R1-102918: "Simulation Study on Downlink RN to RN Interference," ZTE.

多输入多输出（MIMO）

R1-084376: "Uplink SU-MIMO in LTE-Advanced," Ericsson.

R1-101071: "Codebook for Uplink Rank 3 Precoding," Huawei.

R1-092100: "UL Transmit Diversity Schemes in LTE-Advanced," NTT DOCOMO.

R1-091818: "Cubic Metric Friendly Precoding for UL 4Tx MIMO," Huawei.

R1-082812: "Collaborative MIMO for LTE-Advanced Downlink," Alcatel Shanghai Bell, Alcatel-Lucent.

R1-091402: "Way Forward on Channel Dependent Precoding for UL SU-MIMO."

R1-091795: "Considerations on Downlink Antenna Mapping," Huawei.

R1-092274: "MIMO AH Summary," Samsung.

R1-072843: "Way Forward on 4-Tx Antenna Codebook for SU-MIMO."

R1-092389: "Adaptive Codebook Designs for DL MU-MIMO," Huawei.

R1-084201: "Consideration on DL-MIMO in LTE-Advanced," LG Electronics.

R1-083570: "Codebook-Based Precoding for 8 Tx Transmission in LTE-A," Samsung.

R1-083567: "Discussions on 8-TX Diversity Schemes for LTE-A Downlink," Samsung.

R1-083830: "A Structured Approach for Studying DL-MIMO Enhancements for LTE-A," Motorola.

R1-091353: "On CSI Feedback Signalling in LTE-Advanced Uplink," Nokia Siemens Networks, Nokia.

R1-082501: "Collaborative MIMO for LTE-A Downlink," Alcatel Shanghai Bell, Alcatel Lucent.

R1-083239: "ICIC with Multi-Site Collaborative MIMO," Mitsubishi Electric.

R1-084350: "Beamforming Enhancement in LTE-Advanced," Huawei, CMCC, CATT.

R1-084466: "Design Aspect for Higher-Order MIMO in LTE-Advanced," Nortel.

R1-092608: "4Tx UL Codebook: Antenna Turn-Off Elements and Unitary Structure/ CM-Preserving," Motorola.

R1-092339: "The Benefits of One PA Mode for UEs Supporting Multiple Pas," Sharp.

R1-092130: "Codebook Design for 4Tx Uplink SU-MIMO," LG Electronics.

R1-091752: "Performance Study on Tx/Rx Mismatch in LTE TDD Dual-Layer Beamforming," Nokia, Nokia Siemens Networks, CATT, ZTE.

R1-090289: "Supporting 8Tx Downlink SU-MIMO for Advanced E-UTRA," Texas Instruments.

R1-091842: "Progressing on 4Tx Codebook Design for Uplink SU-MIMO," Texas Instruments.

R1-091888: "Codebook Design for 8 Tx Transmission in LTE-A," Samsung.

R1-071510: "Details of Zero-Forcing MU-MIMO for DL EUTRA," Freescale Semiconductor Inc.

R1-091976: "Multi-cell PMI Coordination for Downlink CoMP," ETRI.

R1-091515: "Beamforming Based MU-MIMO for LTE-TDD," CATT, CMCC.

R1-092000: "Discussion on Non-Codebook Based Precoding," CATT, RITT, Potevio.

R1-092027: "Uplink SU-MIMO in LTE-Advanced," Ericsson.

R1-093474: "Coordinated Beamforming with DL MU-MIMO," Texas Instruments.

Sadek, M., A. Tarighat, and A. H. Sayed, "A Leakage Based Precoding Scheme for Downlink Multiuser MIMO Channels," *IEEE Trans. Wireless Commun.* 6, no. 5 (2007): 1711–1721.

Spencer, Q. H., A. L. Swindlehurst, and M. Haardt, "Zero-Forcing Methods for Downlink Spatial Multiplexing in Multiuser MIMO Channels," *IEEE Trans. on Sig. Proc.* 52, no. 2 (2004): 461–471.

R1-093331: "Grid of Beams: A Realization for Downloadable Codebooks," Alcatel-Lucent.

R1-093996: "Consideration on MU-MIMO and Related Signaling Support in LTE-A," Texas Instruments.

R1-094710: "Transparency of the MU-MIMO," Huawei.

R1-094943: "Discussion on DL MU-MIMO in LTE-A," Fujitsu.

R1-102791: "Further Development of Two-Stage Feedback Framework for Rel-10," Alcatel-Lucent, Alcatel-Lucent Shanghai Bell.

R1-103026: "Views on the Feedback Framework for Rel. 10," Samsung.

R1-100051: "A Flexible Feedback Concept," Ericsson, ST-Ericsson.

R1-101219: "Views on Codebook Design for Downlink 8Tx MIMO," NTT DOCOMO.

R1-103106: "Double Codebook Based Differential Feedback," Huawei.

HetNet

R1-101594: "TP on Heterogeneous Networks," Ericsson.

R1-105081: "Summary of the Description of Candidate eICIC Solutions," CMCC.

R1-093466: "Component Carrier Operation without PDCCH," Panasonic.

R1-093788: "Technology Issues for Heterogeneous Network for LTE-A," Alcatel-Lucent, Alcatel-Lucent Shanghai Bell.

R4-091976: "LTE-FDD HeNB Interference Scenarios," Vodafone, AT&T, Alcatel Lucent, picoChip Designs, Qualcomm Europe.

R2-093853: "HeNB Issue," LG Electronics Inc.

R3-090700: "Self-Synchronization," Qualcomm Europe.

R1-092722: "Time Synchronization Requirements for Different LTE-A Techniques," Qualcomm Europe.

R1-100903: "Uplink Interference Mitigation via Power Control," CATT.

R1-100701: "Importance of Serving Cell Selection in Heterogeneous Networks," Qualcomm Incorporated.

R1-100350: "Downlink CCH Performance Aspects for Co-Channel Deployed Macro and HeNBs," Nokia Siemens Networks, Nokia.

R1-101982: "LTE Non-CA Based HetNet Support," Huawei.

R1-102678: "Interference Management for Control Channels in Outdoor Hotzone Scenario," Kyocera.

R1-102150: "On Range Extension in Open-Access Heterogeneous Networks," Motorola.

R1-103626: "Considerations on PBCH eICIC for CSG HeNB," ITRI.

R1-103873: "Performance Analysis of PDCCH Interference Mitigation Techniques in Outdoor Hotzone Het-Net," ZTE.

Institute of Electrical and Electronics Engineers (IEEE). "IEEE Standard Definitions and Concepts for Dynamic Spectrum Access: Terminology Relating to Emerging Wireless Networks, System Functionality, and Spectrum Management." IEEE Communications Society, IEEE Std. 1900.1 TM, September 2008.

Wang, Wei. "A Brief Survey on Cognitive Radio." Institute of Information and Communication Engineering Zhejiang University, P.R. China.

自组织网络（SON）

3rd Generation Partnership Project (3GPP). TR 32.500 v8.0.0 (2008-12): "3rd Generation Partnership Project; Technical Specification Group Services and System Aspects; Telecommunication Management; Self-Organizing Networks (SON); Concepts and Requirements (Release 8)."

3rd Generation Partnership Project (3GPP). TR 32.501 v8.0.0 (2008-12): "3rd Generation Partnership Project; Technical Specification Group Services and System Aspects; Telecommunication Management; Self Configuration of Network Elements; Concepts and Requirements (Release 8)."

3rd Generation Partnership Project (3GPP). TR 32.511 v8.1.0 (2009-03): "3rd Generation Partnership Project; Technical Specification Group Services and System Aspects; Telecommunication Management; Automatic Neighbour Relation (ANR) Management; Concepts and Requirements (Release 8)."

3rd Generation Partnership Project (3GPP). TR 32.762 v8.0.0 (2009-03): "3rd Generation Partnership Project; Technical Specification Group Services and System Aspects; Telecommunications Management; Evolved Universal Terrestrial Radio Access Network (E-UTRAN) Network Resource Model (NRM) Integration Reference Point (IRP): Information Service (IS) (Release 8)."

3rd Generation Partnership Project (3GPP). TR 36.300 v8.8.0 (2009-03): "3rd Generation Partnership Project; Technical Specification Group Radio Access Network; Evolved Universal Terrestrial Radio Access (E-UTRA) and Evolved Universal Terrestrial Radio Access Network(E-UTRAN); Overall Description; Stage 2 (Release 8)."

TS 37.320: "Radio Measurement Collection for Minimization of Drive Tests (MDT); Overall Description; Stage 2."

Next Generation Mobile Networks (NGMN) Alliance. "Next Generation Mobile Networks Recommendation on SON and O&M Requirements," December 5, 2008.

Next Generation Mobile Networks (NGMN) Alliance. "Informative List of SON Use Cases, Annex A (Informative) of Use Cases Related to Self-Organising," April 2007.

Nomor 3GPP Newsletter "Self-Organizing Networks in LTE," May 2008.

Next Generation Mobile Networks (NGMN) Alliance. "Self-Organizing Networks (SON) for LTE Network. Overall Description," Version 1.53, April 17, 2007.

Next Generation Mobile Networks (NGMN) Alliance. "Use Cases Related to Self-Organising Network. Overall Description." Version 2.02, April 16, 2007.

3rd Generation Partnership Project (3GPP). TS 36.902: "Evolved Universal Terrestrial Radio Access Network (E-UTRAN); Self-Configuring and Self-Optimizing Network (SON) Use Cases and Solutions."

3rd Generation Partnership Project (3GPP). TS 32.502: "Telecommunication Management; Self-Configuration of Network Elements Integration Reference Point (IRP); Information Service (IS)."

3rd Generation Partnership Project (3GPP). "Performance Results for Cell Global Identity Detection in E-UTRAN," 3GPP TSG RAN, WG4 #48bis, R4-082493, Ericsson, Edinburgh, UK, September 2008.

3rd Generation Partnership Project (3GPP). "Location Based Cell Border Information Share during Handover," 3GPP TSG RAN, WG3 #64, R3-091295, Alcatel-Lucent, San Francisco, CA, May 2009.

R1-091678: "Performance Prediction of Turbo-SIC Receivers for System-Level Simulations," Orange, Nokia, Nokia Siemens Networks, Texas Instruments.

R1-084321: "Algorithms and Results for Autonomous Component Carrier Selection for LTE-Advanced," Nokia Siemens Networks, Nokia.

服务质量（QoS）

TS 22.278: "Service Requirements for Evolved Packet System (EPS) (Release 8)."

TS 23.107: "Quality of Service (QoS) Concept and Architecture (Release 7)."

TS 23.203: "Policy and Charging Control Architecture (Release 8)."

TS 23.401: "GPRS Enhancements for E-UTRAN Access (Release 8)."

TS 23.402: "Architecture Enhancements for Non-3GPP Accesses (Release 8)."

TS 24.008: "Mobile Radio Interface Layer 3 Specification: Core Network Protocols; Stage 3 (Rel-8)."

TS 29.212: "Policy and Charging Control over Gx Reference Point (Release 8)."

TS 36.300: "Evolved Universal Terrestrial Radio Access (E-UTRA) and Evolved Universal Terrestrial Radio Access Network (E-UTRAN); Overall Description; Stage 2 (Release 8)."

TS 36.321: "Medium Access Control (MAC) Protocol Specification (Release 8)."

TS 36.322: "Radio Link Control (RLC) Protocol Specification (Release 8)."

TS 36.331: "Radio Resource Control (RRC) Protocol Specification (Release 8)."

TS 36.413: "S1 Application Protocol (S1 AP) (Release 8)."

TS 36. 423：X2 应用协议（X2AP）版本 8 多用户检测（MUD）

Alexander, P. D., M. C. Reed, et al. "Iterative Multiuser Interference Reduction: Turbo CDMA." *IEEE Trans. Commun.* 47, no. 7 (1999): 1008–1014.

Boutros, J., and G. Caire. "Iterative Multiuser Joint Decoding: Unified Framework and Asymptotic Analysis." *IEEE Trans. Inform. Theory* 48, no. 7 (2002): 1772–1793.

Divsalar, D., M. Simon, and D. Raphaeli. "Improved Parallel Interference Cancellation for CDMA" *IEEE Trans. Commun.* 46 (1998): 258–268.

Duel-Hallen, A., J. Holtzman, and Z. Zvonar. "Multiuser Detection for CDMA Systems." *IEEE Person. Commun.* 2, no. 2 (1995): 46–58.

El Gamal, H., and E. Geraniotis. "Iterative Multiuser Detection for Coded CDMA Signals in AWGN and Fading Channels." *IEEE J. Select. Areas Commun.* 18, no. 1 (2000): 30–41.

Lu, B., and X. Wang. "Iterative Receivers for Multiuser Space-Time Coding Systems." *IEEE J. Select. Areas Commun.* 18, no. 11 (2000): 2322–2335.

Moher, M. "An Iterative Multiuser Decoder for Near-Capacity Communications." *IEEE Trans. Commun.* 46, no. 7 (1998): 870–880.

增强小区间干扰协调（eICIC）

R1-094659: "Autonomous CC Selection for Heterogeneous Environments," Nokia Siemens Networks, Nokia.

R1-102885: "Possibility of UE-Side ICI Cancellation in HetNet," Panasonic.

R1-103126: "Enhanced ICIC for Control Channels to Support HetNet," Huawei.

R1-103458: "Analysis on the eICIC Schemes for the Control Channels in HetNet," Huawei.

R1-103498: "Evaluation of R8/9 Techniques and Enhancements for PUCCH Interference Coordination in Macro-Pico," CATT.

R1-084319: "Considerations on SC-FDMA and OFDMA for LTE-Advanced Uplink," Nokia Siemens Networks, Nokia.

Dominique, Francis, Christian G. Gerlach, Nandu Gopalakrishnan, Anil Rao, James P. Seymour, Robert Soni, Aleksandr Stolyar, Harish Viswanathan, Carl Weaver, and Andreas Weber. "Self-Organizing Interference Management for LTE." *Bell Labs Technical Journal* 15, no. 3 (2010): 19–42.

图书在版编目（CIP）数据

LTE – A 空中接口技术/张新成，周晓津编著；曾勇波等译 . —北京：机械工业出版社，2021. 4

（国际信息工程先进技术译丛）

书名原文：LTE – Advanced Air Interface Technology

ISBN 978-7-111-67705-5

Ⅰ.①L…　Ⅱ.①张…　②周…　③曾…　Ⅲ.①码分多址 – 移动通信 – 通信技术　Ⅳ.①TN929.533

中国版本图书馆 CIP 数据核字（2021）第 040341 号

机械工业出版社（北京市百万庄大街22 号　邮政编码100037）
策划编辑：江婧婧　责任编辑：江婧婧
责任校对：李　杉　封面设计：马精明
责任印制：常天培
固安县铭成印刷有限公司印刷
2021 年4 月第1 版第1 次印刷
169mm×239mm · 24.5 印张 · 500 千字
0 001—1 500 册
标准书号：ISBN 978-7-111-67705-5
定价：139.00 元

电话服务　　　　　　　网络服务
客服电话：010-88361066　机　工　官　网：www.cmpbook.com
　　　　　010-88379833　机　工　官　博：weibo.com/cmp1952
　　　　　010-68326294　金　书　网：www.golden-book.com
封底无防伪标均为盗版　机工教育服务网：www.cmpedu.com